能源与环境出版工程

总主编 翁史烈

生物质生物转换技术

Biomass Biological Conversion Technologies

刘荣厚 沈 飞 曹卫星 著

上海交通大学出版社
SHANGHAI JIAO TONG UNIVERSITY PRESS

内容提要

本书根据作者多年从事生物质能源教学与研究的经验及研究成果，全面系统地介绍了生物质生物转换技术的概念、分类，生物质的物理化学特性，生物质厌氧消化的原理，禽畜粪便及蔬菜废弃物厌氧消化制取沼气技术，木质纤维素原料预处理及其沼气发酵技术，沼气发酵残余物的肥料化利用技术，甜高粱茎秆及汁液储藏技术，甜高粱液态发酵制取乙醇技术，甜高粱固态发酵制取乙醇技术，甜高粱茎秆木质纤维素残渣预处理及乙醇发酵技术，以期对我国生物质能源研究与开发起到积极的推动作用。

本书可供从事新能源和可再生能源领域的高等院校师生、研究人员、管理人员和工程技术人员参考。

图书在版编目(CIP)数据

生物质生物转换技术/刘荣厚，沈飞，曹卫星著. —上海：上海交通大学出版社，2015

（能源与环境出版工程）

ISBN 978-7-313-14172-9

Ⅰ.①生… Ⅱ.①刘…②沈…③曹… Ⅲ.①生物能源—能量转换—研究
Ⅳ.①TK6

中国版本图书馆 CIP 数据核字(2015)第 288222 号

生物质生物转换技术

著　　者：刘荣厚　沈　飞　曹卫星
出版发行：上海交通大学出版社　　地　　址：上海市番禺路 951 号
邮政编码：200030　　电　　话：021-64071208
出 版 人：韩建民
印　　制：苏州市越洋印刷有限公司　　经　　销：全国新华书店
开　　本：787mm×1092mm　1/16　　印　　张：22.75
字　　数：433 千字
版　　次：2015 年 12 月第 1 版　　印　　次：2015 年 12 月第 1 次印刷
书　　号：ISBN 978-7-313-14172-9/T
定　　价：98.00 元

能源与环境出版工程
丛书学术指导委员会

能源与环境出版工程
丛书编委会

总　　序

能源是经济社会发展的基础,同时也是影响经济社会发展的主要因素。为了满足经济社会发展的需要,进入21世纪以来,短短十年间(2002—2012年),全世界一次能源总消费从96亿吨油当量增加到125亿吨油当量,能源资源供需矛盾和生态环境恶化问题日益突显。

在此期间,改革开放政策的实施极大地解放了我国的社会生产力,我国国内生产总值从10万亿元人民币猛增到52万亿元人民币,一跃成为仅次于美国的世界第二大经济体,经济社会发展取得了举世瞩目的成绩!

为了支持经济社会的高速发展,我国能源生产和消费也有惊人的进步和变化,此期间全世界一次能源的消费增量28.8亿吨油当量竟有57.7%发生在中国!经济发展面临着能源供应和环境保护的双重巨大压力。

目前,为了人类社会的可持续发展,世界能源发展已进入新一轮战略调整期,发达国家和新兴国家纷纷制定能源发展战略。战略重点在于:提高化石能源开采和利用率;大力开发可再生能源;最大限度地减少有害物质和温室气体排放,从而实现能源生产和消费的高效、低碳、清洁发展。对高速发展中的我国而言,能源问题的求解直接关系到现代化建设进程,能源已成为中国可持续发展的关键!因此,我们更有必要以加快转变能源发展方式为主线,以增强自主创新能力为着力点,规划能源新技术的研发和应用。

在国家重视和政策激励之下,我国能源领域的新概念、新技术、新成果不断涌现;上海交通大学出版社出版的江泽民学长著作《中国能源问题研究》(2008年)更是从战略的高度为我国指出了能源可持续的健康发展之路。为了"对接国家能源可持续发展战略,构建适应世界能源科学技术发展趋势的能源科研交流平台",我们策划、组织编写了这套"能源与环境出版工程"丛书,其目的在于:

一是系统总结几十年来机械动力中能源利用和环境保护的新技术新成果；

二是引进、翻译一些关于"能源与环境"研究领域前沿的书籍，为我国能源与环境领域的技术攻关提供智力参考；

三是优化能源与环境专业教材，为高水平技术人员的培养提供一套系统、全面的教科书或教学参考书，满足人才培养对教材的迫切需求；

四是构建一个适应世界能源科学技术发展趋势的能源科研交流平台。

该学术丛书以能源和环境的关系为主线，重点围绕机械过程中的能源转换和利用过程以及这些过程中产生的环境污染治理问题，主要涵盖能源与动力、生物质能、燃料电池、太阳能、风能、智能电网、能源材料、大气污染与气候变化等专业方向，汇集能源与环境领域的关键性技术和成果，注重理论与实践的结合，注重经典性与前瞻性的结合。图书分为译著、专著、教材和工具书等几个模块，其内容包括能源与环境领域内专家们最先进的理论方法和技术成果，也包括能源与环境工程一线的理论和实践。如钟芳源等撰写的《燃气轮机设计》是经典性与前瞻性相统一的工程力作；黄震等撰写的《机动车可吸入颗粒物排放与城市大气污染》和王如竹等撰写的《绿色建筑能源系统》是依托国家重大科研项目的新成果新技术。

为确保这套"能源与环境"丛书具有高品质和重大的社会价值，出版社邀请了杜祥琬院士、黄震教授、王如竹教授等专家，组建了学术指导委员会和编委会，并召开了多次编撰研讨会，商谈丛书框架，精选书目，落实作者。

该学术丛书在策划之初，就受到了国际科技出版集团 Springer 和国际学术出版集团 John Wiley & Sons 的关注，与我们签订了合作出版框架协议。经过严格的同行评审，Springer 首批购买了《低铂燃料电池技术》(*Low Platinum Fuel Cell Technologies*)，《生物质水热氧化法生产高附加值化工产品》(*Hydrothermal Conversion of Biomass into Chemicals*)和《燃煤烟气汞排放控制》(*Coal Fired Flue Gas Mercury Emission Controls*)三本书的英文版权，John Wiley & Sons 购买了《除湿剂超声波再生技术》(*Ultrasonic Technology for Desiccant Regeneration*)的英文版权。这些著作的成功输出体现了图书较高的学术水平和良好的品质。

希望这套书的出版能够有益于能源与环境领域里人才的培养，有益于能源与环境领域的技术创新，为我国能源与环境的科研成果提供一个展示的平台，引领国内外前沿学术交流和创新并推动平台的国际化发展！

翁史烈

2013年8月

前　言

随着能源消耗的迅速增长和化石能源利用所带来严重的环境污染，生物质能源的研究和开发，已成为国内外众多学者研究和关注的热点。能源生产和消费革命，关乎发展与民生，因此，从根本上解决我国的能源问题，不断满足经济和社会发展的需要，保护环境，实现可持续发展，除大力提高能源效率外，加快开发利用生物质能源势在必行。生物质生物转换技术是生物质能转换技术之一，是用微生物发酵方法将生物质能转变成燃料物质的技术，主要包括沼气技术和燃料乙醇技术。沼气是利用人畜粪便、农作物秸秆、有机废物通过厌氧发酵产生的以甲烷为主的混合气体，通过燃烧产生热能。在我国，沼气技术的发展历史悠久，在过去的几十年里，沼气不仅解决了我国农村能源短缺问题，而且在农村环境保护、生态建设等方面发挥了积极的作用。乙醇又称酒精，是由C、H、O三种元素组成的有机化合物。燃料乙醇是未加变性剂的、可作为燃料用的无水乙醇。自20世纪70—80年代我国就开始了燃料乙醇的开发与利用研究工作。目前，燃料乙醇已在我国多个省市进行使用试点，在我国车用燃料替代体系中发挥着重要的作用。生物质生物转换技术的能源产品沼气及燃料乙醇因其性能优势，使得该技术的开发有着广阔的应用前景。因此，发展生物质生物转换技术对能源的有效利用和可持续发展都具有重要意义。

本书根据作者多年从事生物质能源教学与研究的经验，从沼气技术和燃料乙醇技术的发展需求入手，针对各种典型原料的厌氧消化制取沼气技术及甜高粱茎秆制取乙醇技术进行了深入探讨，以作者多年研究成果为基础，全面系统地介绍了生物质的物理化学特性，沼气技术及甜高粱发酵制取乙醇技术的原理、工艺及设备。本书主要包括生物质生物转换技术的概念、分类、生物质的物理化学特性、典型生物质特性的研究；生物质厌氧消化的原理，禽畜粪便厌氧消化制取沼气技术中不同温度、不同接种量、不同料液浓度条件下厌氧发酵过程中产气特性及其营养成分变化，蔬菜废弃物厌氧消化制取沼气技术；木质纤维素原料预处理技术，碱预处理对芦笋秸秆厌氧发酵产沼气的影响，酸预处理对水稻秸秆厌氧发酵产沼气的影响，氨预处理及氨-生物联合预处理对小麦秸秆厌氧发酵产沼气的影响；沼气发酵残余物做基肥及沼液追肥对小白菜产量、品质及土壤养分含量的影响；甜高粱茎秆汁液浓缩及防腐剂储藏技术，甜高粱茎秆自发气调储藏和自然干燥长效储藏的研究；甜高粱液态发酵基本原理及工艺，固定化酵母转化甜高粱茎秆汁液生产乙醇的工艺参数及营养微环境的调控与优化；甜高粱固态发酵转化乙醇技术的工艺，自然干燥的甜高粱茎秆复水固态发酵生产乙醇的因素分析与优化，甜高粱茎秆乙醇固态发酵多联产工程实例与分析；木质纤维素乙醇生产基本原理与工艺，SO_2-蒸汽预处理甜高粱茎秆残渣高浓度基质酶水解发酵制取乙醇研究，不同方法预处理甜高粱茎秆残渣酶水解及乙醇发酵的研究等内容，以期对我国生物质能源研究与开发起到积极的推动作用。本书可供从事新能源和可再生能源领域的高等院校师生、研究人员、管理人员和工程技术人员参考。

本书由上海交通大学刘荣厚教授、四川农业大学沈飞教授和上海交通大学曹卫星博士共同撰写，其中，刘荣厚撰写第 1 章、第 2 章、第 3 章和第 4 章；沈飞撰写第 6 章、第 7 章和第 8 章；曹卫星撰写第 5 章；最后由刘荣厚教授统稿。本书素材主要来源于上海交通大学农业与生物学院生物质能工程研究中心承担的多项项目，包括欧盟项目、国家自然科学基金项目、农业部项目、公益性行业（农业）科研专项、上海市科委项目等的研究报告，此外，刘荣厚教授所指导完成的博士后研究报告、博士学位论文、硕士学位论文，以及他们在学术期刊发表的论文也是本书材料的主要来源。博士后梅晓岩及很多研究生，包括博士研究生（沈飞、曹卫星、孙辰等）和硕士研究生（王远远、覃国栋、吴晋锴、王璐、黄历、郝元元、汪彤彤等）参与了研究工作及研究报告或学位论文的撰写，在此表示诚挚的谢意。上海交通大学出版社的杨迎春编辑对本书的撰写给予了热情指导，在此表示感谢。

本书在编写过程中,同时也参考了大量国内外同行专家及学者撰写的著作以及其他技术资料等,在此表示深深的谢意。由于书中内容涉及面广,加之编者水平有限,书中存在的错误和不足之处,欢迎读者批评指正。

目　　录

第1章　生物质生物转换技术概述及生物质的特性

生物质是自然界中有生命的、可以生长的各种有机物质，包括动植物和微生物。生物质能是由太阳能转化而来的以化学能形式储藏在生物质中的能量。自2006年1月1日起施行的《中华人民共和国可再生能源法》将生物质能的含义解释为：生物质能，是指利用自然界的植物、粪便以及城乡有机废物转化成的能源。与传统的矿物燃料相比，生物质资源具有明显的特点，即可再生性和无污染性。生物质的基本来源是由绿色植物通过光合作用把水和二氧化碳转化成碳水化合物而形成。因此，绿色植物利用太阳能进行光合作用是维持地球上千百万种生物生存下去的基础。可以通过各种生物质能转换技术把生物质能加以利用。

1.1　生物质生物转换技术概述

1.1.1　生物质生物转换技术的分类

通常把生物质能通过一定的方法和手段转变成燃料物质的技术称为生物质能转换技术。生物质能转换技术总的可分为直接燃烧技术、生物转换技术、热化学转换技术和其他转换技术4种主要类型[1]。

1.1.1.1　生物质生物转换技术定义

生物质生物转换技术是生物质能转换技术之一，是用微生物发酵方法将生物质能转变成燃料物质的技术，其通式为

$$\text{有机物质}\xrightarrow[\text{厌氧微生物发酵}]{\text{微生物发酵}}\begin{matrix}\text{液体燃料}\\\text{气体燃料}\end{matrix}+CO_2$$

通常产生的液体燃料为乙醇，气体燃料为沼气。

1.1.1.2　生物质生物转换技术的分类

生物质生物转换技术主要分为乙醇技术和沼气技术两种类型。

1）乙醇技术

乙醇(ethanol)又称酒精，是由C、H、O三种元素组成的有机化合物，乙醇分

子由烃基(—C_2H_5)和官能团羟基(—OH)两部分构成,分子式为 C_2H_5OH,相对分子量为46.07,常温常压下,乙醇是无色透明的液体,具有特殊的芳香味和刺激味,吸湿性很强,可与水以任何比例混合并产生热量。乙醇易挥发、易燃烧。中华人民共和国国家标准"变性燃料乙醇"(GB 18350—2001)和"车用乙醇汽油"(GB 18351—2001)规定,燃料乙醇(fuel ethanol)是未加变性剂的、可作为燃料用的无水乙醇。变性燃料乙醇(denatured fuel ethanol)是加入变性剂后不适于饮用的燃料乙醇。变性剂(denaturant)是添加到燃料乙醇中使其不能饮用,而适于作为车用点燃式内燃机燃料的无铅汽油(应符合 GB 17930—1999《车用无铅汽油》的要求)。

制取乙醇的有机物原料有三类,糖类原料如甘蔗、甜菜、甜高粱等作物的汁液以及制糖工业的废糖蜜等,可直接发酵成含乙醇的发酵醪液,再经蒸馏便得高浓度的酒精;淀粉类原料如玉米、甘薯、马铃薯、木薯等,则须先经过蒸煮、糖化,然后再发酵、蒸馏产生酒精;木质纤维素原料如玉米秸秆、木屑等。木质纤维素类生物质制取乙醇一般包括前处理、水解、发酵及净化过程,其中水解是关键的一步。与淀粉类原料水解的目的一样,木质纤维素类生物质水解也是为了将纤维素、半纤维素等多糖类物质转化为双糖、单糖等简单的,能被发酵菌种直接利用的糖类。乙醇可作为燃料及作为汽油添加剂生产车用乙醇汽油,亦可制成饮料。

2) 沼气技术

沼气是生物质在严格厌氧条件下经发酵微生物的作用而形成的气体燃料。沼气是一种混合气体,其主要成分为甲烷(CH_4)50%～70%和二氧化碳(CO_2)30%～40%。可用于产生沼气的生物质非常广泛,包括各种秸秆、水生植物、人畜粪便、各种有机废水、污泥等。沼气可直接使用,或将 CO_2 除去,得到甲烷纯度较高的产品。

1.1.2 生物质资源

1.1.2.1 生物质的种类

通常提供作为能源的生物质资源种类很多,主要是农作物、油料作物和农业有机剩余物,林木、森林工业残余物。此外,动物的排泄物,江河湖泊的沉积物,农副产品加工后的有机废物和废水,城市生活有机废水及垃圾等都是重要的生物质能资源。生物质资源既包括陆生植物,也包括水生植物。水生生物质资源比陆生的更为广泛。这是因为地球上有广大的水域,而且不存在陆生资源那样与住宅、粮食等争地的问题。水域费用一般比陆地费用较低。水生生物质资源品种繁多,资源量大,领域广阔。

依据来源的不同,将适合于能源利用的生物质分为:农业生物质资源、林业生物质资源、畜禽粪便、生活污水和工业有机废水、城市固体有机废弃物[1]。

1.1.2.2　生物质资源

生物质资源是可再生的，且产量很大，中国土地面积辽阔，生物质潜在的资源量非常巨大，但目前的利用率很低。生物质是由植物的光合作用固定于地球上的太阳能，本质上是太阳能的储存形式，只要太阳辐射能存在，绿色植物的光合作用就不会停止，生物质就会将太阳能不断地储存起来，周而复始的循环使生物质资源取之不竭。可是，生物质能远远没有得到有效利用。据统计，每年经光合作用产生的生物质约 1 700 亿吨，其能量约相当于世界主要燃料消耗的 10 倍；而作为能源的利用量还不到其总量的 1%。中国生物质能资源相当丰富，中国的生物质资源年产量是美国与加拿大总量的 84%，是欧洲总量的 121%，是非洲的 131%。

1.1.3　发展生物质生物转换技术的重要性

我国生物质资源丰富，随着我国经济社会发展、生态文明建设和农林业的进一步发展，生物质能源利用潜力将进一步增大。发展生物质生物转换技术是减少环境污染、解决能源危机问题的有效途径之一。目前，世界各国越来越重视对生物质能源的研究，生物质生物转换技术的能源产品燃料乙醇及沼气因其性能优势，使得该技术的开发有着广阔的应用前景。因此，发展生物质生物转换技术对能源的有效利用和可持续发展都具有重要意义。

燃料乙醇是一种不含硫及灰分的清洁能源，可以单独作为燃料使用。同时，一定量燃料乙醇加入汽油后，混合燃料的含氧量增加，辛烷值提高，降低了汽车尾气中有害气体的排放量。事实上，纯乙醇或与汽油混合物作为车用燃料，最易工业化，并与先进工业应用及交通设施接轨，是运用最为广泛的生物燃料。发展包括燃料乙醇在内的可再生能源在全球范围内越来越受到重视，其原因主要有以下几点：一是地球上的化石能源储量越来越少，在不远的将来将会枯竭，必须寻找它的替代品；二是人类对自身生存环境的重视，促使人们开始开发和使用绿色环保的能源产品；三是开发利用燃料乙醇已经为世界上许多国家和地区的经济发展，特别是对农业经济带来了明显的好处。

沼气是利用人畜粪便、农作物秸秆、有机废物通过厌氧发酵产生的以甲烷为主的混合气体，通过燃烧产生热能，它遍布我国广大农村、城市，是一种取之不尽、用之不竭的可再生能源。沼气可直接作为炊事、照明等生活燃料，还可以用作动力燃料，配置燃气内燃发电机组即可实现沼气发电。沼气发酵不仅是一个生产沼气能源的过程，也是一个造肥的过程，沼气发酵残余物（即沼液及沼渣）是优质的有机肥，能改良土壤，此外，沼气发酵残余物还可作为淡水养殖和腐食动物的营养饵料。开发利用沼气可极大地解决农村生产、生活用能问题，是减少能源消耗、改善生态环境的有效的手段[2]。

1.2 生物质的特性

1.2.1 生物质的化学组成

天然木质纤维素类生物质是地球上最丰富的生物质，除少部分被纺织业、食品业等行业利用外，绝大多数以废弃物的形式存在于自然环境中。木质纤维素类生物质主要由纤维素、半纤维素、木质素和提取物组成。纤维素分子是由D-吡喃葡萄糖基以β-1,4糖苷键联结而成的线状高分子化合物[3]。数个纤维素分子之间通过氢键和范德瓦耳斯力接合，形成纤维素微细纤维，这部分构成微细纤维的纤维素分子称为结晶性纤维素。除结晶性纤维素外的那一部分纤维素称为非结晶性纤维素[4,5]。

半纤维素是植物细胞壁中一群穿插于纤维素和木质素之间、用热水或冷碱可以提取的高聚糖，习惯上不包括果胶和淀粉。不同植物中半纤维素的含量不同，而且结构也不同。半纤维素与纤维素的区别主要在于：半纤维素是由不同的糖单元聚合而成，分子链短且带有子链。也就是说，半纤维素的结构比较复杂，它不是单一的高聚糖，而是主要由不同量的多戊糖、多己糖和多己糖醛酸这几种糖单元构成的共聚物，其高聚糖基本上都是由两种或两种以上糖基组成的，糖与糖之间的连接方式也不同[6]。戊糖中以木糖为主，其次是阿拉伯糖。己糖主要是甘露糖和半乳糖，还有少量葡萄糖。糖醛酸有葡萄糖醛酸和半乳糖醛酸。

半纤维素在生物质中的聚合物结构及含量也是各不相同的。阔叶材半纤维素主要由聚木糖和少量聚葡萄糖、聚甘露糖组成；而针叶材半纤维素则由半乳糖、葡萄糖、聚甘露糖和相当多的聚木糖类组成。半纤维素高聚糖的平均聚合度都较低，例如聚木糖类的平均聚合度约为100～300；聚甘露糖类的平均聚合度约为100；而聚半乳糖类的平均聚合度也不过是200～600。

在植物界中，木质素是仅次于纤维素的一种最丰富且重要的大分子有机聚合物，存在于植物细胞壁中。木质素在纤维之间相当于黏结剂，与纤维素、半纤维素等成分一起构成植物的主要结构。木质素在木材中的含量一般为20%～40%，禾本科植物中的木质素含量一般为14%～25%。木质化的细胞壁能抵抗微生物的侵袭，增加强度，并提高细胞壁的透水性。木质素大分子是由相同的或相类似的结构单元重复连接而成的，具有网状结构的无定形的芳香族聚合物[7]。

提取物是指可以用水、水蒸气或有机溶剂提取出来的物质，这类物质在生物质中的含量较少，大部分存在于细胞腔和胞间层中，所以也称非细胞壁提取物。

1.2.2 生物质的工业分析与元素分析

由生物质的化学组成可以看出，生物质作为天然的有机燃料，是化学组成极为复杂的高分子物质，至今对其结构和性质仍不十分清楚，所以目前要分析测定其化学结构还是困难的。但是在工程技术中，可根据不同的使用目的，用不同的方法去研究和了解生物质燃料的组成和特性，为生物质转换技术提供基本数据。

生物质能转换技术中的应用分析，主要有工业分析组成和元素分析组成两种。工业分析组成是用工业分析法得出燃料的规范性组成，该组成可给出固体燃料中可燃成分和不可燃成分的含量。可燃成分的工业分析组成为挥发分和固定碳，不可燃成分为水分和灰分。可燃成分和不可燃成分都是以质量百分含量来表示的，其总和应为100%。元素分析组成是用元素分析法得出的组成生物质的各种元素（主要是可燃成分的有机元素如碳、氢、氧、氮和硫等）含量的多少，各元素含量加上水分和灰分其总量为100%。

生物质的工业分析组成和元素分析组成如表1-1所示。但必须指出：工业分析的成分并非生物质燃料中的固有形态，而是在特定条件下的转化产物，它是在一定条件下，用加热（或燃烧）的方法将生物质燃料中原有的极为复杂的组成，加以分解和转化而得到的，是可以用普通的化学分析方法去研究的组成[8]。

表1-1　生物质的工业分析组成和元素分析组成

有机物（可燃部分）	无机物（不可燃部分）
挥发分（由C、H、O、N、S等元素组成的气态物质）	水分（外在水分和内在水分的和）
固定碳（由C元素组成的固态物质）	灰分（主要为含Ca、Al、Si、Fe等元素的无机矿物质）

1.2.3　生物质的热值

1）燃料热值的定义

各类燃料最重要的特性是热值（或发热量），它决定燃料的价值，是进行燃烧等转化的热平衡、热效率和消耗量计算的不可缺少的参数。

燃料的热值是指单位质量（对气体燃料而言为单位体积）的燃料完全燃烧时所能释放出的热量，单位为kJ/kg或KJ/m^3（标准状态）。显然，燃料热值的高低决定于燃料中含有可燃成分的多少和化学组成，同时与燃料燃烧的条件有关[9]。

2）燃料热值的表示方法

根据不同的燃烧条件等有关情况，燃料的热值有三种表示方法，分别是弹筒热值、高位热值、低位热值。

3) 生物质热值分析实例

上海交通大学农业与生物学院生物质能工程研究中心对生物质热值进行了测定[10]。于上海、安徽和江西三地采集水稻、油菜、棉花和玉米秸秆共88个样品，将采集的样品带回实验室后，在日光下或烘箱中干燥，而后使用枝丫粉碎机(福轮力特 112 M－4)进行样品的初粉。将初粉的样品收集后放入45℃烘箱中干燥1～2 h，使用台式连续投料中药粉碎机(大德药机 DF－20)粉碎并过40目筛，制备完成后装入自封袋中并分类标记。生物质热值的测定参照 ASTM E 711－87 Standard Test Method for Gross Calorific Value of Refuse-Derived Fuel by the Bomb Calorimeter 使用氧弹热量计(上海昌吉，XRY－1B型)测定[11]。

图1－1为水稻秸秆、油菜秸秆、棉花秸秆和玉米秸秆热值测量的结果，由图可以看出，棉花秸秆的热值最低，其次是油菜秸秆，热值的大小与生物质的水分含量极其相关，水分越高，蒸发时带走的热量越多，但本研究中所测的水分与热值的关系略有出入，可能与测试时取样时间以及测热值时为了使氧弹热量计容易点火，对样品进行了反复的烘干有关[10]。

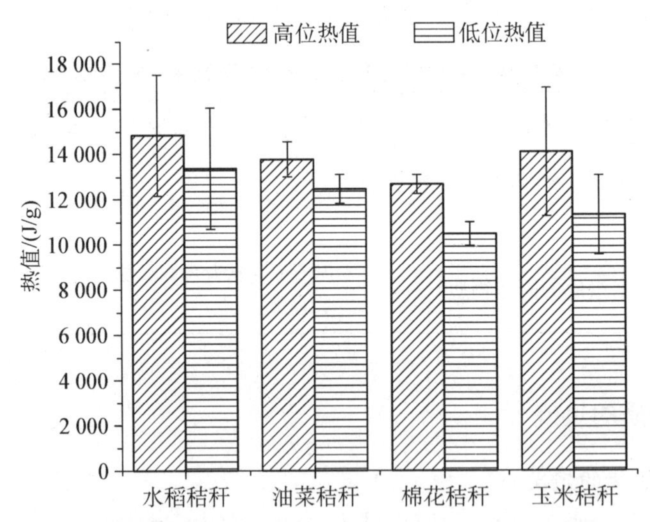

图1－1　水稻秸秆、油菜秸秆、棉花秸秆和玉米秸秆的热值

1.2.4　生物质的物理和热特性

生物质的物理特性包括生物质颗粒粒度、密度、堆积密度等，热特性包括比热和热导等，下面分别阐述。

1.2.4.1　物理特性

1) 粒度

粒度是指颗粒的大小，用其在空间范围所占据的线性尺寸表示，是固体颗粒物料最基本的几何性质。生物质作为固体颗粒状物料，是由大量的单颗粒组成的颗粒群。

2）密度和堆积密度

生物质的密度是指单位体积生物质的质量。由于颗粒与颗粒之间有许多空隙，有些颗粒本身还有空隙（如玉米芯、玉米秸等），所以固体颗粒状物料的密度有颗粒的密度、粒群的堆积密度两种。

上海交通大学农业与生物学院生物质能工程研究中心对于上海、安徽和江西三地采集水稻、油菜、棉花和玉米秸秆共 88 个样品进行了堆积密度测定[12]。测量堆积密度参照 NY/T1881.6—2010 生物质固体成型燃料试验方法中的堆积密度测定法[13]。图 1-2 给出了水稻秸秆、油菜秸秆、棉花秸秆和玉米秸秆的堆积密度。由图 1-2 可以看出不同生物质堆积密度差别较大，木本植物的棉花，其秸秆的堆积密度最大，可达（253.88±41.85）kg/m³，而草本植物的玉米，其秸秆的堆积密度最小，只有（101.34±19.81）kg/m³。由于生物质体积包含了颗粒间的孔隙和颗粒内部的孔隙，因此原料堆积体积和堆积方式不同，堆积密度也会不一样，甚至差异很大。

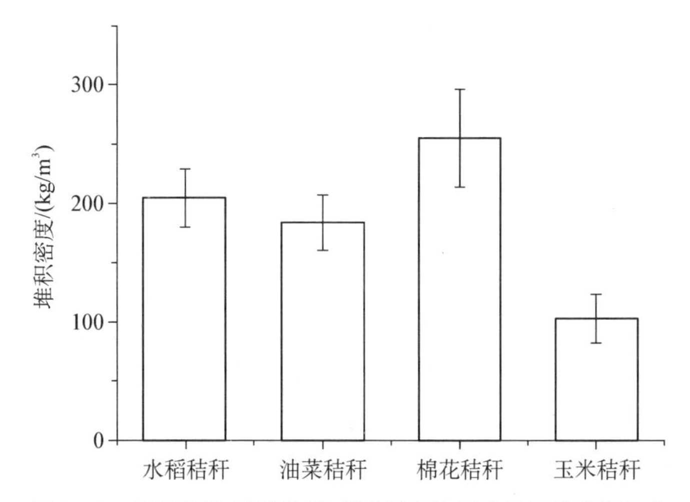

图 1-2　水稻秸秆、油菜秸秆、棉花秸秆和玉米秸秆的堆积密度

1.2.4.2　热特性

1）比热容

比热容是单位质量的物质每升高 1 K 所需要的热量。

2）导热性

生物质的导热性用热导率表示，它反映生物质的导热能力，热导率大的吸热能力强，热导率小的隔热能力强。生物质是多孔性物质，孔隙中充满空气，空气是热的不良导体，所以生物质的导热性较小。

3）生物热特性分析实例

上海交通大学农业与生物学院生物质能工程研究中心对于上海、安徽和江西三地采集水稻、油菜、棉花和玉米秸秆共 88 个样品进行了热特性测定[12]。热特性测试使用 KD2 Pro 热特性分析仪进行，测量参数分别为比热容、导热性（热导率）、热阻和热扩散率。表 1－2 为水稻秸秆、油菜秸秆、棉花秸秆和玉米秸秆农作物秸秆的热特性测试结果。

表 1－2　水稻秸秆、油菜秸秆、棉花秸秆和玉米秸秆的热特性

品种	比热容/KJ/(kg·K)	热导率/W/(m·K)	热阻/[(m·K)/W]	热扩散率/(mm²/s)
油菜秸秆	3.866±0.038	0.097±0.008	1 032.786±73.333	0.187±0.014
水稻秸秆	3.795±0.041	0.101±0.011	956.523±165.932	0.163±0.022
棉花秸秆	2.249±0.028	0.096±0.007	1 053.406±75.514	0.167±0.011
玉米秸秆	6.680±0.065	0.100±0.017	1 022.560±147.351	0.147±0.013

1.3　典型生物质特性的研究

在我国，农作物秸秆通常用作肥料、饲料、燃料、食用菌基料以及工业原料等，其中有接近 50%的农作物秸秆未被利用或低效率利用。这些废弃和低效率利用的农作物秸秆可进行高值化能源利用。上海交通大学农业与生物学院生物质能工程研究中心，在安徽省、江西省和上海市三个地区多处采集代表性生物质样品，对生物质特性进行了详细分析，旨在建立农业生物质数据库，以期对我国生物质行业发展提供参考。该项研究可促进我国农业生物质资源科学、高效、无害化利用，也为将来能够开辟更广泛的研究领域奠定基础。

1.3.1　试验材料采集与制备

1.3.1.1　试验材料的采集

选取来自安徽省、江西省和上海市的水稻秸秆、玉米秸秆、油菜秸秆和棉花秸秆共计 127 个样品，不同地块或不同品种的样品记为不同的样品。根据当地种植区域分布及样品种类选择采样点，保证采样科学、具有代表性，采集不同品种的样品以保证实验数据适用于本样品的全部品种。水稻秸秆、玉米秸秆、油菜秸秆和棉花秸秆采集分布情况如表 1－3 所示。

表 1-3　水稻秸秆、玉米秸秆、油菜秸秆和棉花秸秆采集分布情况

省份	市	水稻秸秆	玉米秸秆	油菜秸秆	棉花秸秆	总计
安徽	亳州市	4	1		7	12
	巢湖市			3		3
	池州市	2	2			4
	合肥市			7		7
	黄山市	2	6			8
江西	鹰潭市		23			23
	九江市	1	1		1	3
	南昌市			9		9
	上饶市	2	7		3	12
	宜春市		2		1	3
上海	崇明县	5	6	4	9	20
	奉贤区		10			10
	金山区			3		3
	闵行区		2			2
	浦东新区	1	1			2
	青浦区			2		2
总计		17	61	28	21	127

样品采集时间选择在该作物的收获期，在每个地块根据地形科学布点，每个样品采集 3～5 kg，使用已做好标记的绳子将样品捆扎结实；同时完成现场记录表的填写，将样品的采集时间、地点、品种、种植方式、收获季节等信息记录完整。

1.3.1.2　试验材料制备

将采集好的秸秆按种类分类标记，风干后使用枝丫粉碎机（福轮力特 112M-4）进行粗粉，得到粗粉样品放入 45℃烘箱中烘干，再经中药粉碎机（大德药机 DFY-500）中进行细粉，细粉样品再经 40 目筛分（粒径＜0.63 mm），样品制备完成后装于自封袋中，做好标签，放在干燥器中保存，用于实验测试。

1.3.2　生物质化学组成的比较与分析

1.3.2.1　试验方法与仪器

1）试验方法

以制备好的秸秆粉末样品为原料，采用四分法选取 50 g 样品进行纤维素

(cellulose)、半纤维素(hemicellulose)、木质素(lignin)、中性洗涤纤维、酸性洗涤纤维、粗蛋白等化学组成的测定,各指标的测定多采用国家标准、美国材料与试验协会 ATSM 标准和 AOAC 国际标准[10, 12]。

纤维素、半纤维素含量的测定:本测试用高效液相色谱(Waters 1515－2414)法通过测量半纤维素中五碳糖和六碳糖,包括木糖、阿拉伯糖、半乳糖和甘露糖等糖的含量来测定纤维素和半纤维素的含量。

木质素含量的测定:采用紫外分光光度法测得酸可溶性木质素,用灼烧法(575℃)测差重得到酸不可溶性木质素、木质素的总含量及两部分的总和。

测试步骤如下:

(1) 取 0.300 0 g(偏差 0.01 g)秸秆制备样进行酸解(72%的浓硫酸)、高压灭菌(121℃, 1 h),冷却至室温后抽滤取上清液。

(2) 取少量上清液进行紫外分光度的测定,根据吸光度(0.7～1.0)计算酸可溶性木质素的含量。

(3) 取 20 mL 左右上清液,用碳酸钙调节 pH 值为 6～7,经 0.2～0.22 μm 滤膜过滤,得到上高效液相色谱仪的液体,装入小瓶中,进行高效液相色谱(HPLC)测定糖的含量;高效液相色谱的测定选用糖色谱分析柱,测试条件为:注入液体体积为 20～5 0μl,流动相为通过 0.2～0.22 μm 滤膜的去离子水,流速为 0.6 mL/min,柱温为 80～85℃,检测器的温度为 80～85℃,运行时间为 30～35 min。

(4) 抽滤的样品,固体物质反复用热沸水冲洗,冲洗干净后将砂芯漏斗放置在 105℃条件下烘干 4 h,冷却,称重;再将其放入 575℃条件下灼烧 2 h,冷却,称重;两次的差值可算得酸不可溶性木质素的含量。

(5) 计算:

半纤维素的浓度 $C_{hemi} = 0.88 \times (C_{果糖} + C_{甘露糖} + C_{阿拉伯糖} + C_{木糖})$

纤维素的浓度 $C_{cell} = 0.9 \times C_{葡萄糖}$

木质素＝酸可溶木质素＋酸不可溶木质素

中性洗涤纤维(neutral detergent fiber, NDF):对植物细胞壁或纤维成分的一种测量指标,由不溶性的非淀粉多糖和木质素所组成,能够较准确地反映纤维的实际含量。主要包括半纤维素、纤维素、木质素、硅酸盐和极少量的蛋白质。

酸性洗涤纤维(acid detergent fiber, ADF):植物性饲料经酸性洗涤剂洗涤剩余的残渣称为酸性洗涤纤维,其中有纤维素、木质素和硅酸盐。

测定洗涤纤维的方法有传统的范式洗涤法、近红外漫反射光谱法等。本研究采用范式洗涤法。具体测定步骤如下所述。

① 试剂的配制。中性洗涤剂(3%十二烷基硫酸钠溶液):准确称取 18.61 g 乙二胺四乙酸二钠(EDTA, $Na_2C_{10}H_{14}O_8 \cdot 2H_2O$,分析纯)和 6.81 g 四硼酸钠($Na_2B_4O_7 \cdot 10H_2O$,分析纯)放入烧杯中,加入少量蒸馏水,加热溶解后,再加入 30 g

十二烷基硫酸钠($NaC_{12}H_{25}SO_4$,分析纯)和 10 mL 乙二醇乙醚($C_4H_{10}O_2$,分析纯);再称取 11.72 g 十二水磷酸氢二钠($Na_2HPO_4 \cdot 12H_2O$,分析纯)置于另一烧杯中,加入少量蒸馏水微微加热溶解后,倒入前一个烧杯中,在容量瓶中稀释至 1 000 mL,其中 pH 值约为 6.9~7.1(pH 值一般勿需调整)。

酸性洗涤剂(2%十六烷三甲基溴化铵):配制 1 N* 硫酸:量取约 27.87 mL 浓硫酸(分析纯,密度 1.84,98%),缓缓加入已装有约 500 mL 的蒸馏水的烧杯中,冷却后注入 1 000 mL 的容量瓶中定容;称取 20 g 十六烷三甲基溴化铵(CTAB,分析纯)溶于 1 000 mL 1 N 硫酸。

② 中性洗涤纤维测定。将专用石英坩埚清洗干净,105℃干燥 3 h 以上,在干燥器中冷却至室温,待用。称取 1.00 g 左右样品(通过 40 目筛)置于石英坩埚中,将坩埚固定于纤维素分析仪上,加入 100 mL 左右中性洗涤剂和 0.5 g 无水亚硫酸钠。放好红外反射板,打开冷凝水开关,将挡位调至最大;待液体沸腾后,挡位调至中挡,并持续保持微沸 60 min。

煮沸完毕后,抽滤,并用沸水冲洗石英坩埚与残渣。用 20 mL 丙酮冲洗,抽滤。将坩埚置于 105℃烘箱中烘干后,在干燥器中冷却至室温称重,直称至恒重。留下的残渣即为中性洗涤纤维,根据差值法可以得到。

③ 酸性洗涤纤维测定。将专用石英坩埚清洗干净,105℃干燥 3 h 以上,在干燥器中冷却至室温,待用。称取 1.00 g 左右样品(通过 40 目筛)置于石英坩埚中,将坩埚固定于纤维素分析仪上,加入 100 mL 左右酸性洗涤剂。放好红外反射板,打开冷凝水开关,将挡位调至最大;待液体沸腾后,挡位调至中挡,并持续保持微沸 60 min。

煮沸完毕后,抽滤,并用沸水冲洗坩埚与残渣。用 20 mL 丙酮冲洗,抽滤。将坩埚置于 105℃烘箱中烘干后,在干燥器中冷却至室温称重,直称至恒重。留下的残渣即为酸性洗涤纤维,根据差值法可以得到。

粗蛋白:粗蛋白是食品、饲料中一种蛋白质含量的度量。它是食品、饲料中含氮化合物的总称,既包括真蛋白又包括非蛋白含氮化合物,非蛋白含氮化合物包括游离吡啶、尿素、氨基酸、嘌呤、氨和硝酸盐等。通常的计算方法是饲料样品中的氮含量乘以系数 6.25。粗蛋白只是一个粗略的概念。

2) 试验仪器

枝丫粉碎机、中药粉碎机、天平、VELP 纤维测定仪 FIWE6、烘箱、马弗炉、Waters 1515-2414 高效液相色谱仪、UV-1800 型紫外分光光度计、凯氏定氮仪等。

3) 数据分析方法

Microsoft Excel 2010, IBM SPSS Statistics 20 单因素方差分析。

---

* 1N(当量浓度)=(1 mol/L)÷离子价数。

1.3.2.2　纤维类物质含量

纤维类物质包括纤维素、半纤维素和木质素。纤维类物质含量的高低可以作为生物质能原料选择的重要依据。图 1-3 为水稻秸秆、玉米秸秆、油菜秸秆和棉花秸秆的纤维类物质含量。由图可知，4 种秸秆之间纤维素、半纤维素和木质素的含量差异显著。根据试验可以得出水稻秸秆、玉米秸秆、油菜秸秆和棉花秸秆的纤维类物质的含量范围分别如下：纤维素 23%～53%，24%～41%，21%～34%，23%～44%；半纤维素 10%～26%，18%～26%，9.7%～38%，11%～20%；木质素 14%～33%，22%～32%，17%～19%，41%～46%。其中玉米纤维素和半纤维素含量与文献报道中的范围基本一致[14]。

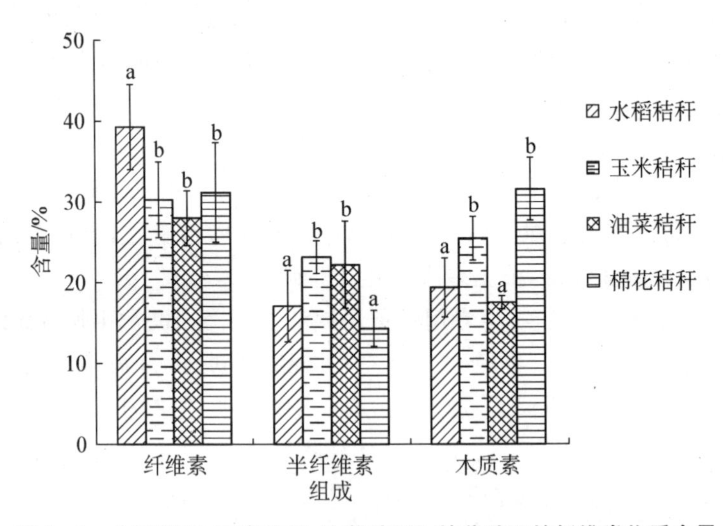

图 1-3　水稻秸秆、玉米秸秆、油菜秸秆和棉花秸秆的纤维类物质含量

注：同一指标上标相同字母表示差异不显著（LSD $p < 0.05$）。

沼气技术是生物质被厌氧菌降解得到的气体燃料。秸秆中因木质素含量较高，不能够被厌氧菌有效地降解，因此制取沼气比畜禽粪便制取时要困难得多，尤其是对于木质素含量最高的棉花秸秆。本书研究的 4 种秸秆中，油菜秸秆的木质素含量较低，相对适合作为生产沼气的原料[15]。

棉花秸秆的木质素含量最高，其次为玉米秸秆，如果用于生产燃料乙醇，对乙醇预处理的效果要求会更高。木质纤维素原料生产乙醇的过程主要分为两步：纤维素和半纤维素水解为可发酵性糖，然后糖发酵成醇。水解过程通常用酸或酶作为催化剂。而木质素本身结构很稳定，很难被一般的溶剂溶解，因此木质纤维素生物质制取乙醇的过程中，木质素一般需要去除。纤维素/半纤维素的比值大更适合生产乙醇，通过计算，水稻秸秆此比值最大，平均达 2.30，因此水稻秸秆生产乙醇的潜力较高[16]。

在复合材料性能研究方面，纳米纤维素属于农业生物质的一种高附加值产物。纳米纤维素是指尺寸为纳米级别(1～100 nm)的微晶纤维素，农业纤维通过物理机械法、化学处理法和蒸汽爆破法除去半纤维素、木质素及糖、果胶、色素等成分可制备出纳米纤维素。纳米纤维素因其巨大的比表面积、良好的机械性能、超强的吸附能力和较高的反应活性，应用非常广泛，如纳米增强材料、光学材料、智能材料；在食品、医药、造纸等行业及传感器领域等也有较好的应用前景[17]。因此，4 种秸秆物质可以作为纳米纤维素的原料，其中以纤维素含量较高的水稻秸秆尤为适合。

1.3.2.3　化学特性

秸秆作为饲料时，其营养品质主要取决于秸秆中粗蛋白、中性洗涤纤维(NDF)和酸性洗涤纤维(ADF)的含量。对水稻秸秆、玉米秸秆、油菜秸秆和棉花秸秆进行了中性洗涤纤维、酸性洗涤纤维和粗蛋白的测定。水稻秸秆、玉米秸秆、油菜秸秆和棉花秸秆的化学特性分析结果如表 1-4 所示。

表 1-4　水稻秸秆、玉米秸秆、油菜秸秆和棉花秸秆的化学特性分析(%)

	粗蛋白	NDF	ADF
水稻秸秆	5.25 ± 1.55^{ab}	68.00 ± 7.42^{a}	45.68 ± 4.53^{a}
玉米秸秆	7.42 ± 2.43^{c}	73.37 ± 7.96^{b}	45.99 ± 7.17^{ab}
油菜秸秆	4.42 ± 1.62^{a}	70.71 ± 2.22^{c}	59.76 ± 2.34^{b}
棉花秸秆	6.14 ± 2.36^{b}	72.72 ± 12.42^{bc}	51.67 ± 14.59^{ab}

注：同一指标上标 a, b, c 中字母相同表示差异不显著 (LSD $p < 0.05$)。

水稻秸秆、玉米秸秆、油菜秸秆和棉花秸秆的粗蛋白含量范围分别是 3.2%～11.5%, 3.9%～11.4%, 2.2%～9.4%和 3.2%～11.3%；NDF 的含量范围分别是 42.6%～77.7%, 56.7%～82.9%, 65.4%～75.9%和 54.7%～84.2%；ADF 的含量范围分别是 31.9%～58.8%, 31.4%～55.8%, 54.9%～65.3%和 40.8%～69.7%。玉米中洗涤纤维的含量比文献中偏高一些[18]，粗蛋白含量与文献中范围一致[19]。油菜秸秆中粗蛋白含量文献值稍高[20]，可能是由于不同地区粗蛋白含量有所差异。水稻秸秆和棉花秸秆中粗蛋白的含量与文献含量范围一致[21]。秸秆经过酵母菌或其他微生物发酵，粗蛋白含量大大提高，同时提高了粗纤维的降解率，从而更加适于作畜禽饲料[22]。

1.3.2.4　小结

①本研究所测定的水稻秸秆、玉米秸秆、油菜秸秆和棉花秸秆中 6 项化学特性指标均差异显著；②4 种秸秆中，油菜较适合生产沼气，棉花秸秆最不适合，水稻秸

秆更适合生产乙醇；③4 种秸秆中，水稻秸秆因纤维素/半纤维素的比值大(2.30)，而有较大生产燃料乙醇潜力；④4 种秸秆物质都可以作为纳米纤维素的原料，其中水稻秸秆最为适合。

1.3.3 生物质的工业分析和元素组成的比较与分析

本研究将对水稻秸秆、玉米秸秆、油菜秸秆和棉花秸秆进行水分(M)、灰分(A)、挥发分(V)、固定碳(F)等工业分析特性和 C、H、N、S、O 等无机元素及 P、K、Ca、Na、Mg、Fe、Cu 和 Zn 金属元素组成的测定，并进行比较和分析，以期为生物质合适的能源化利用方式提供参考。

1.3.3.1 试验方法与仪器

1) 工业分析

水分：在 100～105℃烘干恒重所失去的质量。将样品放入烘箱，在 105℃下烘干 4 h 至恒重，用差重法得到水分含量。

灰分：烘干的植物组织在 550～600℃灼烧，有机物中的碳、氢、氧、氮等元素以二氧化碳、水、分子态氮和氮的氧化物形式散失到空气中，余下一些不能挥发的灰白色残烬，称为灰分。将样品放入马弗炉，在 575℃下烘干 3 h 至恒重，用差重法得到灰分含量。

挥发分：在一定温度下隔绝空气加热，逸出物质(气体或液体)中减掉水分后的含量。测定方法：①用预先于(900 ± 10)℃温度下灼烧至质量恒定的带盖坩埚，称取制备样品 1 g 左右放入坩埚，放在坩埚架上。②打开预先升温至(900 ± 10)℃下的马弗炉炉门，迅速将装有坩埚的坩埚架送入炉中的恒温区内，立即开动秒表计时，关好炉门，使坩埚连续加热 7 min。坩埚放入后，炉温会有所下降，但必须在 3 min内使炉温恢复到(900 ± 10)℃，并继续保持此温度到试验结束，否则此次试验作废。用差重法得到挥发分含量。

固定碳：经热裂解出挥发分之后，剩下的不挥发物称为焦渣，焦渣减去灰分称为固定碳。通过计算得出，公式为

$$F_c = 1 - M_c - A_c - V_c \tag{1-1}$$

式中：F_c 为固定碳的含量(%)；

M_c 为水分的含量(%)；

A_c 为灰分的含量(%)；

V_c 为挥发分的含量(%)。

热值：高、低位热值用氧弹热量计(上海昌吉，XRY－1B 型)测得。

热值的测定步骤为：第一步，基本数据取得。将秸秆制备样于 45℃、105℃烘干，测得秸秆在 45℃、105℃下的水分含量；并在元素分析仪中进行 H 和 S 元素含

量的测定。第二步，样品压片。用小药匙向压片机的加料孔中添加 1 g 左右样品至加料孔的最上沿，接着进行压片，用干净的白纸垫在压片机的加料孔底部，至样品落下时得到圆柱状压制样品。第三步，热值测定。将压成块状的样品取出放入氧弹仪中，安装并调节好点火丝，用总压强为 20 MPa 的氧气瓶给氧弹充氧气，充氧时一般氧气压强在 2.0～2.5 MPa，充氧气时间为略大于 30 s(压强较低时，可适当延长充氧气时间)；充氧气完成后，将温度调整至内筒温度比外筒低 0.2℃方可进行氧弹的测量。根据氧弹热值、水分含量及元素含量，系统可自动算得样品高、低位热值。

2) 无机元素

元素 C、H、N、S、O：用英国 Isoprime 同位素质谱仪(Vario EL Ⅲ)测得。

基本的测试程序如下：称量 2～3 mg 秸秆制备样，采用 1.5 cm×1 cm 的锡舟进行包裹，把包装好的样品加入元素分析仪自动进样器。在仪器中，样品会被氧化成 CO_2、H_2O、N_2 和 SO_2，探测器会通过分析 N_2、H_2O、CO_2 和 SO_2 含量，换算成 C、H、N 和 S 的含量(%)。

3) 矿物质元素

P、K、Na、Ca、Mg、Fe、Cu 和 Zn 元素：用 MIC IC 型电感耦合等离子体发射光谱仪(ICP－AES)测得。

具体的操作过程为：准确称取 0.500 0 g 秸秆制备样，置于 100 mL 三角烧瓶内，加少量水浸润，加入 10 mL 硝酸；在电热板上低温加热，蒸发近干时，取下冷却，加入硝酸、高氯酸(4∶1)1 mL 继续加热至白烟将冒尽时，加入 1 mL 硝酸，蒸干再加入盐酸硝酸(1∶1)4 mL；加热蒸至 2～4 mL 时，取下冷却，转移至 50 mL 容量瓶中定容，摇匀，加入电感耦合等离子体发射光谱仪(ICP－AES，Iris Advantage 1000，USA)中进行测定，进行了 3 次平行测定。

原子吸收光谱分析具有测定灵敏度高、选择性好、用样量少、操作简单和分析速度快等优点，广泛应用于工业、农业、食品、卫生和环境等领域。碱金属由于其电离度较低，因此在测试的过程中加入氯化铯抗电离干扰，得到了比较好的测定结果。

4) 试验仪器

枝丫粉碎机、中药粉碎机、天平、烘箱、马弗炉、MIC IC 型电感耦合等离子光谱发生仪(ICP)、Vario EL Ⅲ/Isoprime 元素分析同位素质谱联用仪等。

5) 数据分析方法

Microsoft Excel 2010，IBM SPSS Statistics 20 单因素方差分析。

1.3.3.2　工业分析试验结果

工业分析一般包括水分、灰分、挥发分、固定碳和热值。本实验利用 45℃烘干后的制备样来做测试。挥发分是燃料分类的重要指标，在煤等燃料分类中应用广泛；固定碳就是测定挥发分后残留下来的无机物质的产率，通过计算求得，如式(1－1)所示。

图1-4为水稻秸秆、玉米秸秆、油菜秸秆和棉花秸秆的工业分析结果。由图可知,水稻秸秆、玉米秸秆、油菜秸秆和棉花秸秆工业分析含量范围分别是:水分含量为1.3%~8.8%,1.6%~9.3%,4.9%~10.2%和0.4%~12.1%;灰分含量为9.4%~19.9%,4.1%~26.6%,4.4%~10.3%和2.4%~23.6%;挥发分含量为64%~73%,58%~78%,64%~76%和61%~82%;固定碳含量为11.9%~16.2%,9.2%~18.1%,10.9%~20.5%和2.1%~18.9%。

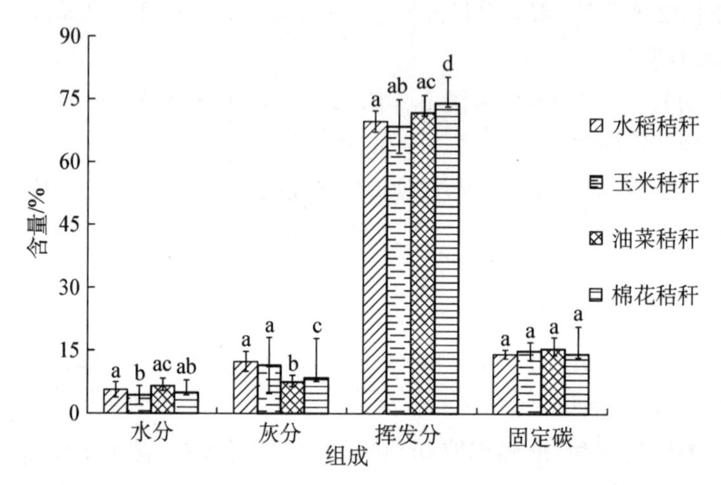

图1-4 水稻秸秆、玉米秸秆、油菜秸秆和棉花秸秆的工业分析结果

注:同一指标上标字母相同表示差异不显著(LSD $p < 0.05$)。

水稻秸秆、玉米秸秆、油菜秸秆和棉花秸秆中水分含量差异显著,且每种秸秆不同样品间水分含量的差异较大,有研究表明玉米秸秆含水率自顶部至底部逐渐升高,且顶部和底部含水率的差异明显,故可能因为样品间或取样位置的差异所导致。

水稻秸秆、玉米秸秆、油菜秸秆和棉花秸秆中灰分和挥发分含量差异显著。热值对于燃料是一个非常重要的评判指标,实验测得的水稻秸秆、玉米秸秆、油菜秸秆和棉花秸秆的热值如表1-5所示。水稻秸秆、玉米秸秆、油菜秸秆和棉花秸秆中高位热值范围分别为9.27~14.02 MJ/kg,7.07~17.09 MJ/kg,7.96~16.86 MJ/kg和8.20~17.85 MJ/kg;低位热值范围分别为7.70~12.67 MJ/kg,5.85~15.76 MJ/kg,6.49~16.06 MJ/kg和6.90~17.46 MJ/kg。

表1-5 水稻秸秆、玉米秸秆、油菜秸秆和棉花秸秆的热值

种类	水稻秸秆	玉米秸秆	油菜秸秆	棉花秸秆
高位热值/(MJ/kg)	11.49±1.65	12.662±3.221	14.35±2.60	15.12±3.13
低位热值/(MJ/kg)	10.05±1.59	11.267±3.152	12.65±2.60	13.58±3.34

由表 1－5 可以看出棉花秸秆热值最高，其次是油菜秸秆、玉米秸秆和水稻秸秆，但由于样品间差异较大，组间标准差较大，故无法断定热值的排序。生物质的热值除与它的种类（主要是所含成分如 C 含量）有关外，与其含水量的关系较大。含水量越高，燃烧时水分蒸发摄取的热量也就越多，净得热量越少，低位热值也就越低[23]。

1.3.3.3　元素分析

1）*无机元素*

元素分析组成是指物质组成的各种元素，生物质主要由无机元素 C、H、N、S、O 及矿物质元素 P、K、Na、Ca、Mg、Fe、Cu、Zn、Si 等元素组成。水稻秸秆、玉米秸秆、油菜秸秆和棉花秸秆的无机元素分析结果如表 1－6 所示。由表可知，水稻秸秆、玉米秸秆、油菜秸秆和棉花秸秆中 C、N 和 O 含量差异显著。水稻秸秆、玉米秸秆、油菜秸秆和棉花秸秆的 C 元素含量范围为 38%～42%，35%～45%，37%～43%和 42%～57%；H 元素含量范围为 5.3%～6.5%，5.2%～6.9%，5.1%～6.5%和 5.3%～6.3%；N 元素含量范围为 0.1%～2.0%，0.7%～2.1%，0.2%～1.2%和 0.5%～2%；S 元素含量范围为 0.2%～7.5%，0.2%～0.4%，0.4%～1.4%和 0.3%～0.8%；O 元素含量范围为 38%～53%，45%～53%，49%～56%和 47%～50%。本实验所得实验数据与文献数据基本一致[24]，O 的含量略高于文献值，可能与测定方法不同有关。数据中如 N 含量的范围较大，可能是由于各地施肥差异造成的，而且植物不同的生长部位和不同的生长期元素含量均会有差别[25]。

表 1－6　水稻秸秆、玉米秸秆、油菜秸秆和棉花秸秆的无机元素分析结果（%）

	水稻秸秆	玉米秸秆	油菜秸秆	棉花秸秆
C	40.745 ± 1.426^{a}	41.811 ± 2.843^{a}	38.618 ± 1.433^{b}	43.993 ± 1.488^{b}
H	5.644 ± 0.326^{a}	5.868 ± 0.517^{a}	5.737 ± 0.383^{a}	5.877 ± 0.372^{a}
N	0.906 ± 0.362^{a}	1.35 ± 0.358^{b}	0.456 ± 0.215^{a}	1.233 ± 0.46^{b}
S	0.815 ± 1.581^{a}	0.367 ± 0.045^{a}	0.932 ± 0.225^{a}	0.417 ± 0.16^{a}
O	46.81 ± 5.434^{a}	47.587 ± 2.409^{a}	54.257 ± 1.598^{b}	48.317 ± 1.209^{a}

注：同一指标上标字母相同表示差异不显著（LSD $p<0.05$）。

C、H、O、S 作为生物质的可燃质，可据其含量估算生物质的热值。木本生物燃料中的 N 和 S 的含量较低，而草本和谷物中的 N 和 S 的含量较高，本研究中四种农作物秸秆都属于草本科，N 和 S 的含量相对较高，这使得在利用它们时有必要采取相应的烟气净化技术[26]。

2）*矿物质元素*

秸秆中的矿物质金属元素主要有 P、K、Na、Ca、Mg、Fe、Cu 和 Zn 等，矿物质为植物体必需但需求量很少的一些元素。这些元素在土壤中缺少或不能被植物利用时，植物生长不良，过多又容易引起中毒。矿物质元素是农作物秸秆的组成部分，K、Mg、Fe、Cu和Zn既可作为肥料循环使用，也可在生物质能转换中起到显著的催化作用[27]。水稻秸秆、玉米秸秆、油菜秸秆和棉花秸秆的矿物质元素分析结果如表1-7所示。水稻秸秆、玉米秸秆、油菜秸秆和棉花秸秆中P的含量范围分别为0.05%～0.26%，0.04%～0.41%，0.03%～0.17%和0.06%～0.44%；K的含量范围分别为0.21%～3.17%，0.54%～2.89%，0.29%～3.75%和0.37%～2.85%；Na的含量范围分别为0.15%～0.35%，0.08%～0.27%，0.05%～1.58%和0.02%～0.35%；Ca的含量范围分别为0.16%～0.57%，0.26%～1.04%，0.71%～1.75%和0.43%～1.77%；Mg的含量范围分别为0.07%～0.59%，0.18%～0.84%，0.04%～0.23%和0.07%～0.45%；Fe的含量范围分别为0.02%～0.09%，0.02%～0.56%，0.01%～0.05%和0.02%～0.34%；Cu的含量范围分别为0.001‰～0.021‰，0.007‰～0.031‰，0.004‰～0.017‰和0.004‰～0.023‰；Zn的含量范围分别为0.016‰～0.155‰，0.014‰～0.344‰，0.007‰～0.063‰和0.013‰～0.058‰。本实验所得水稻秸秆的数据与Dayton等学者的实验数据基本一致[24]。有研究表明，植物中的大部分元素含量会有一定的种间变异系数，而K和P的变异系数较小，本实验结果与文献结论一致[25]。

由表1-7可知玉米秸秆和棉花秸秆中P的平均含量较高；油菜秸秆的K、Na、Ca含量远高于水稻秸秆、玉米秸秆和棉花秸秆，而水稻秸秆中Na、Ca含量低于其他三种秸秆，与唐艳玲等学者研究结果一致[26]；玉米秸秆中Mg、Fe、Cu、Zn的平均含量高于水稻秸秆、油菜秸秆和棉花秸秆，而油菜秸秆中Mg、Fe、Cu、Zn平均含量为4种秸秆中最低的。

表1-7　水稻秸秆、玉米秸秆、油菜秸秆和棉花秸秆的矿物质元素分析结果(%)

	水稻秸秆	玉米秸秆	油菜秸秆	棉花秸秆
P	0.111±0.036 ^{a}	0.21±0.106 ^{b}	0.08±0.045 ^{a}	0.232±0.119 ^{b}
K	1.805±0.557 ^{a}	1.553±0.764 ^{ab}	2.151±0.737 ^{ac}	1.338±0.775 ^{ab}
Na	0.072±0.077 ^{a}	0.17±0.057 ^{a}	0.34±0.303 ^{b}	0.173±0.1 ^{a}
Ca	0.351±0.089 ^{a}	0.528±0.216 ^{a}	1.235±0.323 ^{b}	0.874±0.422 ^{c}
Mg	0.145±0.082 ^{a}	0.382±0.14 ^{b}	0.15±0.051 ^{a}	0.22±0.111 ^{bc}
Fe	0.034±0.014 ^{a}	0.164±0.173 ^{b}	0.018±0.012 ^{a}	0.06±0.079 ^{a}
Cu	0.001 1±0.000 6 ^{a}	0.001 7±0.000 7 ^{b}	0.000 8±0.000 3 ^{c}	0.000 9±0.000 5 ^{ac}
Zn	0.006 7±0.002 8 ^{a}	0.008 1±0.008 8 ^{a}	0.002 3±0.001 5 ^{b}	0.003 2±0.001 6 ^{b}

注：同一指标上标字母相同表示差异不显著(LSD $p<0.05$)。

1.3.3.4　小结

主要结论如下：① 水稻秸秆、玉米秸秆、油菜秸秆和棉花秸秆中水分、灰分、挥发分和热值及元素 C、N、O、P、K、Na、Ca、Mg、Fe、Cu 和 Zn 含量差异显著，只有固定碳、元素 H 和 S 含量差异不显著；②4 种秸秆中棉花秸秆的热值最大，其次为玉米秸秆、油菜秸秆和水稻秸秆，此结果说明热值与 C、H 及木质素含量成正相关，与 O、N 含量成负相关；③4 种秸秆中 N(0.1%～2.1%)和 S(0.2%～7.5%)的含量相对较高，在利用它们时为减少环境污染，有必要采取相应的烟气净化技术。

1.3.4　三个地区玉米秸秆特性分析

1.3.4.1　三个地区玉米秸秆化学组成分析

三个地区纤维类物质含量如图 1-5 所示。由图可以看出安徽、江西和上海三个地区的玉米秸秆中纤维类物质的含量范围分别如下：纤维素 29%～41%，32%～37%，24%～28%；半纤维素 21%～27%，19%～26%，21%～25%；木质素 26%～27%，23%～29%，22%～27%。安徽与上海的玉米秸秆在纤维素、半纤维素含量上无明显差异，但在木质素含量上有明显差异；江西与上海的玉米秸秆在纤维素、半纤维素和木质素含量上均反映出明显差异。由图 1-5 结果分析可知，上海秸秆的纤维素和半纤维素含量总和最低；木质素含量高低顺序为江西秸秆＞安徽秸秆＞上海秸秆；安徽秸秆和江西秸秆中纤维素/半纤维素的比值较高，安徽秸秆为 1.39，江西为 1.47，因此安徽和江西玉米秸秆生产乙醇的潜力更大[27]。

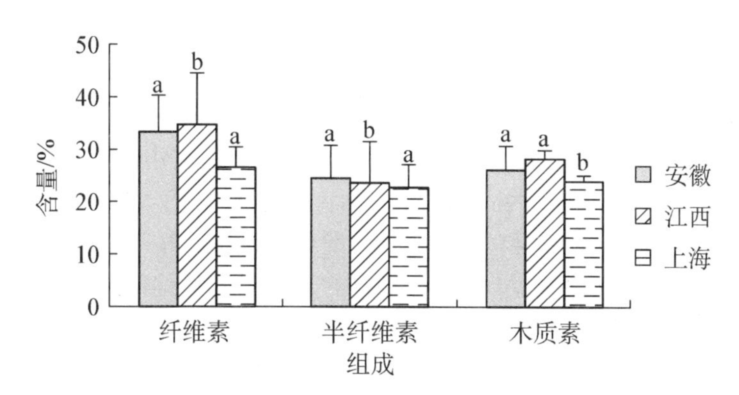

图 1-5　三个地区纤维类物质含量

注：同一指标上标相同字母表示差异不显著（LSD $p < 0.05$）。

1.3.4.2　三个地区玉米秸秆工业分析

图 1-6 所示为三个地区玉米秸秆的工业分析。由图可知，安徽、江西和上海的玉米秸秆中水分含量相差不大，但上海玉米秸秆中粗灰分的含量明显高于其他

两省,挥发分含量明显低于其他两省,固定碳的含量呈现安徽>江西>上海的趋势。其中,安徽、江西和上海三个地区的玉米秸秆中工业分析成分含量范围分别为:水分为2.4%~9.3%,1.6%~5.8%,1.9%~9.1%;粗灰分为4.1%~8.9%,4.9%~7.6%,11.5%~26.6%;挥发分为65.0%~75.7%,58.3%~77.6%,57.9%~71.3%;固定碳为15.1%~18.1%,12.7%~16.9%,9.2%~17.1%。由图1-6可知,安徽与上海的玉米秸秆在灰分、挥发分和固定碳含量上差异显著;江西与上海的玉米秸秆在灰分和挥发分含量上反映出明显差异,水分和固定碳含量上无明显差异。

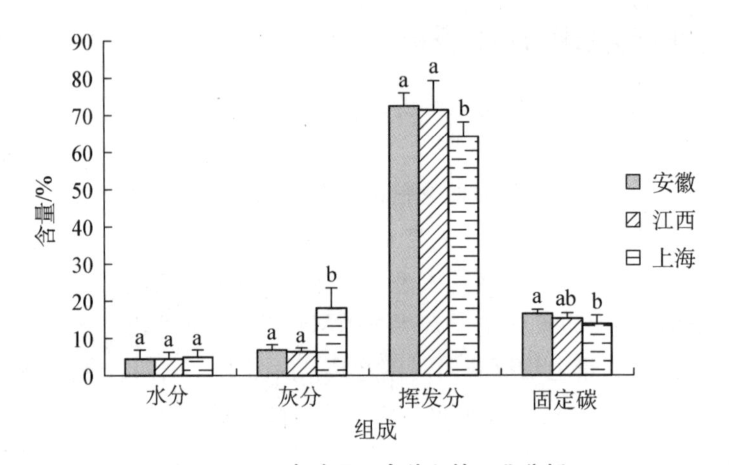

图1-6 三个地区玉米秸秆的工业分析

注:同一指标上标相同字母表示差异不显著(LSD $p < 0.05$)。

1.3.4.3 三个地区玉米秸秆元素组成分析

三个地区的元素组成分析如表1-8所示。由表可知,安徽与上海的玉米秸秆在C、N、O、P、Na、Ca、Fe含量上差异显著,H、S、K、Mg、Cu和Zn含量上无明显差异;江西与上海的玉米秸秆在C、N、O、P、Ca、Fe含量上反映出明显差异,H、S、K、Na、Mg、Cu和Zn含量上无明显差异。上海玉米秸秆与安徽、江西两省的玉米秸秆有明显差异,上海玉米秸秆的C含量明显偏低,而O、Ca和Fe等元素含量明显高于其他两省。可以估算出上海的玉米秸秆热值最低,且因碱金属含量高,不宜用于直燃发电。由于上海玉米秸秆样品主要取自崇明岛,可能是由于气候差异较大引起的性质差异,N的含量明显高于其他两省;P的含量水平为江西>上海>安徽,安徽省玉米秸秆的P含量显著偏低。根据张世熔等土壤方面的学者研究发现[28],不同地区土壤氮素含量差异显著,可以推断N、P含量的差异是由不同地区施用肥料的多少不同所致。

表 1－8　三个地区玉米秸秆的元素组成

元素	单位	安徽省	江西省	上海市
C	%	43.56±0.86 [a]	44.16±0.87 [a]	39.15±2.27 [b]
H	%	5.86±0.6 [a]	5.85±0.47 [a]	5.88±0.53 [a]
N	%	1.14±0.32 [a]	1.18±0.18 [a]	1.61±0.31 [b]
S	%	0.35±0.06 [a]	0.37±0.02 [a]	0.38±0.04 [a]
O	%	46.35±0.93 [a]	45.99±0.5 [a]	49.44±2.63 [b]
P	%	0.1±0.05 [a]	0.31±0.09 [b]	0.24±0.07 [b]
K	%	1.53±0.61 [a]	1.26±0.61 [a]	1.73±0.95 [a]
Na	%	0.2±0.07 [a]	0.17±0.06 [ab]	0.14±0.04 [b]
Ca	%	0.46±0.15 [a]	0.37±0.1 [a]	0.67±0.23 [b]
Mg	%	0.41±0.07 [a]	0.27±0.09 [a]	0.42±0.18 [a]
Fe	%	0.04±0.02 [a]	0.05±0.02 [a]	0.32±0.16 [b]
Cu	‰	0.016±0.005 [a]	0.022±0.009 [a]	0.015±0.006 [a]
Zu	‰	0.029±0.012 [a]	0.062±0.028 [a]	0.048±0.025 [a]

注：同一类指标上标相同字母表示差异不显著（LSD $p<0.05$）。

参考文献

[1] 刘荣厚. 生物质能工程[M]. 北京：化学工业出版社，2009.

[2] 吴小武，刘荣厚. 农业废弃物厌氧发酵制取沼气技术的研究进展[J]. 中国农学通报，2011，27(26)：227－231.

[3] 沈同，王镜岩，赵邦悌，等. 生物化学(第二版)[M]. 北京：高等教育出版社，1981.

[4] Pérez J，Muñoz-Dorado J，Rubia T，et al. Biodegradation and biological treatments of cellulose，hemicellulose and lignin：an overview [J]. International Microbiology，2002，(5)：53－63.

[5] 邬义明. 植物纤维化学(第二版)[M]. 北京：中国轻工业出版社，1995.

[6] Shevchenko S M，Bailey G W. The mystery of the lignin-carbohydrate complex：a computational approach [J]. Journal of Molecular Structure：Theochem，1996，364(2－3)：197－208.

[7] 陶用珍，管映亭. 木质素的化学结构及其应用[J]. 纤维素科学与技术，2003，11(1)：42－55.

[8] 刘荣厚，牛卫生，张大雷. 生物质热化学转换技术[M]. 北京：化学工业出版社，2005.

[9] 姚向君，田宜水. 生物质能资源清洁转化利用技术[M]. 北京：化学工业出版社，2005.

[10] 王璐. 典型农业生物质特性及其热裂解动力学研究[D]. 上海：上海交通大学，2013.

[11] American Society for Testing Material. E 711 - 87 Standard test method for gross calorific value of refuse-derived fuel by the bomb calorimeter [S]. West Conshohocken: ASTM International, 1987.
[12] 黄历. 生物质的特性分析及其热裂解产物的研究[D]. 上海:上海交通大学,2013.
[13] 中华人民共和国农业部. NY/T18816—2010 生物质固体成型燃料试验方法[M]. 北京:中国标准出版社,2010.
[14] Liao N, Huang G, Chen L, et al. Grey Relation Analysis of Lignocellulose Composition [J]. Materials for Renewable Energy & Environment, 2011, (1): 521 - 524.
[15] 孙辰,刘荣厚,刘文超,等. 上海地区水稻秸秆基础特性及产甲烷潜力分析[J]. 中国沼气,2012,(30):122 - 125.
[16] McKendry P. Energy production from biomass (part 1): overview of biomass [J]. Bioresource Technology, 2002, (83): 37 - 46.
[17] 宋孝周,吴清林,傅峰,等. 农作物与其剩余物制备纳米纤维素研究进展[J]. 农业机械学报,2011,42(11):106 - 112.
[18] 白琪林,陈绍江,戴景瑞. 我国常用玉米自交系秸秆品质性状及其相关分析[J]. 作物学报,2007,33(11):1777 - 1781.
[19] 王鑫,马永祥,李娟. 紫花苜蓿营养成分及主要生物学特性[J]. 草业科学,2003,20(10):40 - 41.
[20] 陈刚,彭健,刘振利. 中国菜籽饼粕品质特征及其影响因素研究[J]. 中国粮油学报,2006,21(1):95 - 99.
[21] 李永刚. 棉秆纤维素、半纤维素和木质素的分离、鉴定以及纤维素的应用研究[D]. 北京:中国农业大学,2007.
[22] 李大鹏,高玉荣. 利用生物技术开发玉米秸秆饲料资源的研究[J]. 饲料研究,2001,(2):14 - 15.
[23] 朱锡锋. 生物质热裂解原理与技术[M]. 合肥:中国科学技术大学出版社,2006.
[24] Dayton D C, Turn S Q, Bakker R R, et al. Release of inorganic constituents from leached biomass during thermal conversion [J]. Energy & Fuels, 1999(13): 860 - 870.
[25] 孔令韶,王其兵,郭柯. 内蒙古阿拉善地区植物元素含量特征及数量分析[J]. 植物学报,2001,43(5):534 - 540.
[26] 唐艳玲,余春江,方梦祥,等. 秸秆中碱金属相关无机元素的测定和分布[J]. 农机化研究,2005,(1):190 - 193.
[27] Wang L, Liu R H, Sun C, et al. Classification and comparison of physical and chemical properties of corn stalk from three regions in China [J]. International Journal of Agricultural & Biological Engineering, 2014, 7(4): 98 - 106.
[28] 张世熔,孙波,赵其国,等. 南方丘陵区不同尺度下土壤氮素含量的分布特征[J]. 土壤学报,2007,44(5):885 - 892.

第 2 章　粪便和蔬菜废弃物制取沼气技术

2.1　生物质厌氧消化的原理

2.1.1　厌氧消化的原理

1）沼气发酵的定义

沼气发酵又称厌氧消化是一个复杂的微生物学过程，是指各种有机物在厌氧条件下，被各类沼气发酵微生物分解转化，最终生成沼气的过程。沼气发酵在自然界中广泛存在，如在人和动物的肠道，腐烂树木的木质部，河流、湖泊和海洋的沉积物中，淹水的土壤、沼泽、污水、粪坑中都有沼气发酵微生物的存在。我们修建沼气池就是模仿自然环境为沼气发酵微生物创造合适的生活条件，使沼气池内能够生长繁殖出更多的沼气发酵微生物，成为用人工的办法生产沼气[1]。

沼气是一种混合气体，其组成不仅取决于发酵原料的种类及其相对含量，而且随发酵条件及发酵阶段的不同而变化。当沼气池处于正常稳定发酵阶段时，沼气的体积组成大致为：甲烷（CH_4）50%～70%，二氧化碳（CO_2）30%～40%。此外还有少量的一氧化碳（CO）、氢（H_2）、硫化氢（H_2S）、氧（O_2）和氮（N_2）等气体。沼气的组成中，可燃成分包括甲烷、硫化氢、一氧化碳和重烃等气体；不可燃成分包括二氧化碳、氮和氨等气体。在沼气成分中硫化氢平均含量为 0.034%。

2）厌氧消化的原理

McCarty 早在 1964 年就描述了厌氧消化的基本要素和过程。厌氧消化食物网如图 2－1 所示。目前得到公认的厌氧消化原理主要分为 4 个阶段，参与的微生物种类主要有 5 大类群[2]。4 个阶段分别为：Ⅰ. 复杂聚合物的水解；Ⅱ. 单体物质发酵生成可挥发性脂肪酸（volatile fatty acid，VFA）和乙醇；Ⅲ. 中间体反应生成 H_2 和乙酸；Ⅳ. 甲烷的形成。5 大类群微生物分别为：a. 发酵性细菌；b. 产氢产乙酸菌；c. 耗氢产乙酸菌；d. 食氢产甲烷菌；e. 食乙酸产甲烷菌。

（1）水解阶段：在微生物胞外酶的作用下，如纤维素酶、淀粉酶、蛋白酶和脂肪

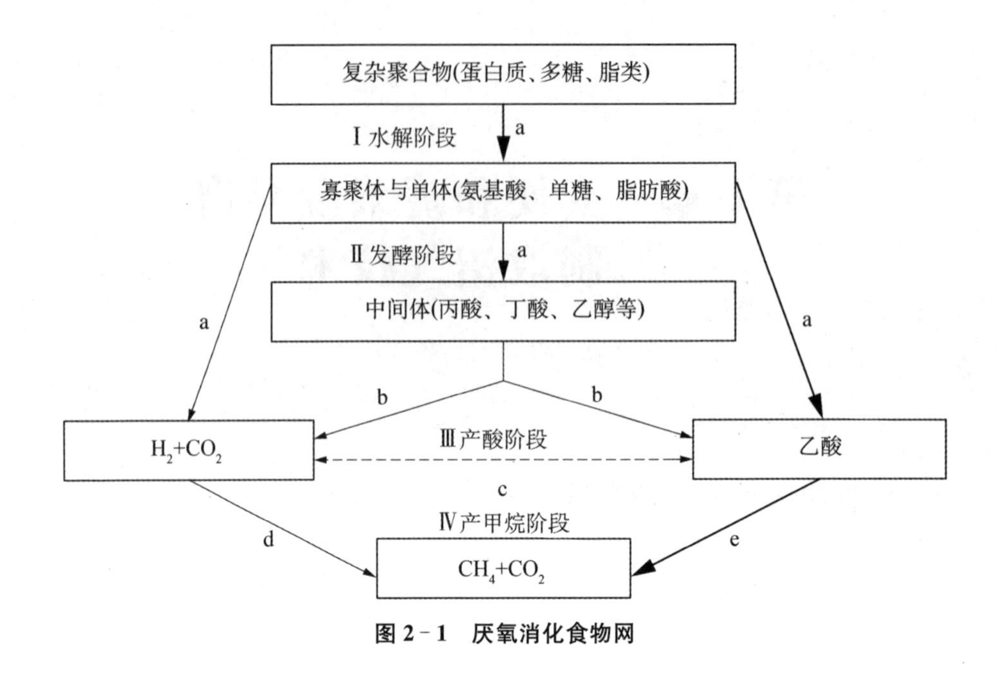

图 2-1　厌氧消化食物网

酶等，对有机物进行体外酶解，将多糖水解成单糖或二糖，蛋白质转化成肽和氨基酸，脂肪酸转变为甘油和脂肪酸，也就是将固体有机物转化成可溶性物质。

(2) 发酵阶段：水解产物进入微生物细胞后，在胞内酶的作用下，将水解阶段分解的物质进一步分解成小分子化合物，如低级脂肪酸(丁酸、丙酸)、醇等。

(3) 产酸阶段：低分子脂肪酸和醇在产氢产乙酸菌和好氢产乙酸菌的作用下反应生成乙酸的过程，这一过程使乙酸在 VFA 中所占比例达到 80%左右。因此，这一阶段称为产酸阶段。这一阶段所发生的反应主要有：

乙醇：$CH_3CH_2OH + H_2O \longrightarrow CH_2COOH + 2H_2$

丙酸：$CH_3CH_2COOH + 2H_2O \longrightarrow CH_3COOH + 3H_2 + CO_2$

丁酸：$CH_3CH_2CH_2COOH + 2H_2O \longrightarrow 2CH_3COOH + 2H_2$

第Ⅰ、Ⅱ和Ⅲ阶段是一个连续过程，通常人们把发酵和产酸阶段统称产酸阶段，把前三个阶段统称为不产甲烷阶段。在不产甲烷阶段中，除形成大量的小分子化合物外，还产生大量的二氧化碳和少量的氢气，这些都是合成甲烷的物质。因此，不产甲烷阶段是合成甲烷的准备阶段，即将复杂的有机物转化成可供沼气细菌利用的物质。特别是低分子的乙酸，大致 70%的甲烷都是在发酵过程中由乙酸分解形成的，它可以为甲烷提供丰富的营养，为产生大量甲烷奠定物质基础。

(4) 产甲烷阶段：在此阶段中，产氨细菌大量活动，使氨态氮浓度增高，氧化还原势(oxidation-reduction potential, ORP)降低，为甲烷菌生活提供适宜的环境。在甲烷细菌的作用下，将产酸阶段合成甲烷基质的产物，进一步转化成甲烷。这一阶段主要有以下反应：

乙酸：$CH_2COOH + 2H_2O \longrightarrow 2CO_2 + 4H_2$

丙酸：$CH_3CH_2COOH + 2H_2O + CO_2 \longrightarrow CH_3COOH + CH_4$

$CH_3COOH \longrightarrow CH_4 + CO_2$

乙醇：$CH_3CH_2OH + CO_2 \longrightarrow CH_3COOH + CH_4$

$CH_3OH \longrightarrow CH_4 + CO_2 + 2H_2O$

氢还原二氧化碳：$4H_2 + CO_2 \longrightarrow CH_4 + 2H_2O$

发酵过程虽然分为4个阶段，但五群细菌相互依存，构成一条食物链，其间存在的复杂相互关系使沼气发酵的4个阶段互相衔接、互相保持动态平衡：

(1) 好氧性细菌的活动耗尽了沼气消化器中对产酸菌和产甲烷菌有害的氧气，制造的厌氧环境使自身消亡。

(2) 产酸菌为产甲烷菌提供营养，创造适宜的氧化还原条件，消除部分有毒物质，并和产甲烷菌共同维持发酵液的pH值。

(3) 产甲烷菌为产酸菌清除了代谢废物，解除了代谢废物对产酸菌的反馈抑制。

由于产甲烷菌生长速度比较慢，因而沼气发酵启动时间一般比较长，用于合成新细胞的能量比较少，这样大部分能量以甲烷的形式得以储存，这是沼气发酵的一个重要特点。

2.1.2　沼气发酵的工艺条件及工艺类型

1) 沼气发酵的工艺条件

沼气发酵是一个复杂的生物学和生物化学过程，要保持这个过程的正常进行，就必须保持和控制各项有关的工艺条件[1, 3, 4]。沼气发酵的工艺条件主要包括：①严格的厌氧环境；②温度条件；③适宜的酸碱度；④沼气池的有机负荷；⑤接种物；⑥压力；⑦搅拌；⑧添加剂和抑制剂。

2) 沼气发酵工艺类型

沼气发酵从配料入池到产出沼气的一系列操作步骤、过程和所控制的条件称为沼气发酵工艺。按照沼气发酵的不同的特点，可将沼气发酵工艺分为若干种类型[1, 3, 4]。

(1) 按投料方式不同，可将沼气发酵分为批量发酵、连续发酵、半连续发酵三种类型。

(2) 按发酵温度不同，可将沼气发酵分为高温发酵、中温发酵、常温发酵(也叫自然温度发酵)三种类型。

(3) 按发酵的级差，可将沼气发酵分为单级式、两级式、多级式三种类型。

(4) 按作用方式，可将沼气发酵分为一步发酵、两步发酵两种类型。

(5) 按发酵料液状态，沼气发酵可分为液体发酵、高浓度发酵、固体发酵或干发酵三种类型。

(6) 按发酵装置型式不同,可分为多种沼气发酵工艺。

可分为常规型(包括常规消化器、塞流式、完全混合式)、污泥滞留型(包括厌氧接触工艺、升流式固体反应器、升流式厌氧污泥床、折流式)和附着膜型(包括厌氧滤器、流化床和膨化床)。

2.1.3 有机废弃物产甲烷潜力分析

沼气为厌氧消化菌群最终代谢产物 CO_2 和 CH_4 的混合气体。根据厌氧消化代谢途径的研究成果,Buswell (1952)首次完成了对有机废弃物所产生沼气的组分含量理论上的估计[5]。他根据物质的化学组成设计了一个公式来预测厌氧消化中沼气各组分的理论产量:

$$C_cH_hO_oN_nS_s+1/4(4c-h-2o+3n+2s)H_2O \longrightarrow 1/8(4c-h+2o+3n+2s)CO_2+1/8(4c+h-2o-3n-2s)CH_4+nNH_3+sH_2S$$

式中:c、h、o、n、s 分别代表 C、H、O、N、S 的个数。

根据上述公式,可以通过某种有机物的化学组成推测其经过厌氧消化可以得到的最大理论沼气产量。

例如,孙辰等[6]根据原料元素分析的结果得知猪粪和水牛粪便的化学组成为 $C_{161}H_{327}O_{103}N_{10}S_1$ 和 $C_{280}H_{497}O_{182}N_7S_1$。根据 Buswell 的经验公式和原料的化学组成可知,单位摩尔的猪粪通过厌氧发酵在理论上可得含有 70 mol CO_2 和 92 mol CH_4 的沼气,而单位摩尔的水牛粪便可以得到含有 126 mol CO_2 和 154 mol CH_4 的沼气。也即猪粪通过厌氧发酵在理论上可得到含有 40.41% CO_2 和 53.40% CH_4 的沼气,而水牛粪便可以在理论上得到含有 43.83% CO_2 和 53.42% CH_4 的沼气。假设猪粪和水牛粪便中的 C 元素可以完全转化为 CH_4 和 CO_2,则猪粪的理论生化产甲烷潜力为 646.7 mL(CH_4)/g(VS),水牛粪便的理论生化产甲烷潜力为 606.1 mL(CH_4)/g(VS)。一般认为,碳水化合物、脂肪、蛋白质、乙酸的理论产甲烷潜力分别为 415、1 014、496 和 373 mL/g(VS)[7]。

2.1.4 无活动盖底层出料水压式沼气池的构造及工作原理

2.1.4.1 构造

无活动盖底层出料水压式沼气池的构造如图 2-2 所示。沼气池为圆柱形池身,斜坡池底。它由发酵间、储气间、进料口、出料口、水压间、导气管等组成[8]。

1) 进料口与进料管

进料口与进料管分别设在猪舍地面和地下。厕所、猪舍及收集的人畜粪便,由进料口通过进料管注入沼气池发酵间。

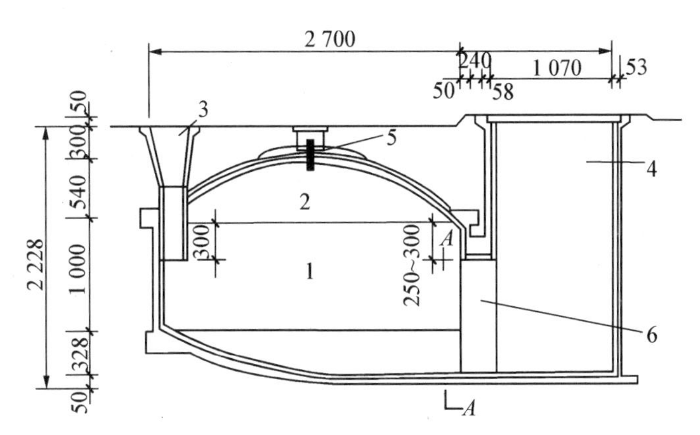

图 2-2　无活动盖底层出料水压式沼气池构造

1—发酵间；2—储气间；3—进料口；4—出料口、水压间；5—导气管；6—出料口通道

2）出料口与水压间

出料口与水压间设在与池体相连的日光温室内。其目的是便于蔬菜生产施用沼气肥，同时出料口随时放出二氧化碳进入日光温室内促进蔬菜生长。水压间的下端通过出料口通道与发酵间相通。出料口要设置盖板，以防人、畜误入池内。

3）池底

池底呈锅底形状，在池底中心至水压间底部之间，建一 U 形槽，下返坡度 5%，便于底层出料。

2.1.4.2　工作原理

1）未产气时

进料管、发酵间、水压间的料液在同一水平面上。

2）产气时

经微生物发酵分解而产生的沼气上升到储气间，由于储气间密封不漏气，沼气不断积聚产生压力。当沼气压力超过大气压力时，便把沼气池内的料液压出，进料管和水压间内水位上升，发酵间水压下降，产生了水位差，由于水压气而使储气间内的沼气保持一定的压力。

3）用气时

沼气从导气管输出，水压间的水流回发酵间，即水压间水位下降，发酵间水位上升。依靠水压间水位的自动升降，使储气间的沼气压力能自动调节，保持燃烧设备火力的稳定。

4）产气太少时

如果发酵间产生的沼气跟不上用气需要，则发酵间水位将逐渐与水压间水位相平，最后压差消失，沼气停止输出。

2.2 禽畜粪便厌氧消化制取沼气技术

我国产业结构的调整使得禽畜饲养业迅速发展，养殖业在丰富了城乡居民的菜篮子的同时，其生产过程中产生的有机废弃物对我国的环境也造成很大的压力。随着我国政府对集约化养殖场所造成的污染问题的逐步重视、人民生活水平不断提高和环境意识的逐渐增强，对禽畜粪污进行无害化、资源化、减量化处理利用已经成为十分紧迫的任务。厌氧发酵技术处理禽畜粪便具有可回收能量、投资少、成本低、管理方便、处理效果好等优点。而且，从生物质能的合理利用来说，利用厌氧消化处理系统，则不仅可以处理废弃物、净化环境，同时还能得到燃气和有机肥料，并进一步由此制取化工产品，使生物资源得到多次和综合利用。因此，从能源利用角度来讲，厌氧消化技术是生物质能源最有效、合理的转换方式。

由于厌氧消化技术具有多功能性，在治理环境污染、开发新能源的同时还可以为农户提供优质的肥料，因此利用厌氧消化来处理禽畜粪污对维持我国农业生产体系的可持续发展，从而取得综合治理效益有着深远的意义[9]。

本试验研究以经预处理后的猪粪作为沼气发酵原料，探求不同发酵工艺条件下产气特性及发酵液中营养元素的变化，以期对如何实现禽畜粪便综合利用，使其在生态系统的水平上实现物质、能量流动的良性循环提供依据和参考。

2.2.1 试验装置与方法

2.2.1.1 试验仪器设备及原理简介

1）发酵装置

试验装置为自行设计制作的厌氧发酵装置，试验地点为上海交通大学农业与生物学院生物质能实验室。厌氧发酵试验装置实物如图 2-3 所示。本研究以猪粪为原料，对其进行厌氧消化处理制取沼气。

装置分为两大部分：发酵罐部分与集气装置部分。为了能观察发酵原料体积和物料状态的变化，选取 1 L 透明的玻璃三角瓶作为发酵罐。发酵罐用适当大小的橡胶塞密封，橡胶塞上设有输气口和取样口。集气装置采用排水集气法，集气瓶采用 500 mL 的三角瓶，同样以橡胶塞密封，橡胶塞上设有输气孔、取气孔和排水孔。发酵装置的工作过程为：发酵原料经过调节，加接种物之后，将其密封置于恒温水浴中，以控制其发酵温度。以乳胶管连接发酵罐部分和集气装置部分。发酵原料在发酵罐内进行厌氧发酵，消化过程产生的生物气体通过导气管输入装有饱和食盐水的密闭集气装置中，以排水法收集得之，每日定时测得其产量。厌氧发酵装置结构如图 2-4 所示。

图 2-3　厌氧发酵试验装置实物

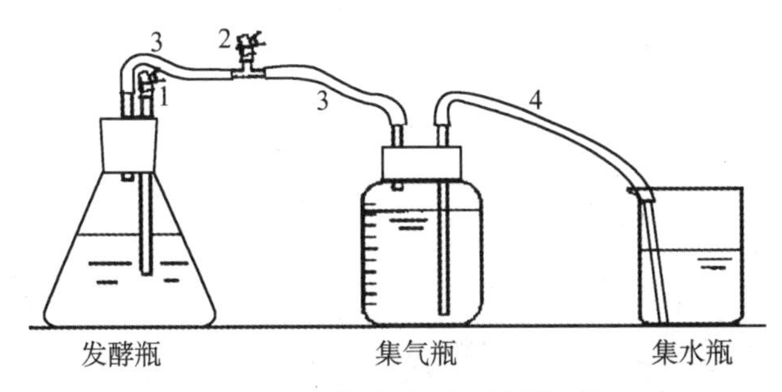

图 2-4　厌氧消化试验装置结构

1—取样；2—取气；3—导气管；4—导水管

2）测试仪器

(1) 恒温干燥箱　DHG 型，上海精宏实验设备有限公司。

(2) 马弗炉　SX_2 系列箱式电阻炉，上海阳光实验仪器有限公司。

(3) 分析天平　BS224S，德国塞多利斯公司；JA2003N，上海天平仪器厂。

(4) 电子天平　YP1200，上海恒平科学仪器有限公司。

(5) pH 计　PHS-3C 型，上海精密科学仪器有限公司。

(6) 恒温水浴振荡器　WHY-2 水浴恒温振荡器，江苏省金坛市金城国胜实验仪器厂。

(7) 定氮蒸馏装置　KDN-04A 定氮仪，上海新嘉电子有限公司。

(8) 分光光度计　2000 型 &UV-2000 型分光光度计，尤尼柯(上海)仪器有限公司。

分光光度计的基本原理是溶液中的物质在光的照射激发下，产生了对光吸收效应。物质对光的吸收是具有选择性的，各种不同的物质都具有各自的吸收光谱，因此当某单色光通过溶液时，其能量就会被吸收而减弱，光能量减弱的程度和物质的浓度符合于比色原理。当入射光、吸收系数和溶液的光径长度不变时,透过光是根据溶液的浓度而变化的。

(9) 火焰光度计　FP640 型,上海精密科学仪器有限公司。

火焰发射光谱分析法是利用火焰本身提供的热能激发样品中的原子,使原子发射出元素的特征光谱。通过识别元素的特征光谱和谱线强度可以进行火焰发射光谱的定性分析和定量分析。火焰光度计就是利用火焰的热量使某种元素的原子发光,从而进行光谱分析的仪器。

(10) 气相色谱仪　岛津 GC-14B,日本岛津生产。

图 2-5 为岛津 GC-14B 气相色谱装置实物。使用气相色谱热导检测器(TCD)进行沼气气体成分的测定。

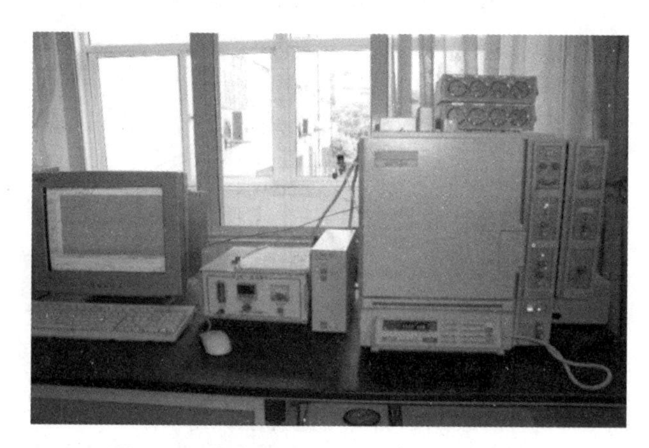

图 2-5　岛津 GC-14B 气相色谱装置实物

2.2.1.2　测定方法

试验过程中需要检测的项目有:总固体含量、全氮含量、水溶性磷含量、速效钾含量、产气量及气体成分。测量方法如下[10]。

1)总固体(TS)的测定

(1) 测定的意义。

在沼气发酵中,总固体(TS)是项基础指标,有较大的实用价值,是表征沼气发酵基质浓度的重要参数。总固体,又称干物质,是指发酵原料除去水分以后剩下的物质。是溶解性固体和悬浮性固体(包括胶状体)的总量;它的组成包括有机化合物、无机化合物及各种生物体,常以百分率或 g/L 来表示。

(2) 仪器及器皿。

马弗炉,恒温干燥箱,分析天平,瓷蒸发皿。

(3) 操作方法及计算。

① 将干净的瓷蒸发皿在马弗炉内于(550±20～25)℃下灼烧 1 h,停止加热,

冷却至室温后称重。重复操作直至恒重 B(g)(前后相邻两次称重，重量差不超过1.0 mg，定为恒重)。

② 获得已恒重的瓷蒸发皿后，将反应物料充分混合的样品置于已恒重的瓷蒸发皿内，并称取皿与样品的总质量 W_S。

③ 将已盛样并称重的瓷蒸发皿在 50～60℃下烘 4～6 h 后，移入(105±2)℃的恒温干燥箱内干燥 1～2 h，移入干燥器中冷至室温，取出称重，反复操作至恒重，质量记为 W_D。

④ 计算

$$总固体\ TS(\%)=\frac{W_D-B}{W_S-B}\times 100\% \tag{2-1}$$

式中：W_S 为皿重+湿样重(g)；W_D 为皿重+干样重(g)；B 为皿重(g)。

2) 全氮的测定

自然界可被微生物转化利用的基质氮素来源较广。在沼气发酵中，最常见的氮素分析指标是凯氏总氮和氨态氮。凯氏总氮用来代表基质的总含氮量。采用凯氏定氮仪进行测定。

3) 水溶性磷含量的测定

磷元素在微生物生命活动中是必需的矿质营养成分。在沼气发酵中，对磷素的研究逐渐增多，如关于挥发固体∶磷的最适量的研究，C∶P 和 C∶N∶P 的最适量的研究。除总磷的测定外，作为沼气发酵中微生物直接利用的有效磷素——可溶性磷的测定也是重要的。一般来说，在污水中可溶性磷除正磷酸盐外，尚有水解性磷和少量有机态磷。鉴于正常沼气发酵过程中，系统是处于 pH 7.0～7.4，因此，正磷酸盐形态是可溶性磷的主要部分。所以，在沼气发酵中，采用正磷酸盐的测定值近似地反映基质磷素的有效营养水平。采用分光光度计进行测量。

4) 速效钾的测定

用稀硝酸提取植物茎叶及粪肥中的钾素和泥土中可转化为作物利用的速效钾，用火焰光度法进行测定。

5) 产气量的测定

产气量是衡量厌氧消化系统与工艺优劣的重要参数。本试验采用排水集气法收集气体，每天定时用量筒测量集水瓶中排出的水量，并做记录。

6) 气体成分的测定

厌氧发酵产生的沼气是一种混合可燃气体，其成分不仅取决于发酵原料的种类及其相对含量，也因发酵条件及发酵阶段的不同而不同。一般情况下，沼气的主要成分是甲烷(CH_4)和二氧化碳(CO_2)，当厌氧发酵处于正常稳定发酵阶段时，其甲烷含量约占 50%～70%，二氧化碳含量约占 30%～40%。气体成分最常见的测定方法是气相色谱方法。试验中采用岛津 GC－14B 气相色谱仪对厌氧发酵过程中产生的沼气进行成分测定。

测试条件为：采用日本岛津 GC－14B 气相色谱仪；检测器：TCD；载气：氩气；流量：20 mL/min；填充柱：3 m 长 TDX－02 柱；柱温：100℃；TCD 温度：120℃；进样口温度：100℃；电流：65 mA；进样：采用手动进样，进样量为 100 μL。

在进行沼气组分分析时采用外标法：即预先配制与试样组分相同、含量大体上接近的标准气体作为外标物注入色谱柱，得到标准色谱图。然后在相同条件下，对待测样品进行测试，得到样品色谱图。同一种气体在色谱图中显示出同样的保留时间，其含量以其与标准气体色谱图比较计算得出，计算式如下：

$$\eta_x = \frac{\eta_s}{H_s} \cdot H_x \tag{2-2}$$

式中：η_x 为待测样品中气体组分 x 的百分含量；η_s 为标准气体中 x 的百分含量；H_x 为待测样品中 x 的峰面面积；H_s 为标准气体中 x 的峰面面积。

2.2.2 不同温度条件下厌氧发酵过程中产气特性及其营养成分的变化

2.2.2.1 试验目的及意义

沼气发酵与温度有着密切的关系。一般化学反应的速度常随温度的升高而加快，当温度升高 10℃，化学反应的速度可增加 2～3 倍，沼气发酵过程是由微生物进行的生化反应过程，在一定温度范围内也基本符合这个规律。然而，沼气发酵产甲烷细菌和其他微生物一样，有其适宜生长繁殖的温度范围，因而发酵温度也各有不同。一般按发酵温度将沼气发酵分为常温发酵(即自然温度发酵)、中温发酵(30～40℃)和高温发酵(50～60℃)。本实验探求在不同温度条件下的沼气发酵过程中产气特性及其发酵料液中营养成分含量变化的情况。

2.2.2.2 试验设计

试验选择批式发酵工艺，以新鲜猪粪经预处理后作为沼气发酵原料。原料取回后用水浸泡，预处理 5 天。预处理过程中，每天搅拌两次，每次时间为 2 min，同时测定其 pH 值。5 天后，将比较试验分为三组进行厌氧发酵：

(1) 中温(37±1)℃条件下试验组；

(2) 高温(52±1)℃条件下试验组；

(3) 室温条件下试验组。

每组试验重复做两次，试验条件均为：发酵料液的总固体(TS)含量为 6%，接种量为总发酵料液质量的 30%。发酵料液浓度按公式(2－3)计算：

$$M_O = \frac{\sum X_i m_i}{\sum X_i + W} \tag{2-3}$$

式中：M_O 为料液浓度(%)；X_i 为物料质量(g)；m_i 为总固体含量(%)；W 为所需加入的水量(g)。

将配好的发酵料液分别置于 1 000 mL 发酵瓶内(发酵瓶内的有效容积为 800 mL)，发酵瓶与集气装置用乳胶管连接后，置于恒温水浴中。通过参考各类文献和多次试验探索发现，厌氧发酵 15 天时产气量明显下降，发酵基本结束，所以本试验选用 17 天为一个发酵周期[11, 12]。

2.2.2.3　试验结果

在不同温度条件下进行的厌氧发酵试验期间，室内温度最高为 22℃，最低为 18℃，平均室温为 20℃。试验中对发酵原料预处理过程中 pH 值、发酵过程中日产气量、主要气体成分含量和主要营养成分各指标的测试，其结果分别如表 2-1、表 2-2、表 2-3 和表 2-4 所示。

表 2-1　发酵原料预处理过程中 pH 值的变化情况

时间/d	1	2	3	4	5
pH 值	7.35	7.20	7.02	6.98	6.89

表 2-2　不同温度条件下日产气量表

温度	1 d /mL	2 d /mL	3 d /mL	4 d /mL	5 d /mL	6 d /mL	7 d /mL	8 d /mL	9 d /mL	10 d /mL	11 d /mL	12 d /mL	13 d /mL	14 d /mL	15 d /mL	16 d /mL	17 d /mL
中温(37±1)℃	180	564	628	660	744	952	886	801	646	260	310	220	200	116	122	100	124
高温(52±1)℃	366	120	140	180	170	306	336	62	62	134	126	126	243	534	528	500	204
室温	60	160	200	230	220	228	134	40	90	180	198	198	328	244	295	355	260

表 2-3　不同温度条件下主要气体成分含量表

温度	气体成分	3 d/%	7 d/%	11 d/%	15 d/%
中温 (37±1)℃	CH_4 CO_2	36.5 55.6	63.2 24.5	63.1 20.9	59.8 18.1
高温 (52±1)℃	CH_4 CO_2	25.3 68.4	47.3 38.3	59.4 35.9	70 27.2
室温	CH_4 CO_2	22.4 72.3	38.6 55.3	44.2 50.6	62.3 29.1

表 2-4　不同温度条件下 pH 值和主要营养成分变化表

温度	pH 值及各营养成分	1 d/(mg/L)	5 d/(mg/L)	9 d/(mg/L)	13 d/(mg/L)	17 d/(mg/L)
中温(37±1)℃	pH 值	7.08	7.38	7.83	7.85	7.83
	全 N	2 346	2 448	2 420	2 364	2 106
	水溶性 P	159.97	235.28	214.58	307.58	207.22
	速效 K	1 027.1	1 123.2	1 098.6	1 073.9	1 123.2
高温(52±1)℃	pH 值	7.08	6.92	7.15	7.33	7.65
	全 N	2 346	2 296	2 492	2 628	2 044
	水溶性 P	159.97	290.68	312.77	327.38	226.73
	速效 K	1 027.1	1 073.9	1 073.9	1 073.9	1 073.9
室温	pH 值	7.08	6.87	6.93	7.13	7.44
	全 N	2 346	2 165	2 352	2 268	2 100
	水溶性 P	159.97	187.02	178.95	248.16	183.44
	速效 K	1 027.1	1 073.9	1 073.9	1 049.3	1 063.8

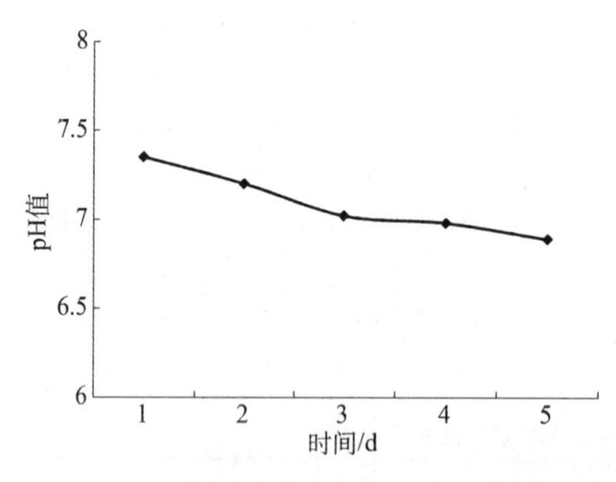

图 2-6　原料预处理过程中 pH 值的变化曲线

2.2.2.4　发酵原料预处理过程中 pH 值的变化情况

根据的沼气发酵的实际情况，新鲜原料用于沼气发酵，其产甲烷量较微，而原料经过预处理后再进行沼气发酵，可提高甲烷产量。所以本试验在原料进行沼气发酵前，先将原料进行预处理，用水浸泡以加速原料中有机物质的分解。原料预处理过程中 pH 值的变化曲线如图 2-6 所示。

由图 2-6 可以直观地看出，在预处理的 5 天，原料 pH 值呈下降走向，至预处理第 5 天时，其 pH 值下降至 6.89。这是由于原料在预处理过程中，部分高分子化合物降解为低分子化合物，在产氢产酸菌的作用下产生了一些挥发性脂肪酸所致[13]。沼气发酵的最适合 pH 值为 6.5～7.5，结合表 2-1 可知，原料经过预处理后，其 pH 值处于适宜发酵范围内，是可以作为厌氧发酵原料进行发酵试验的。

2.2.2.5　不同发酵温度条件下厌氧发酵液 pH 值的变化

不同发酵温度条件下厌氧发酵过程中 pH 值变化如图 2-7 所示。由图 2-7 结合表 2-4 可以看到，中温试验组厌氧发酵过程中的 pH 值在发酵的初、中期呈缓慢上升，之后变化趋于稳定。这是由于原料在预处理一段时间后，在产酸菌的作用下产生了有机酸，原料呈偏酸性（由表 2-1 可知，此时原料的 pH 值为 6.89），在进入厌氧发酵时，中温试验组中产甲烷菌活性较强，有效利用了已生成的有机酸，甲烷气体产生，pH 值呈缓慢上升。而对于高温和室温厌氧发酵试验组，其 pH 值在第 5 天都出现了一个小的低谷，分别为：6.92 和 6.87，之后 pH 值又呈逐渐上升趋势，至发酵第 17 天（发酵基本结束）时 pH 值分别为 7.65 和 7.44。这可能是因为在不同温度条件下进行的厌氧发酵对比试验中，选用的接种物是中温厌氧发酵后的沼气池底物，因此发酵瓶中微生物菌群以适宜中温发酵的微生物群落为主。而一般认为不同温度的厌氧发酵是由不同温度类型的微生物所进行的，当环境温度改变时，微生物活性降低，此时产酸菌就占据了相对优势，生长较旺，所以这两组试验发酵过程初、中期的 pH 值都较中温条件下的低。在发酵后期，由于氨化作用的进行，产生缓冲剂——氨，使 pH 值又逐渐呈上升趋势。随着产氨细菌物的大量活动，蛋白质分解和脱氨作用的剧烈进行，为甲烷细菌提供了丰富的氮素营养和适宜的 pH 值，pH 值上升到 7～8。

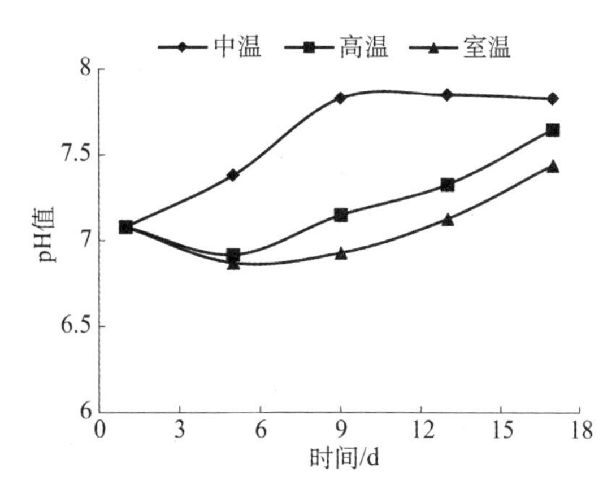

图 2-7　不同温度条件下厌氧发酵过程中 pH 值的变化

2.2.2.6　不同沼气发酵温度对发酵过程中产气特性的影响

1）不同发酵温度对发酵过程中产气量的影响

不同沼气发酵温度条件下，各试验组的日产气量、累积产气量和总产气量分别如图 2-8、图 2-9 所示。由图 2-8 可知，中温发酵试验组在反应初期时，产气量出现明显的上升趋势，在第 6 天达到高峰值，其主要产气期集中在第 3 天到第 10 天，之后产气量逐渐开始下降；而室温和高温条件下的厌氧发酵在初期时虽也呈微弱上升趋势，但产气量远不如中温发酵试验组，之后两组试验的日产气量都出现了一个明显的低谷。以中温时的影响最为显著，中温厌氧污泥启动的中温厌氧发酵产气启动较快，而高温厌氧发酵则出现了一个停滞期后才开始产气。结合图 2-7 所示的不同温度条件下厌氧发酵过程中 pH 值变化曲线图可知，此时高温和室温两组试验组的 pH 值也较低。这是因为对厌氧发酵来说，每一发酵温度段里都有

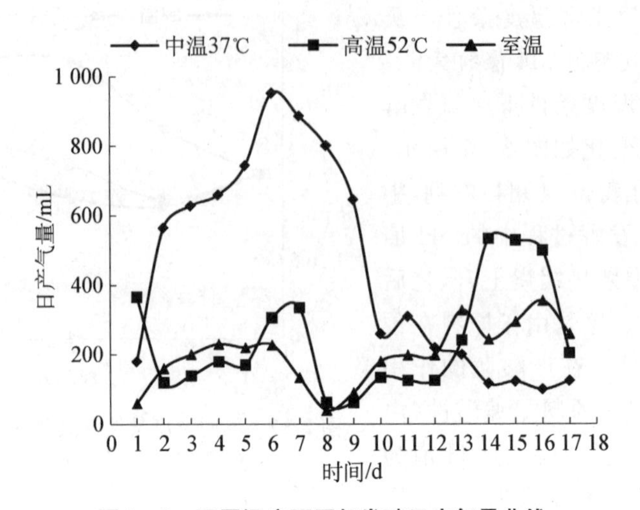

图 2-8 不同温度下厌氧发酵日产气量曲线

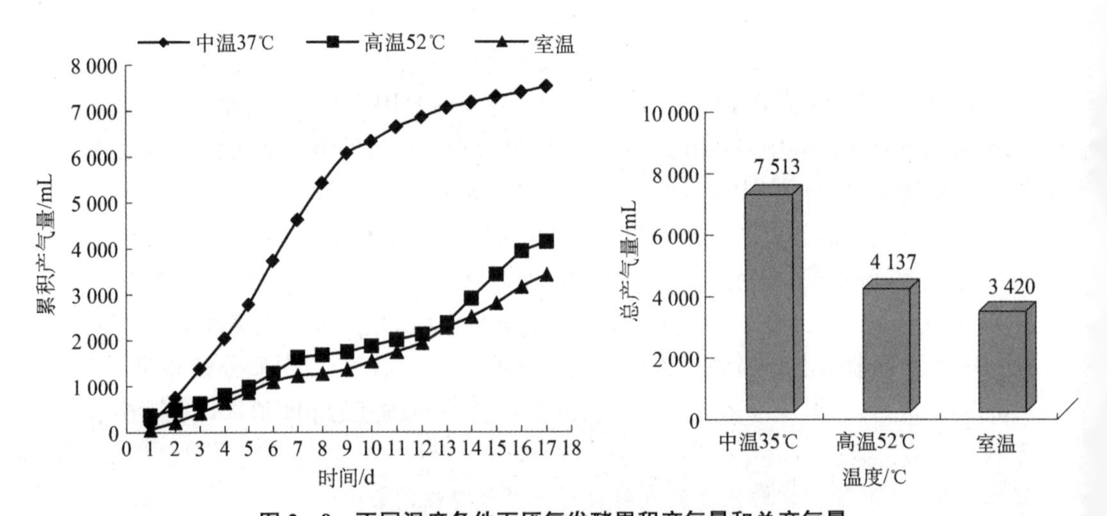

图 2-9 不同温度条件下厌氧发酵累积产气量和总产气量

各自适宜的厌氧发酵菌，沼气发酵温度的突然上升或下降，都会影响产甲烷菌的新陈代谢，一般认为，温度突然上升或下降 5℃都会使产气量显著降低，若变化过大甚至会导致产气停止[14]。而在本次对比试验中所选用的中温厌氧发酵沼气池的底物为接种物，各发酵瓶中多为中温发酵菌种，由于高温和室温试验组中微生物的活性受到环境温度改变的影响，甲烷化反应受到抑制，系统中酸化所产生的有机酸不能及时消耗，引起了发酵过程中 pH 值和产气量的下降。经过一段时间的驯化后，高温与室温两组试验组中的产甲烷菌适应了环境，开始进行正常的新陈代谢。当发酵反应进行到第 13 天，高温和室温试验组的产气量又呈上升状态。但两组试验呈不同的上升态，高温发酵条件下的产气量则明显高于室温状态，这是因为温度与产气的关系是沼气发酵的外在表现，而其内部实质是发酵原料的消化速度，温度越高时，原料分解速度越快。

本试验结果表明，至发酵第 17 天(发酵基本结束)时，中温试验组的日产气量、累积产气量和总气量都明显高于高温和室温试验组。分析此时中温试验组的总气量高于高温试验组的原因可能有以下几点：①在高温厌氧消化试验组中，发酵初期高温厌氧消化菌的驯化和富集消耗了一部分有机质；②由图 2－9 可以看出，高温试验组的累积产气量曲线呈凹形，假设时间可以无限延长，其累积产气量将逐渐增加；中温试验组的累计产气量曲线是呈凸状，即在无限延长的时间范围内，其累积产气量会逐渐减少。虽然此时高温试验组厌氧发酵显现延伸下去的趋势，但因本次对比试验发酵时间为 17 天，至此时将发酵强行中止。所以至发酵第 17 天(发酵基本结束)时，中温试验组的总气量较高温试验组要高。

2) 不同发酵温度下厌氧发酵过程中气体成分的变化

厌氧发酵过程中产生的沼气是一种混合气体，其成分不仅取决于发酵原料的各类及其相对含量，也随发酵条件及阶段的不同而变化。当厌氧发酵过程处于正常稳定发酵阶段时，沼气的主要成分是甲烷和二氧化碳，此外，还有少量的一氧化碳、硫化氢、氧和氮等气体。本试验结果中主要对比了甲烷和二氧化碳的含量变化。图 2－10 和图 2－11 分别显示的是不同温度条件下厌氧发酵过程中甲烷(CH_4)含量和二氧化碳(CO_2)含量的变化。

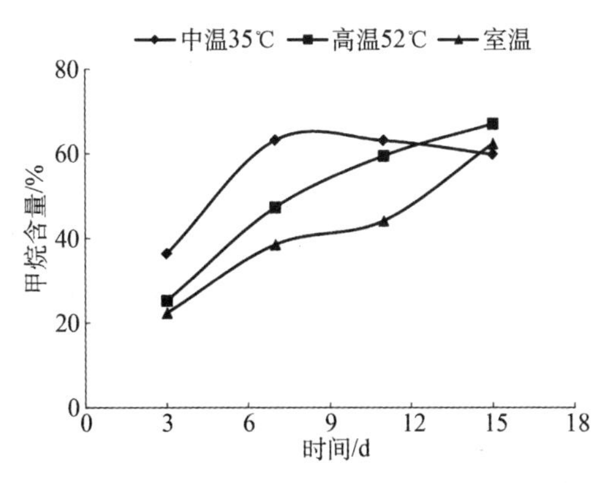

图 2－10　不同温度条件下厌氧发酵过程中甲烷(CH_4)含量的变化

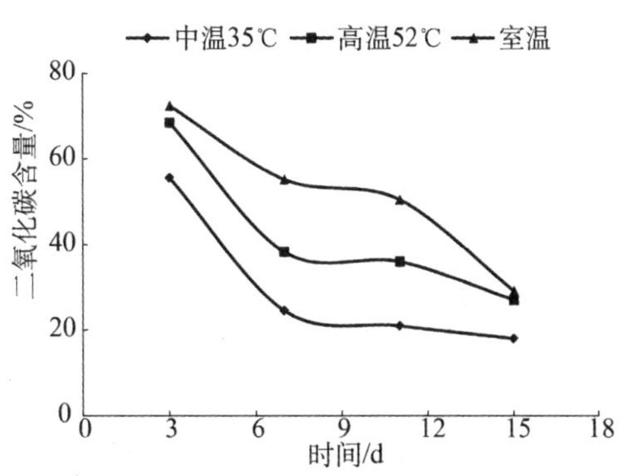

图 2－11　不同温度条件下厌氧发酵过程中二氧化碳(CO_2)含量的变化

由图 2－10 可以看出，在整个发酵过程中三组试验的甲烷含量都是呈上升趋势的。但在发酵初期，中温试验组甲烷的含量较高温和室温试验组的要高些，分别为 36.5％、25.3％和 22.4％。这说明中温发酵瓶中的产甲烷菌的活性较另两组的要高，在试验进行到第 7 天时，其甲烷含量已达到其过程中的较高值 63.1％；而对于接种了中温发酵微生物的高温和室温发酵试验组来讲，由于环境的温度改变，产甲烷菌的活性受到了抑制，所以在发酵的初、中期时，这两个试验组的甲烷含量都较中温试验组的要低，第 7 天时高温和室温试验组甲烷含量分别为 47.3%和 38.6%。在试验后期，由于这两组试验中产甲烷菌经过一段时间的驯化适应了所处的环境，开始正常的新陈代谢。结合图 2-8 可知，此时的中温发酵组已接近尾期，气体品质有所下降，所以这个时候高温和室温发酵中的甲烷含量略高于中温发酵组，三个试验组在反应第 15 天时甲烷含量为：中温组 59.8%，高温组 70%，室温组 62.3%。比较整个试验过程中，高温条件下的甲烷含量都较室温条件下增长得要快，说明在高温条件下有机质的分解速率较室温的要快，其产气质量也较高。

由图 2-11 可以看到，在试验过程的第 7 天，中温试验组的二氧化碳含量已低于 40%，处于正常稳定的沼气发酵阶段；高温和室温试验组的二氧化碳含量在整个过程中也是呈下降趋势的，但其二氧化碳含量只是在试验的后期才达到 40%以下。

2.2.2.7　不同温度条件下厌氧发酵过程中其营养成分的变化

动物粪便中含有大量的有机物质和植物生长所需要的氮、磷、钾等矿质元素，是有机肥料的主要原料。而沼气发酵所需条件与提高肥料品质的要求基本是一致的。凡产气效果好的沼气池，其中的有机质必然分解好，有效养分释放快，消化液的 pH 值也能维持在适宜的范围内，因此保肥效果也好，所以沼气发酵残余物是一种优质的有机肥料。

1) 不同温度条件下厌氧发酵过程中全氮含量的变化

氮素是植物营养三要素中需求量最大的元素，而且氮素和其他营养元素不同的是，它从有机态转化为无机态后极易流失，所以氮素的转化率和保存率也常作为评价造肥方法优劣的主要指标。表 2-5 为不同温度条件下厌氧发酵过程中全 N 含量的变化情况。

表 2-5　不同温度条件下厌氧发酵过程中全 N 含量变化情况

发酵温度	1 d/(mg/L)	5 d/(mg/L)	9 d/(mg/L)	13 d/(mg/L)	17 d/(mg/L)	全 N 损失率/%
中温(35±1)℃	2 346	2 448	2 420	2 364	2 106	10.23
高温(52±1)℃	2 346	2 296	2 492	2 628	2 044	12.87
室温	2 346	2 165	2 352	2 268	2 100	10.49

根据表中的数据，按公式(2-4)计算全 N 含量的绝对损失率，结果如表 2-5 所示。

$$y(\%)=\frac{y_0-y_1}{y_0}\times 100\% \tag{2-4}$$

式中：y 为全氮含量绝对损失率(%)；y_0 为发酵初始的全氮含量(mg/L)；y_1 为发

酵结束时的全氮含量(mg/L)。

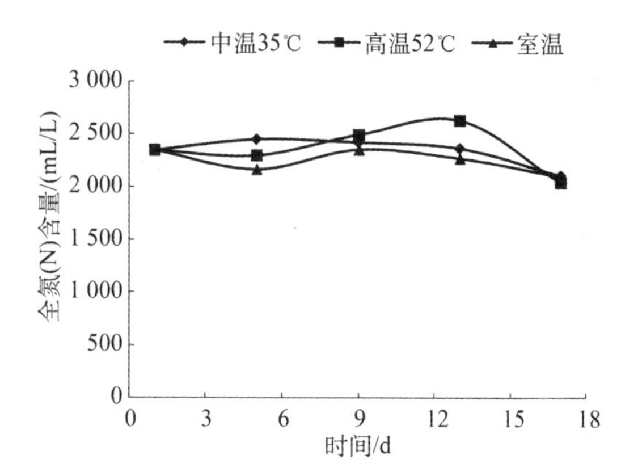

图 2-12　不同温度条件下厌氧发酵过程中全 N 含量的变化曲线

不同温度条件下厌氧发酵过程中全 N 含量变化曲线如图 2-12 所示。综合表 2-5 和图 2-12 可以较为直观地看出，在整个试验过程中，中温试验组的全 N 含量变化较为平缓，但大体上呈下降趋势，由初始值 2 346 mg/L 下降至发酵第 17 天(发酵基本结束)时的 2 106 mg/L，其最后的全 N 损失率约为 10.23%；高温和室温试验组的全氮变化趋势大致相同，可能是因为发酵瓶中的细菌同样受到了环境的影响的原因，所以不同于中温试验组。但高温试验组相对于室温试验组来说起伏较大，由初始值 2 346 mg/L 分别下降至 2 044 mg/L 和 2 100 mg/L，最终的全 N 损失率分别为 12.87%和 10.49%，高温下全 N 损失率较高。这说明，温度较低时，微生物生长繁殖速度较慢，基质利用率不高，而在较高温度下，发酵瓶中微生物不断分解基质，体系中生化反应较室温时剧烈，其全 N 含量变化也较明显[15]。

总的来说，本次进行的厌氧发酵对比试验组的全 N 损失率在 10%左右。而好氧堆肥处理猪粪，其全氮损失率达到 29%以上，相对来说，厌氧发酵处理猪粪减少了氮元素的损失。这主要是因为厌氧发酵过程中没有暴露在空气中，而是在密闭的窗口中进行的，虽然在发酵过程中有氨气的产生，但同时也会产生大量的有机酸，使其形成有机酸的氨盐，从而保护了氨，由此也减少了氮的损失。但相对来说，温度条件较高时其氮元素的损失也会较高。

2) 不同温度条件下发酵料液中水溶性 P 含量的变化

不同温度条件下厌氧发酵过程中水溶性 P 的变化情况如表 2-6 所示。不同温度条件下发酵过程中水溶性 P 的变化情况如图 2-13 所示。

表 2-6　不同温度条件下厌氧发酵过程中水溶性 P 的变化情况

发酵温度	1 d/(mg/L)	5 d/(mg/L)	9 d/(mg/L)	13 d/(mg/L)	17 d/(mg/L)	水溶性 P 增长率/%
中温(37±1)℃	159.97	235.28	214.58	307.58	207.22	29.54
高温(52±1)℃	159.97	290.68	312.77	327.38	226.73	41.73
室温	159.97	187.02	178.95	248.16	183.44	14.67

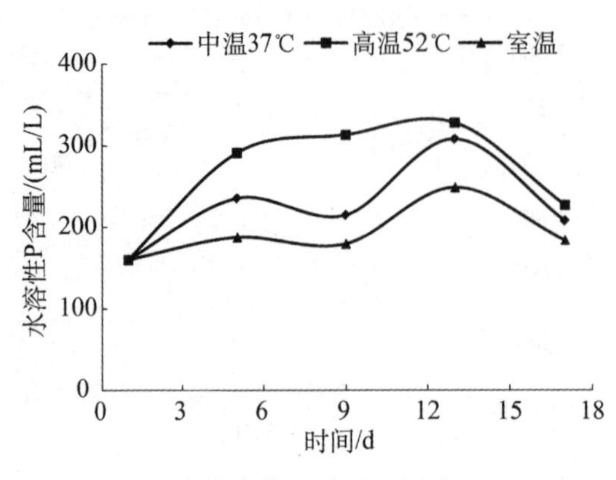

图 2-13 不同温度条件下厌氧发酵过程中水溶性 P 的变化情况

由表 2-6 可以看出，料液经厌氧发酵后，其水溶性 P 含量有了不同程度的增加，发酵前试验组中水溶性 P 含量为 159.97 mg/L，经中温、高温、室温发酵后至反应第 17 天(发酵基本结束)时，各试验组中水溶性 P 含量分别为：207.22 mg/L、226.73 mg/L、183.44 mg/L，较发酵前各增加了 29.54%、41.73%和 14.67%。这说明经过厌氧发酵处理，料液中的水溶性 P 会在发酵料液中形成积累。

图 2-13 显示出在发酵过程中三个试验组的水溶性 P 的增长曲线是不同的。在发酵初期时温度较高，其水溶性 P 的增长速度也较快，之后高温条件下试验组中水溶性 P 变化则较为平缓，而中温和室温发酵组的水溶性 P 变化则出现较为明显的波动。这是因为每个温度段下有各自适宜的微生物菌群，因其代谢方式的不同，分解和吸收磷素的数量与速度也会有所不同，这就造成不同温度条件下发酵料液中的水溶性 P 的变化不同[16]。但总的看来，温度高时水溶性 P 的增长率较为明显。

3) 不同温度条件下发酵料液中速效 K 含量的变化

不同温度条件下厌氧发酵过程中速效 K 含量的变化情况如表 2-7 和图 2-14 所示。

表 2-7 不同温度条件下厌氧发酵过程中速效 K 的变化情况

发酵温度	1 d/(mg/L)	5 d/(mg/L)	9 d/(mg/L)	13 d/(mg/L)	17 d/mg/L	速效 K 增长率/%
中温 37℃	1 027.1	1 123.2	1 098.6	1 073.9	1 123.2	9.35
高温 52℃	1 027.1	1 073.9	1 073.9	1 073.9	1 073.9	4.56
室温	1 027.1	1 073.9	1 073.9	1 049.3	1 063.8	3.57

由表 2-7 和图 2-14 可以观察到，三组对比试验中速效 K 含量在反应初期时，都有不同程度的增长，其中以中温条件下的增长率较高，由初始值 1 027.1 mg/L增长到 1 123.2 mg/L，而对于高温和室温试验组在这个反应阶段增长率相同，速效 K 含量为 1 073.9 mg/L；之后高温试验组速效 K 含量无变化，而中温和室温试验组

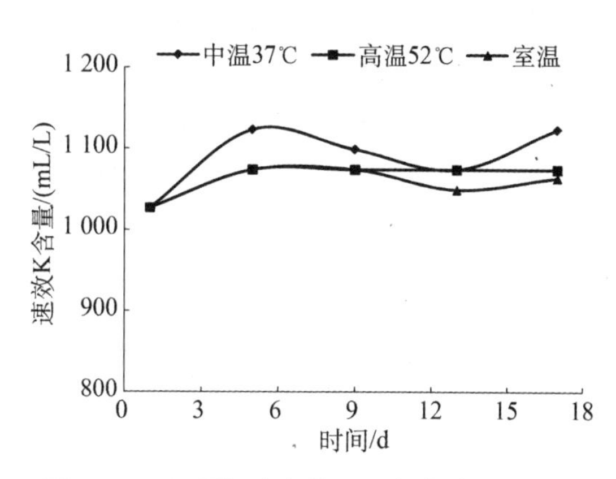

图 2-14　不同温度条件下厌氧发酵过程中速效 K 的变化情况

在变化趋势上基本一致，不同的是其变化率有所差异，中温试验组较室温试验组的波动性要大。至反应第 17 天（发酵基本结束）时各试验组中速效 K 含量分别为中温 1 123.2 mg/L、高温 1 073.9 mg/L、室温 1 063.8 mg/L，与反应初始值相比，各反应组中速效 K 含量的增长率分别为9.35%、4.56%和3.57%。由此可知，在此组对比试验中，中温组中速效 K 含量相对增长率较高，高温次之，室温条件下最低。这可能是因为此次对比试验选用的接种物中以适宜中温发酵的微生物为主，所以其中速效 K 含量相对变化较为明显。对比高温与室温条件，则以温度较高者，速效 K 含量相对增长较大。这可能是因为自然界中钾是以无机态或离子吸附态存在的，发酵原料中钾离子经过浸润和脱脂等渗析出来，而温度高时，更易于钾离子的渗析。

2.2.2.8　小结

通过对不同温度条件下厌氧发酵过程中各指标的测试，本试验结果表明：

(1) 本次试验由于选用的接种物为中温发酵沼气池的底物，所以在发酵初、中期时中温试验组显现出了明显的优势，日产气量和累积产气量都高于高温和室温试验组。而高温和室温试验组中微生物的活性因受到环境温度改变的影响，甲烷化反应受到明显抑制。当发酵进行到后期时，高温试验组产气量上升，其产气量高于室温和中温发酵试验组。至发酵第 17 天（发酵基本结束）时中温(35±1)℃、高温(52±1)℃和室温各试验组的总产气量分别为：7 513 mL、4 137 mL 和 3 420 mL。分析中温试验组的总气量高于高温试验组的原因可能有以下几点：①在高温厌氧消化试验组中，发酵初期高温厌氧消化菌的驯化和富集消耗利用了一部分有机质；②虽然至试验结束时高温试验组厌氧发酵显现延伸下去的趋势，但因对比试验发酵时间为 17 天，至此时将发酵强行中止。所以至发酵第 17 天（发酵基本结束）时，中温试验组的总气量较高温试验组要高。

本试验中对于产气品质而言，由于中温发酵条件适宜所加入的接种物中的细菌，所以在反应初中期时，中温发酵的产气品质一直占优势，第 7 天时其甲烷含量达到 63.2%，此时高温和室温试验组甲烷含量分别为 47.3%和 38.6%；在发酵进行到后期时，中温试验组产气量呈下降趋势，其气体品质略有下降。而高温和室温两组试验中产甲烷菌经过一段时间的驯化适应了所处的环境，开始正常的新陈代谢。中温、高温和室温三个试验组在反应第 15 天时甲烷含量分别为 59.8%、70%

和 62.3%。就室温与高温试验组相比可知,温度高时原料消化也就快,其产气品质上升速度也较快。

综合本试验中产气特性各指标可知,以中温试验效果较佳。这是因为对于厌氧发酵每个温度段都会有各自不同的适宜菌群,当环境温度改变时会对发酵过程中的气体特性产生较大的影响。

(2) 不同温度条件下厌氧发酵结束时营养成分结果如表 2-8 所示。

表 2-8 不同温度条件下厌氧发酵结束时营养成分结果

温度	全 N 损失率/%	水溶性 P 增长率/%	速效 K 增长率/%
中温(37±1)℃	10.23	29.54	9.35
高温(52±1)℃	12.87	41.73	4.56
室温	10.49	14.67	3.57

由测试数据分析可知,高温(52±1)℃条件下其全 N 损失率为 12.87%,而中温和室温条件下全氮损失率差异不大,分别为 10.23%和 10.49%;水溶性 P 增长率也以高温试验组最高,为 41.73%,中温和室温分别为 29.54%和 14.67%;速效 K 含量则以中温条件下较高,为 9.35%,高温和室温分别为 4.56%和 3.57%。总的来说,温度较高时,其营养成分变化也相对较大。这说明在较高温度下,发酵瓶中微生物分解基质速度较快,基质利用率相对较高,体系中生化反应较剧烈,其营养成分变化也就相对较大。

2.2.3 不同接种量条件下厌氧发酵过程中产气特性及营养成分的变化

2.2.3.1 试验目的及意义

沼气发酵是沼气微生物群分解代谢有机物质的过程,是由多种细菌参与完成的。在发酵初期加入接种物,其菌种数量的多少和质量的好坏会直接影响沼气发酵的质量。如一次投料过多,发酵液中菌种量不足,就会因超负荷而产生酸化,使沼气发酵无法正常进行,不产气或产气中甲烷含量过低无法点燃,而适量的接种物,可加快沼气发酵启动速度,加速原料分解,提高产气量。本试验欲探求在不同接种量的情况下沼气发酵过程中产气特性及营养成分含量的变化,以期找到适宜的沼气接种量。

2.2.3.2 试验设计

试验选用新鲜猪粪经预处理后作为沼气发酵原料。原料取回后用水浸泡,预处理 5 天。预处理过程中,每天搅拌两次,每次时间为 2 min,同时测定其 pH 值。

5 天后，将比较试验分为三组进行厌氧发酵：

(1) 接种量为 20%的试验组；

(2) 接种量为 30%的试验组；

(3) 接种量为 50%的试验组。

每组试验重复做两次，三组试验的其他发酵条件均为：发酵料液的总固体(TS)含量为 6%，发酵温度为(37±1)℃。发酵料液配好后分别置于 1 000 mL 发酵瓶内(发酵瓶内的有效容积为 800 mL)，发酵瓶与集气装置用乳胶管连接后，置于恒温水浴中，发酵时间为 17 天。

2.2.3.3　试验结果

在以中温沼气发酵池底物为接种物，中温(37±1)℃发酵温度条件下，不同接种量厌氧发酵的对比试验中，对发酵过程中日产气量、主要气体成分含量、pH 值和主要营养成分各指标进行了测试，其结果分别如表 2-9、表 2-10 和表 2-11 所示。

表 2-9　不同接种量条件下日产气量表

接种量	1 d/mL	2 d/mL	3 d/mL	4 d/mL	5 d/mL	6 d/mL	7 d/mL	8 d/mL	9 d/mL	10 d/mL	11 d/mL	12 d/mL	13 d/mL	14 d/mL	15 d/mL	16 d/mL	17 d/mL
接种 20%	178	540	476	492	680	798	518	358	348	410	446	510	490	510	515	590	505
接种 30%	180	564	628	660	744	952	886	801	646	260	310	220	200	116	122	100	124
接种 50%	164	556	636	740	764	728	468	191	160	180	120	110	90	104	110	140	80

表 2-10　不同接种量条件下主要气体成分含量表

接种量	气体成分	3 d/%	7 d/%	11 d/%	15 d/%
接种 20%	CH_4	32.7	45.8	62.1	65.7
	CO_2	59.7	44.3	25.4	23.2
接种 30%	CH_4	36.5	63.2	63.1	59.8
	CO_2	55.6	24.5	20.9	18.1
接种 50%	CH_4	51.2	64.1	59.6	56.3
	CO_2	37.8	24.4	23.5	22.7

表 2-11　不同接种量条件下 pH 值和主要营养成分变化表

接种量	pH 值及各营养成分	1 d/(mg/L)	5 d/(mg/L)	9 d/(mg/L)	13 d/(mg/L)	17 d/(mg/L)
接种 20%	pH 值	7.09	6.83	7.49	7.65	7.8
	全 N	1972	1876	1764	1780	2106
	水溶性 P	157.15	208.01	190.52	325.11	197.09
	速效 K	926.11	943.32	901.48	901.48	970.74

（续表）

接种量	pH 值及各营养成分	1 d/(mg/L)	5 d/(mg/L)	9 d/(mg/L)	13 d/(mg/L)	17 d/(mg/L)
接种 30%	pH 值	7.08	7.38	7.83	7.85	7.83
	全 N	2 346	2 448	2 420	2 364	2 106
	水溶性 P	159.97	235.28	214.58	307.58	207.22
	速效 K	1 027.1	1 123.15	1 098.52	1 073.9	1 123.15
接种 50%	pH 值	7.71	7.64	7.9	7.92	7.91
	全 N	3 080	2 828	2 926	2 828	2 720
	水溶性 P	160.91	260.31	251.32	284.57	197.89
	速效 K	1 218.72	1 297.98	1 267.32	1 267.32	1 322.24

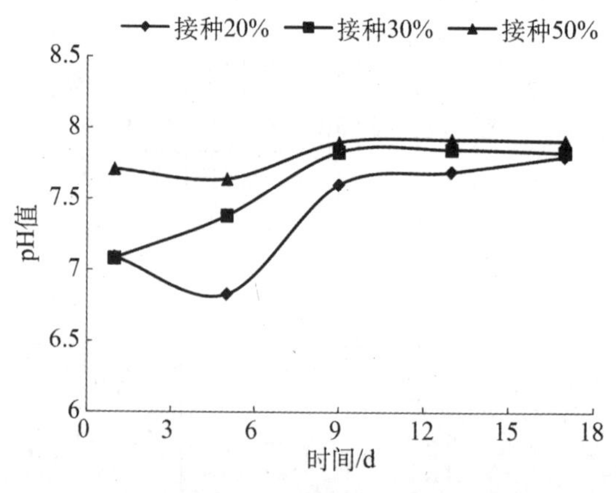

图 2－15　不同接种量条件下料液 pH 值的变化曲线

2.2.3.4　不同接种量条件下发酵过程中料液 pH 值的变化

不同接种量条件下料液 pH 值的变化曲线如图 2－15 所示。由图 2－15 可看出，三组试验中，接种量为 20％试验组在发酵初期 pH 值有所下降，由第 1 天的初始值 7.09 下降至第 5 天的 6.83，这是因为在发酵瓶中有机负荷较大，接种物数量相对不足，出现了酸化速度大于甲烷化速度，形成了有机酸的积累[17]。在经过一段时间的微生物富集后，产甲烷菌大量繁殖，进行正常的新陈代谢，之后其 pH 值呈缓慢上升走向，至反应第 17 天（发酵基本结束）时其 pH 值为 7.8。而对于接种 30％和接种 50％的试验组虽然初始 pH 值存有差异，分别为 7.08 和 7.71，但在整个发酵过程中走向基本一致，在第 9 天分别达到 7.83 和 7.9，之后 pH 值基本稳定。至反应第 17 天（发酵基本结束）时其值分别为 7.83 和 7.91。

由分析可知，接种量大时，其发酵过程中 pH 值变化也较为平缓；而接种量小时，发酵瓶中微生物数量不足，容易出现酸化现象，造成 pH 值在发酵过程中明显的波动现象。说明了接种量的加大，加速了有机物的分解氨化速度，因而 pH 值自动回升速度也较快。

2.2.3.5　不同接种量对发酵过程中产气特性的影响

1）不同接种量对厌氧发酵过程中产气量的影响

不同接种量条件下厌氧发酵过程中日产气量如图 2 - 16 所示。不同接种量条件下厌氧发酵的累积产气量和总产气量如图 2 - 17 所示。

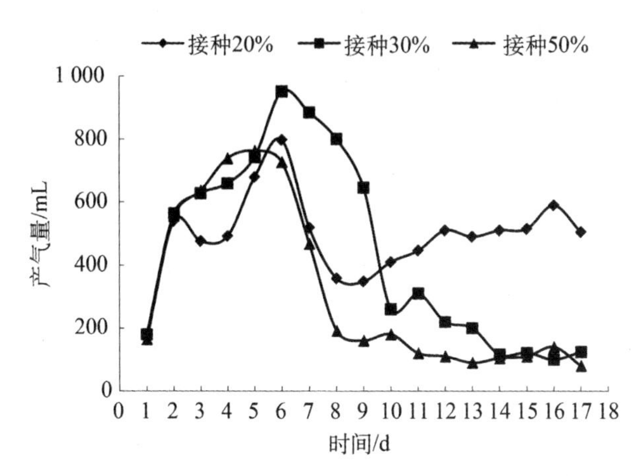

图 2 - 16　不同接种量条件下厌氧发酵过程中日产气量

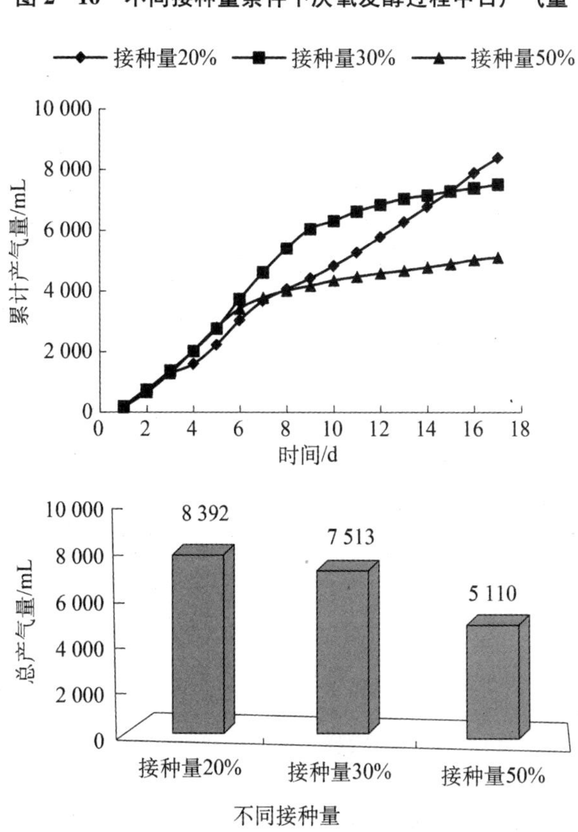

图 2 - 17　不同接种量条件下厌氧发酵的累积产气量和总产气量

把图 2-16 结合表 2-9,将接种量 50%试验组与接种量 20%和接种量 30%试验组相比较,由于接种量为 50%的试验组其发酵瓶内微生物数量充足,所以产气速度较快,其产气高峰期也就较另两组来得早,在发酵进行到第 5 天时就达到了产气高峰值,而另两组是在第 6 天时达到产气峰值。这说明接种量不同时,会影响发酵启动速度。

在维持了几天的产气高峰期后,接种 50%试验组的日产气量呈现明显的下降趋势。而接种量 30%试验组在发酵初期其产气量一直呈上升走向,在第 6 天时达到产气峰值,其主要产气期集中在第 3 天到第 10 天;接种 20%试验组在继第 2 天的产气小高峰之后其产气量有所下降,这主要是因为由于发酵瓶内接种微生物数量相对较少,造成了有机酸的积累(此时料液的 pH 值在 6.8 左右),抑制了产甲烷的新陈代谢,导致了产气量有所下降,之后在发酵进行到第 6 天产气量又出现了高峰值。在共同经过了第 6 天的产气高峰值后,接种 30%试验组产气呈现明显的下降趋势,但接种 20%的试验组在反应后期其产气量一直维持在日产气量 500～600 mL左右,明显高于接种量 30%和接种量 50%的试验组。结合图 2-17 可以看出,如果接种 20%试验组在发酵瓶内发酵原料充足的情况下,这种上升走向会有继续发展的趋势,这表明,一段时间的反应期后,该试验组发酵瓶内的微生物经过繁殖数量增加,可有效充分地分解瓶内的有机物质,产气量也较高。由图 2-17 可知,在整个反应期 17 天内,接种 20%、接种 30%和接种 50%试验组的总产气量分别为8 392 mL、7 513 mL 和 5 110 mL。

通过以上分析可知,适当加大接种量,则发酵启动也较快。但接种量加大时,加入的物料就相对减少,所以接种 50%的试验组虽然启动较快,但因其发酵后期供微生物新陈代谢的营养相对减少,在对比试验中总产气量反而较低。

2) 不同接种量对厌氧发酵过程中气体成分的影响

不同接种量条件下甲烷(CH_4)含量变化如图 2-18 所示。不同接种量条件下二氧化碳(CO_2)含量的变化如图 2-19 所示。

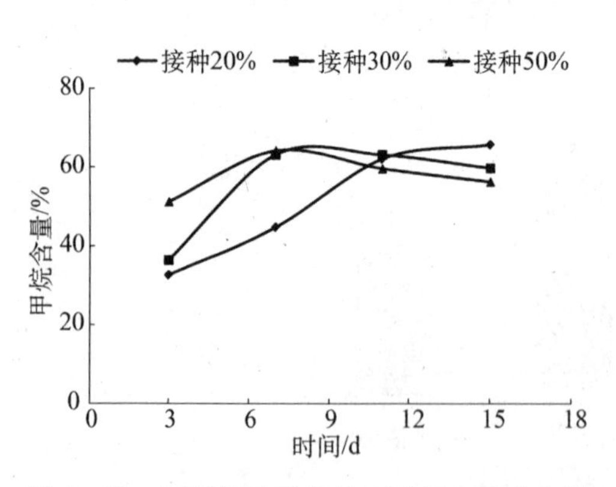

图 2-18 不同接种量条件下甲烷(CH_4)含量的变化

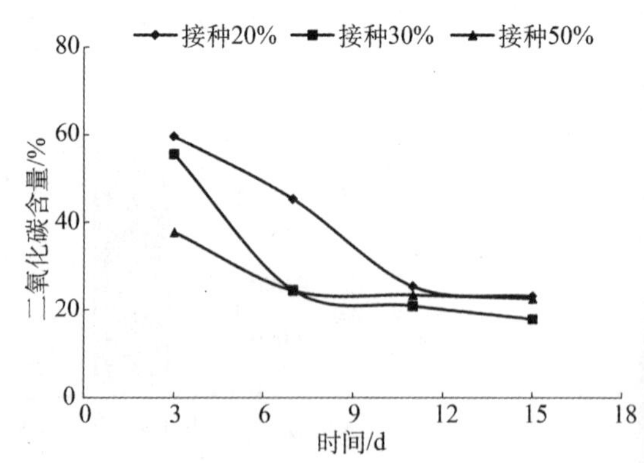

图 2-19 不同接种量条件下二氧化碳(CO_2)含量的变化

综合图2-18和图2-19可知，在发酵第3天接种50%试验组的甲烷含量为51.2%，高于接种20%和接种30%试验组的32.7%和36.5%，而此时二氧化碳含量分别为37.8%、59.7%和55.6%。这说明加大接种量可降低生物气中酸性气体，即二氧化碳的含量，提高厌氧发酵的产气品质，提高气体其中的甲烷含量。至反应第7天，接种量为50%和接种量为30%的试验组其甲烷含量分别为64.1%和63.2%。而对于接种20%试验组，发酵初、中期甲烷含量都较另两组的低，但基本上呈线性增长趋势，在试验进行到第11天时其甲烷含量达到62.1%，后其甲烷含量基本稳定。反应第15天时，接种20%试验组甲烷含量为65.7%，此时接种50%和接种30%试验组甲烷含量分别为56.3%和59.8%。由图2-19可知，在整个发酵过程中，二氧化碳含量在反应初、中期都呈现出不同程度的下降趋势，总的来说，接种量大的反应组其二氧化碳含量较低，其下降趋势较快，能较快达到稳定状态。至反应第15天时，三组试验二氧化碳含量分别为：接种20%为23.2%、接种30%为18.1%、接种50%为22.7%。

综上所述，接种量50%时其发酵反应初、中期产气品质较高，但其总产气量不如接种量20%和接种量30%试验组；而接种量20%试验组其产气品质在发酵初、中期较接种量50%和30%的试验要差。所以，综合产气特性各指标，接种量30%是厌氧发酵较适宜的接种量。

2.2.3.6 不同接种量条件下厌氧发酵过程中营养成分的变化

1）不同接种量条件下厌氧发酵过程中全氮含量变化情况

表2-12为不同接种量条件下厌氧发酵过程中全N含量的变化情况。不同接种量条件下厌氧发酵过程中全N含量变化曲线如图2-20所示。

表2-12 不同接种量条件下厌氧发酵过程中全N含量变化情况

接种量	1 d/(mg/L)	5 d/(mg/L)	9 d/(mg/L)	13 d/(mg/L)	17 d/(mg/L)	全N损失率/%
接种量20%	1 972	1 876	1 764	1 926	1 780	9.74
接种量30%	2 346	2 448	2 420	2 364	2 106	10.23
接种量50%	3 080	2 828	2 926	2 828	2 720	11.69

由表2-12和图2-20综合可以看出，在发酵初始时，由于发酵料液的总固体含量一定和接种量的不同，三个试验组全氮的初始含量形成一个梯度，分别为：接种20%为1 972 mg/L、接种30%为2 346 mg/L和接种50%为3 080 mg/L。从整个厌氧发酵过程来看，全N含量变化总体呈下降走向，至发酵第17天（发酵基本结束）时，接种20%、30%和50%三个试验组的全氮含量分别是1 780 mg/L、2 106 mg/L和2 720 mg/L，与各自的发酵初始全氮含量相比，其全N含量的损失率分别为

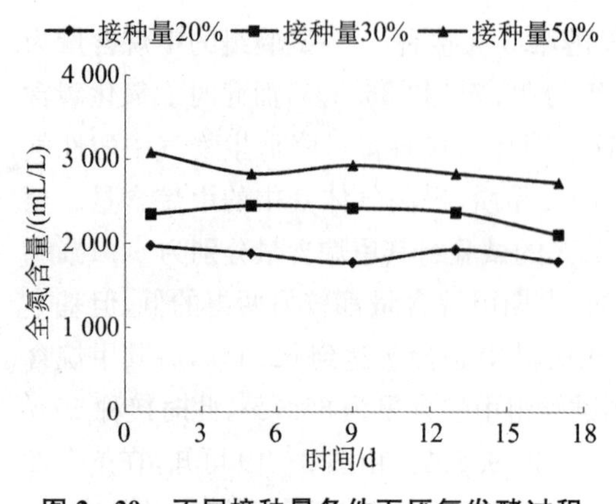

图 2-20　不同接种量条件下厌氧发酵过程中全 N 含量变化曲线

9.74%、10.23%和 11.69%。三组试验组的全 N 损失率都在 10%左右。但总的来说，接种量大的试验组其全 N 损失率略大于接种量小的试验组。这可能是因为，接种量大时所加入的菌种数量也就越多，发酵过程中发生的反应就会越频繁越复杂[16]。这些菌种在适宜的环境下快速繁殖，在发酵瓶大量富集，各菌群进行复杂的生化反应时分解有机氮，消耗一部分氮，同时也产生一些结构复杂的含氮衍生物。因此，接种量大时，发酵液中的全 N 损失也较大。

2）不同接种量条件下厌氧发酵过程中水溶性 P 含量变化情况

不同接种量条件下发酵液中水溶性 P 含量的变化情况如表 2-13 和图 2-21 所示。由表 2-13 可以看出，虽然各试验组接种量有所不同，但发酵液中水溶性 P 的含量几乎无差异，接种量为 20%、30%、50%试验组发酵液中水溶性 P 含量初值分别是 157.15 mg/L、159.97 mg/L 和 160.91 mg/L。

表 2-13　不同接种量条件下厌氧发酵过程中水溶性 P 的变化情况

接种量	1 d/(mg/L)	5 d/(mg/L)	9 d/(mg/L)	13 d/(mg/L)	17 d/(mg/L)	水溶性 P 增长率/%
接种量 20%	157.15	208.01	190.52	325.11	197.09	25.42
接种量 30%	159.97	235.28	214.58	307.58	207.22	29.54
接种量 50%	160.91	260.31	251.32	284.57	197.89	22.98

结合图 2-21 来看，在整个变化过程中，三组试验组的增长变化规律大致相同。在反应初期各试验组中水溶性 P 都有较快的增长，且接种量大的试验组其增长速度较接种量小的试验组要快，之后各试验组中的水溶性 P 含量都出现了起伏，在试验进行到第 13 天时，各试验组发酵液中水溶性含量都达到了最高值，此时接种量为 20%、30%、50%试验组发酵液中水

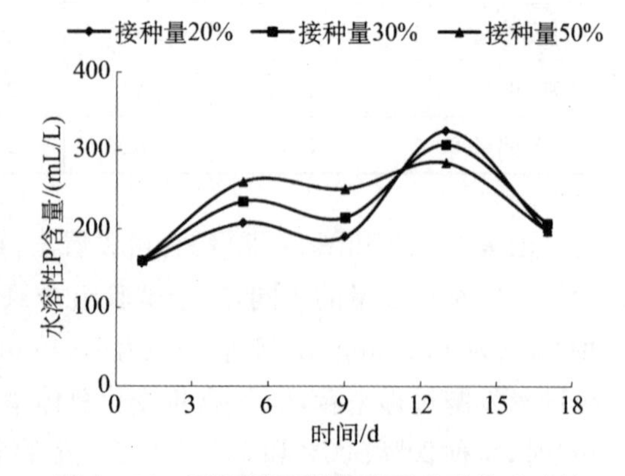

图 2-21　不同接种量条件下发酵液中水溶性 P 变化曲线

溶性 P 含量分别是 325.11 mg/L、307.58 mg/L 和 284.57 mg/L。至发酵第 17 天（发酵基本结束）时，接种量为 20%、30%、50%三组试验组发酵液中水溶性 P 含量为 197.09 mg/L、207.22 mg/L 和 197.89 mg/L，与发酵液中初始水溶性 P 含量相比，各试验组中水溶性 P 含量的增长率分别为 25.42%、29.54%和 22.98%。综合来说，各试验组中水溶性 P 增长率无大差异，因此，接种量的大小对厌氧发酵料液中水溶性 P 含量变化影响不明显。

3）不同接种量条件下厌氧发酵过程中速效 K 含量变化情况

不同接种量条件下厌氧发酵过程中速效 K 含量变化如表 2－14 和图 2－22 所示。

表 2－14　不同接种量条件下厌氧发酵过程中速效 K 的变化情况

接种量	1 d/(mg/L)	5 d/(mg/L)	9 d/(mg/L)	13 d/(mg/L)	17 d/(mg/L)	速效 K 增长率/%
接种量 20%	926.11	943.32	901.48	901.48	970.74	4.82
接种量 30%	1 027.09	1 123.15	1 098.52	1 073.89	1 123.15	9.35
接种量 50%	1 218.72	1 297.98	1 267.32	1 267.32	1 322.24	10.14

由表 2－14 和图 2－22 可知，三个对比试验组中速效 K 含量的变化趋势大体相同。接种量为 20%、30%、50%三个试验组发酵液中速效 K 含量初始值分别为 926.11 mg/L、1 027.09 mg/L 和 1 218.72 mg/L。反应初期各试验组速效 K 含量有不同程度的增长，在这一时期内可以看到，当接种量大时其速效 K 含量的增长率相对也较大，之后三组试验组速效 K 含量变化都趋于平稳，无大差异。至发酵第 17 天（发酵基本结束）时，接种量为 20%、30%、50%三组试验组发酵液中速效 K 含量分别是 970.74 mg/L、1 123.15 mg/L 和 1 322.24 mg/L，与反应初始值相比各自的增长率分别为：接种 20%为 4.82%、接种 30%为 9.35%和接种 50%为 10.14%。由数据可知，随着接种量的加大，其速效 K 含量的增长率也略大，但接种 30%和接种 50%试验组其速效 K 含量增长率差异较小。

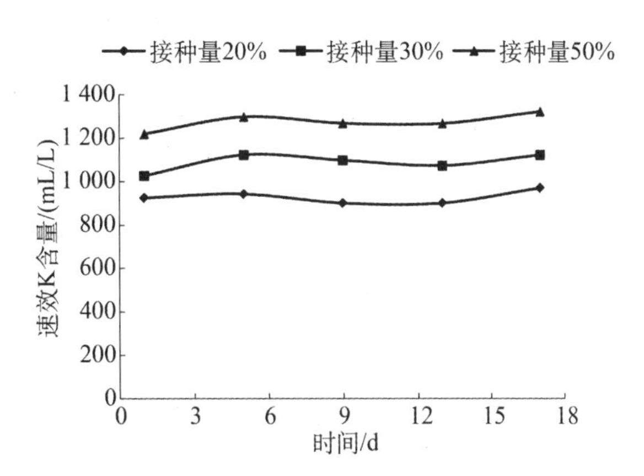

图 2－22　不同接种量条件下发酵液中速效 K 含量的变化曲线

2.2.3.7　小结

不同接种量条件下厌氧发酵试验表明：

(1) 加大接种量可以加速厌氧发酵的启动,使产气高峰期提前及提高产气品质。接种量为50%的试验组在发酵反应第4天时就达到了产气高峰,第3天时其甲烷含量达到了51.2%。但是当物料浓度一定时,接种量的加大就意味着反应基质的相对减少,所以其总产气量较低。至发酵第17天(发酵基本结束)时,接种为50%、30%和20%的试验组总产气量分别为5 110 mL、7 513 mL和8 392 mL。对于接种量为20%的试验组,虽然其在反应周期后期时仍有继续发酵的趋势,但其产气品质在发酵的初、中期甲烷含量较30%和50%试验组的要低。所以,综合各产气指标,试验选用的接种量为30%较适宜。

(2) 不同接种量条件下发酵结束时营养成分结果如表2-15所示。

表2-15　不同接种量条件下发酵结束时营养成分结果

不同接种量	全N损失率/%	水溶性P增长率/%	速效K增长率/%
接种量20%	9.74	25.42	4.82
接种量30%	10.23	29.54	9.35
接种量50%	11.69	22.98	10.14

由表2-15可以看出全N损失率和速效K增长率与接种量成正比,即随着接种量的加大,其全N损失率和速效K增长率也随之有所增长,至发酵第17天(发酵基本结束)时,接种50%的试验组其全N损失率为11.69%,速效K增长率为10.14%;而三组试验水溶性P增长率差异不明显,以接种量为30%的较高,为29.54%。综合全N含量的损失率、水溶性P增长率和速效K增长率,以接种量为30%的厌氧发酵试验效果较好,至发酵第17天(发酵基本结束)时其全N损失率、水溶性P增长率和速效K增长率分别为10.23%、29.54%和9.35%。

2.2.4　不同料液浓度对厌氧发酵过程中产气特性及其营养成分的变化

2.2.4.1　试验目的及意义

原料是供给沼气发酵微生物,进行正常生命活动所需的营养和能量,是不断生产沼气的物质基础。微生物的生长繁殖需要一定的有机物,同时也需要适宜的水分。当发酵料液中干物质含量过高时产甲烷缓慢,甚至停止,这是由于某些有毒物质如氨态氮和挥发酸的积累,抑制了产甲烷细菌的生长和新陈代谢,使产气过程终止;当料液浓度低时,料液中水分含量过多,营养物质含量就少,会造成产甲烷细菌营养不足,从而影响微生物的生长,发酵产气不旺,产气时间短暂。本实验探求在中温条件下,不同料液浓度对厌氧发酵过程中产气特性及其营养成分含量的影响,以期找出适宜的物料浓度,以提高沼气发酵工艺的综合利用价值。

2.2.4.2　试验设计

以新鲜猪粪经预处理后作为沼气发酵原料，将对比试验分三组进行：

（1）发酵料液浓度为 6%的试验组；

（2）发酵料液浓度为 9%的试验组；

（3）发酵料液浓度为 12%的试验组。

每试验组重复做两次，其他发酵条件均为：发酵料液的接种量为 30%，发酵温度为（37±1）℃。将配好的发酵料液分别置于 1 000 mL 发酵瓶内（发酵瓶内的有效容积为 800 mL），发酵瓶与集气装置用乳胶管连接后，置于恒温水浴中，发酵时间为 17 天。

2.2.4.3　试验结果

不同发酵液浓度条件下日产气量、主要气体成分含量、pH 值和主要营养成分变化情况分别如表 2－16、表 2－17 和表 2－18 所示。

表 2－16　不同发酵液浓度条件下日产气量

料液浓度	1 d/mL	2 d/mL	3 d/mL	4 d/mL	5 d/mL	6 d/mL	7 d/mL	8 d/mL	9 d/mL	10 d/mL	11 d/mL	12 d/mL	13 d/mL	14 d/mL	15 d/mL	16 d/mL	17 d/mL
浓度 6%	180	564	628	660	744	952	886	801	646	260	310	220	200	116	122	100	124
浓度 9%	264	614	1 049	916	1 040	1 752	1 309	856	864	944	1 134	1 221	728	494	476	332	180
浓度 12%	386	720	1 337	1 052	1 344	1 836	1 529	800	856	928	856	1 047	1 069	1 012	891	914	480

表 2－17　不同发酵液浓度条件下主要气体成分含量

料液浓度	气体成分	3 d/%	7 d/%	11 d/%	15 d/%
料液浓度 6%	CH_4	38.6	64.7	63.5	60.8
	CO_2	53.3	25.6	23.1	20.7
料液浓度 9%	CH_4	25.7	66.6	65.1	68.1
	CO_2	66.1	27.9	28.5	26.9
料液浓度 12%	CH_4	26.7	64.1	66.1	68.8
	CO_2	69.7	27.5	31.2	30.9

表 2－18　不同发酵液浓度条件下 pH 值和主要营养成分变化情况

料液浓度	pH 值及各营养成分	1 d/(mg/L)	5 d/(mg/L)	9 d/(mg/L)	13 d/(mg/L)	17 d/(mg/L)
料液浓度 6%	pH 值	7.23	7.38	7.7	7.73	7.82
	全 N	2 408	2 212	2 100	1 960	2 172
	水溶性 P	146.85	237.4	212.75	278.31	193.21
	速效 K	982.28	993.47	982.28	968.21	1 071.9

（续表）

料液浓度	pH值及各营养成分	1 d/(mg/L)	5 d/(mg/L)	9 d/(mg/L)	13 d/(mg/L)	17 d/(mg/L)
料液浓度9%	pH值	7.43	7.19	7.69	7.8	7.8
	全N	3 094	3 192	2 828	2 884	2 996
	水溶性P	190.03	235.5	303.34	393.8	264.4
	速效K	1 228.74	1 228.74	1 273.55	1 295.95	1 330.76
料液浓度12%	pH值	7.49	7.05	7.68	7.82	7.85
	全N	3962	3 976	4 116	3 920	3 780
	水溶性P	285.52	349.15	399.19	495.62	450.25
	速效K	1 385.57	1 430.38	1 452.79	1 452.79	1 475.19

2.2.4.4 不同料液浓度对厌氧发酵过程中pH值的影响

不同料液浓度厌氧发酵过程中pH值变化如图2-23所示。

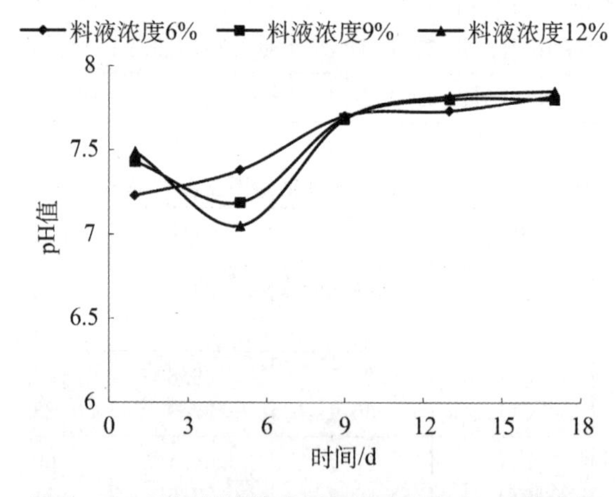

图2-23 不同料液浓度厌氧发酵过程中pH值变化

由图2-23结合表2-18可知，在发酵初期时，料液浓度为6%的试验组pH值呈现上升趋势，由发酵初始值7.23，第5天微弱上升至7.38；而料液浓度为9%和12%的试验组在反应初期时都出现了一个小的低谷，分别由初始值7.43和7.49下降至第5天的7.19和7.05，这可能是由于当料液浓度高时，发酵瓶中负荷较高，出现酸化速度大于甲烷化速度，产生了有机酸所致。到发酵第9天，此时料液浓度6%、9%和12%三个试验组的pH值都达到7.7左右，分别为7.7、7.69和7.68，之后变化也都较平缓，至反应第17天（发酵基本结束）时pH值分别为7.82、7.8和7.85。

由测试数据分析可知，加大发酵料液浓度，其反应初期时较易出现酸化现象，导致 pH 值有所下降，且随着浓度的增加，其酸化现象也会较明显。随着发酵的继续，氨化细菌逐渐繁殖，氨化细菌释放氨态氮，中和了环境中的有机酸，pH 值回升，之后 pH 值变化相对稳定[18]。

2.2.4.5　不同料液浓度对厌氧发酵过程中产气特性的影响

1）不同料液浓度厌氧发酵产气量的变化

不同料液浓度厌氧发酵日产气量如图 2－24 所示，不同料液浓度厌氧发酵的累积产气量和总产气量如图 2－25(a)、(b)所示。

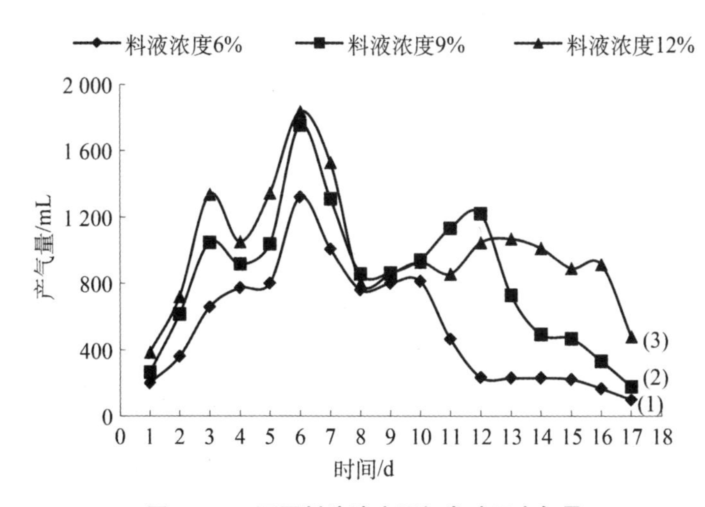

图 2－24　不同料液浓度厌氧发酵日产气量

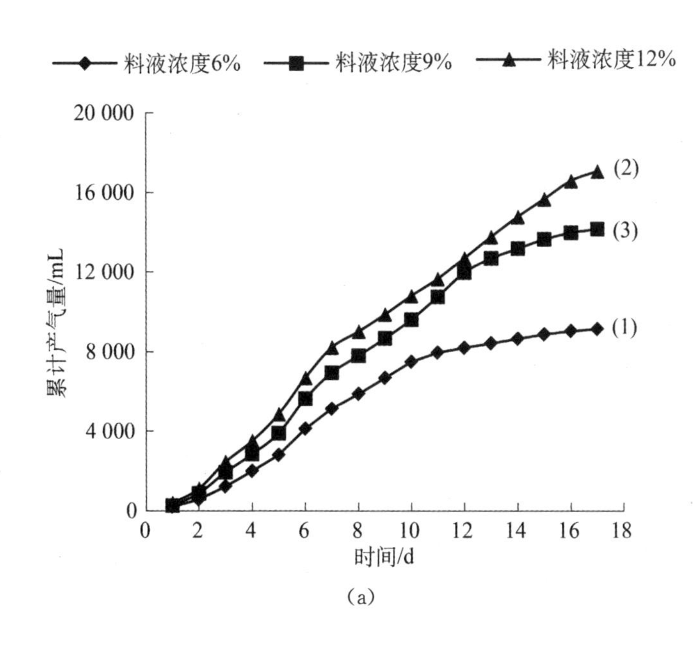

(a)

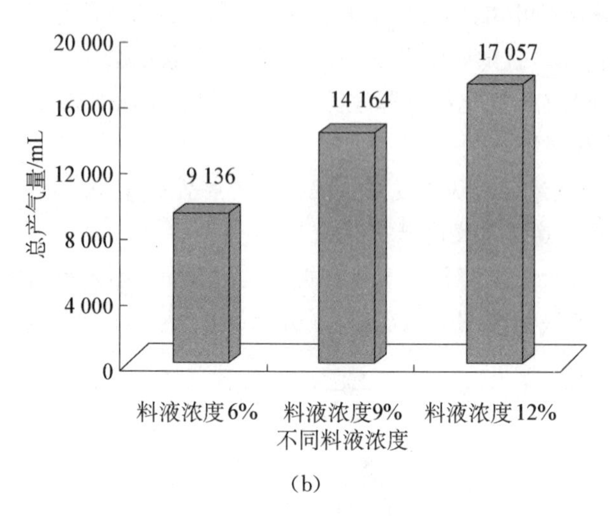

(b)

图 2-25 不同料液浓度厌氧发酵的产气量

(a) 累积产气量;(b) 总产气量

由图 2-24 可以看出,对于 3 种不同料液浓度(总固体含量 TS 分别为 6%、9%和 12%)的厌氧发酵处理,第(1)组(TS 含量为 6%)在发酵初期日产气量一直处于上升趋势,而第(2)组(TS 含量为 9%)和第(3)组(TS 含量为 12%)的日产气量在发酵的第 3 天出现了一个小的高峰后第 4 天又出现了一个小的低谷,结合图 2-23可知,此时料液的 pH 值也处于整个发酵过程中较低的阶段。说明在试验中,由于发酵料液浓度相对较高,反应初期部分有机酸积累,表现在发酵料液 pH 值下降,从而也影响了产气过程。从整个厌氧发酵的产气过程来看,3 组处理在厌氧发酵初期,日产气量都呈现出上升趋势,并在第 6 天时几乎同时达到产气高峰值。随着发酵的继续,料液浓度 6%的试验组与料液浓度 9%和 12%的试验组相比,10 天后日产气量呈现明显的下降趋势;料液浓度 9%的试验组在第 12 天后呈下降走向;而料液浓度 12%的试验组在发酵周期后期仍有继续产气趋势,其日产气量在800 mL/d以上。

综合图 2-24 和图 2-25 可得不同料液浓度厌氧发酵产气特性,如表 2-19 所示。对不同料液浓度厌氧发酵进行比较可知,随着干物质含量的增加,总产气量和日平均产气量均呈增加趋势,以浓度为 12%时产气量最高,分别为 17 057 mL 和 1 003.35 mL/d,9%时为 14 164 mL 和 925.75 mL/d,6%时为 9 136 mL 和 597.12 mL/d。但 TS 产气率却以料液浓度为 9%时的最高,为 174.86 mL/g;其次是料液浓度 6%时的 TS 产气率,为 169.19 mL/g;以料液浓度 12%时的 TS 产气率最低为 157.94 mL/g。综合各项产气指标考虑,以发酵料液浓度为 9%时为好,其总气量为 14 164 mL,日平均产气量为 833.18 mL/d。

表 2－19　不同料液浓度厌氧发酵产气特性

试验组	干物质含量	总产气量/mL	日平均产气率/[mL/(L·d)]	TS 产气率/(mL/g)
(1)	6%	9 136	597.12	169.19
(2)	9%	14 164	925.75	174.86
(3)	12%	17 057	1 114.84	157.94

2）不同料液浓度厌氧发酵过程中气体含量的变化

不同料液浓度厌氧发酵过程中甲烷(CH_4)含量的变化如图 2－26 所示。不同料液浓度厌氧发酵过程中二氧化碳(CO_2)含量的变化如图 2－27 所示。

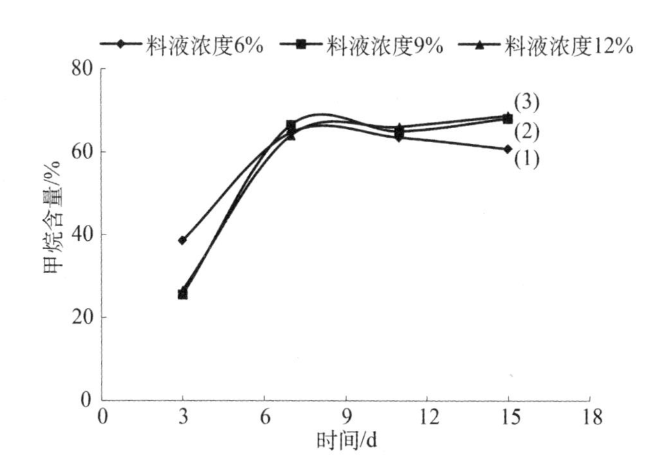

图 2－26　不同料液浓度厌氧发酵过程中甲烷(CH_4)含量的变化

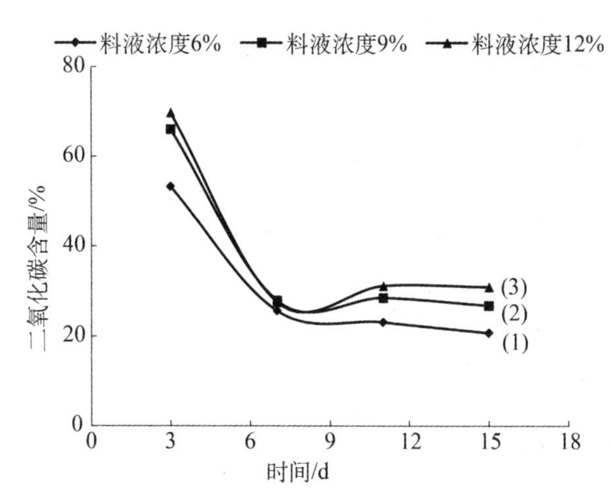

图 2－27　不同料液浓度厌氧发酵过程中二氧化碳(CO_2)含量的变化

综合图 2-26 和图 2-27 可以看出，在发酵初期时料液浓度小的其甲烷含量较料液浓度大的略高，料液浓度 6%、9%和 12%在发酵第 3 天时甲烷含量分别为 38.6%、25.7%和 26.7%，而二氧化碳含量分别为 53.3%、66%和 69.7%。这说明当料液浓度较低时，对沼气的初始产率有较明显的影响，厌氧发酵相对来说较易起动[19]。当反应进行到第 7 天时，由甲烷含量变化曲线图可以看到，此时料液浓度 6%、9%和 12%三个试验组中甲烷含量较为接近，分别为 64.7%、66.6%和 64%。随着反应的继续进行，供微生物消化的反应基质相对较少，由于料液浓度为 6%的试验组料液浓度相对较低，至反应后期时，产气量呈下降走向，甲烷含量也略有下降；而对于发酵料液浓度较高的 9%和 12%试验组，从发酵第 7 天开始其气体成分中甲烷含量变化较稳定。至发酵第 15 天时，三组试验组的甲烷含量分别为 60.8%，68.1%和 68.8%。

综合各产气特性指标可知，高浓度发酵可提高沼气的产气率，但同时也较容易出现发酵停滞期。这是因为一般来说，产酸菌的繁殖速度较快，能很快将原料中易分解的有机物质转化成有机酸类物质；而产甲烷菌的繁殖速度相对来说较慢。当发酵液浓度较高时，发酵液中的有机酸不能及时转化成甲烷及二氧化碳，就造成了发酵过程中酸化和甲烷化速度之间的不平衡。因此在生产使用过程中，为了做到均衡产气，提高发酵装置的使用效率，应采用低浓度启动、高浓度运转的发酵工艺。同时由图 2-27 可知，在整个发酵过程料液浓度高的试验组其二氧化碳含量也较料液浓度低的试验组略高些。

2.2.4.6　不同料液浓度对厌氧发酵过程中营养成分变化的影响

1）不同料液浓度厌氧发酵过程中全氮含量的变化

不同料液浓度下，厌氧发酵过程中全 N 含量随发酵时间的变化情况如表 2-20 所示。不同料液浓度厌氧发酵过程中全 N 含量变化如图 2-27 所示。三条曲线分别表示的是料液浓度为 6%、9%和 12%三个试验工况过程中全氮含量的变化曲线。由于最初的基质浓度不同，所示曲线的起始全氮含量存在一定的梯度，分别是 2 408 mL/L、3 094 mL/L、3 962 mL/L。

表 2-20　不同料液浓度厌氧发酵过程中全 N 含量变化情况

料液浓度	1 d/(mL/L)	5 d/(mL/L)	9 d/(mL/L)	13 d/(mL/L)	17 d/(mL/L)	全氮损失率/%
料液浓度 6%	2 408	2 212	2 100	1 960	2 172	9.801
料液浓度 9%	3 094	3 192	2 828	2 884	2 996	3.17
料液浓度 12%	3 962	3 976	4 116	3 920	3 780	4.59

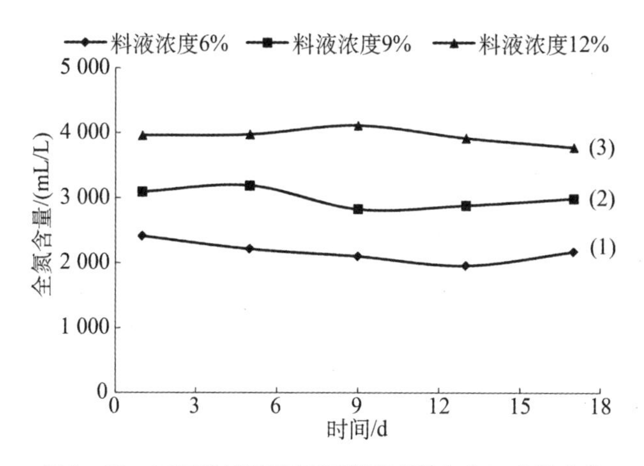

图 2-28　不同料液浓度厌氧发酵过程中全 N 含量变化

由表 2-20 和图 2-28 综合可以看出，料液浓度 6%试验组其全 N 含量由初始的 2 408 mL/L 呈缓慢下降趋势；料液浓度为 9%和料液浓度为 12%的试验组在厌氧发酵过程中其全 N 含量都出现了一个相对明显的波动。总的来说，整个发酵过程中的全 N 含量基本上呈下降的趋势，由表 2-20 可以直接看出，至发酵第 17 天(发酵基本结束)时，料液浓度 6%、9%和 12%三组试验组的全 N 含量分别是 2 172 mL/L、2 996 mL/L 和 3 780 mL/L，各自的全 N 绝对损失率分别为 9.8%、3.17%和4.59%。由测试结果可知，对于三个料液浓度不同的发酵工况下，料液浓度大的试验组在厌氧发酵过程中全 N 含量的波动较为明显，这可能是因为当基质浓度较高时，料液中所含的营养成分充足，微生物生长也就相对旺盛，生化反应也就相对剧烈[20]。而浓度为 6%的试验组其全 N 损失最大，可能是因为在接种物浓度一定的情况下，物料浓度低时，接种物所占的相对比例就大，其中的微生物数量也就相对较多，所需营养也相对较多，其全 N 损失也就最大。

2）不同料液浓度发酵液中水溶性 P 含量的变化

不同浓度发酵液中水溶性 P 含量变化情况如表 2-21 所示。不同浓度发酵液中水溶性 P 含量变化如图 2-29 所示。

表 2-21　不同浓度发酵料液中水溶性 P 的变化情况

料液浓度	1 d/(mL/L)	5 d/(mL/L)	9 d/(mL/L)	13 d/(mL/L)	17 d/(mL/L)	水溶性 P 增长率/%
料液浓度 6%	146.85	237.4	212.75	278.31	193.21	31.57
料液浓度 9%	190.03	235.5	303.34	393.8	264.4	39.14
料液浓度 12%	285.52	349.15	399.19	495.62	450.25	57.64

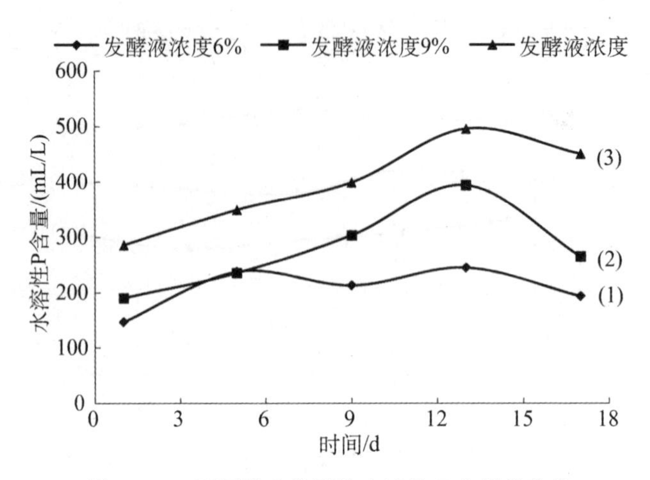

图 2-29 不同浓度发酵液水溶性 P 含量的变化

由图 2-29 可以直观地看到，三个工况下的试验组相比较，发酵液浓度 6%的试验组在第 1 天到第 5 天的曲线段斜率最大，随后水溶性 P 含量起伏变化相对平缓；而对于发酵液浓度较高的料液浓度 9%和 12%的试验组，则水溶性 P 含量的变化较为明显，在反应过程初、中期基本呈上升走向，且浓度越高者变化越明显。至发酵第 17 天(发酵基本结束)时，各试验组发酵液中水溶性 P 含量分别为 193.21 mL/L、264.4 mL/L 和 450.25 mL/L，与发酵初始值 146.85 mL/L、190.03 mL/L 和 285.51 mL/L 相比，分别增长了 31.57%、39.14%和 57.64%。总的来看，发酵料液浓度增加，其水溶性 P 的增长率也随之增加。

3) 不同浓度发酵液中速效 K 含量的变化

不同浓度发酵料液中速效 K 的变化情况如表 2-22 所示。不同浓度发酵料液中速效 K 的变化曲线如图 2-30 所示。

表 2-22 不同浓度发酵料液中速效 K 的变化情况

不同浓度	1 d/(mL/L)	5 d/(mL/L)	9 d/(mL/L)	13 /d(mL/L)	17 d/(mL/L)	速效 K 增长率/%
料液浓度 6%	982.28	993.47	982.28	968.21	1 071.9	9.12
料液浓度 9%	1 228.74	1 228.74	1 273.55	1 295.95	1 330.76	8.3
料液浓度 12%	1 385.57	1 430.38	1 452.79	1 452.79	1 475.19	6.47

由图 2-30 可直观地观察到，不同料液浓度在相同条件下，整个发酵过程中其速效 K 含量变化趋势基本一致，都呈缓慢上升走向。由表 2-22 可知，料液浓度 6%、9%和 12%的试验组中速效 K 含量的初始值分别为 928.28 mL/L、1 228.74 mL/L

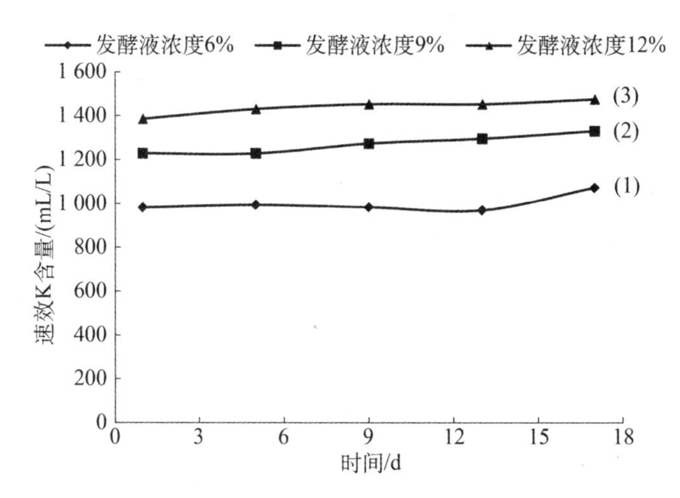

图 2-30　不同发酵料液浓度中速效 K 的变化

和 1 385.57 mL/L；到反应第 17 天(发酵基本结束)时，料液浓度 6%、9%和 12%试验组发酵液中速效 K 含量分别为 1 071.9 mL/L、1 330.76 mL/L 和 1 475.19 mL/L，分别较各自的初始值增长了 9.12%、8.3%和 6.47%。由测试结果知，发酵液中速效 K 含量随着料液浓度的增加，其增长率略有减小，但三组试验组速效 K 含量增长率差异不大。

2.2.4.7　小结

通过对猪粪进行不同浓度厌氧发酵对比试验各项指标进行检测，分析结果如下：

(1) 中温(37±1)℃，接种量 30%条件下，对比三种不同发酵浓度：料液浓度为 6%、9%和 12%的批量厌氧发酵处理，总产气量和日平均产气率与料液浓度成正比，即以料液浓度 12%的总产气量 17 057 mL 和日平均产气率 1 114.84 mL/(L·d)最高，但 TS 产气率则以料液浓度为 9%的试验组的 174.86 mL/g 最高。总的来看，加大料液浓度，其产气潜力也随之增加，但 TS 产气率不一定如此。对于产气质量来讲，料液浓度低时发酵初期甲烷含量比料液浓度大时高，即料液浓度较低时，发酵较易启动。但从整个发酵过程来看，随着发酵反应的进行，由于可供微生物生长繁殖的营养物质减少，料液浓度低时其产气量和产气质量下降较明显，如果采用连续发酵工艺时，此时要考虑进料。料液浓度为 9%和 12%的试验组在整个发酵周期中，产气质量无大差异，反而是料液浓度为 12%的试验组的二氧化碳含量一直较料液浓度较低的 6%和 9%的试验组要高。综合各产气指标，以料液浓度为 9%进行猪粪厌氧发酵，其产气量和产气质量都较为合适。

(2) 不同料液浓度厌氧发酵结束时营养成分结果如表 2-23 所示。

表 2-23 不同料液浓度厌氧发酵结束时营养成分结果

	全N损失率/%	水溶性P增长率/%	速效K增长率/%
料液浓度 6%	9.80	31.57	9.12
料液浓度 9%	3.17	39.14	8.30
料液浓度 12%	4.59	57.64	6.47

由表 2-23 可以看出，料液浓度 6%、9%和 12%在发酵结束时全 N 损失率分别为 9.801%、3.17%和 4.59%，以料液浓度低时其全 N 损失率较高。这可能是因为在接种物浓度一定的情况下，物料浓度低时，接种物所占的相对比例就大，其中的微生物数量也就相对较多，所需营养也相对较多，所以至发酵第 17 天(发酵基本结束)时其全 N 损失也就最大；不同物料浓度厌氧发酵过程中水溶性 P 增长率与料液浓度成正比，以料液浓度 12%的增长率 57.64%最高，其次是料液浓度为 9%的增长率 39.14%和料液浓度为 6%的增长率 31.57%。这是因为厌氧发酵过程中细菌对水溶性 P 的需求较低，所以发酵液中水溶性 P 的含量呈增加趋势；而对于速效 K，物料浓度低的增长率略高些，但总的来看，不同物料浓度对其变化影响不大。

2.2.5 小结

本研究以新鲜猪粪经预处理后作为沼气发酵原料，在自行设计制作的小型沼气发酵装置上，就不同工艺条件对厌氧发酵过程中产气特性及营养成分变化的影响进行了研究。本试验主要结论如下：

(1) 由于本试验采用的是中温发酵沼气池的底物作为接种物，所以在不同温度条件下的厌氧发酵对比试验组中，各发酵试验组中微生物活性受到了环境温度改变的影响，中温试验组发酵过程显现了明显的优势，而高温和室温试验组的产气量及产气品质都受到较明显的影响。当发酵进行到第 7 天时中温试验组甲烷含量达到 63.2%，此时高温和室温试验组甲烷含量分别为 47.3%和 38.6%；随着发酵的继续进行，高温和室温两组试验中产甲烷菌经过一段时间的驯化适应了所处的环境，开始正常的新陈代谢，反应第 15 天时甲烷含量分别为 59.8%、70%和 62.3%。至发酵第 17 天(发酵基本结束)时，中温、高温和室温各试验组的总产气量分别为 7 513 mL、4 137 mL 和 3 420 mL；由此证明了，对于每个发酵温度段都有不同的厌氧发酵优势菌群，其生化反应的机理也会不同。所以，当采用不同温度的工艺条件进行厌氧发酵时，对接种物的驯化是极为必要的。

(2) 在以中温沼气池底物为接种物，不同温度工艺条件下的厌氧发酵对比试验中，以中温发酵试验组产气特性效果最好，这主要是因为采用了接种物中微生物适宜生长繁殖的环境。而对于同等条件下的高温和室温发酵试验组，产气特性则以高温试验组的效果较好。由此说明了温度高时原料消化也快，其产气品质上升速度也较快。分析至发酵第 17 天（发酵基本结束）时中温试验组的总气量高于高温试验组的原因可能有以下几点：①在高温厌氧消化试验组中，发酵初期高温厌氧消化菌的驯化和富集消耗利用了一部分有机质；②虽然至发酵周期结束时高温试验组厌氧发酵显现延伸下去的趋势，但因对比试验发酵时间为 17 天，至此时将发酵强行中止。所以至试验结束时，中温试验组的总气量较高温试验组要高。

(3) 通过对比不同温度条件下三组试验组中营养成分变化，高温试验组的全 N 损失率和水溶性 P 含量增长率最高，分别为 12.87%和 41.73%；而速效 K 增长率以中温条件下最高，为 9.35%。总的来说，同等发酵条件下，温度较高时，沼气产气量及甲烷含量相对较高，营养成分变化也相对较大。这说明在较高温度下，体系中生化反应较剧烈，发酵瓶中微生物分解基质速度较快，基质利用率相对较高。

(4) 通过对比不同接种量试验过程中厌氧发酵产气特性的各项指标，结果表明，接种量为 50%的试验组在发酵反应第 4 天时就达到了产气高峰，第 3 天时其甲烷含量达到了 51.2%。由此可知，加大接种量可以加速厌氧发酵的启动，使产气高峰期提前，同时也可提高气体品质。但在料液浓度一定的条件下，接种量的加大也就意味着发酵基质的相对减少，所以至发酵第 17 天（发酵基本结束）时，接种量 50%试验组总产气量并不高，为 5 110 mL，接种 30%和 20%试验组的总产气量分别为 7 513 mL 和 8 392 mL。

(5) 对比接种量为 20%、30%和 50%，不同接种量发酵液中营养变化情况，全 N 损失率和速效 K 增长率与接种量成正比，即随着接种量的加大，其全 N 损失率和速效 K 增长率也随之有所增长。至发酵第 17 天（发酵基本结束）时，接种 50%的试验组其全 N 损失率为 11.69%，速效 K 增长率为 10.14%；而三组试验水溶性 P 增长率差异不明显，以接种量为 30%的较高，为 29.54%。这是由于接种量的加大，发酵瓶中接种的细菌数量相对较多，生化反应也较为剧烈，所以发酵液中营养变化也较明显。综合产气特性及营养成分各指标，不同接种量试验以接种量为 30%的厌氧发酵试验效果较好。至发酵第 17 天（发酵基本结束）时其总产气量、全 N 损失率、水溶性 P 增长率和速效 K 增长率分别为 7 513 mL、10.23%、29.54% 和 9.35%。

(6) 对比不同发酵料液浓度厌氧发酵产气特性及营养成分变化的试验：日平均产气量和总产气量随着料液浓度的增加而增加，以料液浓度 12%的总产气量和日平均产气率最高，为 17 057 mL 和 1 114.84 mL/(L·d)；但 TS 产气率以料液浓度为 9%的试验组为高，为 174.86 mL/g。就气体品质而言，料液浓度低时发酵初期甲烷含量较高，而整个发酵过程中二氧化碳含量与料液浓度成正比。比较发酵液中营养成分变化情况，作为制肥重要指标的全N损失率，料液浓度为6%时全N损失率最高，达9.8%，而料液浓度为9%和12%的全N损失率无大差异，分别为3.17%和4.59%；不同料液浓度厌氧发酵过程中水溶性P增长率与料液浓度成正比，以料液浓度12%的增长率最高，为57.64%，其次是料液浓度9%的增长率为39.14%和料液浓度为6%的增长率为31.57%；而对于速效K，料液浓度6%、9%和12%试验组至发酵周期结束时增长率分别为9.12%、8.3%和6.47%，即随着物料浓度增加，速效K增长率反而较低，但总的来看，不同物料浓度对其变化影响不大。综合不同发酵料液浓度厌氧发酵产气特性及营养成分变化的各项指标，以料液浓度为9%的处理组较适宜，至发酵第17天(发酵基本结束)时其总产气量、全N损失率、水溶性P增长率和速效K增长率分别为14 164 mL、3.17%、39.14%和8.3%。

2.3 蔬菜废弃物厌氧消化制取沼气技术

蔬菜废弃物的总固体含量为8%～19%，挥发固体的含量占总固体的80%以上。该废弃物中含75%的糖类和半纤维素、9%的纤维素及5%的木质素，其很高的含水量使得它们很适宜采用生物处理工艺。好氧工艺不太适合处理蔬菜废弃物，这是因为其有机物含量高需要大量的动力消耗，而厌氧消化工艺则是处理这些废弃物的合理选择[21]。目前，以蔬菜废弃物作为原料进行厌氧发酵研究的报道较少。在国外，张瑞红等在蔬菜废弃物厌氧分解方面做了有益的探讨[22]；在国内，张无敌等进行了菠菜叶秆厌氧发酵产气潜力方面的研究[23]。有关接种物浓度对蔬菜废弃物厌氧发酵过程的影响尚需进一步探讨。本实验欲摸索接种物浓度对蔬菜废物厌氧发酵过程中的挥发性脂肪酸(VFA)、氨氮、pH值、产气量及甲烷含量的影响。通过选择适宜的接种物浓度，以期达到产气速度快、产气量多的效果，从而缩短发酵周期，节省成本，增加经济效益，为蔬菜废弃物厌氧发酵的工业生产和市场化应用提供理论基础。

2.3.1 材料与方法

1) 试验装置

试验装置为本实验室自行设计的厌氧发酵装置，与本章2.2节的试验装置相同，主要由水浴恒温振荡器、发酵瓶、集气瓶、集水瓶等部分组成。采用1 000 mL的透明的玻璃三角瓶作为发酵瓶，可便于观察发酵原料体积与物料状态的变化。发酵瓶用适当大小的橡胶塞封口，在橡胶塞上钻出取样孔和输气孔。集气瓶用500 mL的三角瓶，同样以橡胶塞封口，其上的橡皮塞钻出进气孔和导水孔。集水瓶为500 mL的普通玻璃瓶。在这些孔上插入玻璃管作为连接口，然后用ϕ8 mm

的硅胶管连接管路，并用凡士林密封。

其工作过程如下：发酵原料经过调节，加接种物之后，注入发酵瓶密闭，置于恒温水浴中。发酵原料在发酵瓶内进行厌氧发酵，消化过程产生的沼气通过导气管输入装有饱和食盐水的密闭集气装置中，以排水法收集得之，每日定时通过测定集水瓶中食盐水体积得到日产气量。在取样口用 25 mL 移液管取得料液样品经离心后进行参数测定，在取气口用气体采样袋收集气体样品，用于气体成分的分析[24]。

2）试验材料及试验方案

本试验所用发酵原料为上海市七宝镇七宝老街菜市场收集的废弃甘蓝菜叶。将采集的甘蓝菜叶废物进行简单的分拣；把经过分拣的甘蓝菜叶废物水洗一次后，先切碎再用组织捣碎机粉碎为均匀的颗粒，粒径均在 1～2 cm 左右，然后将其研磨，破坏甘蓝菜叶的内部组织，提高纤维素的降解性。而后放入冰箱 4℃储存备用，并取样测定原料的理化性质（见表 2 - 24）。

表 2 - 24　发酵原料的理化性质

总固体/%	挥发性固体/%TS	含水率/%	总氮/%	总磷/%	C/N	纤维素/g	pH
10.74	95.13	89.26	2.33	0.43	22.35	0.11	6.10

本实验所用的接种污泥取自上海市崇明前卫村以猪粪为发酵原料的沼气系统正常发酵的发酵残余物，其 $TS = 7.087\%$，$VS = 64.815\%\ TS$，含水率 $= 92.913\%$，$pH = 8.24$。

本试验运行了 20 d，有效发酵过程约 17 d，运行过程良好，运行温度正常。试验设接种量（指接种污泥占全部反应物料的比率）为 20%、30%、50%三个实验组，同时设置一个空白参比组（只是以接种物为原料，不加任何蔬菜废弃物），每个实验组两次重复，采用一次进料（经过预处理），发酵状态为间歇，发酵温度为（35±1）℃，发酵液总固体含量为 10%，发酵原料粒度为 1～2 cm。每天搅拌 1 次，时间为 1h，振荡速度为 70 r/min。在 2 周内无气体产生视为产气结束，停止发酵实验。试验每 5 d 取一次液样和气样，进行各项参数测试。空白参比组因每日产气量非常少，仅在试验结束后，进行总产气量测定。

试验测定项目与方法如下：总固体浓度（TS）：烘干法（真空干燥箱中 105℃下烘 4～6 h）；VS 测定：烘干法（马弗炉中 600℃下烘 1 h）；含水率：烘干法（真空干燥箱中 105℃下烘 3～4 h）；挥发性脂肪酸（VFA）浓度：分光光度法（采用料液经 10 min，5 000 r/min，离心后测定）；氨态氮：蒸馏-滴定法（采用料液经 10 min，5 000 r/min，离心后测定）；pH 值：通过精密 pH 计（PHS - 3C）测定；产气量：采用排水法测定；气体成分：气相色谱仪（岛津 GC - 14B）。

试验结束后，综合试验数据进行产气指标分析，包括：TS 产气率，即单位原料干物质产气量，主要反映原料的产气潜力。计算公式如下：

$$TS\text{ 产气率} = \frac{\text{总累积产气量} - \text{空白组总累积产气量}}{W \cdot TS} \tag{2-5}$$

式中：W 为原料质量，g；TS 为原料总固体百分含量，%。

2.3.2　发酵过程 pH 值的变化

固体有机物厌氧降解过程是经过大分子有机物、小分子有机物、短链脂肪酸最终转化成 CH_4 和 CO_2 的过程。尽管消化过程非常复杂，但外在主要表现为消化系统酸碱性的规律性变化。因此，pH 值可以用来描述消化过程的进行情况。

图 2-31 是蔬菜废物厌氧发酵过程 pH 值的变化。从图 2-31 可以看出，接种量为 20% 的实验组，接种的污泥量少，其初始 pH 值低，且蔬菜废物容易自然酸化，酸性很大，pH 值在 4.2 左右。在整个反应时间内，其 pH 值一直没有上升，处于严重的酸化状态，甲烷化一直没有开始。这是因为接种的污泥中甲烷菌占主导，而接种少，甘蓝菜叶自然酸化速度很快，使得环境中产酸菌成了主体，导致 pH 值低，抑制了产气[25]。

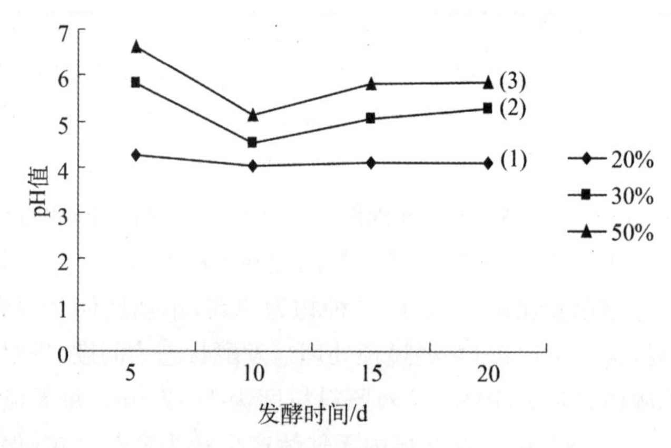

图 2-31　厌氧发酵过程 pH 值的变化

接种量为 30% 的实验组，在第 5 天到第 10 天期间，pH 值一直下降，到第 10 天 pH 值降到最低为 4.535，但随着发酵进入产甲烷阶段，在后期 pH 值逐渐升高并稳定。这是因为在厌氧消化过程中有机物质在水解、酸化和产氢产乙酸菌的作用下，系统的 pH 值下降，而产甲烷菌分解有机酸时产生的重碳酸盐使得系统的 pH 值有所升高[26]。

接种量为 50% 的实验组的发酵启动比接种量为 30% 的实验组快，其初始的 pH 值是整个过程中最高的，发酵时间在 15 d 之前，其 pH 值变化趋势与接种量为 30% 的实验组类似，然后 pH 值略微下降后，变化趋于平缓。有资料表明，通常 pH

低峰值一般出现在产气量增加的前期，这是因为 VFA 的积累造成 pH 值降低，但它为甲烷菌的生长提供了充足的底物，促进了甲烷菌的生长，随着 VFA 不断被甲烷菌分解为甲烷，pH 值又开始升高[25]。

总的来说，三个实验组的 pH 值前期变化幅度较大，均在 4～6.7 之间变化，后期相对稳定。接种量高的实验组的 pH 值高于其他组，这说明接种物本身的碱度对挥发性酸的积累有一定的缓冲能力，接种量高的厌氧反应系统 pH 值在甲烷菌的生长范围内，对甲烷菌的生长繁殖不会造成抑制，不会造成系统的酸化。

2.3.3　发酵过程 VFA 的变化

挥发性有机酸（VFA）是有机质经过水解和酸化形成的主要产物，主要成分为乙醇、乙酸、丙酸、丁酸和戊酸等，这些酸化产物在产甲烷阶段作为甲烷菌的底物，最终降解转化为 CH_4 和 CO_2，是影响厌氧消化的主要因素之一[27]。

图 2－32 是蔬菜废物厌氧发酵过程 VFA 的变化。由图 2－32 可以看出，三个实验组的进料 VFA 浓度差异不大，物料进罐后，有机物的降解充分，水溶性有机物含量增多，产氢产酸菌的生长繁殖加快，因此在反应前期，水解物质均能得到充分的酸化，VFA 上升速度较快，此后，接种量为 50%的 VFA 浓度下降。而接种量为 20%的实验组，VFA 仍然在继续增加，一直处于酸化状态，到第 15 天时 VFA 为 539.946 7 mg/L，使系统处于严重的酸化状态，抑制了产气。从其 pH 值中可以看出，pH 值低于 5.0，处于酸化状态，这与实验中测得的 VFA 符合得很好。分析该种原因可能是接种量的比例小，使之不能满足厌氧微生物的需要，从而导致细菌的代谢和生长活动减弱，甚至停止，厌氧发酵的后续反应也随之停止，影响消化的效果[13]。对于接种量为 30%的实验组，VFA 含量先升后降，在第 15 天浓度达最高为 549.67 mg/L，其产酸过程持续时间较长，这是酸的暂时积累现象，酸的积累抑制了产酸菌继续产酸，且积累浓度越高反馈抑制作用越大。从前面的 pH 值可知其反应稳定，可能是由于含氮有机物的降解，导致厌氧体系中碱度的增加，可以自身调节 VFA 平衡，而没有影响反应的顺利进行。在反应期间，从整体看，

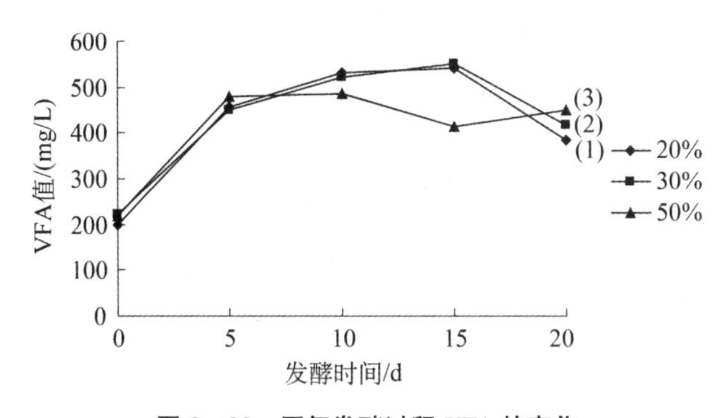

图 2－32　厌氧发酵过程 VFA 的变化

VFA 具有先升高后降低的趋势，处于正常水平，因此系统得以顺利进行，这说明了反应过程中多种细菌间能相互协同发展，代谢产物不易积累，使整个反应过程中的菌群代谢活性都能够充分发挥出来。

综上可知，适当的接种物量，能提供足够数量的细菌和微生物，可以帮助系统的稳定运行，本实验中接种量为 30％的实验组更符合蔬菜废物的厌氧发酵特性，可保证系统得以正常进行。

2.3.4 发酵过程氨态氮的变化

氨氮是厌氧微生物需要的营养元素来源之一，适量的氨氮可以促进产甲烷活性的提高；同时氨氮可以提高反应体系的碱度，从而提高体系对挥发酸的缓冲能力。但是，随着氨氮浓度的提高，体系中游离氨浓度不断上升，达到一定浓度的时候，甲烷菌的活性会有所下降，甚至对体系产生较强的抑制作用[28]。

图 2－33 是蔬菜废物厌氧发酵过程氨态氮(NH_4-N)的变化。从图 2－33 可以看出，三个实验组氨态氮的变化都呈上升趋势，接种量为 20％的实验组的氨态氮浓度变化为 378.59～1 126.45 mg/L，接种量为 30％的实验组的氨态氮浓度变化为 475.43～1 533.632 mg/L，接种量为 50％的实验组的氨态氮浓度变化为 537.85～2 130.402 mg/L。这说明适当提高接种物浓度能促进氨态氮的增长。因为厌氧发酵液中氨态氮含量取决于细菌的生长代谢情况，据报道，当接种量大时，发酵最初优良菌种数目多，水解细菌将有机态的氨分解为可溶态的氨态氮，只有少量被细菌的生长消耗掉，相当一部分氨态氮保留在发酵液中，因此，此时氨态氮的含量会增长更快[16]。

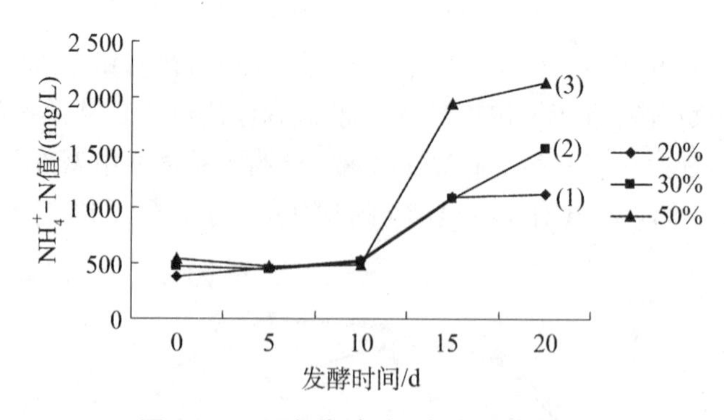

图 2－33 厌氧发酵过程氨态氮的变化

相对于产氢产甲烷菌而言，当氨氮浓度（以 N 计）超过 1 700 mg/L 时，氨氮对产乙酸产甲烷菌代谢的抑制性更强，此时产甲烷菌活性会下降。据相关资料研究表明[28]，氨氮浓度在 400～1 600 mg/L 之间，厌氧系统基本不受氨氮的干扰。本实验中接种量为 30％的实验组在整个厌氧发酵过程中氨氮含量较恒定，为 475.43～

1 533.632 mg/L，因此厌氧系统没有受到氨氮浓度的影响。所以接种量为 30%的实验组更适于蔬菜废物的厌氧发酵，能保证系统的稳定运行。

2.3.5　发酵过程产气量的变化

厌氧发酵的产气量和接种污泥的配比有很大的关系。合适的配比能够调节微生物量和生物厌氧反应的营养源，接种量过大或者过小都对产气量有明显影响。图 2-34 是蔬菜废物厌氧发酵过程日产气量的变化。从图 2-34 可以看出，三个实验组在发酵前 4 日大量产气，之后维持较低的产气量。其主要原因有两个方面：一是发酵温度较高(35±1)℃，且温度的波动范围不超过 1℃，有利于各种厌氧微生物的生长发育；二是本次实验的接种物里面含有大量的水解菌、产酸菌及产甲烷菌，在开始发酵很短的时间内(几个小时)，即开始大量产气。从第 5 天以后，甘蓝菜叶才开始正常产气。由于接种量为 20%的实验组接种量过低，pH 值较低，系统呈酸化状态，破坏了反应的进行，产气量很少，这对系统的稳定性不利。接种量为 50%的实验组和接种量为 30%的实验组在厌氧消化比较试验中产气量变化趋势大致相似。在接种量为 50%的条件下蔬菜废物的厌氧消化反应在经历了一个较大的产气高峰后，很快地就不能顺利进行甲烷化反应了。这可能是因为接种量为 50%的实验组的接种物量大，接种物中的甲烷菌含量多，在反应前期消耗原料中的有机物较多，因此到后期随着有机物的减少，反应进行到第 17 天的时候停止产气，产气率只有 94.40 mL/g(TS)。而接种量为 30%的实验组在后期产气比接种量 50%的实验组多且维持的时间长，产气率为 100.90 mL/g(TS)。Lopes 等[29]在研究城市生活垃圾中温厌氧消化时发现，随着接种量的增加，有机质的降解率随之上升。但接种量也不是越大越好，虽然接种量越大，有机质利用率增加，其单位有机质产气量越大，但在同样的容积负荷下，接种量为 40%和 50%的累积产气量比

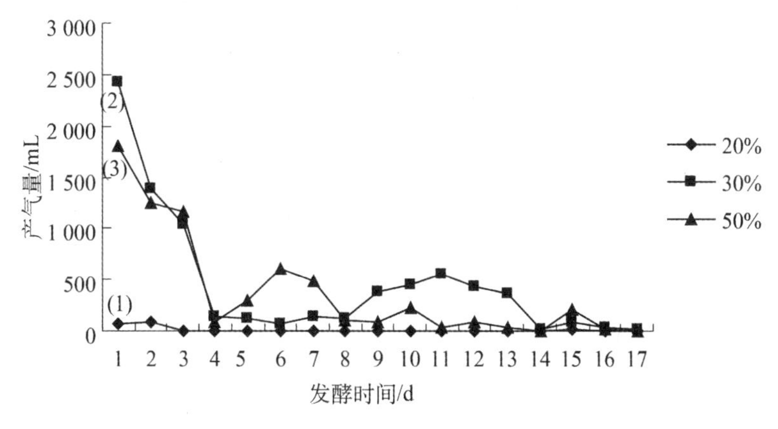

图 2-34　厌氧发酵过程日产气量的变化

30%的少，而且接种量越大，反应器中所添加的原料就越少，反应器的容积利用率越低，这对于发酵并不利，因为这会增加同等质量垃圾消化所需容积，降低反应器的容积利用率，增加了投资和运行成本。因此，接种量一般以能够基本消除批量消化的延滞期和保持 pH 值稳定为好。

厌氧发酵过程总产气量的变化如图 2－35 所示。纵观整个发酵产气过程，接种量为 30%的实验组产气情况明显优于其他两组及空白组，实验结束时，三个实验组的总产气量分别为 172.65 mL、7 790.81 mL、6 529.79 mL，空白组实验结束后，测得其总产气量为 1 124 mL，表明接种物本身产气量对实验产气量的影响甚微。综上所述，对三个实验组进行比较分析得出 30%的接种量更符合蔬菜废物沼气发酵产气稳定、产气量高的要求。

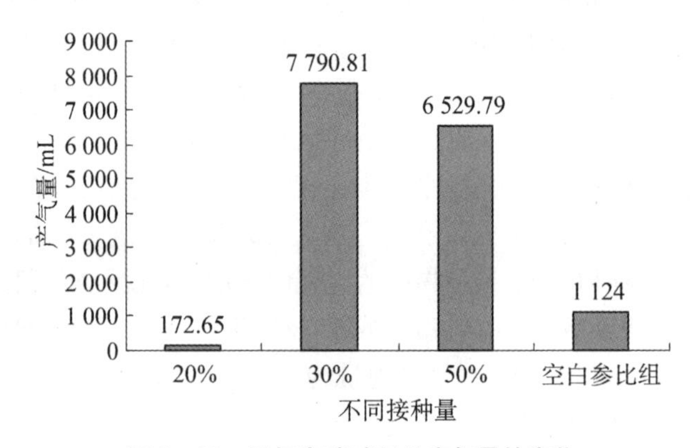

图 2－35　厌氧发酵过程总产气量的变化

2.3.6　发酵过程甲烷含量的变化

图 2－35 是蔬菜废物厌氧发酵过程 CH_4 含量的变化。由图 2－36 看出，本试验所产气体中的 CH_4 含量随着发酵时间的延长，呈先升高而后下降的趋势。

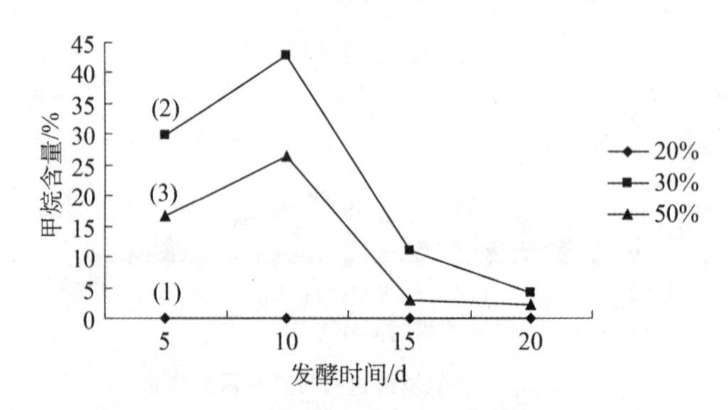

图 2－36　厌氧发酵过程甲烷含量的变化

接种量为30%的厌氧消化试验中，刚开始产气时沼气中甲烷含量(29.759%)不高，随着甲烷菌的不断生长繁殖，沼气中CH_4含量逐步升高，发酵10 d后，CH_4含量就达到最大值42.814%，说明发酵料液中的产甲烷菌活性增强，进入了产甲烷的活性期。之后，CH_4含量逐渐下降，反应进行到第20天，CH_4含量降到4.111%。这是由于在微生物厌氧发酵产甲烷过程中，亨氏短杆菌属起着主要的控制作用，该菌属(亨氏短杆菌)在经过一段时间的培育后开始萌发、生长，成为厌氧系统中的优势菌种，逐渐将有机物降解，甲烷浓度达到最大值；其后，随着有机物减少，甲烷浓度逐渐下降[35]。而接种量为50%的实验组在厌氧消化反应过程中的CH_4含量在厌氧发酵期间一直小于40%，这表明CH_4在所产沼气中所占比例偏小，能源利用价值不大。由前面的pH值和VFA分析可知，接种量为20%的实验组由于系统发生酸化现象而一直没有进入产甲烷阶段，因而CH_4含量为零。从总体上看，接种量为30%的实验组所产沼气中甲烷含量较高，产能效率比其他两组高。由此可以看出，对三个实验组进行比较分析，接种量为30%的实验组更符合蔬菜废物沼气发酵产气稳定、产甲烷含量较高的要求。

2.3.7　小结

(1) 从发酵过程中发酵液各项指标的测定可以看出，接种物浓度为30%的实验组的挥发酸含量、氨态氮含量以及pH值都在正常范围内，且优于其他两组，符合蔬菜废物厌氧发酵的特性，可保证系统的顺利运行。

(2) 对不同接种物浓度的产气特性研究表明：接种物浓度为30%的实验组的总产气量和最高甲烷含量分别为7 790.81 mL和42.814%，明显高于其他两组及空白组实验。因此，接种量为30%的实验组更符合蔬菜废物厌氧发酵特性。

(3) 蔬菜废弃物厌氧消化产气量和沼气中甲烷含量没有猪粪原料产气量多、甲烷含量高，因此，在今后的实验中可以在蔬菜废弃物中添加一些含氮、磷高的有机物一起进行厌氧发酵以达到更高的产气量和产甲烷量。

参考文献

[1] 刘荣厚. 新能源工程[M]. 北京：中国农业出版社，2006.

[2] McCarty P L. Anaerobic waste treatment fundamentals, part Ⅰ chemistry and microbiology [J]. Public Works, 1964,95:91 - 94.

[3] 刘荣厚. 生物质能工程[M]. 北京：化学工业出版社，2009.

[4] 周孟津，张榕林，蔺金印. 沼气实用技术[M]. 北京：化学工业出版社，2008.

[5] Buswell A M, Mueller H F. Mechanism of methane fermentation [J]. Industrial and Engineering Chemistry, 1952,44(3):550 - 552.

[6] 孙辰,曹卫星,刘文超,等.上海地区水稻秸秆基础特性及产甲烷潜力分析[J].中国沼气,2012,(30):122-125.
[7] Xu F, Li Y. Solid-state co-digestion of expired dog food and corn stover for methane production [J]. Bioresource Technology, 2012,118:219-226.
[8] 刘荣厚,李铁,许强.四位一体生态型大棚[M].哈尔滨:东北林业大学出版社,1999.
[9] 吴小武,刘荣厚.农业废弃物厌氧发酵制取沼气技术的研究进展[J].中国农学通报,2011,27(26):227-231.
[10] 中国科学院成都生物研究所《厌氧发酵常规分析》编写组.沼气发酵常规分析[M].北京:科学技术出版社,1984.
[11] 刘荣厚,郝元元,叶子良,等.沼气发酵工艺参数对沼气及沼液成分影响的实验研究[J].农业工程学报,2006,(S1):85-88.
[12] 郝元元.猪粪厌氧发酵工艺条件对产气特性及沼液营养成分的影响[D].沈阳:沈阳农业大学,2006.
[13] 卢旭珍.动植物生产废弃物厌氧消化工艺研究[D].咸阳:西北农林科技大学,2004.
[14] 周孟津.沼气生产利用技术[M].北京:中国农业大学出版社,2005.
[15] 雷廷宙,张全国,范振山,等.沼液中全氮含量的影响因素试验研究[J].太阳能学报,2005,(03):102-105.
[16] 姚燕.利用畜禽粪便为原料生产优质厌氧发酵液工艺条件的研究[D].郑州:河南农业大学,2003.
[17] 鲁楠.新能源概论[M].北京:中国农业出版社,1997.
[18] Wu L, Hao Y, Sun C, et al. Effect of different solid concentration on biogas yield and composition during anaerobic fermentation process [J]. International Journal of Global Energy Issues, 2009,31(3/4):240-250.
[19] Bujoczek G, Oleszkiewicz J, Sparling R, et al. High solid anaerobic digestion of chicken manure [J]. Journal of Agricultural Engineering Research, 2000,76(1):51-60.
[20] 张运真,青春耀,刘亚纳,等.改变厌氧发酵工艺条件对发酵液氮含量的影响[J].可再生能源,2004,(05):44-45.
[21] 付胜涛,于水利.厌氧消化工艺处理水果蔬菜废弃物的研究进展[J].中国沼气,2005,(04):19-22.
[22] 张瑞红,张治勤.采用厌氧分步固体反应器系统进行蔬菜废弃物厌氧分解(英文)[J].农业工程学报,2002,(05):134-139.
[23] 毛羽,张无敌.菠菜叶秆厌氧发酵产气潜力的研究[J].农业与技术,2004,(02):38-41.
[24] 刘荣厚,王远远,孙辰,等.蔬菜废弃物厌氧发酵制取沼气的试验研究[J].农业工程学报,2008,(04):209-213.
[25] 曹伟华.水葫芦厌氧发酵工艺和现场中试研究[D].上海:同济大学,2005.

[26] Li K, Liu R, Sun C. Comparison of anaerobic digestion characteristics and kinetics of four livestock manures with different substrate concentrations [J]. Bioresource technology, 2015,198:133-140.
[27] Veeken A, Kalyuzhnyi S, Scharff H, et al. Effect of pH and VFA on hydrolysis of organic solid waste [J]. Journal of Environmental Engineering-Asce, 2000,126(12):1076-1081.
[28] 余建峰.不同接种物对牛粪高温厌氧发酵过程的影响[D].郑州:郑州大学,2006.
[29] Lopes W S, Leite V D, Prasad S. Influence of inoculum on performance of anaerobic reactors for treating municipal solid waste [J]. Bioresource Technology, 2004,94(3):261-266.

第3章　木质纤维素原料预处理及其沼气发酵技术

3.1　木质纤维素原料预处理技术

农作物秸秆的纤维素含量高，秸秆的复杂结构和纤维素的结晶区阻碍纤维素酶的进入，使得好氧生物降解过程非常缓慢，更不易被厌氧菌消化，碳素难以释放，造成厌氧发酵产气量低、经济效益差，导致秸秆大规模沼气生产存在困难。微生物利用纤维素之前，必须把它从木质素和半纤维素包裹中释放出来，因此，纤维素的分解和木质素的分解是紧密相关的。解决方法就是在厌氧发酵前，对秸秆进行物理、化学或生物预处理，以提高秸秆的生物消化性能、产气率和经济性。预处理的目的是解除秸秆中木质素对纤维素和半纤维素的包裹以及致密的纤维素结晶区结构，使原料的物理结构发生变化，增加微生物和酶的可及性，提高底物的利用率，降低秸秆转化利用过程中的技术处理难点，从而根本上节约秸秆利用过程中的技术成本。对秸秆进行预处理是提高秸秆利用率和产气率的一种有效的手段，目前，预处理是农作物秸秆沼气发酵研究的重要内容。一般来讲，好的预处理工艺应能满足以下条件：①提高酶解效率；②避免碳水化合物的降解损失；③避免生成对后续处理有害的副产品；④经济上具有可行性。

3.1.1　物理法预处理

利用机械、热、辐射等方式改变秸秆组织结构，包括切碎、研磨、浸泡、超声波、汽爆等方法。粉碎、研磨处理使木质素与纤维素、半纤维素的结合层被破坏，三者聚合程度降低，纤维素结晶构造改变。粉碎处理可提高反应性能和水解糖化率，有利于酶的进攻。张瑞红等在用稻草为底物固态发酵产沼气中比较了研磨与切碎两种方法，发现研磨比切碎更有效，相同的颗粒大小下，前者比后者沼气产量高12.5%；而切碎与未处理相比没有明显差异[1]。李稳宏等研究了麦秸粉碎预处理对酶解的影响，结果表明随秸秆粉碎程度加大，表面积增大，裸露在表面的结合点增加，酶解速度加大[2]。

高能辐射是利用电离辐射(包括放射性核素产生的核辐射及加速器产生的粒子束)与物质或材料相互作用产生的物理、化学或生物学变化,对物质或材料进行加工处理的过程。

微波辐射加热是依靠以30 000万～300 000万赫兹周期变化的微波透入物料内,与物料的极性分子相互作用,物料中的极性分子(如水分子)吸收微波能后,改变其原有的分子结构,亦以同样的速度做电场极性运动,极性分子彼此间频繁碰撞,产生大量摩擦热,从而使物料内各部分在同一瞬间获得热能而升温。潘晓辉以1 g秸秆为底物,按照40∶1的液固比加入水,在800 W的微波下加热4 min后用纤维素酶水解和等温同时糖化时,获得49.1%的葡萄糖转化率[3]。

高温热处理有高温热解和高温液相热水分解两类。高温热解是将生物质加热到300℃以上,生物质中的纤维素快速分解释放出气体,温度较低时分解耗时增长,其剩余物为碳类物质,对剩余碳类物质进行中浓度酸水解,80%～85%的纤维素会转化为糖,其中50%以上水解为葡萄糖。高温相热水预处理后植物纤维素原料可以除去其中部分木质素和几乎全部的半纤维素。高温液相热水预处理能使生物质中半缩醛键断裂生成酸,酸又会使半纤维素水解成单糖,同时预处理后的纤维素具有较高的酶消化性,水解产物可以直接用来发酵生成生物质能源。

蒸汽爆破是采用160～260℃饱和水蒸气在几秒到几分钟内加热原料至0.69～4.83 MPa,然后骤然减压,高压蒸汽渗入纤维内部并从封闭的孔隙中释放出来的同时,使纤维发生机械断裂,加剧纤维素内部氢键的破坏,游离出新的羟基,纤维素内有序结构发生变化,增加了纤维素的吸附能力。汽爆后物料的半纤维素、木质素和纤维素可以被有效分离,使随后的纤维素水解转化率有较大提高。陈洪章等对蒸汽爆破麦草进行了电镜观察及红外光谱和X射线光电子能谱分析,发现蒸汽爆破使麦草的半纤维素和部分木质素降解为低分子物质,并使纤维疏松,形成多孔性[4]。

3.1.2　化学法预处理

利用化学试剂,破坏细胞壁中木质纤维素共价键,为后续微生物作用做准备,包括酸处理、碱处理(NaOH、KOH、尿素、氨水等)、氧化处理(H_2O_2、SO_2、次氯酸盐等)等。该法可使纤维素、半纤维素和木质素膨胀并破坏其结晶性,使天然纤维素溶解并降解,从而增加其可消化性。

碱处理法是利用NaOH、$Ca(OH)_2$、KOH或氨溶液等溶液浸泡或喷洒于原料表面,以打开纤维素、半纤维素和木质素之间的酯键,溶解纤维素、半纤维素和一部分木质素及硅酸盐,使纤维素膨胀,从而便于酶水解的进行,提高消化率。近年来人们比较重视用碱溶液处理的方法,尤其是NaOH碱处理,因为NaOH有较强的脱木质素和降低结晶度的作用。

氨化处理就是用氨水、无水氨或尿素处理秸秆。氨化处理除了可起到碱化作用和中和后续反应产生的有机酸，提高秸秆的消化率，氨还可与秸秆中的有机物发生变化，生成铵盐，成为厌氧微生物的氮素来源。

酸水解预处理可以分为浓酸、稀酸和极低浓度酸三类，反应温度一般在100℃以上。浓酸水解是指结晶纤维素在较低的温度下(100℃或以下)可完全溶解于72%的硫酸、42%的盐酸或77%～83%的磷酸中，导致纤维素的均相水解。浓酸预处理糖转化率高，纤维素和半纤维素的转化率都高达80%以上，但其反应速度慢，工艺流程复杂，反应器必须耐腐蚀，纤维素完全溶解于浓酸中，形成的产物是寡糖等，浓酸必须回收，费用昂贵。将纤维素原料用1%左右的酸液在106～110℃的高温下经几个小时的稀酸处理是人们更为常用的方法。稀酸处理效率较高，在温度高时所需时间较短，处理后半纤维素水解成单糖进入水解液，木质素量不变，纤维素的平均聚合度下降，反应能力增大。稀酸处理能有效地去除半纤维素，但需要耐酸耐压设备，并且生成有毒的分解产物如糠醛、酚类物质等，影响后续发酵。另外，研究表明过氧化氢、二氧化氯和乙醇均具有脱木质素的作用。

3.1.3 生物法预处理

生物处理是利用分解木质素的微生物除去木质素以解除其对纤维素的包裹作用，降解木质素的微生物通常有白腐霉、褐腐霉和软腐霉等。生物法能耗低，无污染，条件温和，但周期长，纤维素原料存在损耗，使水解得率降低。

3.2 碱预处理对芦笋秸秆厌氧发酵产沼气的影响

芦笋生产过程中产生的生物质类废弃物主要有地下根状茎和地上茎秆。新鲜芦笋秸秆含水率80%以上，风干后其含水率10%～15%。大量秸秆废弃物随意堆放在田间道路两旁，成为影响农户生产生活环境的废弃垃圾，其资源化利用问题迫在眉睫。芦笋秸秆的主要成分为糖、蛋白质、脂肪、纤维素、半纤维素及木质素，具有相对较高的生物降解性。自然风干的芦笋秸秆中木质纤维素含量较高，直接厌氧消化制取沼气有一定困难，通过预处理可以提高厌氧消化效率和产气量。因此，预处理是解决芦笋秸秆难以厌氧消化问题的有效手段。本研究以NaOH为处理剂，在无流动水及(25±1)℃恒温条件下对芦笋秸秆进行化学预处理。通过控制不同的NaOH预处理工艺参数，并在单相反应器中进行批次沼气发酵试验，研究不同预处理条件对芦笋秸秆沼气发酵产气效果的影响，以期为芦笋秸秆等农业废弃物的沼气化利用提供有益参考。

3.2.1　材料与方法

1）试验材料

芦笋秸秆取自上海市芦笋种植基地，为自然风干状态的地下根状茎，经过揉搓初次粉碎，再将大片段切至≤2.5 cm，样品粒径分布在0.1～2.5 cm。接种污泥取自以猪粪为原料的沼气系统正常发酵的残余物。芦笋秸秆及接种污泥理化特性如表3-1所示。

表3-1　芦笋秸秆及接种污泥理化特性

物　料	芦笋秸秆	接种污泥	物　料	芦笋秸秆	接种污泥
总固体(TS)/%	88.12	5.78	纤维素/%	18.22	—
挥发性固体(VS)/%	80.1	63.62	半纤维素/%	33.52	—
总有机碳/%	75.1	3.09	木质素(ADL)/%	11.1	—
总氮/%	2.88	0.24	pH	—	8.13

2）试验装置

预处理是在2 L塑料桶中添加一定比例的芦笋秸秆、NaOH试剂和蒸馏水，按照相应预处理时间进行的。厌氧发酵装置主要由水浴恒温振荡器(WHY-2型，江苏省金坛市金城国盛实验仪器厂)、发酵瓶、集气瓶、集水瓶等部分组成(见图3-1)。发酵瓶和集气瓶均为1 000 mL锥形瓶。发酵瓶处设有发酵料液取样口和气体采样口，定期取样进行料液pH值和沼气气体成分的测定。每日通过排水集气法在集水瓶中收集到的饱和食盐水作为每日产气量，并通过量筒测定其体积。

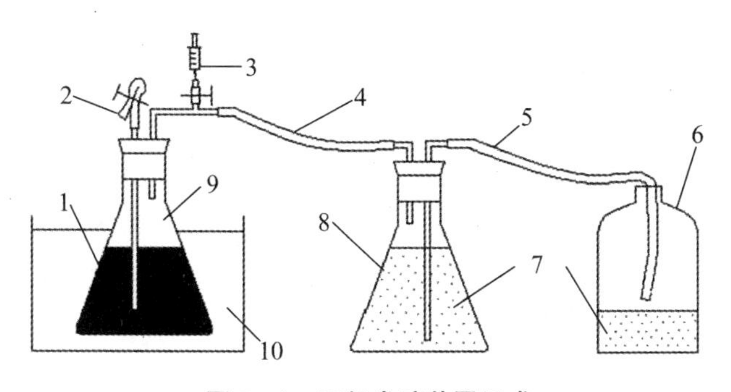

图3-1　厌氧发酵装置组成

1—发酵料液；2—取液口；3—取气口；4—导气管；5—导液管
6—集水瓶；7—饱和食盐水；8—集气瓶；9—发酵罐；10—水浴振荡器

3）试验设计

试验主要考察预处理时间（d），芦笋秸秆粒径（目）和 NaOH 溶液质量分数（W/V）对沼气发酵产气效果的影响。各组试验预处理温度（25±1）℃；沼气发酵温度（35±1）℃，发酵液总固体含量（W/W）为 6%，振荡速度 100 r/min；日产气量等于总产气量的 1%视为发酵终止。只添加接种物的空白参比组因每日产气量非常少，仅在试验结束后，进行总产气量测定，并在最终统计时在各试验组总产气量中减去相应值。每个试验 2 个重复，试验结果按平均值处理。

试验组Ⅰ（预处理时间的影响）：芦笋秸秆未经筛分，预处理 NaOH 溶液质量分数（W/V）为 6%（添加与秸秆同等质量，质量分数（W/V）为 6%NaOH 溶液），预处理时间分为 8 个水平（见表 3-2），发酵时间为 25 d。每 6 d 取一次液样和气样。

试验组Ⅱ（芦笋秸秆粒径大小的影响）：芦笋秸秆经过筛分，分为 7 个水平（见表 3-2），预处理 NaOH 溶液质量分数（W/V）为 6%，发酵时间为 23 d、34 d 和 56 d。每 4 天取一次液样和气样。

试验组Ⅲ（NaOH 预处理质量分数的影响）：芦笋秸秆未经筛分，预处理 NaOH 质量分数（W/V）分为 5 个水平（见表 3-2），发酵时间为 30 d。每 5 天取一次液样和气样。

4）测定项目与方法

总固体（TS）：烘干法（真空干燥箱中 105℃下烘 4～6 h）；VS 测定：烘干法（马弗炉中 600℃下烘 1 h）；含水率：烘干法（真空干燥箱中 105℃下烘 3～4 h）；pH 值：通过精密 pH 计（PHS-3C）测定；气体成分：气相色谱仪（岛津 GC-14B）。总有机碳（TOC）：总有机碳测定仪（耶拿 multi C/N 3000）；总氮（TN）：凯式总氮法；纤维素、半纤维素和木质素：Van Soest 中性、酸性纤维洗涤法。

3.2.2 NaOH 预处理及其沼气发酵后木质纤维素的变化

芦笋秸秆 NaOH 预处理后及其沼气发酵后纤维素、半纤维素和木质素变化如表 3-2 所示。由表 3-2 可知，NaOH 预处理可以降低原料中纤维素、半纤维素和木质素含量，而沼气发酵后由于大部分纤维素、半纤维素得到分解利用，木质素相对含量提高 150%～300%。这说明，一方面，在 NaOH 预处理中，由于碱的水解、皂化作用破坏了木质纤维素中的化学键，木质纤维素得到了一定程度的分解。并且，纤维素的降解随着预处理时间的增加、粒径的减小和 NaOH 质量分数的增加而增加，木质素的降解则随着预处理时间的增长、粒径的增大和 NaOH 质量分数的增大而增加。另一方面，沼气发酵中主要被利用的 C 源来自于纤维素和半纤维素，木质素的利用受到一定限制。且随着预处理时间增加、粒径的减小和 NaOH 质量分数提高，纤维素和半纤维素在发酵中被利用的比例增加[5]。

表3-2　芦笋秸秆NaOH预处理及其沼气发酵后纤维素、半纤维素和木质素质量分数(W/W)变化

类别	处理	预处理后			发酵后		
		半纤维素/%	纤维素/%	木质素/%	半纤维素/%	纤维素/%	木质素/%
预处理时间	1(35 d)	5.12	27.90	8.63	8.57	32.11	31.78
	2(30 d)	5.44	26.68	8.18	9.36	35.18	30.78
	3(25 d)	5.66	28.06	8.34	9.59	34.75	29.77
	4(20 d)	7.41	25.83	8.94	9.20	32.03	30.11
	5(15 d)	9.61	28.46	9.29	11.65	30.00	29.49
	6(10 d)	14.38	32.08	11.61	13.69	29.39	25.79
	7(5 d)	15.97	30.82	11.47	14.59	30.37	24.77
	8(不处理)	17.20	33.60	11.08	12.15	33.06	29.17
粒径	1(不经筛分)	6.40	28.47	7.52	11.29	32.37	27.76
	2(<4目)	14.25	32.74	6.55	12.72	31.80	29.95
	3(4～6目)	13.37	33.46	6.72	15.10	33.93	28.36
	4(6～8目)	8.83	32.63	10.02	14.21	31.22	30.61
	5(8～12目)	17.12	28.61	9.60	10.75	31.16	28.17
	6(12～18目)	15.80	29.08	10.19	14.00	28.84	31.84
	7(18～40目)	9.98	29.51	11.29	13.59	29.66	32.89
NaOH质量分数	1(不处理)	12.92	37.38	12.36	12.91	30.11	29.07
	2(2.5%)	7.17	18.65	11.71	11.40	29.40	36.27
	3(5%)	3.94	24.92	7.31	8.17	34.59	33.98
	4(7.5%)	3.26	27.60	6.72	2.69	27.10	33.78
	5(10%)	4.22	26.23	3.42	3.54	24.96	45.50

3.2.3　NaOH预处理时间对沼气发酵产气效果的影响

1）产气量

不同NaOH预处理时间对沼气发酵产气量的影响如图3-2所示。由图3-2可知，预处理时间为15 d以上的实验组在发酵第5天开始进入产气高峰阶段，最高峰值达1 565 mL/d，产气高峰于第13天结束后进入平稳的产气阶段。而NaOH预处理时间为5 d和10 d的试验组没有形成典型的产气高峰。从累积产气量角度看，经过NaOH预处理的试验组呈现典型的S形曲线增长，在增长初期，预处理时

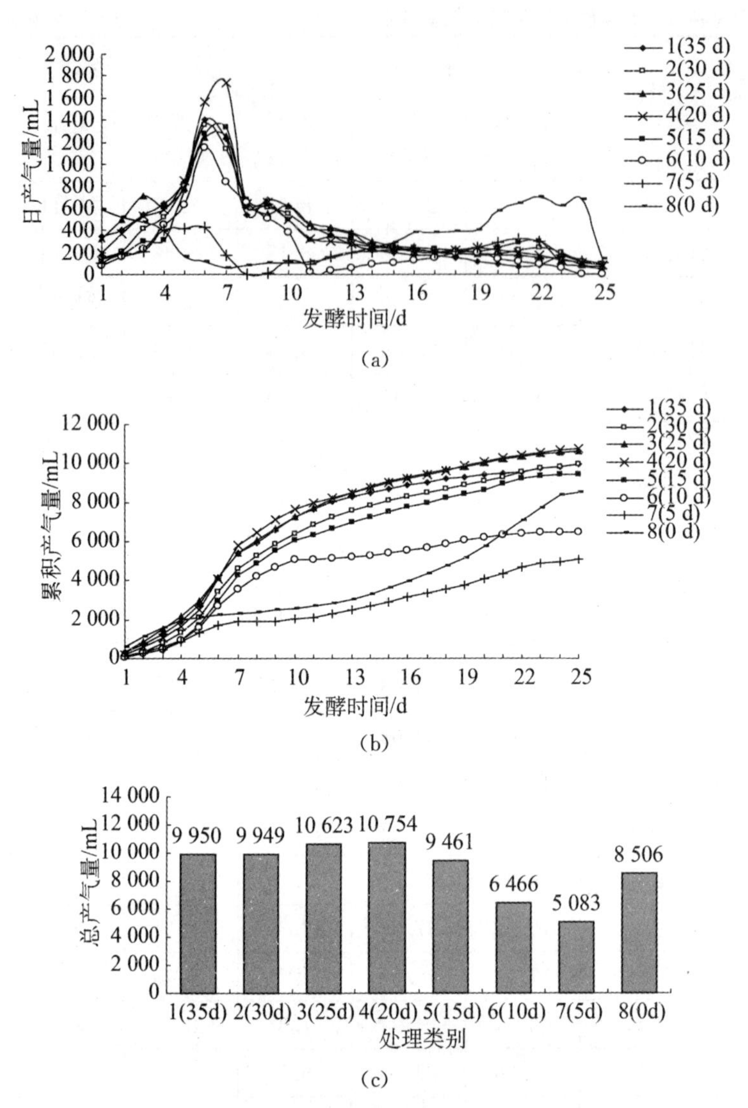

图 3-2 不同 NaOH 预处理时间对沼气发酵产气量的影响

(a) 日产气量变化;(b) 累积产气量变化;(c) 总产气量变化

间 15 d 以上的试验组曲线较 15 d 以下的试验组增长的斜率大,这说明 NaOH 预处理 15 d 以上可以提高芦笋秸秆沼气发酵系统的产气潜力和启动速度。而未经 NaOH 预处理的第 8 试验组,产气高峰比预处理时间 15 d 以上的试验组滞后 10 d。

因此,NaOH 预处理可缩短芦笋秸秆沼气发酵的启动时间,预处理时间 15 d 以上可提高产气量。综合考虑处理效果和处理时间成本,预处理 15～20 d 为较佳选择。

2）甲烷体积分数

不同 NaOH 预处理时间试验组对沼气发酵甲烷体积分数（V/V）的影响如图 3-3所示。由图 3-3 可知，预处理时间 15 d 以上的试验组在发酵第 7 天甲烷体积分数（V/V）已达 50%～70%，这标志着沼气发酵进入平衡稳定阶段，而其他试验组在反应第 19 d 才达这一指标。由此可知，NaOH 预处理时间 15 d 以上的芦笋秸秆沼气发酵系统产甲烷菌群生长代谢旺盛，产酸菌降解大分子物质形成的短链脂肪酸和[H]可以快速被嗜氢产乙酸菌和产甲烷菌等厌氧微生物利用，生成最终产物 CH_4 和 CO_2，使系统健康运行[6]。

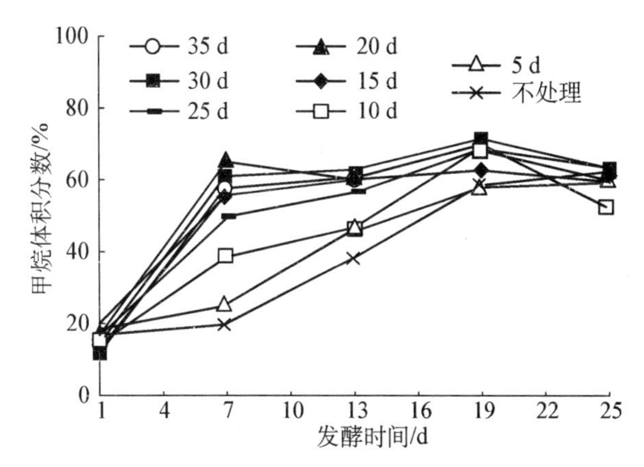

图 3-3　不同 NaOH 预处理时间对芦笋秸秆沼气发酵甲烷体积分数（V/V）的影响

3）pH 值

不同 NaOH 预处理时间的芦笋秸秆在沼气发酵过程中 pH 值随发酵时间的变化如图 3-4 所示。由于各组发酵料液在沼气发酵开始前使用 30%的乙酸将各系

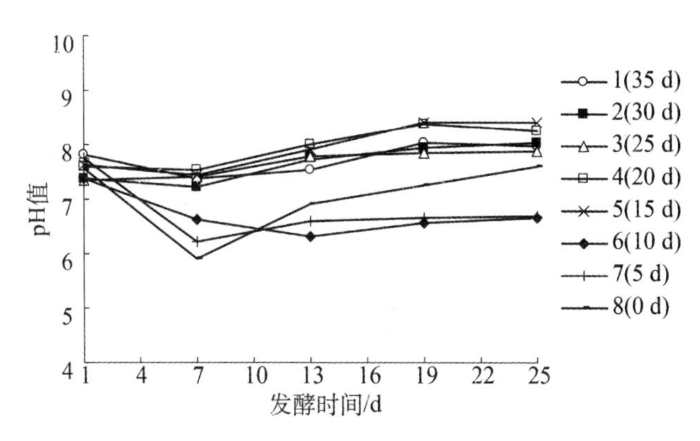

图 3-4　不同 NaOH 预处理时间的芦笋秸秆在沼气发酵过程中 pH 值随发酵时间的变化曲线

统 pH 值调节至 7.2～7.8。试验发现，预处理 15 d 以上的试验组可以有效克服系统酸化，使系统 pH 值保持基本稳定。而预处理 15 d 以下和没有进行预处理的试验组会在发酵初期出现明显的 pH 值下降。

3.2.4 芦笋秸秆粒径大小对沼气发酵产气效果的影响

1) 产气量

芦笋秸秆粒径大小对沼气发酵产气量的影响如图 3－5 所示。由图 3－5(a)可知，未经筛分和粒径为 8～12 目的试验组在发酵的第 10～22 天形成产气高峰，最大日产气量分别达到 880 mL/d 和 839 mL/d。其中不经筛分的试验组于发酵第 23 天结束，8～12 目的试验组于第 34 天结束，两者累积产气量呈典型 S 形增长。而其余各试验组发酵过程在 10～15 d 内中止。且粒径越大，发酵中停滞时间越长。

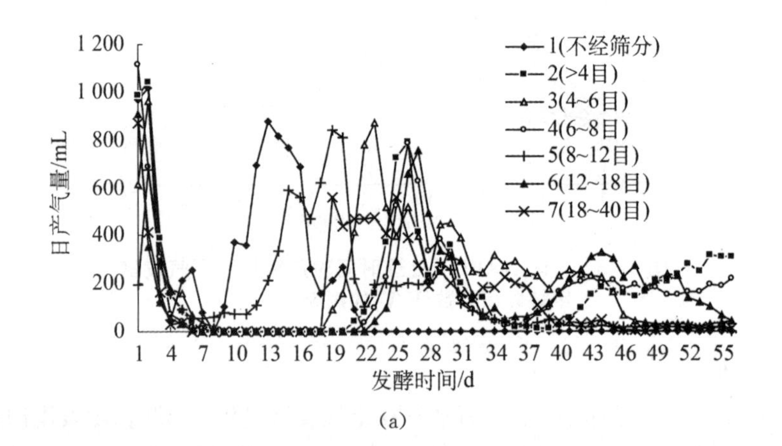

(a)

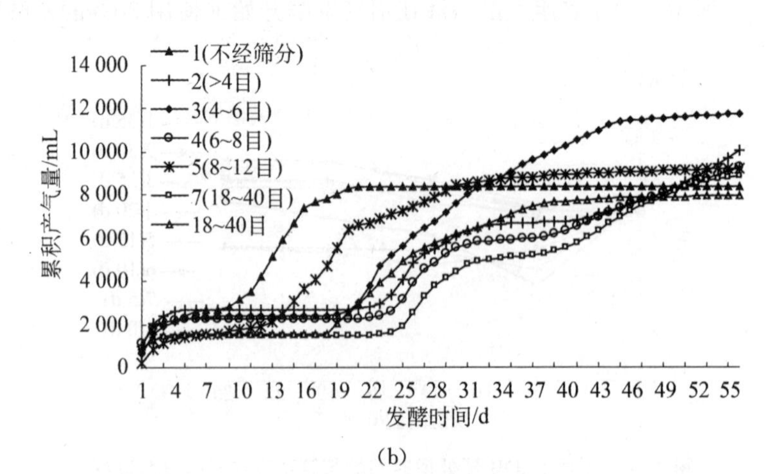

(b)

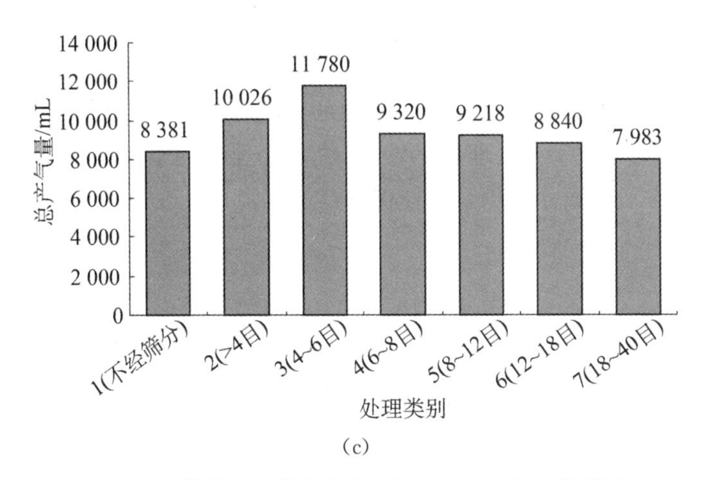

图 3-5 芦笋秸秆粒径大小对沼气发酵产气量的影响

(a) 日产气量变化；(b) 累积产气量变化；(c) 总产气量变化

由日产气量和 pH 值数据可知，经过筛分的秸秆中除 8～12 目外均出现系统酸化，产气中间停止。但粒径小的组比粒径大的组更容易从酸化中恢复过来，这是因为小的粒径可以增加微生物吸附面积有利于其增殖。由此可知，不经筛分的芦笋秸秆可避免发酵酸化。这是因为不经筛分的秸秆避免了结构单一，可提供更多类型的附着点，形成多种微环境或微观生态位，从而增加各类型微生物增殖机会，多种代谢途径的保留可帮助系统渡过酸化。因此，通过粉碎、切割将芦笋秸秆粒径控制在 2.5 cm 以下，已对产气潜力的提高和纤维的降解产生了足够的促进作用，不需要更过细的筛分。

2）甲烷体积分数

粒径大小对芦笋秸秆沼气发酵甲烷体积分数的影响如图 3-6 所示。处理 1 和处理 5 在发酵第 9 天体积分数分别达 66.16%和 57.15%，其余各组分别在第 17 天及以后才出现产甲烷高峰，这与日产气量变化趋势一致。

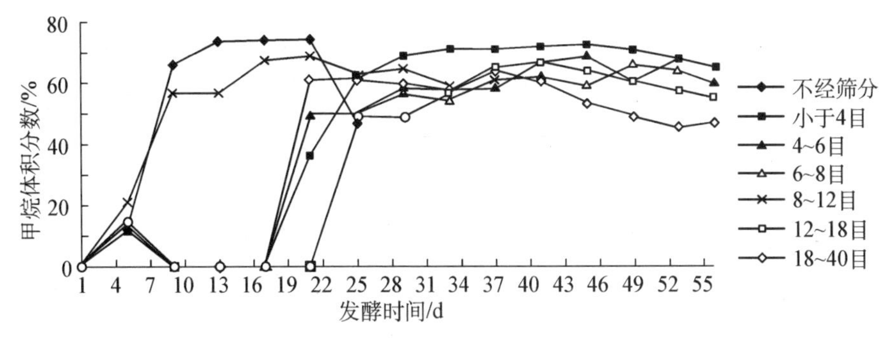

图 3-6 粒径大小对芦笋秸秆沼气发酵甲烷体积分数的影响曲线

3）pH 值

不同粒径的芦笋秸秆在沼气发酵过程中 pH 值随发酵时间的变化如图 3－7 所示。各组发酵料液在沼气发酵开始前用 30％的乙酸将 pH 值调节至 7.2～7.8。试验结果表明，除处理 1 和处理 5 之外，其他各处理试验组都出现不同程度的 pH 值下降。这表明不经筛分的芦笋秸秆在发酵过程中具有较强的抵御系统酸化的缓冲能力。

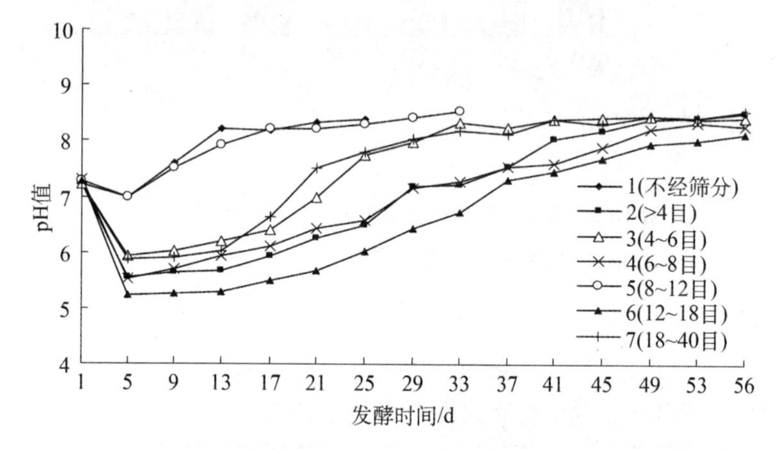

图 3－7　不同粒径芦笋秸秆沼气发酵过程中 pH 值变化曲线

3.2.5　NaOH 预处理质量分数对沼气发酵产气效果的影响

1）产气量

NaOH 溶液质量分数对沼气发酵产气量影响如图 3－8 所示。由图可知，高 NaOH 溶液质量分数处理组（10％和 7.5％）分别于发酵第 10 天和第 15 天终止产气。但 5％处理的试验组启动速度快，产气潜力大，发酵第 3 天最大日产气量值达

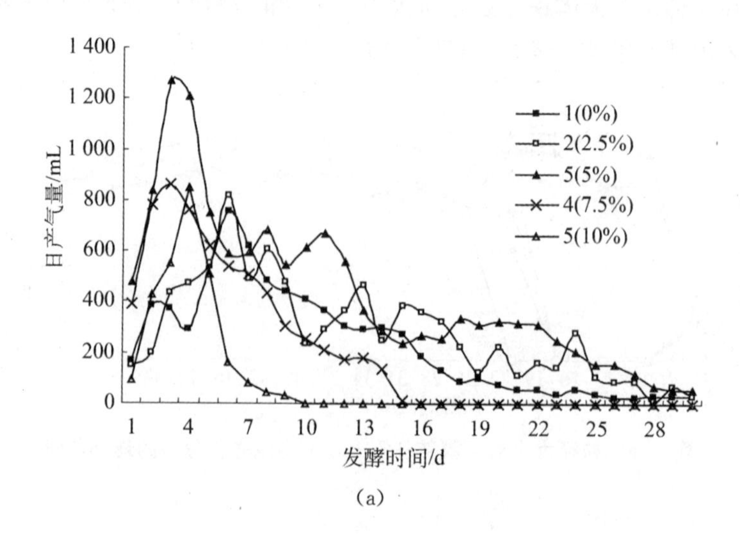

(a)

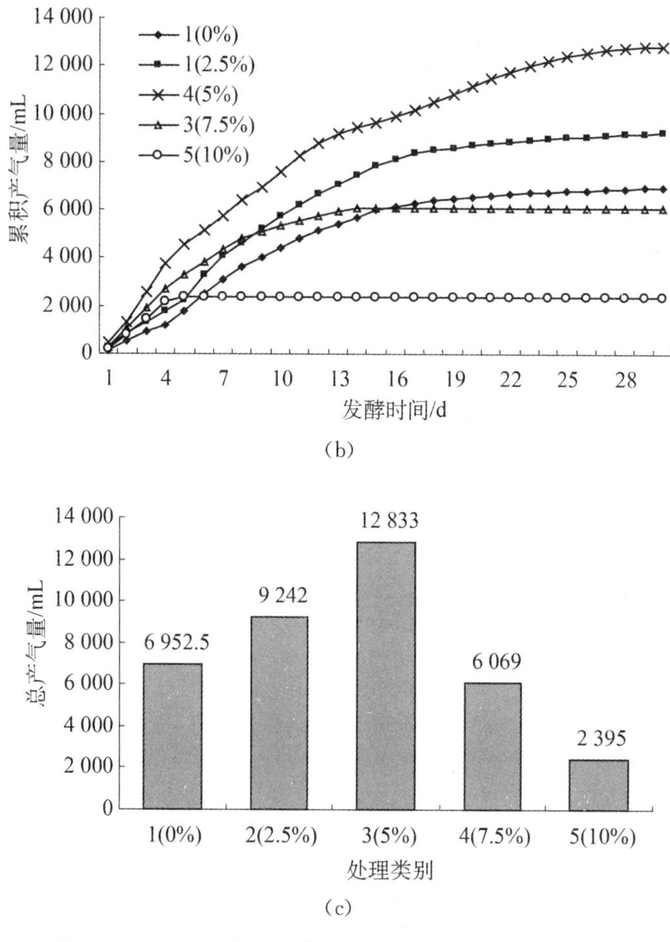

图 3-8 NaOH 预处理质量分数对沼气发酵产气量影响

(a) 日产气量变化;(b) 累积产气量变化;(c) 总产气量变化

1 269 mL,比 10%处理的试验组高 30.07%;总产气量 12 833 mL,比 10%处理和无处理的试验组分别高 435.82%和 84.58%。这是因为高质量分数的 NaOH 会影响产甲烷菌的生长代谢,而低质量分数不能有效破坏秸秆的物理化学结构[7]。

2) 甲烷体积分数

不同 NaOH 质量分数对发酵过程中甲烷体积分数的影响如图 3-9 所示。由图可知,NaOH 质量分数小于 7.5%各试验组(0, 2.5%, 5%)气体中的甲烷体积分数均达到 40%~80%。本试验中,5%的质量浓度是比较合适的。

3) pH 值

不同 NaOH 预处理质量分数芦笋秸秆沼气发酵过程中 pH 值的变化如图 3-10 所示。由图可以看出,NaOH 质量分数 7.5%和 10%的试验组其 pH 值分别在

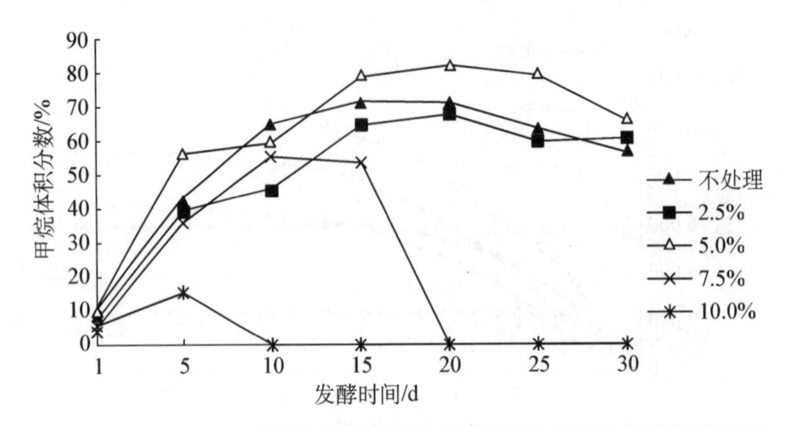

图 3-9　不同 NaOH 预处理质量分数对发酵过程中甲烷体积分数的影响曲线

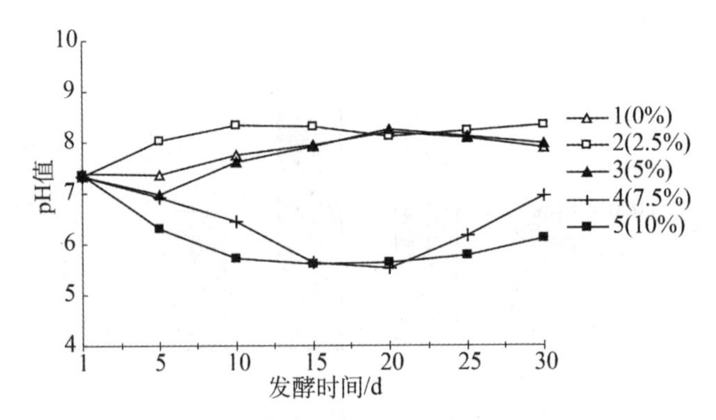

图 3-10　不同 NaOH 预处理质量分数芦笋秸秆沼气发酵过程中 pH 值的变化曲线

发酵第 5 天和第 10 天以后低于 6.50，系统酸化，停止产气。

3.2.6　小结

采用 NaOH 经过一定时间的预处理才可抵消用 Na^{+} 对发酵的抑制作用，NaOH 溶液质量分数过高或过低都会影响芦笋秸秆沼气发酵产气效果。试验中，质量分数为 5%的 NaOH 经 15～20 d 预处理是较佳的工艺参数；芦笋秸秆粒径分布在 2.5 cm 以下对沼气发酵所产生的促进作用可有效增加系统的缓冲能力，抵御酸化，缩短发酵周期，提高启动速度和产气量，不需要再进行进一步筛分；与自然风干芦笋秸秆原料相比，NaOH 预处理可以降低原料中纤维素、半纤维素和木质素含量，而沼气发酵后大部分纤维素、半纤维素得到分解，木质素含量大大提高。

3.3　酸预处理对水稻秸秆厌氧发酵产沼气的影响

中国是一个水稻生产大国，大量的水稻秸秆没有合理有效地利用，一方面浪费了资源，另一方面污染了环境。将水稻秸秆进行沼气发酵不仅可以减少对环境的污染，而且能获得能源。但由于水稻秸秆组织结构紧密，难以直接被沼气发酵微生物利用，需要进行一定的预处理。本研究用酸处理水稻秸秆，通过对处理后水稻秸秆组分进行分析，并对发酵过程与产气效果密切相关指标的检测，来评价酸预处理对沼气发酵的影响，以期得到较好的酸预处理的方法，为促进农村沼气的利用提供科学参考。

3.3.1　材料与方法

1）水稻秸秆

试验所用水稻秸秆取自上海市浦东新区新场镇果园村自然条件下风干的水稻秸秆。水稻秸秆的组分含量如表3-3所示。由表3-3可知水稻秸秆的固体成分含量比较高，其中大部分是挥发性固体，即固体悬浮物、胶体和溶解性物质，可供微生物利用的碳源和氮源比较高，可以通过发酵产生大量的沼气。

表3-3　水稻秸秆组分含量

挥发性固体/%	总固体浓度/%	含水率/%	灰分/%	纤维素含量/%	半纤维素含量/%	木质素含量/%
78.3	89.8	10.2	11.5	29.2	15.5	12.3

2）接种物

沼气发酵接种物是含有沼气发酵微生物的厌氧活性污泥。本试验选用上海交通大学农业与生物学院生物质能工程实验室经中温厌氧发酵后发酵瓶中的底泥作为接种物，其 $TS = 7.8\%$，$VS = 45.2\% TS$，含水率 = 92.2%，pH = 7.7。

3）试验设计

本试验设置5个酸处理水平：分别为2%，4%，6%，8%，10%（H_2SO_4 的质量占原料质量的百分比），每个处理重复两次，同时设置一个空白参比组（不加酸）。以上所有处理均放置于20℃恒温恒湿箱中30天后，取样分析组分变化，然后在容积为1 L的沼气发酵装置上进行沼气发酵。沼气发酵装置同本章前面的试验装置。各个发酵瓶中发酵料液总质量为800 g，发酵料液初始浓度6%，接种物浓度30%，然后调节初始pH值至7.0附近。将发酵装置放入恒温振荡水浴箱，在转速100 r/min，发酵温度为中温（38℃）条件下发酵[8]。

4）测定指标与方法

含水率、总固体浓度（TS）采用烘干法测定（真空干燥箱中105℃下烘4～6 h）；VS用烘干法测定（马弗炉中550℃下烘1 h）；pH值用精密pH计（PHS－3C）测定；产气量采用排水法测量；气体成分采用气相色谱仪测定（岛津GC－14B）；纤维素、半纤维素、木质素采用Van Soest中性、酸性纤维洗涤法测定。

3.3.2　水稻秸秆组分的变化

表3－4是水稻秸秆组分的变化。由表3－4可见，与对照组相比，经过酸预处理后水稻秸秆的纤维素和半纤维素含量下降十分明显，并且下降的幅度随着处理的浓度增高而增高；木质素含量下降的程度不如纤维素和半纤维素高。这说明酸处理能使水稻秸秆中的纤维素和半纤维素降解，而木质素难以降解。发酵后与预处理后相比，各组纤维素和半纤维素均下降；说明纤维素和半纤维素在发酵过程被微生物分解利用，但下降的幅度并不随浓度的升高增大，处理浓度高于6%的酸处理组纤维素和半纤维素下降的幅度逐渐减小，反映在发酵过程中被微生物利用的程度降低，这说明适当的处理浓度既能破坏水稻秸秆组分，又不至于抑制产气效果。

表3－4　水稻秸秆组分含量变化

处理	预处理后/%			发酵后/%		
	纤维素	半纤维素	木质素	纤维素	半纤维素	木质素
对照	29.2±0.07(a)	15.5±0.08(a)	12.3±0.21(bc)	17.8±0.17(a)	10.62±0.41(a)	13.7±0.04(f)
2%	28.3±0.17(ab)	13.7±0.2(b)	11.9±0.45(c)	13.5±0.11(b)	9.45±0.11(b)	15.7±0.03(e)
4%	28.2±0.24(b)	10.5±0.11(c)	12.4±0.04(bc)	11.2±0.66(c)	7.37±0.1(c)	18.3±0.27(b)
6%	26.4±0.3(c)	7.8±0.33(d)	11.8±0.14(c)	6.57±0.14(e)	3.82±0.13(d)	21.8±0.21(a)
8%	22.6±0.8(d)	5.4±0.16(e)	12.8±0.38(ab)	9.82±0.13(d)	3.2±0.16(e)	17.3±0.14(c)
10%	19.8±0.23(e)	4.9±0.13(f)	13.2±0.34(a)	11.5±0.28(c)	2.7±0.06(f)	16.7±0.14(d)

3.3.3　不同浓度的酸处理对日产气量的影响

图3-11是各处理组厌氧发酵过程中日产气量的变化。由图可知，酸处理组的平均日产气量均高于对照组，且酸处理组均出现了明显的产气高峰期，而对照组则没有出现产气高峰期，产气量一直较低。这说明经过酸预处理后水稻秸秆的降解性质发生了变化，更易于厌氧发酵产沼气。不同酸处理组之间日产气量的差异较大，酸浓度为6%的处理组平均日产气量均高于其他处理组，其产气高峰期出现在发酵开始后第7～10天和第16～20天，且最大日产气量为360 mL/d，高于其他处理组。这可能是因为酸处理的浓度较低时，水稻秸秆的降解性差，沼气发酵微生物对其消化利用的程度较低，故日产气量较低；而过高的酸处理浓度，一方面造成水稻秸秆降解充分，干物质损失过多，另一方面也可能产生一些抑制厌氧发酵微生物的物质，如糠醛等，进而影响发酵，造成日产气量偏低[9]。故从日产量上来看，酸浓度为6%的处理组的效果最好。

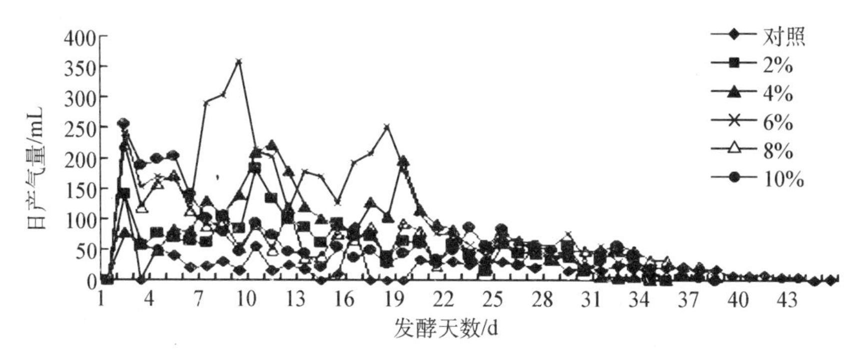

图3-11　厌氧发酵过程中日产气量的变化

3.3.4　不同浓度的酸处理对pH值的影响

图3-12是厌氧发酵过程中pH值的变化。由图可见，在整个发酵过程中，对照组的pH值均高于其他酸处理组，这是因为对照组在发酵过程酸解程度较低，说明对照组水稻秸秆降解利用的程度较低。不同酸处理组之间pH值差异较大，总的趋势是酸处理浓度越高，发酵过程中的pH值越低，这是因为酸处理的浓度越高，发酵过程酸解的程度越高，进而说明水稻秸秆被降解利用的程度越高，但pH值过低则会对发酵起抑制作用，影响产气的效果[10]。酸浓度为6%的处理组pH值一直处于7.0左右，且pH值波动幅度小，说明酸浓度为6%的处理组的发酵系统稳定性高，有利于厌氧发酵产气顺利稳定地进行。

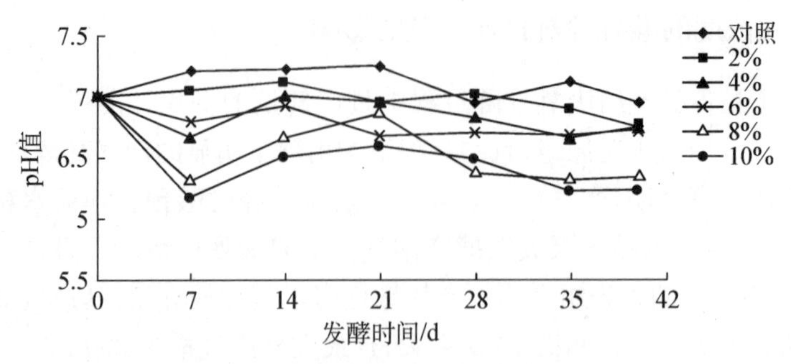

图 3-12　厌氧发酵过程中 pH 值的变化

3.3.5　不同浓度的酸处理对甲烷含量的影响

图 3-13 是不同浓度的酸处理对甲烷含量的影响曲线。由图可知，各酸处理组的平均甲烷含量均高于对照组，其中酸浓度为 6%的处理组甲烷含量最高达 44.3%。且各酸处理组甲烷含量在发酵初期很快就能达到较高水平，而对照组甲烷含量从发酵开始一直处于上升过程，直到发酵第 21 天才达到较高水平，这说明预处理改变了水稻秸秆的降解性质，更易被甲烷菌降解利用，进而提高甲烷产量。各酸处理组之间除酸浓度为 10%的处理组外，变化趋势较为相似。酸浓度为 10%的处理组的甲烷含量波动幅度大，说明该浓度下发酵的系统不稳定，进而说明酸处理的浓度过高对发酵不利。

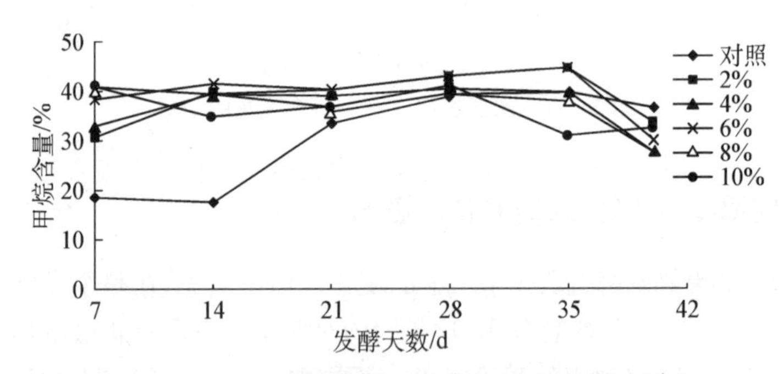

图 3-13　不同浓度的酸处理对甲烷含量的影响曲线

3.3.6　不同浓度的酸处理对总产气量的影响

图 3-14 是不同浓度的酸处理对总产气量的影响曲线，由图可知，各酸处理组总产量均高于对照组，说明酸预处理有利于提高沼气的产量。各酸处理组之间总产期的差异明显，从酸浓度为 2%的处理组到酸浓度为 6%的处理组，随着处理的浓度升高，总产气量增加，但从酸浓度为 6%的处理组到酸浓度为 10%的处理组总

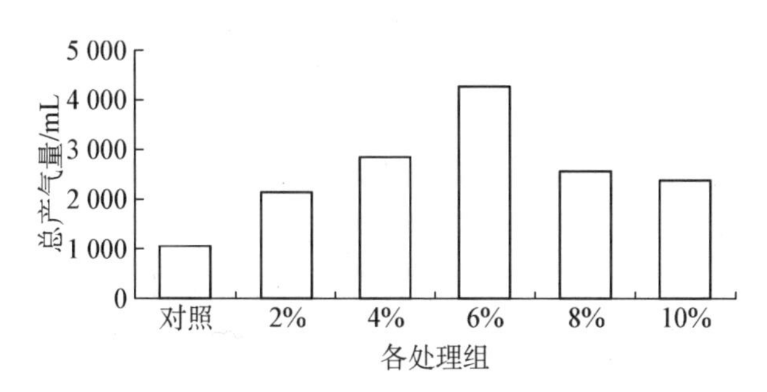

图 3－14　不同浓度的酸处理对总产气量的影响曲线

产气量随着浓度的升高而降低。说明适当的酸浓度处理水稻秸秆能改善秸秆降解性质，增加沼气产量；浓度过大则会起抑制作用进而影响沼气产量。酸浓度为 6%的处理组有最大产气量，其单位 TS 产气量为 150 mL/g，比对照组 68 mL/g 高出 99.8%，显著地提高了产气率。

3.3.7　小结

酸处理能提高水稻秸秆厌氧发酵产气的能力，以实验的结果来看，6%的酸处理浓度为最好，此条件下单位 TS 产气量最大为 150 mL/g；酸处理后的水稻秸秆厌氧发酵时的甲烷含量较对照组高，最高为 44.3%；酸处理能显著改变水稻秸秆的生物降解性质，使得处理后的秸秆更易于被沼气发酵微生物利用；通过比较来看，合适的酸处理浓度有利于厌氧发酵产沼气，这是因为酸处理在一定程度上破坏了水稻秸秆的结构，各组分结合紧密程度降低，使得沼气发酵微生物更容易利用和“攻击”水稻秸秆的组分而进行发酵产沼气。较低的浓度处理的效果有限，而较高的处理浓度一方面造成干物质损失较多，另一方面则会产生对沼气发酵有抑制作用的物质，如糠醛等。

3.4　氨预处理对小麦秸秆厌氧发酵产沼气的影响

3.4.1　氨预处理时间对小麦秸秆厌氧发酵产沼气的影响

秸秆的沼气发酵是利用一些复合微生物群将秸秆中可利用的成分代谢为甲烷、二氧化碳、硫化氢、氢气等气体的一种厌氧发酵方式。小麦秸秆的化学组成是一个木质纤维素的复合结构，经过测定，小麦秸秆的纤维素质量分数为 36.36%，木质素为 22.42%，其他还有一些半纤维素和灰分。但是在秸秆中由于纤维素、半纤维素和木质素在空间上形成一个紧密的晶状结构，致使沼气发酵利用效率较低。如何对秸秆进行预处理，提高预处理后秸秆沼气发酵效率已经成为学者们关心的问题[11]。本研究通过对秸秆进行氨预处理,研究了氨预处理时间对秸秆厌氧发酵产沼气的影响,以期对沼气发酵的实际利用提供科学参考。

1) 材料与方法

(1) 试验装置　试验装置为上海交通大学农业与生物学院生物质能工程研究中心设计的厌氧消化装置,同本章 3.2 的试验装置(见图 3-1)。

(2) 试验材料　试验所用秸秆为上海交通大学附近农户田地小麦秸秆。将收集的小麦秸秆风干、切碎,使粒径分布在 2.5～3.0 cm,放置于通风干燥处待用。

(3) 接种物　本试验所用污泥取自上海市崇明岛前卫村以猪粪为发酵原料正常发酵沼气系统的发酵残余物,其总固体浓度为 10.47%,含水率为 89.52%。

(4) 试验方法　①分析方法　总固体浓度(TS):采用烘干法(真空干燥箱中 105℃下烘 4～6 h);挥发性脂肪酸浓度(VFA):采用分光光度法(发酵液经过 10 min, 6 000 r/min,离心后测定);pH 值:通过 pH 计测定;产气量:采用排水取气法测得;气体成分:用气相色谱仪分析。②预处理方法　将尿素溶液(40 g/L)以 200 mL∶50 g 秸秆的比率加入秸秆中,将加入尿素溶液的秸秆放入带盖的塑料桶内,塑料桶开口处涂抹凡士林,用塑料薄膜密封。将塑料桶放入恒温箱内调节温度至 30℃。③试验方法　实验设置预处理时间分别为 15、20、25、30 d 四个水平,同时设置空白组(空白组为加入相同量的尿素溶液,预处理时间为 0 d)。将预处理过后的秸秆采用 1 次投料的方式,接种物比例为 30%,发酵液总重 800 g 加 1 g 活性炭粉,加入相应质量的水调节发酵液 pH 为 7.0。设置水浴摇床 38℃,100 r/min。每天测定各实验组的排出饱和食盐水的体积,每隔 5 天测定各实验组的 VFA、pH 值、气体组成成分。试验以连续 7 天无气体产生作为反应的结束[12]。

2) 日产气量

图 3-15 所示为预处理时间对沼气日产气量的影响。从图中可看出 5 个试验组日产气趋势相似,但日产气量有所差异。由于实验选用的菌种为中温发酵的菌种,而中温驯化后的菌种在中温环境中可较快适应,所以在刚进行发酵不久代谢就比较旺盛。从总体来看,日产气量先升高,到第 4 天后开始降低。随着预处理时间的增长,最高日产气量有降低的趋势,15、20、25、30 d 和空白组最高日产气量分别为 825、853、902、822、434 mL。预处理 30 d 的实验组日产气开始下降,这可能是由于随着预处理时间的增长、木质素去除量的增多,会形成一些抑制发酵的物质(比如糠醛、酚类等)。从产气时间上来看,空白组和预处理 15、20、25、30 d 试验组产气的时间分别为 31 和 31、29、38、31 d。从产气时间上也可看出,在秸秆发酵的过程中可能形成了某些抑制物,抑制甲烷菌的活性。从总体上看,预处理 25 d 试验组日产气量最高。

3) pH 值

图 3-16 所示是预处理时间对 pH 值的影响。从理论上讲,在厌氧消化反应

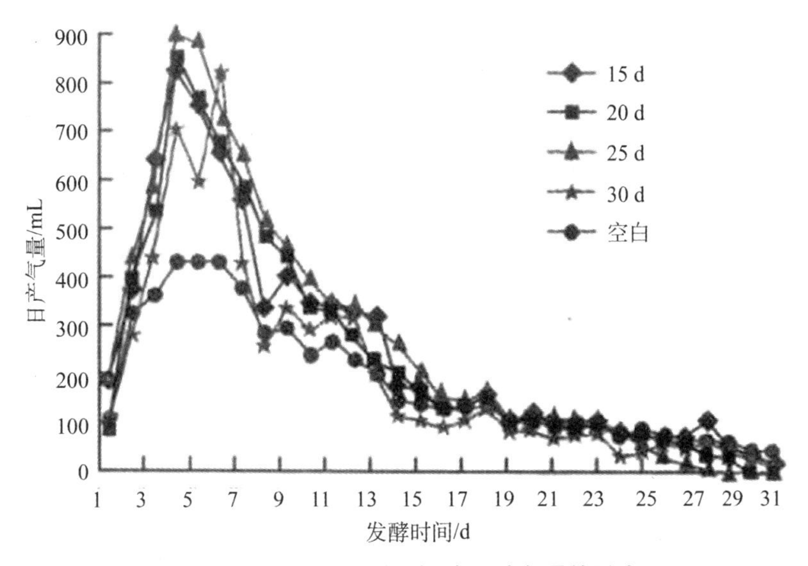

图 3-15　预处理时间对沼气日产气量的影响

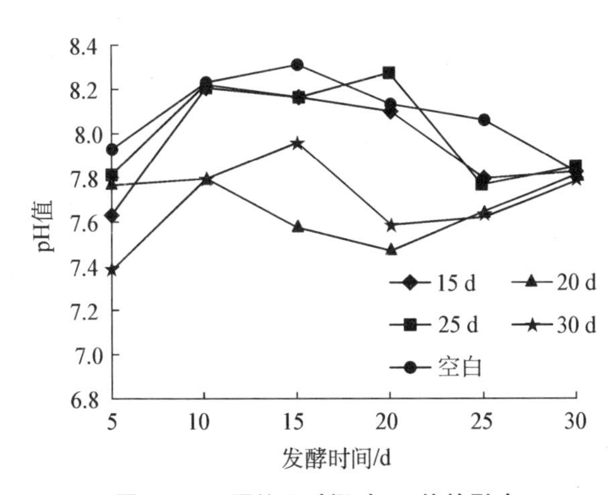

图 3-16　预处理时间对 pH 值的影响

的前期,原材料中丰富的有机物为产酸菌提供了良好的环境,使挥发性脂肪酸的含量增加,而适应环境慢的甲烷菌代谢能力差,很难利用挥发性脂肪酸,导致发酵液中挥发性脂肪酸积累,pH 值降低。但是,从图 3-16 中可看出,在反应的初期并未发现溶液 pH 值迅速降低的趋势。主要原因在于,所用的预处理方法为氨处理,溶液中 NH_4^+ 的浓度为 3 733 mg/L,对溶液的 pH 值有缓冲作用,致使溶液 pH 值保持在 7～8,这对预防发酵液酸化有很好的调节作用。对秸秆进行氨预处理,通过碱化作用、氨化作用和中和作用,可以有效提高秸秆的消化率和缓解发酵液中的潜在酸度,维持发酵液 pH 值的平衡[13]。随着预处理时间的增长,发酵液初始的 pH 值有降低的趋势。随后所呈现的 pH 值变化趋势也不尽相同,15 d、20 d、空白试验组趋势相同，即 pH 值逐渐升高至 8.3 后开始下降，最终稳定在约 7.9；25 d、30 d 试验组的变化趋势相同，即 pH 值先缓慢上升，至 7.9 后回落至 7.8。

从 pH 值的角度看，添加一定量的尿素有利于发酵的进行，尿素中定的 NH_4^+ 可中和产酸菌代谢产生的挥发性脂肪酸，不会使发酵液的 pH 值降低，为产甲烷菌提供一个有利环境，利用脂肪酸能力增强。随着后期原料中有机物的含量逐渐减少，产酸菌代谢产生的挥发性脂肪酸含量也逐渐减少，甲烷菌活性逐渐减少，发酵液 pH 值下降，最后趋于稳定。

4）挥发性脂肪酸（VFA）质量浓度

图 3-17 为预处理时间对 VFA 质量浓度的影响。由图 3-17 可知，除 30 d 的发酵组外，其他试验组 VFA 均呈下降趋势。试验初始 VFA 最高浓度为 20 d 试验组，为 1 995.2 mg/L。此后 VFA 质量浓度迅速下降，最后稳定在 300～500 mg/L 之间。有研究表明[14]，VFA 呈先积累再下降是由于在发酵初始阶段，有机物的降解充分，水溶性有机物含量增多，产氢、产酸菌的生长繁殖加快，VFA 质量浓度不断增加并达最大值。而本研究的试验结果发现，VFA 的质量浓度并没有积累，而是持续消耗。对应日产气量可以得出，氨预处理能缓解发酵液的 pH 值降低，使微生物群落中的产甲烷菌能快速地适应环境，当底物代谢产生有机酸时进行产甲烷的发酵代谢活动，从而使发酵液中的 VFA 的质量浓度并没有积累。

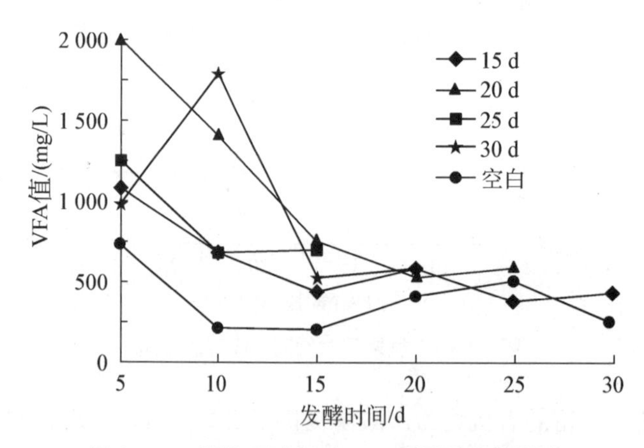

图 3-17 预处理时间对 VFA 质量浓度的影响

VFA 的变化间接反映了发酵液 pH 值的变化，也与试验测得的 pH 值变化比较吻合。有研究称小麦秸秆发酵，VFA 有一个先升后降的过程。发酵开始，由于水解发酵菌和产酸菌的作用，VFA 大量产生而来不及消耗，导致 pH 值下降；随着产甲烷菌开始利用乙酸、二氧化碳等底物产生甲烷气体时，VFA 才逐渐被消耗，其在培养液中的浓度趋于稳定，pH 值缓慢回升。而用氨处理的试验过程中并未发现有机酸积累的效应，产甲烷菌在初始阶段便利用乙酸等底物进行发酵代谢，致使发酵液中有机酸含量下降。

5）甲烷含量

图3-18为预处理时间对甲烷含量的影响。从图3-18可看出，各试验组产气的甲烷含量均在正常的范围内，即45%～57%。甲烷含量变化比较平稳，发酵初期（前5天内）甲烷含量最低，随后，甲烷含量逐渐升高，在发酵第10天后，甲烷含量基本保持稳定，约为54.0%。从试验结果可看出，预处理15 d的甲烷含量最高，可达到56.2%。空白试验组甲烷含量最低，约为50.4%。由此可见，氨预处理对厌氧发酵反应最后产生气体的成分上有一定的改善作用。

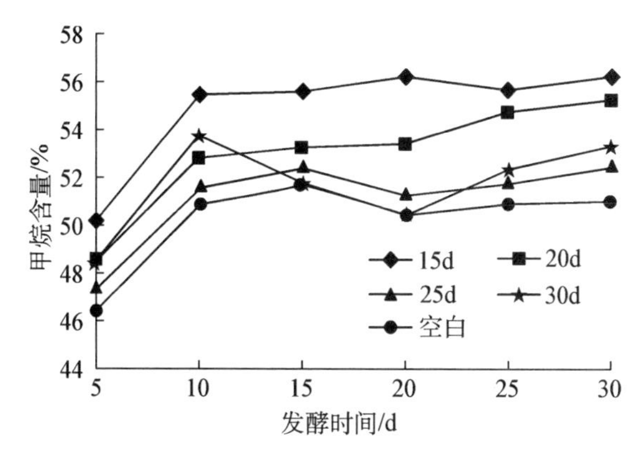

图3-18　预处理时间对甲烷含量的影响

6）总产气量

图3-19为预处理时间对总产气量的影响。从图3-19中可看出，随着预处理时间的增长，总产气量的变化总体上呈先升后降的趋势。试验组预处理25 d的总产气量最多，达到8 388 mL。较空白试验组提高了46.90%。随着预处理时间的增长，总产气量下降的原因可能是在40 g/L尿素溶液的条件下，随着时间的延

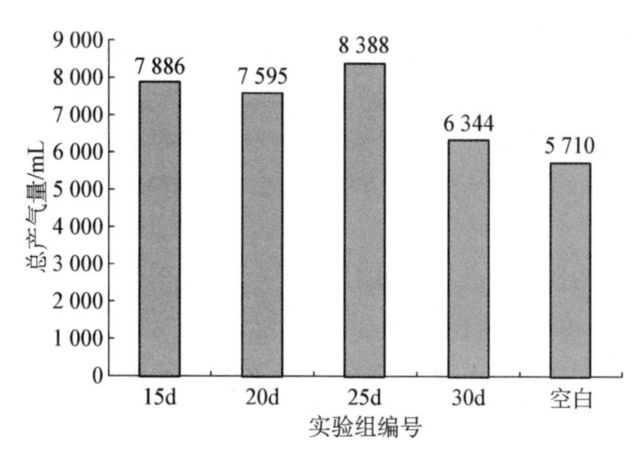

图3-19　预处理时间对总产气量的影响

长，木质素的降解产生了一些酚类和糠醛类物质，而这些物质是沼气发酵中的抑制物。

7）小结

以总产气量为最终指标可以得出在预处理尿素溶液为 40 g/L 的浓度下，预处理 25 d 的小麦秸秆发酵产沼气总产气量最大；尿素处理对秸秆厌氧发酵产沼气中 pH 值和酸度的调控有一定的作用，使系统的 pH 值范围维持在 7～8 之间，而此区间是产甲烷菌活性最大的区间，向易于酸化的系统中添加尿素溶液的办法对未来的工程应用具有潜在价值；从总体上看，采用尿素溶液预处理的小麦秸秆的产气成分中，甲烷含量比不处理的实验组有所提高，最高甲烷含量为 56.2%，提高了 8.91%。

3.4.2 氨预处理浓度对小麦秸秆厌氧发酵产沼气的影响

对小麦秸秆进行氨处理来改良其理化性质在牲畜饲料中比较常见，但是用在沼气发酵方面的实例并不多见。如何选取合适的氨处理的浓度，既能最大化地改善小麦秸秆的可降解性能，又能避免氨类物质的浪费成为当下需要解决的一个问题。本研究通过对秸秆进行氨预处理，研究了氨预处理浓度对秸秆厌氧发酵产沼气的影响，以期对沼气发酵的实际利用提供科学参考。

1）材料与方法

试验装置为上海交通大学农业与生物学院生物质能工程研究中心设计的厌氧消化装置，同本章 3.2 的试验装置（见图 3-1）。试验材料、接种物和分析方法与本章中 3.4.1 氨预处理时间对小麦秸秆厌氧发酵产沼气的影响相同。

试验方案如下：将不同浓度的尿素溶液以 200 mL∶50 g 秸秆的比率加入小麦秸秆中，将加入尿素溶液的小麦秸秆放入带有盖子的塑料桶内，塑料桶开口处涂抹凡士林，用塑料薄膜进行密封。将塑料桶放入恒温箱内，调节温度为 30℃，预处理 25 天。试验设置预处理尿素溶液浓度为 30 g/L、35 g/L、40 g/L、45 g/L 四个水平，同时设置空白组（空白组为不添加尿素溶液）。将预处理过后的秸秆采用一次投料的方式，接种物比例为 30%，添加 1 g 活性炭粉，加入相应质量的水，最终调节发酵总重 800 g，调节发酵液 pH 值为 7.0。设置水浴摇床 38℃，100 r/min。每天测定各试验组的排出饱和食盐水的体积，每 5 天测定一次各试验组的 pH 值和气体组成成分。试验以 1 周内无气体产生判断为反应结束。

2）日产气量

图 3-20 所示为尿素预处理浓度对日产气量的影响。从图中可以看出，尿素浓度为 30 g/L 的试验组从发酵开始，产气量便逐渐上升，当发酵反应进行到第 8 天时，达到峰值，为 607 mL，随后日产气量开始急剧地下降，当发酵进行到第 15 天时，下降趋势变缓至发酵反应结束。尿素浓度为 35 g/L 的试验组的变化趋势与尿素浓度为 30 g/L 的试验组趋势相同。

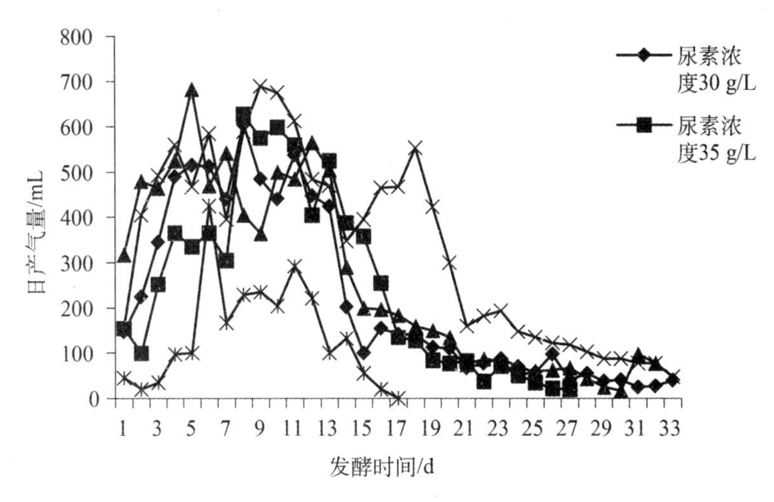

图 3－20　尿素预处理浓度对日产气量的影响

尿素浓度为 40 g/L 的试验组在发酵的第一天便有大量的气体生成，第一天的产气量为 317.5 mL，随后日产气量开始升高，当发酵反应进行到第 6 天时，达到第一个峰值，为 682.5 mL，随后日产气量开始下降，从第 10 天开始，日产气量又开始升高，在第 12 天时，达到第 2 个产气高峰，为 565 mL，随后的变化趋势和尿素浓度为 30 g/L 的试验组相同。

尿素浓度为 45 g/L 的试验组也同样出现了 2 个明显的产气高峰，分别在第 9 天和第 18 天，最高的峰值分别为 689 mL 和 553 mL。空白试验组产气时间较短，仅仅进行了 17 天便结束。此外，各试验组的日产气量均高于空白试验组的日产气量。

3）pH 值

图 3－21 为尿素预处理浓度对 pH 值的影响。从图中可以看出，尿素浓度为 30 g/L 的试验组在发酵的第 5 天，pH 值为 7.52，随后 pH 值开始上升，当反应进行到第 10 天时，pH 值升至最高，为 7.82，随后，pH 值出现了缓慢的下降，反应最终 pH 值为 7.61。尿素浓度为 35 g/L、40 g/L、45 g/L 的试验组的变化趋势均与尿素浓度为 30 g/L 的试验组的变化趋势相同。pH 值的变化范围均在中性以上的环境，即 7.0～8.0 之间，其原因在于尿素中 NH_4^+ 的中和作用，而 pH 值在此范围是最合适产甲烷菌代谢的条件。从理论上说，在厌氧消化的前期，反应物料中丰富的有机物为适应环境快及代谢能力强的产酸菌提供了生长繁殖的机会，将有机物迅速转化为脂肪酸，而适应环境慢及代谢能力弱的甲烷菌无法将脂肪酸利用，致使脂肪酸积累起来，导致溶液的 pH 值迅速下降。随着时间的推移，甲烷菌对环境逐渐适应，利用脂肪酸的比例逐渐增大。更主要的是由于滞后分解的含氮有机物开始分解（氨化作用），溶液中氨氮含量迅速增加；由于这两方面的原因，溶液中 pH

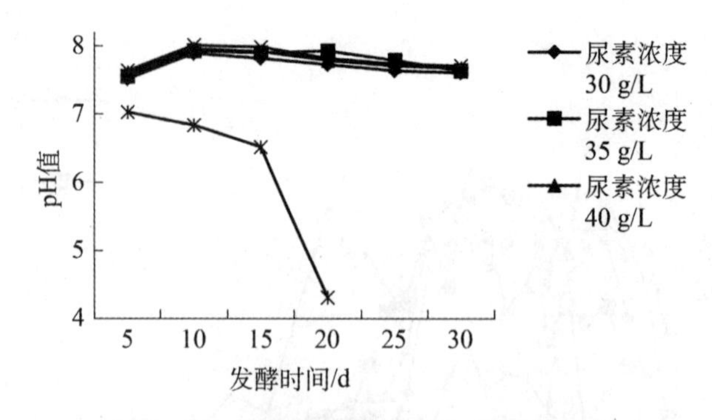

图 3-21　尿素预处理浓度对 pH 值的影响

值的下降趋势受到抑制，并转而出现上升趋势。此后，溶液中的有机物量逐渐减少，脂肪酸的产量也趋于减少，而产甲烷菌利用脂肪酸的能力并未因之减弱，其结果使 pH 值慢慢上升，在越过 7.0 以后，最后达到较高值[15]。

空白试验组出现了 pH 值逐渐降低的现象。在发酵的初期，pH 值为 7.0 附近，随着反应的进行，发酵液的 pH 值开始急速下降，当反应进行到第 20 天时，pH 值为 4.31。而整个发酵系统也是从第 17 天开始便不再产气。这是因为随着产酸菌的代谢产生挥发性脂肪酸，致使溶液呈现酸化的环境，造成有机酸的积累而无法被利用，抑制了产甲烷菌的代谢。

4) 甲烷含量

图 3-22 所示为尿素预处理浓度对甲烷含量的影响。从图中可以看出，各处理组甲烷含量从发酵开始阶段很快就达到 48%，并在这一水平上逐渐增加，在发酵进行到第 10 天后开始缓慢增加，第 15 天时，甲烷含量达到最大，为 56.4%。随后在这一水平上缓慢下降。对照组的变化趋势与预处理各试验组的变化趋势基本相同，但是在幅度上明显低于各预处理的试验组，在开始阶段甲烷含量很低，只有 45%左右，后逐渐上升直到最高 52%左右，然后也同样呈现了小幅下降的过程。这与 pH 值的变化在机理上相符合。由于对照组在开始阶段产甲烷菌活性不高，主要以产酸菌的活动为主，从而出现 pH 值降低、甲烷含量低的现象。总的来看尿

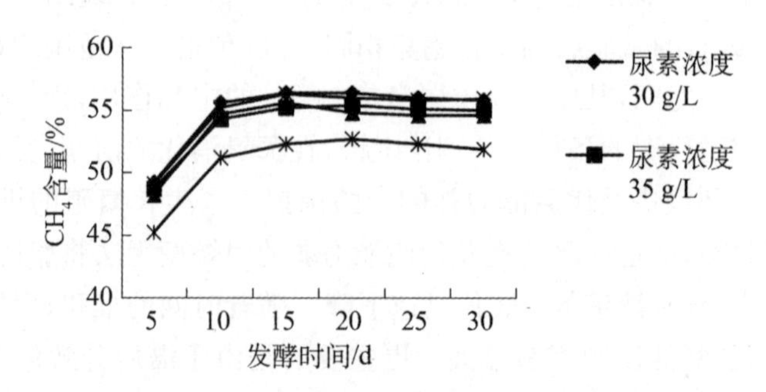

图 3-22　尿素预处理浓度对甲烷含量的影响

素溶液预处理后的小麦秸秆，甲烷的含量能迅速达到较高的水平，其中尿素浓度为30 g/L和尿素浓度为 35 g/L 的处理组甲烷含量最高能达到 56.4%。而对照组的气体甲烷含量存在一个不断增长的过程，直到反应进行到一半左右才达到较高的水平。不同处理组之间甲烷含量差别不大。由此可见，尿素溶液预处理能稳定并小幅提高甲烷含量。这是因为有更多的可溶性有机物可供甲烷菌利用。

5）总产气量

图 3-23 所示为尿素预处理浓度对总产气量的影响。从图中可以看出，随着尿素浓度的提高，总产气量的变化总体上呈现逐渐上升的趋势。尿素浓度为 45 g/L 的试验组的总产气量最多，达到 11 115 mL，较空白试验组提高了 367.11%。随着尿素浓度的提高，总产气量上升的原因可能是尿素浓度越高，尿素和秸秆中木质素、纤维素和半纤维素的特异性结合越强，致使秸秆的可降解性能提高。

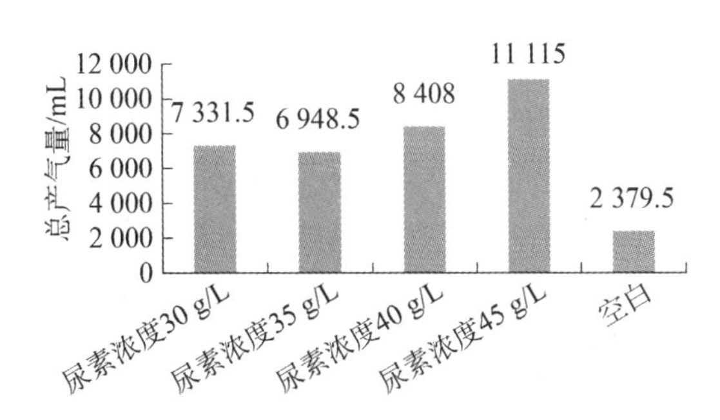

图 3-23 尿素预处理浓度对总产气量的影响

6）小结

以总产气量为最终指标可以得出在预处理尿素浓度为 45 g/L 下，预处理 25 天的小麦秸秆发酵产沼气总产气量最大，为 11 115 mL，较空白试验组提高了 367.11%，可见尿素溶液的预处理可以明显改善小麦秸秆的可降解性能；从总体上看，采用尿素溶液预处理的小麦秸秆的产气成分中，甲烷的含量比不处理的实验组有一定程度上的提高；最高甲烷含量为 56.4%，提高了 9.09%。

3.5 氨-生物联合预处理对小麦秸秆厌氧发酵产沼气的影响

3.5.1 生物预处理的微生物添加量的影响

小麦秸秆主要用于肥料、原料、饲料、燃料、食用菌基质方面的应用。研究人员对小麦秸秆的应用进行了有益的探讨。Zhifang Cui 等人利用马棚中的小麦秸秆进行固态厌氧发酵，在原料和接种物比例为 4 的条件下，获得最大甲烷产率为 150 L/kg (VS)（挥发性固体），为小麦秸秆厌氧发酵制取沼气技术提供了试验数据[16]。目前，秸秆难以降解，发酵周期长是限制其用于沼气发酵的主要原因之一。本节将氨预处理和生物处理结合起来，探索小麦秸秆氨和霉联合预处理中，不同菌种的添加量对小麦秸秆厌氧发酵过程中的挥发性脂肪酸(VFA)、pH 值、甲烷含量以及产气量的影响。通过选择合适的霉的添加量，从而达到提高产气量、缩短反应周期的目的，以期为小麦秸秆资源化利用提供一定的理论依据。

3.5.1.1 材料与方法

1) 试验装置

试验装置为上海交通大学农业与生物学院生物质能工程研究中心设计的厌氧消化装置，与本章 3.2 的试验装置(见图 3-1)相同。

2) 试验原料、接种物与分析方法

本研究的试验材料、接种物和分析方法与本章中 3.4.1 氨预处理时间对小麦秸秆厌氧发酵产沼气的影响相同。

3) 培养基

马铃薯固体培养基(PDA 培养基)：取去皮马铃薯 200 g，切成小块，加水 1 000 mL 煮沸 30 min，利用 3 层滤布滤去马铃薯块，用蒸馏水将滤液补足至 1 000 mL，加入葡萄糖 20 g，溶解后分装到 5 个三角瓶中(200 mL/瓶)，每瓶加入琼脂粉 3 g；马铃薯液体培养基：取去皮马铃薯 200 g，切成小块，加水 1 000 mL 煮沸 30 min，利用 3 层滤布滤去马铃薯块，用蒸馏水将滤液补足至 1 000 mL，加葡萄糖 20 g，溶解后分装到 5 个三角瓶中(200 mL/瓶)。

4) 菌种

采用白腐真菌典型菌种——黄孢原毛平革菌(phanerochaete chrysosporium)和木霉典型菌种——里氏木霉(trichoderma reesei)，两个菌种均购自中国工业微生物保藏中心。

5) 预处理方法

(1) 准确称取 50 g 的小麦秸秆于塑料桶内，配置 35 g/L 的尿素(其分子式为 $(NH_2)_2CO$)溶液。以 50 g 秸秆：200 mL 的尿素溶液的比率加入到塑料桶内，搅拌均匀后，用塑料薄膜密封，放置在 30℃的恒温箱内进行氨预处理，预处理时间为 25 d。

(2) PDA 固体培养基上分别接种黄孢原毛平革菌和里氏木霉，在 27℃条件下培养 6 天，使用直径为 1 cm 的打孔器打出 3 块，接种到 1 L 马铃薯液体培养基中，在 27℃、150 r/min 的恒温摇床内进行培养。将氨预处理过后的小麦秸秆用 5 mol/L 的 HCl 溶液调节 pH 值至 4。然后，按照要求将培养好的马铃薯液体培养基加到氨预处理过后的小麦秸秆中。

6) 试验方案

本试验以小麦秸秆为原料，对其进行了氨-生物联合预处理。通过之前预试验可知，黄孢原毛平革菌和里氏木霉在培养6天后菌悬液中孢子的浓度可达到试验需求，经过菌落计数后，菌种添加量选4个水平，同时设置空白试验，共5个试验组，试验组1～试验组4，黄孢原毛平革菌孢子数：里氏木霉孢子数分别为 1×10^6 个：1×10^6 个，1×10^7 个：1×10^7 个，1×10^8 个：1×10^8 个，1×10^9 个：1×10^9 个，试验组5为空白试验组，不添加任何菌种。试样调配好后放置在塑料桶内，再添加5 g葡萄糖，方便微生物的启动，用塑料薄膜密封后放置于27℃的恒温箱内5天，5天后将样品放入高温灭菌锅内，在121℃、20 min的条件下进行灭菌。发酵试验过程如下:将预处理过后的秸秆采用一次投料的方式在厌氧发酵试验装置上进行厌氧发酵。设置接种物比例为30%，添加1 g活性炭粉，加入相应质量的水，最终发酵液总重800 g。利用2 mol/L的HCL溶液调节发酵液pH为7.0。设置水浴摇床条件为38℃、100 r/min。每天测定各试验组的排出饱和食盐水的体积，每5天测定一次各试验组的挥发性脂肪酸(VFA)的质量浓度、pH值、气体组成成分。试验以1周内无气体产生判断为反应的结束。试验重复2次。

3.5.1.2　不同菌种的添加量对日产气量的影响

图3-24所示为不同菌种的添加量对日产气量的影响。从图3-24中可以看出，5个试验组的日产气量均呈现先升高后降低的规律。各试验组在发酵第9天时，均达到该组试验日产气量的最高值。试验组4(黄孢原毛平革菌孢子数：里氏木霉孢子数为 1×10^9 个：1×10^9 个)从发酵第1天日产气便开始上升，到第9天时达到顶峰960 mL，在顶峰附近维持了3～4天后，日产气量开始下降，最终发酵到第23天后结束。试验组1、2、3、5的最高日产气量分别为710 mL、720 mL、830 mL、600 mL。经过氨-生物联合预处理后的小麦秸秆，纤维素和半纤维素被大量分解，致使在进行沼气发酵的过程中，产酸菌和产甲烷菌的底物充分，发酵代谢快，导致日产气量逐渐上升，随着底物浓度的不断减少，产酸菌和产甲烷菌分解

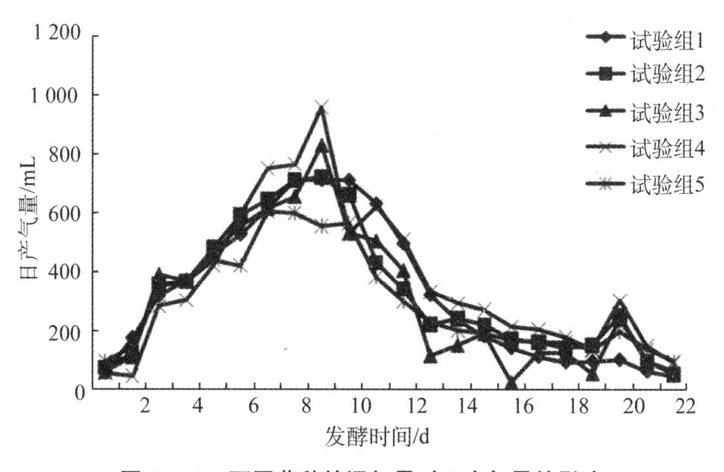

图3-24　不同菌种的添加量对日产气量的影响

底物的速度趋于平稳并随后逐渐降低，产气量也逐渐降低，最后到停止产气[17]。从不同菌种的添加量对最高日产气量的影响来看，试验组 4 的最高日产气量最大，为 960 mL。

3.5.1.3 不同菌种的添加量对发酵液中 pH 值的影响

图 3－25 为不同菌种的添加量对发酵液中 pH 值的影响。沼气发酵过程中微生物所需的 pH 值必须在 4.0～8.5 之间，最适 pH 值为 7.0。从图 3－25 中可以看出，在厌氧发酵的过程中，各试验组发酵液 pH 值有两种变化趋势。试验组 2、3、4 与空白试验组 pH 值变化趋势基本相同，呈逐步上升的趋势，最终 pH 值维持在 7.8附近。试验组 1 的 pH 值趋势和其他试验组相同，最终 pH 值维持在 7.4 附近。pH 值的持续上升表明发酵液中的产甲烷菌持续利用底物进行发酵代谢，产甲烷菌的活性一直处于较高的状态，这样有利于缩短发酵周期。Lee 等人认为，在厌氧反应器中，微生物高效率的产甲烷 pH 值为 6.5～8.2 之间，而 pH 值为 5.5～6.5 是酸化和水解发生的区间[18]。

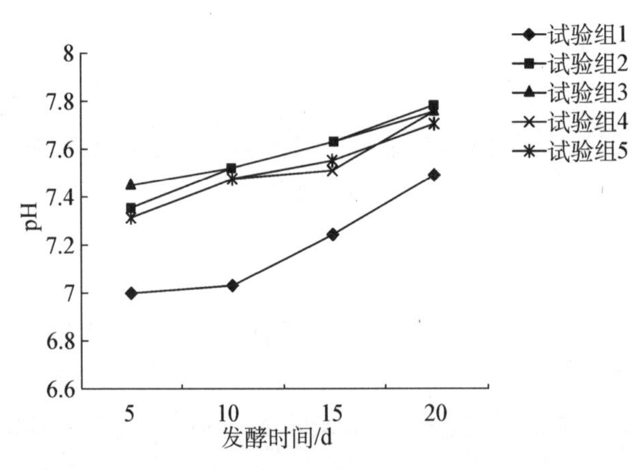

图 3－25 不同菌种的添加量对发酵液中 pH 值的影响

3.5.1.4 不同菌种的添加量对 VFA 质量浓度的影响

图 3－26 所示为不同菌种的添加量对 VFA 的影响。从图中可以看出，各试验组 VFA 的变化均呈先升高后下降的趋势。试验组 3 在发酵初始时，VFA 的浓度很低，为 435.47 mg/L，随着反应的进行 VFA 的浓度迅速提升，在发酵第 10 天时达到最大值 4 297.3 mg/L 后，随着日产气量的下降，VFA 也开始下降，最终发酵液 VFA 为 53.02 mg/L。有研究表明，在厌氧发酵的初期，微生物的活动中主要以产酸菌的活动为主，这些产酸菌将底物降解为乙酸、丁酸、丙酸、乳酸等，在发酵进行的 3～6 天内，VFA 的质量浓度达到最大，随后有机酸的浓度逐渐下降。在厌氧发酵的过程中，产甲烷菌只能利用乙酸和氢气进行发酵产甲烷，而其他形式的酸，例如丁酸等需要转化为乙酸后才能被产甲烷菌所利用，最终发酵代谢为二氧化碳和甲烷[19]。

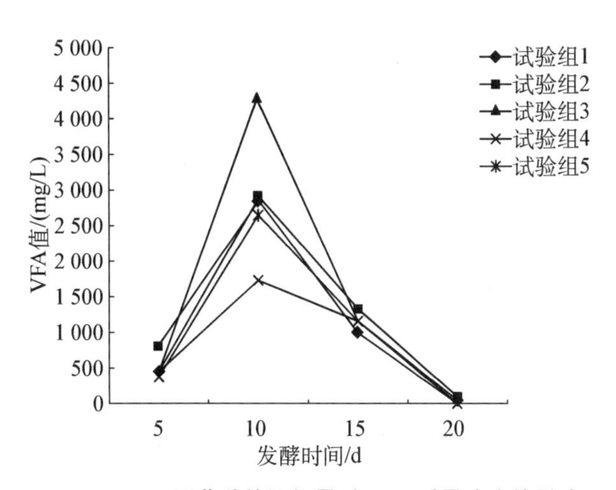

图 3-26　不同菌种的添加量对 VFA 质量浓度的影响

3.5.1.5　不同菌种的添加量对甲烷含量的影响

图 3-27 所示为不同菌种的添加量对甲烷含量的影响。从图中可以看出，各个试验组产气的甲烷含量均在正常的范围内，即 40.72%～51.33%。试验组 1～5 号的甲烷含量变化均呈现一个缓慢升高后微有下降的过程。试验组 1 在发酵初期，前 10 天内甲烷含量最低，随后，甲烷含量逐渐升高，在发酵第 15 天时，甲烷的含量最高，达到 51.33%，相对于空白试验组提高了 6.01%，随后下降，最终维持在 48%附近。之所以会出现这样的变化，原因在于，在发酵的初始，产酸菌的活性比产甲烷菌的活性要大，pH 值偏低，CH_4 的产量较小，随着产甲烷菌的活性逐渐增强，甲烷的产率也逐渐增大，最后趋于稳定[20]。

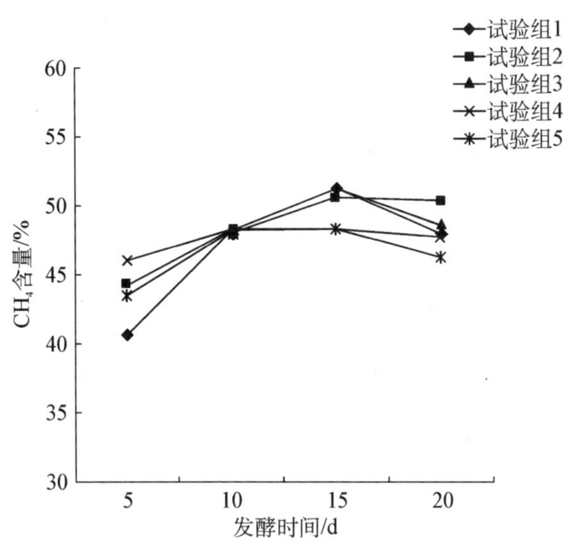

图 3-27　不同菌种的添加量对甲烷含量的影响

3.5.1.6 不同菌种的添加量对总产气量的影响

图 3-28 为不同菌种的添加量对总产气量的影响。从图 3-28 中可以看出，各预处理的试验组总产气量上均高于空白试验组，但试验组 1，2，3(接种量为 10^6，10^7，10^8)的总产气量相对于空白试验组提高得不是特别显著，而试验组 4(接种量为 10^9)的总产气量比空白试验组提高得比较显著，总产气量为 7 968 mL，相对于空白试验组提高了 23.11%。原因可能是在接种量为 10^9 的试验组内，由于接种量比较多，对小麦秸秆的生物处理效果显著，使小麦秸秆的形态发生变化，对接下来的发酵过程产生促进作用。

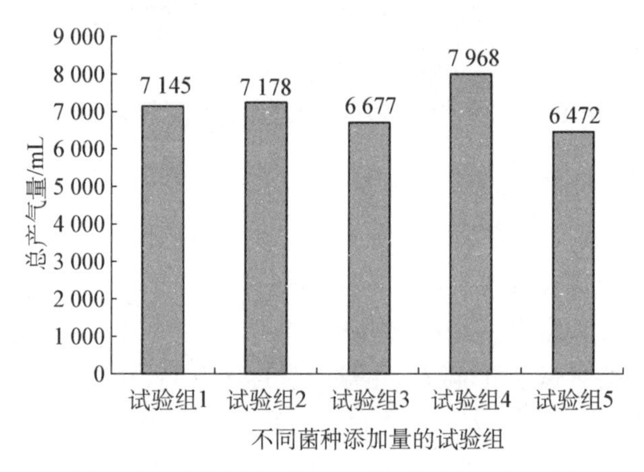

图 3-28 不同菌种的添加量对总产气量的影响

3.5.1.7 小结

本研究对小麦秸秆进行了氨-生物联合预处理，并对预处理后的小麦秸秆进行了厌氧发酵产沼气的试验。试验结论如下：①在预处理尿素溶液为 35 g/L 的浓度下，生物预处理 pH 值为 4，黄孢原毛平革菌和里氏木霉的添加比例为 1×10^9 ∶1×10^9 的小麦秸秆厌氧发酵产沼气总产气量最大，为 7 968 mL，较空白试验组提高了 23.11%；②在黄孢原毛平革菌和里氏木霉的添加比例为 1×10^6 ∶1×10^6 的小麦秸秆厌氧发酵的第 10 天时，甲烷含量达到最高，为 51.33%，相对于空白试验组提高了 6.01%；③氨-生物联合处理后的小麦秸秆厌氧发酵时间大为缩短，仅历时 23 d。

3.5.2 生物预处理 pH 值的影响

本研究利用尿素对小麦秸秆进行预处理，然后利用黄孢原毛平革菌和里氏木霉对氨处理后的原料进行生物预处理。通过两种处理的结合希望在提高产气量的基础上，缩短发酵周期，以期为提高小麦秸秆资源化利用程度提供科学的参考。

3.5.2.1　材料与方法

试验装置、试验原料、接种物、分析方法、培养基、菌种与本章 3.5.1 生物预处理的微生物添加量的影响相同。但预处理方法与试验方案不同。

1) 预处理方法

(1) 准确称取 50 g 的小麦秸秆于塑料桶内，配置 35 g/L 的尿素溶液。将 50 g 秸秆和 200 mL 的尿素溶液加入到塑料桶内，搅拌均匀后，用塑料薄膜密封，放置在 30℃的恒温箱内进行氨预处理，预处理时间为 25 d。

(2) PDA 固体培养基上分别接种黄孢原毛平革菌和里氏木霉，27℃培养 6 天后，使用直径为 1 cm 的打孔器打出 3 块，接种到 1 L 马铃薯液体培养基中，在 27℃、150 r/min 的恒温摇床内进行培养。将氨处理后的小麦秸秆用 5 mol/L 的 HCL 溶液调节 pH 值至 3、4、5、6、7。通过之前预试验可知，黄孢原毛平革菌和里氏木霉在培养 6 天后可达到试验需求，经过菌种计数后，确定黄孢原毛平革菌和里氏木霉的添加量，调配好后放置在塑料桶内，再添加 5 g 葡萄糖，方便微生物的启动，用塑料薄膜密封后在 27℃的恒温箱内放置 5 天，5 天后将样品组放入高温灭菌锅内，在 121℃、20 min 的条件下进行灭菌。试验重复 2 次。

2) 试验方案

本试验以小麦秸秆为原料，对其进行氨预处理，然后进行生物预处理，以生物预处理的 pH 值为因素，设置了 pH＝3、pH＝4、pH＝5、pH＝6 四个水平和空白试验(空白试验 pH 值＝7)，探讨了生物预处理的 pH 值对厌氧发酵的影响。发酵试验过程如下：将预处理过后的秸秆采用一次投料的方式，接种物比例为 30%，添加 1 g 活性炭粉，加入相应质量的水，发酵液总重 800 g。利用 2 mol/L 的 HCl 溶液调节发酵液 pH 为 7.0。设置水浴摇床 38℃、100 r/min。每天测定各试验组的排出饱和食盐水的体积，每 5 天测定一次各试验组的挥发性脂肪酸(VFA)的含量、pH 值、气体组成成分。试验以 1 周内无气体产生判断为反应的结束。试验重复 2 次。

3.5.2.2　霉处理的 pH 值对日产气量的影响

图 3－29 所示为霉处理的 pH 值对日产气量的影响。从图中可看出，5 个试验组(pH 值分别为 3、4、5、6、7)的日产气量均呈先升后降的趋势。在发酵第 9 天时，霉预处理 pH 值为 4 的试验日气量最大，为 980 mL。从趋势可看出，在 pH 值为3～7的范围内，随着霉处理 pH 值的升高，最高日产气量呈现先升高后降低的趋势。pH 值为 3、4、5、6 和 7(空白组)试验组最高日产气量分别为 625 mL、980 mL、965 mL、835 mL、735 mL。由此可得：黄孢原毛平革菌和里氏木霉处理秸秆最适合的 pH 值约为 4。

3.5.2.3　霉处理的 pH 值对发酵液 pH 值的影响

图 3－30 所示为霉处理的 pH 值对发酵液 pH 值的影响。从图中可看出，在厌氧发酵的过程中，各试验组发酵液 pH 值的变化趋势基本相同。由于在试验初始

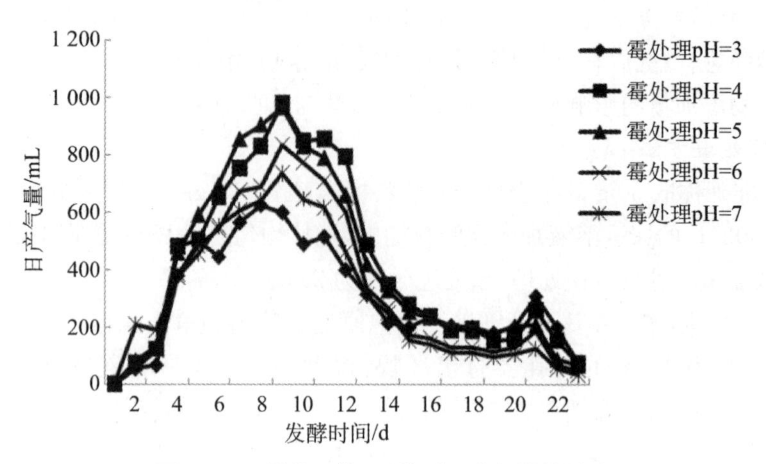

图 3-29　霉处理的 pH 值对日产气量的影响

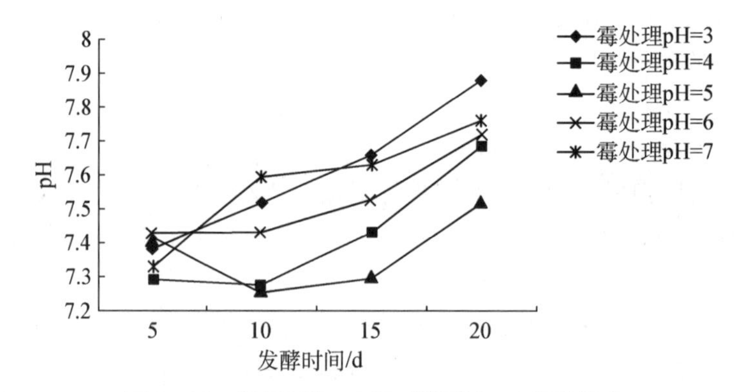

图 3-30　霉处理的 pH 值对发酵液 pH 值的影响

阶段，发酵液的 pH 值人为调节值为 7，所以可看出在整个发酵过程中，发酵液的 pH 值基本呈逐渐上升的趋势。霉处理 pH 值为 4、5、6 试验组的发酵液 pH 值均低于霉处理 pH 值为 7 的空白组，而霉处理 pH 值为 3 的试验组则高于空白组。这间接反映出在霉处理 pH 值为 4、5、6 试验组的发酵液内，挥发性有机酸含量多于空白组，发酵液的可代谢能力在一定程度上得到提高。

3.5.2.4　霉处理的 pH 值对 VFA 质量浓度的影响

图 3-31 所示为霉处理的 pH 值对 VFA 质量浓度的影响。从图中可看出，各试验组 VFA 质量浓度的变化均呈先升后降的趋势。VFA 质量浓度最高为 3 926.2 mg/L。有研究表明，VFA 质量浓度在沼气厌氧发酵中的变化呈先积累再下降的趋势，是由于在发酵初始阶段，有机物的降解充分，水溶性有机物含量增多，产氢、产酸菌的生长繁殖加快，VFA 不断增加并达最大值[14]。本研究的试验结果与理论较为吻合，但是相应的发酵液 pH 值并未出现降低或酸化的现象。这是由

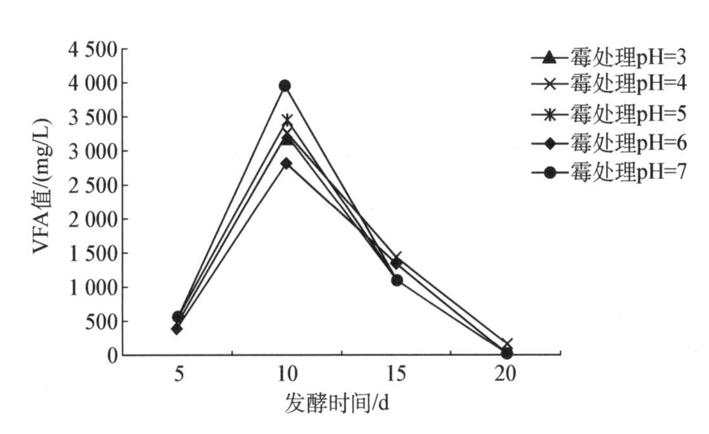

图 3-31　霉处理的 pH 值对 VFA 质量浓度的影响

于在霉处理的前期进行了氨预处理，而氨预处理能缓解发酵液中pH值的降低，使微生物群落中的产甲烷菌能快速适应环境，它通过一系列的综合作用使发酵液中的 pH 值维持在一个比较稳定的范围[21]。

3.5.2.5　霉处理的 pH 值对甲烷含量的影响

图 3-32 所示为霉处理的 pH 值对 CH_4 含量的影响。从图中可看出，各试验组产气的 CH_4 含量均在正常的范围内，即 41.92%～54.64%。CH_4 含量变化呈一个缓慢的先升后微降的过程。发酵初期，前 10 天内 CH_4 含量最低，随后逐渐升高，在发酵第 15 天时，CH_4 含量达到最高，维持在 52%附近。从试验结果可看出，霉处理 pH 值为 5 的试验组的 CH_4 含量最高，达到 54.64%。霉处理 pH 值为 6 的试验组初始 CH_4 含量最低，为 41.92%。霉处理 pH 值为 5 时对厌氧发酵反应最后产生气体的成分有一定的改善作用。

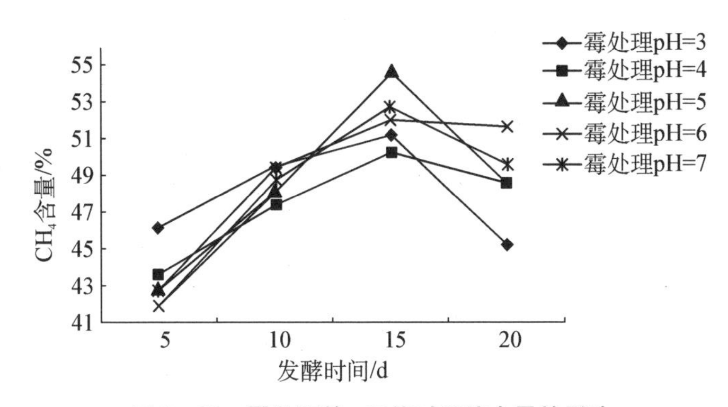

图 3-32　霉处理的 pH 值对甲烷含量的影响

3.5.2.6　霉处理的 pH 值对总产气量的影响

图 3-33 所示为霉处理的 pH 值对总产气量的影响。从图中可看出，随着霉

处理 pH 值的增加,总产气量的变化总体呈先升后降的趋势。霉处理 pH 值为 4 的试验组总产气量最多,为 9 448 mL,较空白试验组提高了 35.51%。随着霉处理 pH 值的增加,总产气量下降的原因是由于黄孢原毛平革菌和里氏木霉代谢最适合的 pH 值约为 4,高于或者低于此 pH 值都会影响到两种菌在秸秆中酶的活性,从而代谢效率下降。

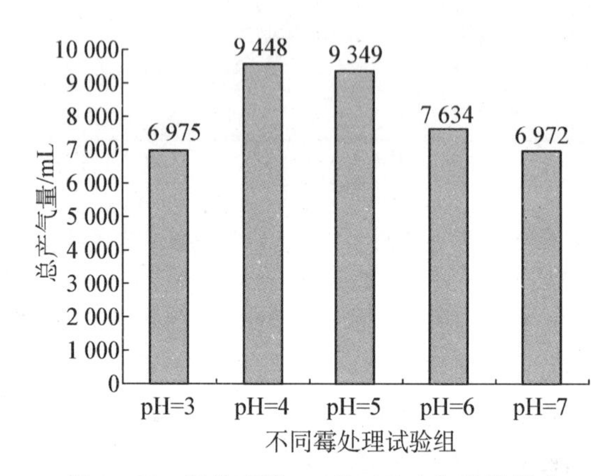

图 3-33　霉处理的 pH 值对总产气量的影响

3.5.2.7　小结

(1) 以总产气量为最终指标可得出在预处理尿素溶液为 35 g/L 的浓度下,霉预处理 pH 值为 4,黄孢原毛平革菌和里氏木霉的添加比例为 1×10^8 ∶ 1×10^8 的小麦秸秆厌氧发酵产沼气总产气量最大(9 448 mL),较空白组提高了 35.51%。

(2) 尿素处理对秸秆厌氧发酵产沼气中 pH 值和酸度的调控有一定作用,使系统的 pH 值范围维持在 7～8 之间。

(3) 从总体上看,采用霉预处理 pH 值为 4 和 7 的小麦秸秆厌氧发酵的产气成分中,甲烷的最高含量分别为 54.64%和 52.73%,霉预处理 pH 值为 4 的试验组比霉处理 pH 值为 7 的空白试验组 CH_4 最高含量提高了 3.62%。

参考文献

[1] Zhang R, Zhang Z. Biogasification of rice straw with an anaerobic-phased solids digester system [J]. Bioresource Technology, 1999,68(3):235-245.

[2] 李稳宏,吴大雄,高新,等.麦秸纤维素酶解法产糖预处理过程工艺条件[J].西北大学学报(自然科学版),1997,(03):47-50.

[3] 潘晓辉.微波预处理玉米秸秆的工艺研究[D].哈尔滨:哈尔滨工业大学,2007.

[4] 陈洪章,李佐虎.麦草蒸汽爆破处理的研究——Ⅱ.麦草蒸汽爆破处理作用机制分析[J].纤维素科学与技术,1999,(04):14-22.

[5] 孙辰. 芦笋秸秆 NaOH 预处理工艺条件和沼气发酵的研究[D]. 上海:上海交通大学,2010.
[6] Wall J. Bioenergy [M]. WashingtonDC: ASM Press, 2008.
[7] 孙辰,刘荣厚,覃国栋. 芦笋秸秆预处理与厌氧发酵制取沼气试验[J]. 农业机械学报,2010,(08):94-99.
[8] 覃国栋. 稻草秸秆沼气发酵预处理方法及发酵工艺参数研究[D]. 上海:上海交通大学,2011.
[9] Klinke H B, Thomsen A B, Ahring B K. Inhibition of ethanol-producing yeast and bacteria by degradation products produced during pre-treatment of biomass [J]. Applied microbiology and biotechnology, 2004,66(1):10-26.
[10] 覃国栋,刘荣厚,孙辰. 酸预处理对水稻秸秆沼气发酵的影响[J]. 上海交通大学学报(农业科学版),2011,(01):58-61.
[11] Sun C, Liu R, Cao W, et al. Impacts of Alkaline Hydrogen Peroxide Pretreatment on Chemical Composition and Biochemical Methane Potential of Agricultural Crop Stalks [J]. Energy & Fuels, 2015,29(8):4966-4975.
[12] 吴晋锴,孙辰,刘荣厚. 氨处理时间对小麦秸秆厌氧发酵产沼气的影响[J]. 太阳能学报,2013,(09):1547-1550.
[13] 郭大伟,李鑫,赵全. 秸秆氨化前后结构的变化[J]. 饲料博览,2009,(08):31-33.
[14] 刘荣厚,王远远,孙辰. 温度对蔬菜废弃物沼气发酵产气特性的影响[J]. 农业机械学报,2009,(09):116-121.
[15] 吴晋锴. 氨-生物联合处理对小麦秸秆厌氧发酵产沼气的影响[D]. 上海:上海交通大学,2011.
[16] Cui Z, Shi J, Li Y. Solid-state anaerobic digestion of spent wheat straw from horse stall [J]. Bioresource technology, 2011,102(20):9432-9437.
[17] 覃国栋,刘荣厚,孙辰. NaOH 预处理对水稻秸秆沼气发酵的影响[J]. 农业工程学报,2011,(S1):59-63.
[18] Lee D H, Behera S K, Kim J W, et al. Methane production potential of leachate generated from Korean food waste recycling facilities: a lab-scale study [J]. Waste management, 2009,29(2):876-882.
[19] Komemoto K, Lim Y G, Nagao N, et al. Effect of temperature on VFA's and biogas production in anaerobic solubilization of food waste [J]. Waste management, 2009,29(12):2950-2955.
[20] 刘荣厚,吴晋锴,武丽娟. 菌种添加量对生物预处理小麦秸秆厌氧发酵的影响[J]. 农业机械学报,2012,(11):147-151.
[21] 吴晋锴,孙辰,刘荣厚. 霉处理 pH 值对小麦秸秆沼气发酵产气特性的影响[J]. 太阳能学报,2013,(11):1964-1968.

第4章 沼气发酵残余物的肥料化利用技术

由于长期大量使用化肥农药,致使农副产品和土壤中农药残留量与日俱增,造成生态环境的严重污染和农产品质量的下降,并进一步威胁着人体健康。安全、营养、无污染、无公害的绿色食品已成为未来畜牧业和食品发展的趋势。沼气发酵残余物(沼液、沼渣),俗称沼肥,是人畜粪便经厌氧发酵产生沼气后的剩余物。沼肥除了含有丰富的氮、磷、钾等大量的元素外,还含有对农作物生长起重要作用的硼、铜、铁、锰、钙、锌等微量元素,以及大量的有机质、多种氨基酸、B族维生素、细胞分裂素及某些抗生素等生物活性物质,具有速缓兼备的肥效性质。作物土壤施入沼肥后,不仅增加了土壤中的有机质含量,而且沼肥中所含有的大量微生物进入土壤后,有助于分解和释放有效养分,供作物利用。微生物的生命活动还促进施入土壤的有机质的矿化,把有机养分转化成作物能吸收利用的营养元素,土壤氮磷钾水平丰富,土壤结构良好,作物产量和品质均能得到保障[1]。

4.1 沼气发酵残余物作基肥对小白菜产量、品质及土壤养分含量的影响

由于沼气发酵残余物的成分复杂,因原料种类、配比和发酵条件的不同而有所差异,且沼气发酵残余物有一定的浓度限制,浓度较大时未必能达到较好的效果,同时还可能造成肥料的浪费与污染;对于不同产品需肥量也不同。本试验通过施用不同量的沼肥作基肥与施用化肥作基肥和不施肥作为对比试验,研究了沼肥对土壤养分含量以及小白菜产量、品质的影响,以期为沼肥作为肥料生产无公害蔬菜提供参考。

4.1.1 材料与方法

4.1.1.1 供试材料

种植试验在上海交通大学农场进行;化验分析于上海交通大学农业与生物学院生物质能工程研究中心实验室进行。供试蔬菜品种为小白菜,性能是低硝酸盐

含量基因型。供试土壤的基本理化性质为有机质 29.81 g/kg，全氮 1.46 g/kg，全磷 1.15 g/kg，全钾 25.25 g/kg，碱解氮 70.00 mg/kg，速效磷 73.16 mg/kg，速效钾 171.13 mg/kg，pH 值为 6.99，质地为砂质壤土。供试沼肥取自上海市崇明前卫村沼气系统正常发酵的发酵残余物，发酵原料为猪粪。经测定，沼肥中的主要养分含量为有机质 2.36%，全氮 0.44%，全磷 0.32%，全钾 0.282%，速效磷 0.173%，速效钾 0.268%，pH 值 7.43。化肥以尿素、磷酸氢二钠和硫酸钾分别作为氮、磷、钾肥源，尿素为农用化肥，磷酸氢二钠和硫酸钾均为化学纯试剂，施肥量以与沼肥低量等 N、P、K 量进行折算。

4.1.1.2　试验设计

试验设计方案如表 4－1 所示。本试验采用 5 个处理，每处理重复三次，随机排列。小区面积为 6 m^2，中间作埂，小区周围设保护行。肥料均作为基肥在定植前翻耕时与土壤充分混匀一次性施入。小白菜于 4 月 17 日播种，每个小区种植 251 株，4 月 26 日出苗，苗龄为 10 d，分别在苗期后(从 5 月 6 日算起)第 7、14、21、28、35 天取土样风干，测试其速效养分含量。小白菜于 6 月 11 日统一采收后，测试各处理的产量和品质。

表 4－1　试验设计方案

处理	每个处理肥料施用量/(kg/667 m^2)	每个小区施量/kg
沼肥低量	沼肥 1 000	9.00
沼肥中量	沼肥 1 500	13.50
沼肥高量	沼肥 2 000	18.00
化肥	尿素：10.034 Na_2HPO_4：15.169 K_2SO_4：5.063	尿素：0.09 Na_2HPO_4：0.136 K_2SO_4：0.045
对照	不施肥	—

4.1.1.3　测试项目与方法

1) 试验主要仪器

(1) 电子天平　型号：JA2003N，上海精密科学仪器有限公司；

(2) 可见分光光度计　型号：unico2000，尤尼柯上海仪器有限公司；

(3) 精密 pH 计　型号：PHS－3C，上海精密科学仪器有限公司；

(4) 火焰光度计　型号：FP640，上海精密科学仪器有限公司；

(5) 电热恒温干燥箱　型号：DHG－9071，上海精宏实验设备有限公司；

(6) 定氮仪　型号：KDN－04A，上海新嘉电子有限公司；

(7) 自动双重纯水蒸馏器　型号 SZ－93，上海亚荣生化仪器厂；

(8) 水浴恒温振荡器　型号:WHY－2,江苏金坛市金城国胜实验仪器厂;

(9) SX_2 系列箱式电阻炉　型号:12－10,上海阳光实验仪器有限公司;

(10) 移液枪　型号:100～1 000 μL,1000～5 000 μL,上海大龙医疗设备有限公司;

(11) 恒温水浴箱　型号:HH 数显三用恒温水箱,金坛市金城国胜实验仪器厂;

(12) 电子计价秤　型号:DS－788,上海金山亭林工业开发区;

(13) 酸式滴定管　250 mL;

(14) 容量瓶　25 mL, 50 mL, 250 mL, 100 mL, 500 mL, 1 000 mL;

(15) 锥形瓶　1 000 mL, 500 mL, 250 mL;

(16) 烧杯　50 mL, 100 mL, 250 mL, 800 mL;

(17) 量筒　50 mL, 100 mL, 250 mL, 500 mL;

(18) 移液管　5 mL, 10 mL, 25 mL;

(19) 电炉;

(20) 银坩埚。

2) 土壤理化性质的分析测定

土壤理化性质主要包括有机质、全氮、全磷、全钾、碱解氮、速效钾、速效磷和pH 值等,主要分析测定方法如下[2]所示。

(1) 有机质　用重铬酸钾容量法——外加热法。

① 测定意义　土壤有机物质包括各种动植物残体和微生物及其生命活动的各种有机产物。土壤有机质是土壤固相物质的一个重要组成部分,它一方面为植物的生长发育提供所必需的各种营养元素;另一方面对土壤结构的形成,改善土壤物理性状,同时对调节土壤水分、空气和温度及其比例也有重要作用。因此常把土壤有机质含量高低看作是衡量土壤肥力水平的重要指标之一。土壤有机质的分析是用测定其有机碳的结果再乘以 1.724 常数,即为有机质总量,因为一般土壤有机质中含碳为 58%(100/58 = 1.724)。

② 方法原理　在外加热条件下(油浴的温度为 180℃,沸腾 5 min),用一定量的标准重铬酸钾-硫酸溶液,氧化土壤有机质中的碳,多余的重铬酸钾用硫酸亚铁溶液滴定,由消耗的重铬酸钾量计算出有机碳量,再乘以常数 1.724,即为土壤有机质量。其反应如下:

$$2K_2Cr_2O_7 + 3C + 8H_2SO_4 \longrightarrow 2K_2SO_4 + 2Cr_2(SO_4)_3 + 3CO_2 + 8H_2O$$

$$K_2Cr_2O_7 + 6FeSO_4 + 7H_2SO_4 \longrightarrow K_2SO_4 + Cr_2(SO_4)_3 + 3Fe_2(SO_4)_3 + 7H_2O$$

在 1 mol/L 的 H_2SO_4 溶液中用 Fe^{2+} 滴定 $Cr_2O_7^{2-}$ 时,其滴定曲线的突跃范围为 1.22～0.85 V。同时以二氧化硅为添加物做空白试验。

③ 主要仪器　油浴消化装置(包括油浴锅和铁丝笼)、可调温电炉、秒表、25 mL酸式滴定管。

④ 试剂:

a. 0.800 0 mol/L($1/6K_2Cr_2O_7$)标准溶液:称取经130℃烘干的重铬酸钾($K_2Cr_2O_7$, GB 642—77,分析纯)39.224 5 g溶于水中,定容于1 000 mL容量瓶中。

b. 浓硫酸:(H_2SO_4,GB 625—77,分析纯)0.2 mol/L。

c. $FeSO_4$溶液:称取硫酸亚铁($FeSO_4 \cdot 7H_2O$)56.0 g溶于水中,加浓硫酸5 mL,稀释至1 L。

d. 邻啡罗林指示剂:称取邻啡罗林1.485 g与0.695 g的$FeSO_4 \cdot 7H_2O$,溶于100 mL水中。

e. Ag_2SO_4:HG3-945-76,分析纯,研磨成粉末。

f. SiO_2:Q/HG22-562-76,分析纯,二氧化硅,粉末状。

⑤ 操作步骤:

称取通过0.149 mm(100目)筛孔的风干土样0.1 g(精确到0.000 1 g),放入一干燥的开氏管中,用移液管准确加入0.800 0 mol/L的$K_2Cr_2O_7$标准溶液5 mL(如土壤中含有氯化物需先加0.1 g的Ag_2SO_4),用注射器加入5 mL的浓H_2SO_4充分摇匀,管口盖上弯颈小漏斗,以冷凝蒸出之水汽。

将8～10个试管盛于铁丝笼中(每笼中均有1～2个空白试管),放入温度为185～190℃的油浴锅中,要求放入后油浴锅温度下降至170～180℃左右,以后必须控制电炉,使油浴锅内温度始终维持在170～180℃,待试管内液体沸腾发生气泡时开始计时,煮沸5 min,取出试管,稍冷,擦净试管外部油液。冷却后,将试管内容物倾入250 mL三角瓶中,用水洗净试管内部及小漏斗,这三角瓶内溶液总体积为60～70 mL,保持混合液中H_2SO_4浓度为2～3 mol/L,然后加入邻啡罗林指示剂2～3滴,用标准的0.2 mol/L硫酸亚铁滴定,滴定过程中不断摇动内容物,溶液的变色过程中由橙黄→蓝绿→砖红色即为终点。记取$FeSO_4$滴定毫升数(V)。

每一批(即上述每铁丝笼或铝块中)样品测定的同时,进行2～3个空白实验,即取0.500 g粉末二氧化硅代替土样,其他步骤与试样测定相同。记取$FeSO_4$滴定毫升数(V_0),取其平均值。

⑥ 计算:结果按公式(4-1)计算,为

$$\text{土壤有机碳(g/kg)} = \frac{\frac{c \times 5}{V_0} \times (V_0 - V) \times 10^{-3} \times 3.0 \times 1.1}{m \times k} \times 1\,000 \tag{4-1}$$

式中:c为0.800 0 mol/L($K_2Cr_2O_7$)标准溶液的浓度;5为重铬酸钾标准溶液的体积(mL);V_0为空白滴定用去的$FeSO_4$体积(mL);V为样品滴定用去的$FeSO_4$体

积(mL)；3.0 为 1/4 碳原子的摩尔质量(g/mol)；10^{-3}为将 mL 换算为 L；1.1 为氧化校正系数；m 为风干土样质量(g)；k 为将风干土换算烘干土的系数。

土壤有机质(g/kg)＝土壤有机碳(g/kg×1.724)

式中：1.724 为土壤有机碳换成土壤有机质的平均换算系数。

(2) 全氮　用凯氏定氮法。

① 测定意义。全氮含量可以作为土壤氮素的丰缺指标。根据土壤全氮含量及其与作物生长和产量关系的大量资料，土壤全氮量一般分为＜0.05%、0.05～0.09%、0.1～0.19%、0.2～0.29%及＞0.3%五个等级。全氮＜0.05%属土壤严重缺氮，作物生长细弱，叶片呈浅绿色，这时须及时增施氮肥；＞0.2%属于氮素丰富，其作物生长粗壮，叶色深绿。为了了解土壤氮素含量并使土壤保持肥力，定期测定土壤氮素含量是十分必要的[3]。

② 仪器与试剂。

a. 凯氏定氮仪：上海新嘉电子有限公司(KDN－04A)；25 mL 酸式滴定管 1 支。

b. 40%NaOH：400 g，氢氧化钠(分析纯)溶于 1 L 蒸馏水中。

c. 混合指示剂：取 0.10 g 甲基红和 0.50 g 溴甲酚绿溶于 100 mL 95%乙醇中，用 2 mol/L 氢氧化钠或 2 mol/L 盐酸溶液将硼酸溶液调至紫红色。

d. 0.01 mol/L(H_2SO_4)标准溶液：吸取分析纯浓硫酸 2.80 mL，以蒸馏水定容至 1 000 mL，配成 0.05 mol/L(H_2SO_4)标准溶液储存。使用时，从中吸取 200 mL 该标准酸储备液，用蒸馏水定容至 1 000 mL，即为 0.01 mol/L 标准酸溶液备用。其准确度用 0.010 0 mol/L 的标准 Na_2CO_3 溶液标定。

e. 0.010 0 mol/L 的标准 Na_2CO_3 溶液的配制及标准酸液的标定：称取 0.106 0 g 预先在 140℃烘干 2 h 的 Na_2CO_3，加入无 CO_2 蒸馏水定容 100 mL(此液浓度为 0.010 0 mol/L)吸取此液 20 mL 置三角瓶内，分别加入 1 滴 0.1 mol/L 的 $Na_2S_2O_3$ 及溴甲酚绿-甲基红指示剂 3 滴，再以待标的 0.01 mol/L 酸液进行滴定(做三个重复)。标准酸液浓度按式(4－2)计算：

$$\text{酸的物质的量浓度(mol/L)} = \frac{Na_2CO_3\text{(g)} \times 1\,000}{\text{消耗酸液量(mL)} \times 106.00 \times 5} \quad (4-2)$$

式中：1 000 为 1 g＝1 000 mg 的换算系数；106.00 为 Na_2CO_3 的摩尔质量(g/mol)；1/5 为取样体积占体积比。

f. 2%硼酸溶液：称取分析纯硼酸(H_3BO_3)20.0 g，溶于 900 mL 的热蒸馏水中。每升硼酸溶液加入 8～10 mL 甲基红-溴甲酚绿混合指示剂，并用 0.1 N 氢氧化钠或 0.1 N 盐酸溶液将硼酸溶液调至紫红色，此时溶液的 pH 值为 4.5。

g. 混合催化剂：将硫酸钾和硫酸铜以 3∶1 的比例混合后充分研细备用。

③ 测定步骤：

a. 消化：取5～10 mL待测样品（0.5 mm植物样品0.3～0.5 g，准确至0.000 2 g）于消化管中，加入5 mL浓硫酸及0.2 g混合催化剂，于消煮炉中消煮，当消化液褐色消失，呈清澈蓝色时，继续消化20～30 min，消化液最终应呈过量的硫酸铜蓝绿色即为消化完全。

b. 蒸馏：将盛有消化液的消化管放入蒸馏装置上，加20 mL的40%氢氧化钠，另备250 mL三角瓶，内盛有20 mL硼酸，置于冷凝管下，并让管口浸没于溶液中。蒸馏完毕后，使接收管离开液面，用水清洗出气口，继续蒸馏0.5 min，蒸馏结束，待滴定用。

c. 滴定：蒸出液以酸标准溶液滴定，吸收由蓝色刚变为紫红色为终点，记录消耗的酸标准液的测定溶液体积。

用蒸馏水代替样品消化液，按上述操作同时做空白测定。

④ 计算　结果按公式（4-3）计算：

$$全氮含量(mg/L) = \frac{(V - V_0) \times N \times 14}{V_1} \times 1\,000 \tag{4-3}$$

式中：V为滴定样品消耗的标准酸量（mL）；V_0为滴定空白消耗的标准酸量（mL）；N为标准酸溶液的物质的量浓度；V_1为样品体积（mL）；14为氮的摩尔质量（g/mol）；1 000为换算系数。

（3）全磷　用NaOH熔融-钼锑抗比色法。

① 测定意义　土壤全磷（P）量是指土壤中各种形态磷素的总和。土壤全磷一般不能作为当季作物供磷水平的指标，但全磷是土壤有效磷的基础，具有补给作物磷素营养的能力。因此，土壤全磷量常被视为土壤潜在肥力的一项指标。土壤全磷测定要求把无机磷全部溶解，同时把有机磷氧化成无机磷，因此全磷的测定，第一步是样品的分解，第二步是溶液中磷的测定。

② 方法原理　土壤样品与氢氧化钠熔融，使土壤中含磷矿物及有机磷化合物全部转化为可溶性的正磷酸盐，用水和稀硫酸溶解熔块，在规定条件下样品溶液与钼锑抗显色剂反应，生成磷钼蓝，用分光光度法定量测定。

③ 仪器设备：

土壤样品粉碎机；土壤筛，孔径1 mm和0.149 mm；分析天平，感量为0.000 1 g；镍（或银）坩埚，容量≥30 mL；高温电炉，温度可调（0～100℃）；分光光度计，要求包括700 nm波长；容量瓶50 mL、100 mL、1 000 mL；移液管5 mL、10 mL、15 mL、20 mL；漏斗直径7 cm；烧杯150 mL、100 mL；玛瑙研钵。

④ 试剂　所有试剂，除注明外，皆为分析纯，水均指蒸馏水或去离子水。

a. 氢氧化钠（GB 620）。

b. 无水乙醇(GB 678)。

c. 100 g/L 碳酸钠溶液:10 g 无水碳酸钠(GB 639)溶于水后,稀释至 100 mL,摇匀。

d. 50 mL/L 硫酸溶液　吸取 5 mL 浓硫酸(GB 625,95.0%~98.0%,密度 1.84)缓缓加入 90 mL 水中,冷却后加水至 100 mL。

e. 3 mol/LH_2SO_4 溶液:量取 160 mL 浓硫酸缓缓加入到盛有 800 mL 左右水的大烧杯中,不断搅拌,冷却后,再加水至 1 000 mL。

f. 二硝基酚指示剂:称取 0.2 g 的 2,6 -二硝基酚溶于 100 mL 水中。

g. 5 g/L 酒石酸锑钾溶液:称取化学纯酒石酸锑钾 0.5 g 溶于 100 mL 水中。

h. 硫酸钼锑储备液:量取 126 mL 浓硫酸,缓缓加入到 400 mL 水中,不断搅拌,冷却。另称取经磨细的钼酸铵(GB 657)10 g 溶于温度约 60℃的 300 mL 水中,冷却。然后将硫酸溶液缓缓倒入钼酸铵溶液中,再加入 5 g/L 酒石酸锑钾溶液 100 mL,冷却后,加水稀释至 1 000 mL,摇匀,贮于棕色试剂瓶中,此储备液含 10 g/L钼酸铵,2.25 mol/L 的 H_2SO_4。

i. 钼锑抗显色剂:称取 1.5 g 抗坏血酸(左旋,旋光度+21°~+22°)溶于 100 mL 钼锑储备液中。此溶液有效期不长,宜用时现配。

j. 磷标准储备液:准确称取经 105℃下烘干 2 h 的磷酸二氢钾(GB 1274,优级纯)0.439 0 g,用水溶解后,加入 5 mL 浓硫酸,然后加水定容至 1 000 mL,该溶液含磷 100 mg/L,放入冰箱可供长期使用。

k. 5 mg/L 磷(P)标准溶液:准确吸取 5 mL 磷储备液,放入 100 mL 容量瓶中,加水定容。该溶液用时现配。

l. 无磷定量滤纸。

⑤ 土壤样品制备　取通过 1 mm 孔径筛的风干土样在牛皮纸上铺成薄层,划分成许多小方格。用小勺在每个方格中提出等量土样(总量不少于 20 g)于玛瑙研钵中进一步研磨使其全部通过 0.149 mm 孔径筛。混匀后装入磨口瓶中备用。

⑥ 操作步骤。

a. 熔样:准确称取风干样品 0.25 g,精确到 0.000 1 g,小心放入镍(或银)坩埚底部,切勿粘在壁上,加入无水乙醇 3~4 滴,湿润样品,在样品上平铺 2 g 氢氧化钠,将坩埚(处理大批样品时,暂放入大干燥器中以防吸潮)放入高温电炉,升温。当温度升至 400℃左右时,切断电源,暂停 15 min。然后继续升温至 720℃,并保持 15 min,取出冷却,加入约 80℃的水 10 mL,并用水多次洗坩埚,洗涤液也一并移入该容量瓶,冷却,定容,用无磷定量滤纸过滤或离心澄清,同时做空白试验。

b. 绘制校准曲线:分别准确吸取 5 mg/L 磷(P)标准溶液 0、2 mL、4 mL、6 mL、8 mL、10 mL 于 50 mL 容量瓶中,同时加入与显色测定所用的样品溶液等体积的空白溶液二硝基酚指示剂 2~3 滴,并用 100 g/L 碳酸钠溶液或 50 mL/L 硫酸溶液调节溶液至刚呈微黄色，准确加入钼锑抗显色剂 5 mL，摇匀，加水定容，即得含磷(P)量分别为 0.0、0.2 mg/L、0.4 mg/L、0.8 mg/L、1.0 mg/L 的标准溶液系列。摇匀，于 15℃以上温度放置 30 min 后，在波长 700 nm 处，测定其吸光度，在方格坐标纸上以吸光度为纵坐标，磷浓度(mg/L)为横坐标，绘制校准曲线。

c. 样品溶液中磷的定量：

显色：准确吸取待测样品溶液 2～10 mL(含磷 0.04～1.0 μg)于 50 mL 容量瓶中，用水稀释至总体积约 3/5 处，加入二硝基酚指示剂 2～3 滴，并用 100 g/L 碳酸钠溶液或 50 mL/L 硫酸溶液调节溶液至刚呈微黄色，准确加入 5 mL 钼锑抗显色剂，摇匀，加水定容，室温 15℃以上，放置 30 min。

比色：显色的样品溶液在分光光度计上，用 700 nm、1 cm 光径比色皿，以空白试验为参比液调节仪器零点，进行比色测定，读取吸光度，从校准曲线上查得相应的含磷量。

⑦ 计算　结果按公式(4-4)计算：

$$\text{土壤全磷(P)含量(g/kg)} = \rho \times \frac{V_1}{m} \times \frac{V_2}{V_3} \times 10^{-3} \times \frac{100}{100-H} \tag{4-4}$$

式中：ρ 为从校准曲线上查得待测样品溶液中磷的质量浓度(g/kg)；m 为称样质量(g)；V_1 为样品熔后的定容体积(mL)；V_2 为显色时溶液定容的体积(mL)；10^{-3} 为将 mg/L 浓度单位换算成的 kg 质量的换算因素；100/(100－H)为将风干土变换为烘干土的转换因数；H 为风干土中水分含量百分数。

用两平行测定的结果的算术平均值表示，小数点后保留三位。

允许差：平行测定结果的绝对相差，不得超过 0.05 g/kg。

(4) 全钾　用 NaOH 熔融-火焰光度法，用 FP640 型火焰光度计测定。

① 测定意义　钾素是植物生长的三要素之一，土壤中钾主要存在于含钾矿物，亦有少量以交换态或水溶态(如某些盐土)存在。分析土壤全钾可以了解土壤供钾潜力，还可以了解主要矿物类型及矿物风化分解的程度。不仅是土壤肥力的参考指标，也是土壤发生分类研究的重要依据。

② 方法原理　用 NaOH 熔融土壤与 Na_2CO_3 熔融土壤原理是一样的，即增加盐基成分，促进硅酸盐的分解，以利于各种元素的溶解。NaOH 熔点(321℃)比 Na_2CO_3(853℃)低，可以在比较低的温度下分解土样，缩短熔化所需要的时间。样品经碱熔后，使难溶的硅酸盐分解成可溶性化合物，用酸溶解后可不经脱硅和去铁、铝等手续，稀释后即可直接用火焰光度法测定。

火焰光度法的基本原理：当样品溶液喷成雾状以气-液溶胶形式进入火焰后，溶剂蒸发掉而留下气-固溶胶，气-固溶胶中的固体颗粒在火焰中被熔化、蒸发为气体分子，继续加热即又分解为中性原子(基态)，更进一步供给处于基态原子以足够能量，即可使基态原子的一个外层电子移至更高的能级(激发态)，当这种电子回到低能级时，即有特定波长的光发射出来，成为该元素的特征之一。例如，钾原子线波长是766.4 nm、769.8 nm，钠原子线波长是589 nm。用单色计或干涉型滤光片把元素所发射的特定波长的光从其余辐射谱线中分离出来，直接照射到光电池或光电管上，把光能变为光电流，再由检流计量出电流的强度。用火焰光度法进行定量分析时，若激发的条件(可燃气体和压缩空气的供给速度，样品溶液的流速，溶液中其他物质的含量等)保持一定，则光电流的强度与被测元素的浓度成正比。即 $I = acb$，由于用火焰作为激发光源时较为稳定，式中 a 是常数，当浓度很低时，自吸收现象可忽略不计，此时 $b = 1$，于是谱线强度与试样中欲测元素的浓度成正比关系：$I = ac$。把测得的强度与一种标准或一系列标准的强度比较，即可直接确定待测元素的浓度 c 而计算出未知溶液含钾量。

③ 主要仪器　马弗炉、银坩埚、火焰光度计。

④ 试剂。

a. 无水酒精(分析纯)。

b. H_2SO_4(1∶3)溶液：取浓 H_2SO_4(分析纯)1 体积缓缓注入 3 体积水中混合。

c. HCl(1∶1)溶液：盐酸(HCl，$\rho \approx 1.19$ g/mL，分析纯)与水等体积混合。

d. 0.2 mol/L H_2SO_4 溶液。

e. 100 μg/mL 的 K 标准溶液：准确称取 KCl(分析纯，110℃烘 2 h)0.190 7 g 溶解于水中，在容量瓶中定容至 1 L，贮于塑料瓶中。

吸取 100 μg/mL 的 K 标准溶液 2 mL、5 mL、10 mL、20 mL、40 mL、60 mL，分别放入 100 mL 容量瓶中加入与待测液中等量试剂成分，使标准溶液中离子成分与待测液相近[在配制标准系列溶液时应各加 0.4 g 的 NaOH 和 H_2SO_4(1∶3)溶液1 mL]，用水定容到 100 mL。此为含钾 ρ 分别为 2 μg/mL、5 μg/mL、10 μg/mL、20 μg/mL、40 μg/mL、60μg/mL 系列标准溶液。

⑤ 操作步骤。

a. 待测液制备：称取烘干土样(100 目)约 0.250 0 g 于银坩埚底部，用无水酒精稍湿润样品，然后加 2.0 g 固体 NaOH，平铺于土样的表面，暂放在大干燥器中以防吸湿。将坩埚加盖留一小缝放在马弗炉内，先以低温加热，然后逐渐升高温度至 450℃(这样可以避免坩埚内的 NaOH 和样品溢出)，保持此温度 15 min，熔融完毕。如在普遍电炉上加热时则待熔融物全部熔成流体时，摇动坩埚然后开始计算时间，15 min 后熔融物呈均匀流体时，即可停止加热，转动坩埚，使熔融物均匀地附在坩埚壁上。

将坩埚冷却后，加入 10 mL 水，加热至 80℃左右，待熔块溶解后，再煮 5 min，转入 50 mL 容量瓶中，然后用少量 0.2 mol/L H_2SO_4 溶液清洗数次，一起倒入容量瓶内，使总体积至约 40 mL，再加 HCl(1∶1)溶液 5 滴和 H_2SO_4(1∶3)溶液

5 mL,用水定容,过滤。此待测液可供磷和钾的测定用。

b. 测定:吸取待测液 5.00 或 10.00 mL 于 50 mL 容量瓶中(K 的浓度控制在 10～30 μg/mL),用水定容,直接在火焰光度计上测定,记录检流计的读数,然后从工作曲线上查得待测液的 K 浓度(μg/mL)。注意在测定完毕之后,用蒸馏水在喷雾器下继续喷雾 5 min,洗去多余的盐或酸,使喷雾器保持良好的使用状态。

c. 标准曲线的绘制:将先前配制的钾标准系列溶液,以其中浓度最大的一个去定标火焰光度计上检流计的满度(100),然后从稀到浓依序进行测定,记录检流计的读数。以检流计读数为纵坐标,μg/mL(K)为横坐标,绘制标准曲线图。

⑥ 计算　结果按公式(4-5)计算:

$$\text{土壤全钾量(K, g/kg)} = \frac{\rho \times \text{测读液的定容体积} \times \text{分取倍数}}{m \times 10^6} \times 1\,000 \tag{4-5}$$

式中:ρ 为从标准曲线上查得待测液中 K 的质量浓度(μg/mL);m 为烘干样品质量(g);10^6 为将 μg 换算成 g 的系数。

样品含钾量等于 10 g/kg 时,两次平行测定结果允许差为 0.5 g/kg。

(5) 碱解氮　用碱解扩散法测定。

① 测定意义　土壤有效性氮包括无机态氮和部分有机物质中易分解的比较简单的有机态氮,它是铵态氮、硝态氮、酰胺、氨基酸和易水解的蛋白质氮的总和。通常也称之为碱解氮。实验证明,碱解氮测定结果与作物氮素的吸收量具有一定的相关性。一般认为用碱解扩散法测定土壤碱解氮较为理想,它不仅能测出土壤中的氮的供应强度,也能反映氮的供应容量和释放效率,对于了解土壤肥力状况,指导合理施肥具有一定的实际意义。

② 方法原理　在密封的扩散血中,用氢氧化钠溶液水解土壤样品,在恒温条件下,铵态氮和易水解的有机态氮碱解转化为 NH_3,硝态氮经硫酸亚铁作用还原成铵态氮,之后也碱解转化为 NH_3。氨扩散后由硼酸吸收,再用标准酸滴定,由此计算碱解氮的含量。

③ 仪器　扩散皿、半微量滴定管、恒温箱、分析天平等。

④ 试剂:

a. 氢氧化钠溶液[$c(NaOH) = 10$ mol/L]:称 400 g 氢氧化钠(NaOH,化学纯),溶于水,冷却后,稀释至 1 L。

b. 硼酸指示剂溶液[$\rho(H_3BO_3) = 20$ g/L]:见前面土壤全氮的测定试剂配制。

c. 硫酸标准溶液:参照土壤水解性氮的测定中的试剂配制。

d. 碱性胶液:参照土壤全氮的测定采用扩散吸收中的试剂配制。

e. 硫酸亚铁粉末：将硫酸亚铁($FeSO_4 \cdot 7H_2O$，化学纯)磨细过 0.25 mm 筛，存于棕色瓶中。

⑤ 操作步骤　称取过 1 mm 筛孔的风干土样 2.00 g(精确到 0.01 g)，放入扩散皿外室，加入 0.2 g 硫酸亚铁粉末，轻轻地旋转扩散皿，使土样均匀地铺平。吸取 2 mL 硼酸指示剂溶液放入扩散皿内室，然后在扩散皿外室边缘涂上碱性胶液，盖上毛玻璃，旋转数次，使皿边与毛玻璃完全黏合。再渐渐转开毛玻璃一边，使扩散皿外室皿边留一条狭缝，迅速加入 10.0 mL 氢氧化钠溶液，立即盖严，再用橡皮筋固定毛玻璃，轻轻摇动扩散皿，使碱液与土壤充分混合。随后将扩散皿放入(40±1)℃恒温箱中，碱解扩散(24±0.5)h 后取出。用硫酸标准溶液滴定内室吸收液中的氨。溶液由蓝绿色变为微红色为滴定终点，记下标准酸的用量，在样品测定同时进行空白实验，校正试剂和滴定误差。

⑥ 计算　结果按公式(4-6)计算：

$$W_{(N)} = \frac{(V_0 - V) \times C \times M}{m} \times 1\,000 \times (1 + W\%) \tag{4-6}$$

式中：$W_{(N)}$ 为土壤碱解性氮的质量分数，mg/kg；C 为硫酸($1/2H_2SO_4$)标准溶液浓度，mol/L；V 为土样测定消耗硫酸标准溶液体积，mL；V_0 为测定空白消耗硫酸标准溶液体积，mL；M 为氮的摩尔质量($M_{(N)}=14$ g/mol)；M 为土样质量，g；$W\%$为风干土样吸湿水含量。

两次平行允许绝对差为 5 mg/kg。

(6) 速效钾　采用 NH_4OAc 浸提-火焰光度法。

① 测定意义　钾是作物生长发育过程中所必需的营养元素之一。土壤中的钾素主要呈无机形态存在，根据钾的存在形态和作物吸收能力，可把土壤中的钾素分为 4 部分：土壤矿物态钾，此为难溶性钾；非交换态钾，为缓效性钾；交换性钾；水溶性钾。后两种为速效性钾，可以被当季作物吸收利用，是反映钾肥肥效高低的标志之一。因此，了解钾素在土壤中的含量，对指导合理施用钾肥具有重要的意义。

② 方法原理　以中性 1 mol/L NH_4OAc 溶液作为浸提剂时，NH_4^+ 与土壤胶体表面的 K^+ 进行交换，连同水溶性 K^+ 一起进入溶液。浸出液中的钾可直接用火焰光度计测定。

③ 主要仪器　火焰光度计、往复式振荡机。

④ 试剂：

a. 1 mol/L 中性 NH_4OAc(pH 值 7)溶液：称取 77.09 g 化学纯 CH_3COONH_4 加水稀释，定容至近 1 L。用 HOAc 或 NH_4OH 调 pH 值至 7.0，然后稀释至 1 L。具体方法如下：取出 1 mol/L 的 NH_4OAc 溶液 50 mL，用溴百里酚蓝作指示剂，以 1∶1 NH_4OH 或稀 HOAc 调至绿色即 pH7.0(也可以在酸度计上调节)。根据

50 mL所用 NH_4OH 或稀 HOAc 的毫升数，算出所配溶液大概需要量，最后调至 pH7.0。

b. 钾的标准溶液的配制：称取 KCl(二级，110℃烘干 2 h)0.190 7 g 溶于 1 mol/L的 NH_4OAc 溶液中，定容至 1 L，即为含 100 μg/mL K 的 NH_4OAc 溶液。同时分别准确吸取此 100 μg/mL K 标准液 0、2.5 mL、5.0 mL、10.0 mL、15.0 mL、20.0 mL、40.0 mL 放入 100 mL 容量瓶中，1 mol/L NH_4OAc 溶液定容，即得 0、2.5 μg/mL、5.0 μg/mL、10.0 μg/mL、15.0 μg/mL、20.0 μg/mL、40.0 μg/mL K 标准系列溶液。

⑤ 操作步骤　称取通过 1 mm 筛孔的风干土 5.00 g 于 100 mL 三角瓶或大试管中，加入 1 mol/LNH_4OAc 溶液 50 mL，塞紧橡皮塞，振荡 30 min，用干的普通定性滤纸过滤。

滤液盛于小三角瓶中，同钾标准系列溶液一起在火焰光度计上测定。记录其检流计上的读数，然后从标准曲线上求得其浓度。

标准曲线的绘制：将先前配制的钾标准系列溶液，以浓度最大的一个标定火焰光度计上检流计至满度(100)，然后从稀到浓依序进行测定，记录检流计上的读数。以检流计读数为纵坐标，钾(K)的浓度 μg/mL 为横坐标，绘制标准曲线。

⑤ 计算　结果按公式(4-7)计算：

$$土壤速效钾(mg/kg,\ K) = 待测液(\mu g/mL,\ K) \times \frac{V}{m} \tag{4-7}$$

式中：V 为加入浸提剂 mL 数；m 为烘干土样的质量，g。

(7) 速效磷　用 $NaHCO_3$ 浸提-钼锑抗比色法。

① 测定意义　植物体内中的磷绝大部分取自于土壤，而土壤中的磷绝大部分不能为植物直接吸收利用，易被植物吸收利用的水溶性磷和弱酸溶性磷通常含量很少。不同类型的土壤、不同的耕作措施，对土壤中速效磷的含量有很大影响。测定土壤速效磷含量可以帮助我们了解土壤供磷能力，这对合理施肥以及提高作物产量和品质具有重要参考价值。不同土壤中磷的存在形态不同，各种形态的磷能被植物利用程度也不同。因此，土壤中速效磷的测定要考虑到两方面因素，即土壤因素和操作方法：对于酸性土壤和石灰性土壤要采用不同的浸提液。操作方法包括土水比例、提取时间和温度等对测定结果有很大的影响[4]。

② 方法原理　石灰性土壤由于大量游离碳酸钙存在，不能用酸溶液来提取有效磷。一般用碳酸盐的碱溶液。由于碳酸根的同离子效应，碳酸盐的碱溶液降低碳酸钙的溶解度，也就降低了溶液中钙的浓度，这样就有利于磷酸钙盐的提取。同时由于碳酸盐的碱溶液，也降低了铝和铁离子的活性，有利于磷酸铝和磷酸铁的提取。此外，碳酸氢钠碱溶液中存在着 OH^-、HCO^{3-}、CO_3^{2-} 等阴离子，有利于吸附

态磷的置换，因此 $NaHCO_3$ 不仅适用于石灰性土壤，也适应于中性和酸性土壤中速效磷的提取。待测液中的磷用钼锑抗试剂显色，进行比色测定。

③ 仪器　往复振荡机、分光光度计。

④ 试剂：

a. 0.05 mol/L $NaHCO_3$ 浸提液：溶解 $NaHCO_3$ 42.0 g 于 800 mL 水中，以 0.5 mol/L NaOH 溶液调节浸提液的 pH 值至 8.5。此溶液暴露于空气中会因失去 CO_2 而使 pH 增高，可于液面加一层矿物油保存之。此溶液储存于塑料瓶中比在玻璃瓶中容易保存，若储存超过 1 个月，应检查 pH 值是否改变。

b. 无磷活性炭：活性炭常含有磷，应做空白试验，检验有无磷存在。如含磷较多，须先用 2 mol/L 的 HCl 浸泡过夜，用蒸馏水冲洗多次后，再用 0.05 mol/L 的 $NaHCO_3$ 浸泡过夜，在平瓷漏斗上抽气过滤，每次用少量蒸馏水淋洗多次，并检查到无磷为止。如含磷较少，则直接用 $NaHCO_3$ 处理即可。

c. 钼锑抗试剂：①5 g/L 酒石酸氧锑钾溶液：取 0.5 g 酒石酸氧锑钾 [$K(SbO)C_4H_4O_6$]，溶解于 100 mL 水中。②钼酸铵-硫酸溶液：称取 10 g 钼酸铵 [$(NH_4)_6Mo_7O_{24}\cdot 4H_2O$]，溶于 450 mL 水中，缓慢地加入 153 mL 浓 H_2SO_4，边加边搅。再将上述①溶液加入到②溶液中，最后加水至 1 L。充分摇匀，储于棕色瓶中，此为钼锑混合液。

临用前（当天），称取 1.5 g 左旋抗坏血酸（$C_6H_8O_5$，化学纯），溶于 100 mL 钼锑混合液中，混匀，此即钼锑抗试剂。有效期 24 h，如藏冰箱中则有效期较长。此试剂中 H_2SO_4 为 5.5 mol/L（H^+），钼酸铵为 10 g/L，酒石酸氧锑钾为 0.5 g/L，抗坏血酸为 1.5 g/L。

d. 磷标准溶液：准确称取在 105℃烘箱中烘干的 KH_2PO_4（分析纯）0.219 5 g，溶解在 400 mL 水中，加 5 mL 浓 H_2SO_4（加 H_2SO_4 防长霉菌，可使溶液长期保存），转入 1 L 容量瓶中，加水至刻度。此溶液为 50 μg/mL 的 P 标准溶液。吸取上述磷标准溶液 25 mL，即为 5 g/mL 的 P 标准溶液（此溶液不宜久存）。

⑤ 操作步骤　称取通过 20 目筛子的风干土样 2.5 g（精确到 0.001 g）于 150 mL三角瓶（或大试管）中，加入 0.05 mol/L $NaHCO_3$ 溶液 50 mL，再加一勺无磷活性炭，塞紧瓶塞，在振荡机上振荡 30 min，立即用无磷滤纸过滤，滤液承接于 100 mL三角瓶中，吸取滤液 10 mL（含磷量高时吸取 2.5～5.0 mL，同时应补加 0.05 mol/L $NaHCO_3$ 溶液至 10 mL）于 150 mL 三角瓶中，再用滴定管准确加入蒸馏水 35 mL，然后移液管加入钼锑抗试剂 5 mL，摇匀，放置 30 min 后，用 880 nm 或 700 nm 波长进行比色。以空白液的吸收值为 0，读出待测液的吸收值（A）。

标准曲线绘制　分别准确吸取 5 μg/mL 磷标准溶液 0、1.0 mL、2.0 mL、3.0 mL、4.0 mL、5.0 mL 于 150 mL 三角瓶中，再加入 10 mL 的 0.05 mol/L $NaHCO_3$，准确加水使各瓶的总体积达到 45 mL，摇匀；最后加入钼锑抗试剂5 mL，混匀显色。同待测液一样进行比色，绘制标准曲线。最后溶液中磷的浓度分别为 0、0.1 μg/mL、0.2 μg/mL、0.3 μg/mL、0.4 μg/mL、0.5 μg/mL。

⑥ 计算　结果按公式(4-8)计算：

$$\text{土壤中有效磷(P)含量(mg/kg)} = \frac{\rho \times V \times t_s}{m \times 10^3 \times k} \times 1\,000 \qquad (4-8)$$

式中：ρ 为从工作曲线上查得磷的质量浓度，μg/mL；m 为风干土质量，g；V 为显色时溶液定容的体积，mL；10^3 为将 μg 换算成的 mg；t_s 为分取倍数(即浸提液总体积与显色对吸取浸提液体积之比)；k 为将风干土换算成烘干土质量的系数；1 000 为换算成以 kg 为单位的含磷量。

(8) pH 值　用电位法。

① 测定意义　土壤酸度包括潜性酸、土壤胶体上吸附的 H^+ 和活性酸溶液中的 H^+，它们处于动态平衡中。活性酸常以 pH 表示(土壤 pH 值是土壤溶液中氢离子活度的负对数)，是一种强度因素。土壤 pH 值对土壤理化性质、土壤肥力以及植物生长都起着重要作用，故又称为实际酸度或有效酸度。

② 方法原理　用 pH 计测定土壤悬浊液 pH 时，由于玻璃电极内外溶液 H^+ 活度不同而产生电位差，$E = 0.059\lg(a_1/a_2)$，a_1 为玻璃电极内溶液的 H^+ 活度(固定不变)；a_2 为玻璃电极外溶液的 H^+ 活度(即待测液 H^+ 强度)，电位计上读数换算成 pH 值后在刻度盘上直接显示读出 pH 值。

③ 仪器　PHS-3C 型精密 pH 计。

④ 试剂　50 mL 和 100 mL 烧杯、移液枪或移液管、标准缓冲溶液(pH 值为 6.8 和 pH 值为 4.0)、去离子水、0.01 M 的 $CaCl_2$ 溶液、1M 的 KCl 溶液。

⑤ 操作步骤　称取 10 g 风干土样于 50 或 100 mL 烧杯中。加入 50 mL 去离子水，混匀。可用玻璃棒搅拌 3～5 min，但需注意防止污染。静置 10 min。用 pH 计将电极插入悬液中(上层上部)，读取读数 pH 值 W。用去离子水冲洗电极，接着测下一个样品(没有必要将电极擦干)。

⑥ 注意事项。

a. 液土比例：液土比例影响 pH 值测定结果，测定时液土比应加以固定。为使所测 pH 更接近田间的实际情况，以液土比 1∶1 或 2.5∶1 较好。本实验采用液土比 5∶1。

b. 提取与平衡时间：对不同土壤搅拌与放置平衡时间要求有所不同。

c. 界面电位影响：甘汞电极与悬浊液接触会产生液接电位，影响 pH 测定。玻璃电极在悬液中的位置不同也会产生结果差异。对常规测定中电极位置有所要求。

3）小白菜品质的分析测定

（1）维生素C含量　2，6-二氯靛酚滴定法（GB 6195—86）。

① 方法原理　染料2，6-二氯靛酚的颜色反应表现两种特性，一是取决于其氧化还原状态，氧化态为深蓝色，还原态变为无色；二是受其介质的酸度影响，在碱性溶液中呈深蓝色，在酸性介质中呈浅红色。用蓝色的碱性染料标准溶液，对含维生素C的酸性浸出液进行氧化还原滴定，染料被还原为无色，当到达滴定终点时，多余的染料在酸性介质中则表现为浅红色，由染料用量计算样品中还原型抗坏血酸的含量[5]。

② 仪器　高速组织捣碎机：8 000～12 000 r/min；分析天平；滴定管：25 mL、10 mL；容量：100 mL；锥形瓶：100 mL、50 mL；吸管：10 mL、5 mL、2 mL、1 mL；烧杯：250 mL、50 mL；漏斗。

③ 试剂。

a. 浸提剂：草酸2%溶液（W/V）。

b. 抗坏血酸标准溶液（1 mg/mL）：称取100 mg（准确至0.1 mg）抗坏血酸，溶于浸提剂中并稀至100 mL（现配现用）。

c. 2，6-二氯靛酚（2，6-二氯靛酚吲哚酚钠盐）溶液：称取碳酸氢钠52 mg溶解在200 mL热蒸馏水中，然后称取2，6-二氯靛酚50 mg溶解在上述碳酸氢钠溶液中。冷却定容至250 mL，过滤至棕色瓶内，保存在冰箱中。每次使用前，用标准抗坏血酸标定其滴定度。即吸取1 mL抗坏血酸标准溶液于50 mL锥形瓶中，加入10 mL浸提剂，摇匀，用2，6-二氯靛酚溶液滴定至溶液呈粉红色15s不褪色为止。同时，另取10 mL浸提剂做空白试验。

滴定度按公式（4-9）计算：

$$\text{滴定度}\ T(\mathrm{mg/mL}) = \frac{CV}{V_1 - V_2} \tag{4-9}$$

式中：T为每毫升2，6-二氯靛酚溶液相当于抗坏血酸的毫克数；C为抗坏血酸的浓度，mg/mL；V为吸取抗坏血酸的体积，mL；V_1为滴定抗坏血酸溶液所用2，6-二氯靛酚溶液的体积，mL；V_2为滴定空白所用2，6-二氯靛酚溶液的体积，mL。

d. 白陶土（或称高岭土）：对维生素C无吸附性。

④ 测定步骤。

a. 样液制备：称取具有代表性样品的可食部分100 g，放入组织捣碎机中，加100 mL浸提剂，迅速捣成匀浆。称10～40 g浆状样品，用浸提剂将样品移入100 mL容量瓶，并稀释至刻度，摇匀过滤。若滤液有色，可按每克样品加0.4 g白陶土脱色后再过滤。

b. 滴定：吸取10 mL滤液放入50 mL锥形瓶中，用已标定过的2，6-二氯靛酚溶液滴定,直至溶液呈粉红色 15s 不褪色为止。同时做空白试验。

⑤ 计算　结果按公式(4-10)计算:

$$维生素\ C(mg/100\ g) = \frac{(V - V_0) \times T \times A}{W} \times 100 \qquad (4-10)$$

式中:V 为滴定液样时消耗染料溶液的体积,mL;V_0 为滴定空白时消耗染料溶液的体积,mL;T 为 2,6-二氯靛酚染料滴定度,mg/mL;A 为稀释倍数;W 为样品质量,g。

(2) 可溶性糖含量　3,5-二硝基水杨酸比色法(GB 6194—86)。

① 测定意义　糖类物质是构成植物体的重要组成成分之一,也是新陈代谢的主要原料和贮存物质。不同栽培条件、不同成熟度都可以影响水果、蔬菜中糖类的含量。因此对水果、蔬菜中可溶性糖的测定,可以了解和鉴定水果、蔬菜品质的高低。

② 方法原理　在 NaOH 和丙三醇存在下,3,5-二硝基水杨酸(DNS)与还原糖共热后被还原生成氨基化合物。在过量的 NaOH 碱性溶液中此化合物呈橘红色,在 540 nm 波长处有最大吸收,在一定的浓度范围内,还原糖的量与光吸收值呈线性关系,利用比色法可测定样品中的含糖量。反应式如下:

OH NO_2 / HOOC— / NO_2 ＋还原糖⟶ OH NH_2 / HOOC— / NO_2

(DNS)　　(3-氨基-5-硝基水杨酸)

③ 试剂。

a. 3,5-二硝基水杨酸(DNS)试剂:称取 6.5 g DNS 溶于少量热蒸馏水中,溶解后移入 1 000 mL 容量瓶中,加入 2 mol/L 氢氧化钠溶液 325 mL,再加入 45 g 丙三醇,摇匀,冷却后定容至 1 000 mL。

b. 葡萄糖标准溶液:准确称取干燥恒重的葡萄糖 100 mg(预先在 105℃干燥 3 h 至恒重),加少量蒸馏水溶解后,以蒸馏水定容至 100 mL,即含葡萄糖为 1.0 mg/mL。

c. 6 mol/L HCl:取 250 mL 浓 HCl(35%～38%)用蒸馏水稀释到 500 mL。

d. 亚铁氰化钾:称取 10.6 g 亚铁氰化钾溶于水稀释至 100 mL。

e. 乙酸锌:称取 21.9 g 乙酸锌溶于水中,加冰乙酸 3 mL,稀释至 100 mL。

f. 20% NaOH:称取 20 g NaOH 溶于 80 mL 蒸馏水中。

g. 0.1% 酚酞指示剂:称取 0.1 g 酚酞,溶于 250 mL 的 70%乙醇中。

④ 操作方法:

a. 葡萄糖标准曲线制作:葡萄糖标准曲线数据如表 4-2 所示。取 7 支 25 mL

容量瓶，按表 4－2 加入 1.0 mg/mL 葡萄糖标准液、蒸馏水和 DNS 试剂，于沸水浴中加热 2 min 进行显色，取出后用流动水迅速冷却，用蒸馏水定容至 25 mL，摇匀，以试剂空白调零，在 540 nm 波长处测定光吸收值。以葡萄糖含量(mg/mL)为横坐标，光吸收值为纵坐标，绘制标准曲线。

表 4－2　葡萄糖标准曲线数据

管号	蒸馏水/mL	葡萄糖标准液/mL	葡萄糖含量/(mg/mL)	DNS
0	2.0	0	0	2.0
1	1.8	0.2	0.2	2.0
2	1.6	0.4	0.4	2.0
3	1.4	0.6	0.6	2.0
4	1.2	0.8	0.8	2.0
5	1.0	1.0	1.0	2.0
6	0.8	1.2	1.2	2.0

b. 样品处理：取鲜样 50 g 切成适当的小块后充分混合混匀后，加入等量的水，放入组织捣碎机中捣碎成匀浆。准确称取 10 g 样品，放在 100 mL 烧杯中，加入约 50 mL 蒸馏水，后分别加入 5 mL 亚铁氰化钾和 5 mL 乙酸锌，定容至 100 mL，过滤清液约 70 mL 备用。

c. 水解：取清液 25 mL 于 50 mL 容量瓶中，加 6(mol/L) HCl 2.5 mL，在 70℃水浴中加热 15 min，冷却至室温后加入 2 滴酚酞指示剂，以 20% NaOH 溶液中和至溶液呈微红色，并定容到 50 mL 备用。

d. 样品中含糖量的测定：吸取样液 2.0 mL 置于 25 mL 容量瓶中，各加入 DNS 2 mL，置于沸水浴中煮 2 min，进行显色，然后以流水迅速冷却，用水定容至 25 mL，摇匀。以试剂空白调零，在 540 nm 处测定吸光度，与葡萄糖标样作对照，求出样品中还原糖含量。

⑤ 计算　结果按公式(4－11)计算：

$$\text{糖}\% = \frac{\text{查曲线所得糖质量(mg)} \times \dfrac{\text{提取液总体积}}{\text{测定时取用体积}}}{\text{样品质量(mg)}} \times 100 \qquad (4-11)$$

(3) 硝酸盐测定　磺基水杨酸比色法。

① 测定意义　硝态氮是植物最重要的氮源，植物体内硝态氮含量可以反映土壤氮素供应情况，常作为施肥指标。然而，过量施用氮肥常使土壤、地下水和植物体内硝酸盐大量积累，造成严重的环境污染。蔬菜类作物，特别是叶菜和根菜类，在过量施肥的情况下常含有大量硝酸盐，在烹调和腌制过程中可转化为亚硝酸盐

而危害人体健康，因此，硝酸盐含量又成为蔬菜及其加工品的重要品质指标。测定植物体内的硝态氮含量，不仅能够反映出植物的氮素营养状况，而且对鉴定蔬菜及其加工品的品质也有重要的意义。

传统的硝酸盐测定方法是采用适当的还原剂先将硝酸盐还原为亚硝酸盐，再用对氨基苯磺酸与 α-萘胺法测定亚硝酸盐含量。此法由于影响还原的条件不易掌握，难以得出稳定的结果，而水杨酸法则十分稳定可靠，是测定硝酸盐含量的理想选择。

② 方法原理　在浓酸条件下，NO^{3-} 与水杨酸反应，生成硝基水杨酸。其反应式如下：

$$\text{(OH)}C_6H_4\text{COOH} + NO_3^- \xrightarrow{H_2SO_4} \text{(OH)(}NO_2\text{)}C_6H_3\text{COOH} + OH^-$$

生成的硝基水杨酸在碱性条件下（pH＞12）呈黄色，最大吸收峰的波长为 410 nm，在一定范围内，其颜色的深浅与含量成正比，可直接比色测定。

③ 仪器　分光光度计，天平（感量 0.1 mg），20 mL 刻度试管，刻度吸量管 0.1 mL、0.5 mL、5 mL、10 mL 各 1 支，50 mL 容量瓶，小漏斗（ϕ5 cm）3 个，玻璃棒，洗耳球，电炉，铝锅，玻璃泡，ϕ7 cm 定量滤纸若干。

④ 试剂：

a. 500 mg/LNO^{3-}－N 标准溶液：精确称取 0.772 1 g 烘至恒重的 KNO_3 溶于蒸馏水中，定容至 200 mL，储于棕色瓶中，置冰箱保存 1 周有效。

b. 8%氢氧化钠溶液：80 g 氢氧化钠溶于 1 000 mL 蒸馏水中即可。

⑤ 操作步骤。

a. 标准曲线的制作：吸取 500 mg/L NO^{3-}－N 标准溶液 1 mL、2 mL、3 mL、4 mL、6 mL、8 mL、10 mL、12 mL 分别放入 50 mL 容量瓶中，用无离子水定容至刻度，使之成 10 mg/L、20 mg/L、30 mg/L、40 mg/L、60 mg/L、80 mg/L、100 mg/L、120 mg/L 的系列标准溶液。吸取上述系列标准溶液 0.1 mL，分别放入刻度试管中，以 0.1 mL 蒸馏水代替标准溶液作空白。再加入 5%水杨酸-硫酸溶液 0.4 mL，摇匀，在室温下放置 20 min 后，再加入 8%NaOH 溶液 9.5 mL，摇匀冷却至室温。显色液的总体积为 10 mL。以空白作参比，在 410 nm 波长下测定光密度。以 NO^{3-} － N 浓度为横坐标，光密度为纵坐标，绘制标准曲线并计算出回归方程。

b. 样品中硝酸盐的测定：样品液的制备：取一定量的植物材料剪碎混匀，用感量为 0.01 g 的天平精确称取材料 2 g 左右，重复 3 次，分别放入 3 支刻度试管中，各加入 10 mL 无离子水，用玻璃泡封口，置入沸水浴中提取 30 min。到时间后取出，用自来水冷却，将提取液过滤到 25 mL 容量瓶中，并反复冲洗残渣，最后定容至刻度。

样品液的测定：吸取样品液 0.1 mL 分别于 3 支刻度试管中，然后加入 5%水杨酸－硫酸溶液 0.4 mL，混匀后置室温下 20 min，再慢慢加入 8%NaOH 溶液 9.5 mL，待冷却至室温后，以空白作参比，在 410 nm 波长下测其光密度。在标准曲线上查得或用回归方程计算出 NO^{3-}－N 浓度，再计算其含量。

⑥ 计算　结果按公式(4－12)计算：

$$NO^{3-} - N\ 含量(mg/g) = \frac{D \times V}{W \times 1\,000} \tag{4-12}$$

式中：D 为标准曲线上查得或由回归方程计算得到的 NO^{3-}－N 浓度，mg/L；V 为样品液总量，mL；W 为样品鲜重，g。

4.1.1.4　数据分析方法

本试验的数据采用 SAS(statistical analysis systems)统计软件进行统计分析，方差分析和多重比较用 LSD(ANOVA and Fisher's least significant difference test)比较各处理间是否达到差异显著的水平。

4.1.2　不同施肥处理对小白菜产量的影响

不同施肥处理对小白菜产量的影响如表 4－3 所示。从表可以看出，施沼肥低量处理的小白菜产量最高，单产为 1 364.31 kg/(667 m^2)，产量居第一；沼肥中量处理的小白菜单产为 1 318.44 kg/(667 m^2)，产量居第二；化肥处理的小白菜单产为 1 259.56 kg/(667 m^2)，产量居第三；沼肥高量处理的小白菜单产为 1 235.99 kg/(667 m^2)，产量居第四；对照处理小白菜单产 1 111.48 kg/(667 m^2)，产量居第五。各处理分别比对照增产 23%、19%、13%、11%。综合以上分析，沼肥处理的小白菜产量指标较对照均有提高，且沼肥处理比化肥处理高，这是因为沼肥含有丰富的营养物质和大量的生长素、赤霉素、维生素等生物活性物质，能够为蔬菜提供生长所需的各种养分，有利于植株养分的吸收，从而达到增产。此试验中以沼肥低量处理的效果最好，沼肥中量处理的次之，沼肥高量处理的效果相对较差。这是因为高量的沼肥造成土壤溶液浓度过高，影响根系内外的水势，不利于沼肥的扩散，使根系不能充分吸收养分，从而影响养分向地上部运输，减少植株的产量。这也说明沼肥有一定的浓度限制，沼肥浓度较大时未必能达到较好的效果，同时还可能造成肥料的浪费与污染；且对于不同产品需肥量也不同，所以对不同产品应施相应的沼肥以达到最高产量。经方差分析和多重比较，各处理间的差异均不显著。

表 4－3　不同施肥处理对小白菜产量的影响

处理方式	各处理产量/kg	折合单产/(kg/667 m^2)	比对照组增加的比例/%	产量位次
沼肥低量	12.27	1 364.31	23	1
沼肥中量	11.86	1 318.44	19	2
沼肥高量	11.12	1 235.99	11	4
化肥	11.33	1 259.56	13	3
对照组	10.00	1 111.48	—	5

4.1.3　不同施肥处理对小白菜品质的影响

4.1.3.1　维生素 C

维生素 C 作为一种高活性物质，它与体内其他还原剂共同维持细胞正常的氧化还原电势和有关酶系统的活性，是人体内不可缺少的重要维生素之一。许多蔬菜都是含维生素 C 丰富的食物，因此，维生素 C 是衡量蔬菜品质及其加工工艺成效的一项重要指标。不同施肥处理对小白菜维生素 C 含量的影响如图 4－1 所示。从图可以看出，不同施肥处理的小白菜维生素 C 含量与对照相比均有所提高。其中以沼肥高量处理的小白菜维生素 C 含量最高，达 35.621 mg/(100 g)，极显著于

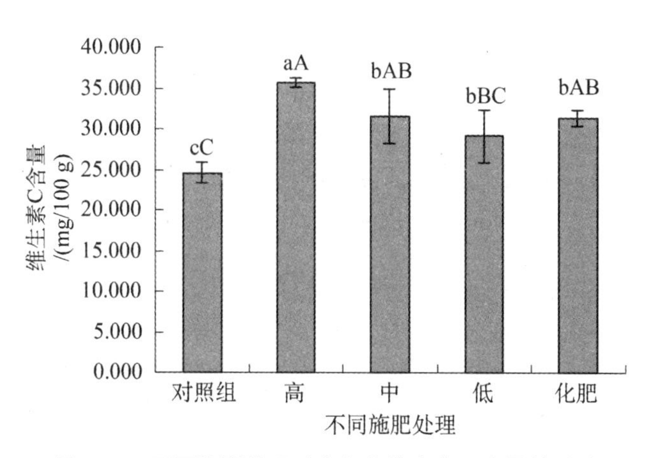

图 4－1　不同施肥处理对小白菜维生素 C 含量的影响

注：在同一显著水平下，不同处理间字母相同表示无显著差异，字母不同表示有显著差异；小写字母表示 $p < 0.05$（即在显著水平 0.05 下，检验的结果是显著的），大写字母表示 $p < 0.01$（即在显著水平 0.01 下，检验的结果是显著的）。

其他处理。各处理小白菜维生素C含量的顺序为沼肥高量>沼肥中量>化肥>沼肥低量>对照，分别比对照增加了44.948%、28.602%、27.662%、18.494%。赵玲等对草莓施沼肥、化肥等几种不同肥料的试验结果表明，沼肥对果实中维生素C含量提高的作用显著，维生素C含量达到55.42 mg/(100 g)，比化肥处理提高76.67%[6]。由此可知施用沼肥的蔬菜品质比化肥处理的要好，这是因为经发酵的沼肥除含有与化肥相当量的钾(通常钾对果实的维生素C含量影响显著)，还含有维生素，不仅有利于作物吸收，而且对果实品质的提高有促进的作用。经方差分析和多重比较可知，沼肥中量、化肥、沼肥低量处理间的差异不显著；沼肥中量和化肥两处理间未达显著水平，但它们与沼肥高量处理间在0.05水平上差异显著，与对照处理组差异显著；沼肥高量和沼肥低量差异显著；各处理与对照组的差异在0.05水平上都达到了显著，在0.01水平上除沼肥低量处理外都达极显著水平。综合以上分析，对小白菜维生素C含量的影响以沼肥高量处理的效果最好，沼肥中量处理的次之，沼肥低量处理的相对较差。

4.1.3.2 可溶性糖含量

可溶性糖在植物的新陈代谢中占有重要的地位，反映植物体内碳水化合物的运转情况，而且也是呼吸作用的基质和光合作用储藏能量的重要形式。同时，一部分糖还能转化为其他物质，如蛋白质、脂肪、有机酸等。通过对可溶性糖含量的测定，可以从很大程度上决定各个不同时期植株的干物质的积累情况。不同施肥处理对小白菜可溶性糖含量的影响如图4-2所示。从图可以看出，沼肥低量处理和化肥处理使小白菜的可溶性糖含量均提高，其中沼肥低量处理最高，可溶性糖含量为219.307 mg/kg，与对照相比增幅为24.032%；化肥处理次之，可溶性糖含量为208.168 mg/kg，较对照的增幅为14.232%。沼肥高量和沼肥中量处理都对小白菜的可溶性糖含量有降低作用，分别比对照组低83.76%、19.365%。这是因为高量的沼肥中含有较高的氮素，在适宜的范围内，氮肥用量对蔬菜糖分含量的影响随着施氮量的增加而增加，但过度施用氮肥就会降低蔬菜中的糖分含量[7]。沼肥低

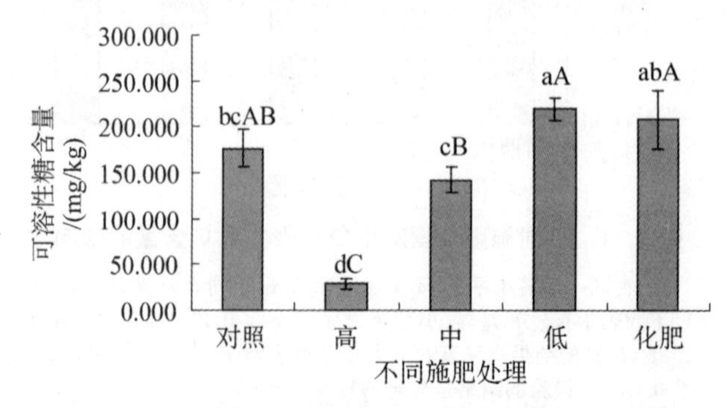

图4-2 不同施肥处理对小白菜可溶性糖含量的影响

注：同图4-1的图注。

量和化肥处理中量的氮素含量适宜小白菜的生长，所以其可溶性糖含量增加，但沼肥中的氮素比化肥高，所以施用沼肥低量处理的小白菜可溶性糖含量要比化肥处理的高。从方差分析和多重比较结果可以得知，沼肥低量和化肥处理间差异不显著；化肥和对照处理组差异不显著；沼肥中量与对照组差异也不显著；沼肥低量与对照处理组在 0.05 水平上达显著水平；沼肥中量和沼肥高量处理间达极显著水平，它们与沼肥低量处理间达极显著水平，与化肥处理间也达极显著水平。

4.1.3.3　硝酸盐

硝酸盐本身没有毒性，但是人体摄取的硝酸盐在胃肠中经细菌作用可还原成亚硝酸盐，后者能迅速进入血液，将血红蛋白中的二价铁转化为三价铁，使其形成无法运载氧气的高铁血红蛋白，造成人体缺氧从而导致高铁血红蛋白症，所以硝酸盐含量是评价蔬菜品质的重要指标之一。蔬菜体内的硝酸盐含量的累积与施肥有密切的关系。不同施肥处理对小白菜硝酸盐含量的影响如图 4－3 所示。从图可以看出，沼肥中量处理的小白菜硝酸盐含量最低，为 4.63 mg/kg，与对照组比降幅为 52.23%；沼肥低量处理次之，硝酸盐含量为 5.19 mg/kg，较对照组降幅为 46.45%；沼肥高量处理居第三，硝酸盐含量为 5.27 mg/kg，较对照组的降幅为 45.63%，最后是化肥处理，硝酸盐含量为 6.762 mg/kg，比对照组降幅为 30.23%。由此可知，施用沼肥的小白菜的硝酸盐含量比施化肥的要低，这是因为沼肥对植株内的硝酸还原酶有激活作用，且沼肥中的有机质含量较高，同时由于植株光合作用和蒸腾作用的增强，加速了叶片硝态氮的转化，相对提高了叶片体内钾的含量，降低叶片的氮钾比例，从而降低作物内硝酸盐的含量。这说明用沼肥替代一般化肥可以降低硝酸盐在蔬菜植株体内的积累。施肥量对蔬菜中的硝酸盐含量有影响，土壤肥力较高可以导致作物内硝酸盐含量提高。在此试验中，由于沼肥高量处理的肥力较高，沼肥中量处理对小白菜硝酸盐含量的影响效果最好。从方差分析和多重比较来看，各处理间都未达显著水平。

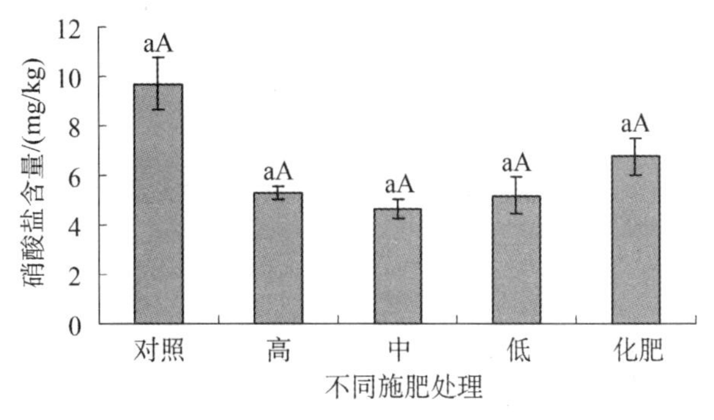

图 4－3　不同施肥处理对小白菜硝酸盐含量的影响

注：同图 4－1 的图注。

4.1.4 不同施肥处理对土壤养分含量的影响

4.1.4.1 不同施肥处理对土壤速效钾含量变化的影响

不同施肥处理对土壤速效钾含量变化的影响如表 4－4 所示。从表可以看出小白菜在苗期后第 7～35 天的土壤中速效钾含量变化的大致趋势是，除化肥处理外其他处理均先增加后减少又增加。这是由于施用肥料后钾素被土壤胶体所吸附发生交换作用，交换钾离子的浓度慢慢增加，此时土壤中的速效钾含量也随着增加；当土壤所含交换钾高于一定水平时，就会导致钾素被固定，并且水溶性钾在土壤中流动性较小，从而降低钾的有效性，因此土壤中的速效钾含量降低；随着作物对钾素的吸收达到一定时吸收量减小，而肥料中的钾又在不断地释放，所以土壤中的速效钾含量又会增加。在苗期后第 7 天，化肥处理的土壤中速效钾含量高于其他处理，为 136.340 mg/kg，而后一直降低，到苗期后第 35 天，土壤中速效钾含量又增加，为 115.844 mg/kg。这是因为化肥是速效性的肥料，在土壤中转化快，随着作物的生长，土壤中的速效钾被作物吸收而慢慢减少，到生长后期作物对钾的吸收减少，土壤中的速效钾含量有富余而增加。在苗期后第 14、21、28、35 天，沼气发酵残余物高量处理均比其他处理高，分别为 134.230 mg/kg、134.228 mg/kg、113.219 8 mg/kg、135.084 mg/kg，说明沼气发酵残余物高量处理的土壤速效钾含量缓效时间长，能保证植株生长的吸收利用[8]。

表 4－4 不同施肥处理对土壤速效钾含量变化的影响

处理方式	速效钾含量/(mg/kg)				
	苗期后 7 d	苗期后 14 d	苗期后 21 d	苗期后 28 d	苗期后 35 d
沼肥低量	111.030bA	118.414bcA	101.546cB	98.002bB	110.596aA
沼肥中量	120.520abA	123.686abcA	116.306bcAB	96.42775bB	96.953aA
沼肥高量	130.010aA	134.230aA	134.228aA	113.2198aA	135.084aA
化肥	136.340aA	133.174abA	123.686abAB	110.596aA	115.844aA
对照	116.660abA	117.36cA	116.306bcAB	100.101bB	102.90aA

注：在同一显著水平下，同一列不同处理间字母相同表示无显著差异，字母不同表示有显著差异；小写字母表示 $p<0.05$（即在显著水平 0.05 下，检验的结果是显著的），大写字母表示 $p<0.01$（即在显著水平 0.01 下，检验的结果是显著的）。

4.1.4.2 不同施肥处理对土壤速效磷含量变化的影响

不同施肥处理对土壤速效磷含量变化的影响如表 4－5 所示。从表可以看出，各处理土壤中的速效磷含量大致为随小白菜的生长而下降。这是由于随着小白菜的不断生长，需磷量不断增加，土壤的速效磷含量不断下降。磷对作物的碳水化合物的合成、分解和运输起着重要的作用，因此，改善作物的磷素营养，对作物的产量和品质的提高有着很明显的效果。此试验中各沼气发酵残余物处理的土壤速效磷含量均高于对照处理，这说明沼气发酵残余物可以有效促进作物对磷的吸收。在小白菜苗期后 7～35 d 内，沼气发酵残余物高量处理的速效磷含量明显要高于其他处理，分别为 93.670 mg/kg、86.986 mg/kg、86.668 mg/kg、78.572 mg/kg、70.384 mg/kg。说明施用沼气发酵残余物后，土壤微生物的生命活动分解转化了这些迟效养分，增加了土壤中磷的有效性，保证了小白菜生长发育过程中磷素的平衡供应，有利于小白菜对磷素的吸收而达到增产；而对照处理的土壤速效磷供应不足，在小白菜苗期后第 35 天，土壤中的速效磷急剧下降，为 58.026 mg/kg。

表 4-5　不同施肥处理对土壤速效磷含量变化的影响

处理方式	速效磷含量/(mg/kg)				
	苗期后 7 d	苗期后 14 d	苗期后 21 d	苗期后 28 d	苗期后 35 d
沼肥低量	81.090aAB	78.475abA	76.119aA	69.556aA	67.349abA
沼肥中量	84.080aAB	86.767abA	75.873aA	67.042aA	63.853abA
沼肥高量	93.670aA	86.986abA	86.668aA	78.572aA	70.384aA
化肥	84.020aAB	94.882aA	78.879aA	75.383aA	63.117abA
对照	66.230bB	71.442bA	67.103aA	66.122aA	58.026bA

注：同表 4-4 的表注。

4.1.4.3　不同施肥处理对土壤碱解氮含量变化的影响

不同施肥处理对土壤碱解氮含量变化的影响如表 4-6 所示。由表可以看出，各处理对土壤的碱解氮含量的大致趋势是先降低后升高。这是因为小白菜在苗期后第 7～28 天，需要大量的氮素，以致土壤中碱解氮含量下降，苗期后第 35 天由于对氮素的需求减小，所以土壤中的碱解氮又有所增加。此试验中，在小白菜苗期后第 35 天沼气发酵残余物高量处理的土壤中的碱解氮含量最高，为 54.308 mg/kg，比化肥处理 42.758 mg/kg 和对照处理 50.575 mg/kg 都高，且在 0.05 水平上达到显著。这说明沼气发酵残余物高量处理的土壤能够满足作物生长所需的氮素，缓效时间长，含氮量丰富，在成熟期因作物吸收氮素减少而有较多的富余。土壤氮素营养是作物高产的重要氮素给源，是确定氮肥适宜用量的依据之一。碱解氮不仅能反映土壤中氮的供应强度，也能看出氮的供应容量，即碱解氮含量高的土壤含有效氮较丰富，持续供应速效氮的时期也可能较长。碱解氮是反映土壤供氮水平的一种较为稳定的指标。一般来说，小白菜苗期生长慢，植株小，吸收的养分少，营养生长旺盛期间,吸收养分的速度快,数量多,是小白菜需要营养的关键时期,此期土壤中碱解氮的含量下降,沼气发酵残余物均能给作物提供充足的营养物质。营养生长后期,小白菜吸收养分速度缓慢,吸收量也少,碱解氮含量开始富余。沼气发酵残余物能够维持土壤速效氮的供应和平衡,一方面因为与土壤中有机质的含量丰富有关,另一方面沼气发酵残余物中的有效微生物菌群具有分解转化迟效养分的能力,可以增加土壤中氮的有效性[9]。

表 4-6 不同施肥处理对土壤碱解氮含量变化的影响

处理方式	碱解氮含量/(mg/kg)				
	苗期后 7 d	苗期后 14 d	苗期后 21 d	苗期后 28 d	苗期后 35 d
沼肥低量	70.000aA	48.300bB	41.300bB	46.375abAB	47.950bA
沼肥中量	52.500bA	45.500bB	41.213bB	49.788aA	50.750abA
沼肥高量	58.275abA	55.738aA	47.367aA	39.492cdCD	54.308aA
化肥	65.158abA	54.075aAB	50.167aA	42.175bcBC	42.758bA
对照	60.813abA	50.925abAB	47.688aA	35.438 dD	50.575abA

注:同表 4-4 的表注。

4.1.4.4 不同施肥处理对土壤 pH 值变化的影响

不同施肥处理对土壤 pH 值变化的影响如图 4-4 所示。从图可以看出,不同施肥处理的土壤的 pH 值变化比较明显,且经沼气发酵残余物处理的各种土壤的 pH 值要比对照处理的低,说明施沼气发酵残余物使土壤有机质含量增加,对土壤的酸碱度有一定的缓冲作用。土壤酸碱性是土壤的重要化学性质,对土壤微生物的活性、矿物质和有机质的分解起着重要作用,并影响土壤养分元素的释放、固定和迁移[10]。土壤酸度过强,pH 值低到 5~5.5,会使土壤中的铝、锰活性增加,影响

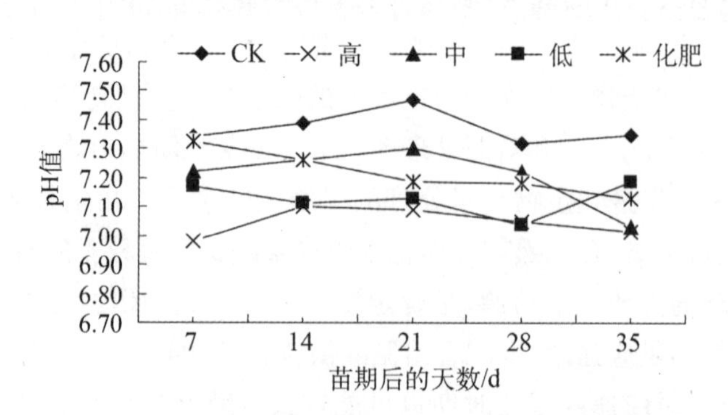

图 4-4 不同施肥处理对土壤 pH 值变化的影响

根系细胞的分裂和根的呼吸作用，并影响某些酶的功能，增加细胞壁的硬度，影响作物对钙、镁、磷的吸收、运转和利用；土壤过酸或过碱都会严重影响微生物的活动，从而影响硝化作用的进行，而且在某些条件下，会造成有毒的 NO_2^- 的积聚[11]。本试验中沼气发酵残余物高量处理在小白菜在苗期后第7～35天的土壤的pH值偏低，分别为6.98、7.10、7.09、7.05、7.02，这是因为除了土壤有机质的作用外，其中的有益微生物乳酸菌代谢产生大量有机酸，致使pH值下降较多，同时微生物还能够分泌多种氨基酸，其两性电解质性质具有重要的酸碱缓冲作用，这种积极作用促使沼气发酵残余物高量处理的土壤酸碱度适中，适合作物的生长。综合以上分析，说明沼气发酵残余物的不同处理可降低土壤的碱性，对使其接近中性起积极作用。

4.1.5 小结

(1) 施用沼肥处理与对照处理相比，小白菜的产量要高，其中以沼肥低量处理的为最高，小白菜单产为1 364.31 kg/(667 m^2)，比对照组增产23%。但不同施肥处理对小白菜的产量相比较差异不显著。

(2) 沼肥对小白菜的维生素C和可溶性糖含量的提高以及硝酸盐含量的降低有显著的影响。从维生素C来看，小白菜施沼肥以高量为最好，维生素C含量达35.621 mg/(100 g)，比对照增加了44.948%，极显著于其他处理；从可溶性糖含量来看，以沼肥低量处理为最高，可溶性糖含量为219.307 mg/kg，比对照增加了24.032%；从硝酸盐含量来看，以沼肥中量处理的为最低，硝酸盐含量为4.63 mg/kg，与对照的降幅为52.23%。

(3) 施用沼气发酵残余物对土壤中速效钾、速效磷、碱解氮的含量差异有显著影响，可降低土壤的pH值，使其接近中性有积极作用；总体上土壤养分含量随沼气发酵残余物施肥量的增大而增大。所以沼气发酵残余物可以改善土壤结构，提高土壤保水保肥和通透能力，降低土壤的酸化板结，能够有效提高土壤肥力。

4.2 沼液追肥对小白菜生物学性状、产量和品质的影响

随着经济的发展、社会的进步以及人类健康意识的增强，人们对有机食品的需求不断增加，因而对有机肥的需求量大增，沼液肥就是一种优质高效的有机肥。沼液是人畜粪便、植物残体等有机物经厌氧消化后的残余物，它含有丰富的水溶性氮、磷、钾及各种微量元素、氨基酸、维生素等物质，是一种养分全面、腐殖酸含量高、肥效缓速兼备的优质有机液体肥料。沼液作为肥料，不仅能提高作物的抗性，还能促进植物的根系发育，这与沼液中含有植物生长激素和厌氧消化代谢产物有关。T. Matsi等用牛粪厌氧消化液(沼液)灌溉冬小麦，发现牛粪厌氧消化液(沼液)既能提高植株的干物质量又能增加小麦产量[12]。

但是有关沼液追肥对蔬菜生物学性状、产量和品质共同影响方面的详细研究还有待探讨。本试验以小白菜为材料，通过沼液与水不同比例配比追肥，研究了沼液不同施用浓度对小白菜生物学性状、产量和品质的影响，以期为沼液作为肥料生产无公害蔬菜提供参考。

4.2.1 材料与方法

4.2.1.1 供试材料

试验在上海交通大学日光温室内进行；化学分析于上海交通大学农业与生物学院生物质能工程研究中心实验室进行。试验材料为小白菜，品种为上海青(*Brassica rapa L. var. shanghaisis*)，性能是低硝酸盐含量基因型。供试土壤的基本性质如表 4-7 所示。质地为砂质壤土。

表 4-7 供试土壤养分状况

	有机质/(g/kg)	全氮/(g/kg)	全磷/(g/kg)	全钾/(g/kg)	碱解氮/(mg/kg)	速效磷/(mg/kg)	速效钾/(mg/kg)	pH 值
土壤	75.037	2.83	0.55	23.13	101.50	430.09	300.80	6.78

供试沼液取自上海市崇明前卫村沼气系统正常发酵的发酵残余物经过过滤后的滤液，发酵原料为猪粪，经测定，其主要理化性质如表 4-8 所示。

表 4-8 供试沼液的理化性质

	有机质/%	全氮/%	全磷/%	全钾/%	速效磷/%	速效钾/%	pH 值
沼液	1.29	0.36	0.16	0.223	0.09	0.229	7.43

4.2.1.2 试验设计

本试验共设 4 个处理(见表 4-9)，每个处理重复三次，随机排列。小区面积为 6 m^2，中间作埂，小区周围设保护行。基肥采用的是无机复合肥，肥料量为 35.3 g/m^2，在定植前翻耕时与土壤充分混匀一次性施入。小白菜于 4 月 8 日播种，每个小区种植 250 株，4 月 17 日出苗，苗龄为 12 d，分别在苗期后(从 4 月 29 日算起)第 8、15、22、29、36 天追施沼液，喷施以叶背面为主，以叶片上布满液珠而不滴水为宜。

表 4-9 试验设计方案

处理方式	每小区肥料用量
沼液高量	沼液 1 050 mL+水 450 mL，沼液肥浓度为 70%
沼液中量	沼液 750 mL+水 750 mL，沼液肥浓度为 50%

（续表）

处理方式	每小区肥料用量
沼液低量	沼液 450 mL＋水 1 050 mL，沼液肥浓度为 30%
对照	清水 1 500 mL，沼液肥浓度为 0

4.2.1.3　田间调查和室内分析测定

1）生物学性状和产量的测定

在小白菜生长期间，从各小区定株选取 10 株小白菜，分别在苗期后第 7（5 月 6 日）、14（5 月 13 日）、21（5 月 20 日）、28（5 月 27 日）、35（6 月 3 日）天测定其叶片的宽度、长度、叶柄长和叶片数；于收获时全部收割，称重，计算小白菜的产量。

2）品质指标的测定

分别测定定株小白菜的维生素 C 含量、可溶性糖含量和硝酸盐含量。

维生素 C 含量，参照 GB 6195—86 标准，采用 2，6 -二氯靛酚滴定法。用 25 mL酸式滴定管测定，每个样品测定 3 次，结果取平均值。

可溶性糖含量，采用 3，5 -二硝基水杨酸比色法，用 2000 型 &UV - 2000 型分光光度计测定其在 540nm 波长下光密度值，查对标准曲线并计算得样品中可溶性糖含量。

硝酸盐含量，采用磺基水杨酸比色法，用 2000 型 &UV - 2000 型分光光度计测定其在 410nm 波长下光密度值，查对标准曲线并计算得样品中硝酸盐含量。

4.2.1.4　数据分析方法

本试验的数据采用 SAS（Statistical Analysis Systems）统计软件进行统计分析，方差分析和多重比较用 LSD（ANOVA and Fisher's least significant difference test）比较各处理间是否达到差异显著水平。

4.2.2　不同沼液施用浓度对小白菜生物学性状的影响

图 4 - 5～图 4 - 7 是不同沼液施用浓度对小白菜叶片宽、叶片长和叶柄长的影响。小白菜是莲座叶植物，在生长期间，小白菜叶面吸收光能进行光合作用供其生长发育。在一定范围内，植株叶面积越大，光合作用越强，产生有机质越多，因此，它是不同施肥处理对小白菜植株营养积累情况的量化指标之一。从图 4 - 5 可以看出，随着小白菜的生长，叶片宽呈上升趋势。在苗期后第 35 天，各种处理的小白菜叶片宽的顺序为对照组＜沼液高量＜沼液低量＜沼液中量，其叶片宽度分别为 45.14 mm、45.77 mm、50.37 mm、52.44 mm。由此可知喷施沼液各种处理的小白菜叶片宽明显高于对照处理组，说明喷施沼液有利于小白菜营养器官的生长发育。从图 4 - 6 可以看出，随着小白菜的生长，叶片长呈上升趋势。在苗期后第 35

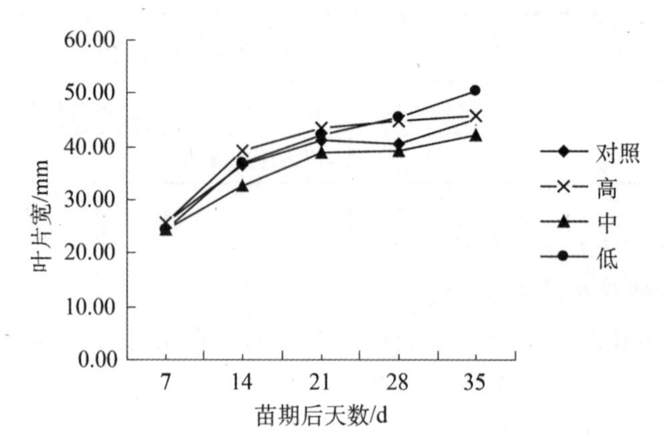

图 4-5 不同沼液施用浓度对小白菜叶宽的影响

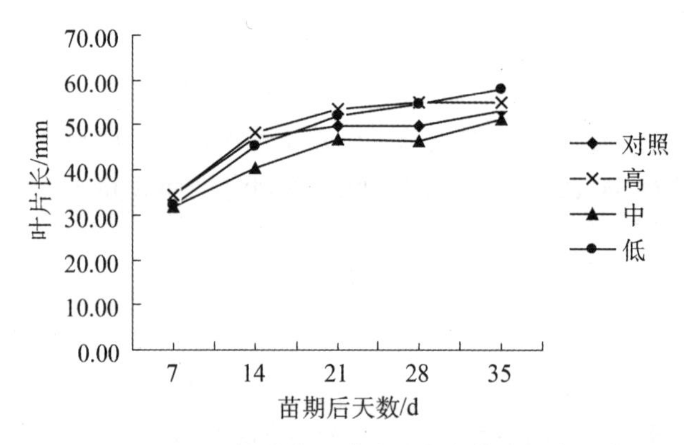

图 4-6 不同沼液施用浓度对小白菜叶长的影响

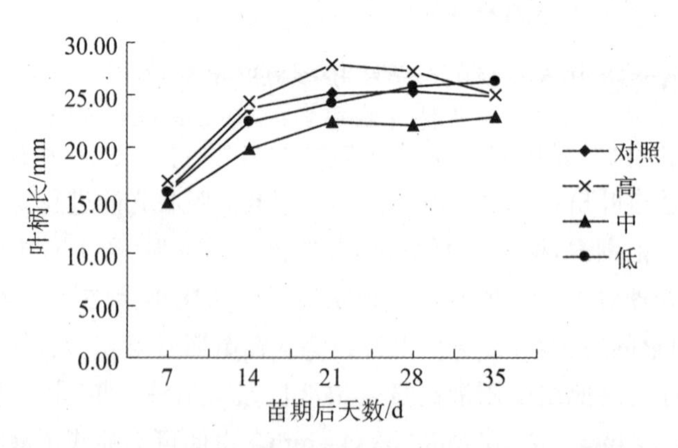

图 4-7 不同沼液施用浓度对小白菜叶柄长的影响

天，各种处理的小白菜叶片长的顺序为沼液低量＜沼液高量＜对照组＜沼液中量，其叶片长分别为 58.17 mm、54.85 mm、53.17 mm、51.10 mm；从图 4－7 可以看出，随着小白菜的生长，叶柄长呈上升趋势。在苗期后第 35 天，各处理的小白菜叶柄长的顺序为沼液低量＜沼液高量＜对照组＜沼液中量，其叶柄长分别为 26.34 mm、25.08 mm、24.81 mm、22.97 mm。在此试验中，由于沼液低量处理中的重复 1 与对照处理中的重复 1 两个小区相邻，喷施沼液低量时，肥料可能随风吹到对照处理中的重复 1 的小区内，致使试验结果产生误差，理论上沼液中量处理的小白菜叶片长和叶柄长要大于对照处理。从图 4－5～图 4－7 也可看出，随小白菜的生长，沼液各处理小白菜的叶片宽、叶片长和叶柄长不是呈直线上升趋势，而是苗期后第 21～35 天其上升幅度较苗期后第 7～21 天缓慢，这是因为沼液中含有丰富的水溶性的氮，氮素对作物生长发育有明显的影响，但施氮浓度达到一定水平时，对小白菜植株的生长起制约作用，叶片宽度、长度和叶柄长有增长变缓趋势[13]。小白菜从苗期开始不断吸收氮素，在苗期后第 7～21 天是需要营养的关键时期，此期是吸收氮素的高峰期，因沼液高量处理含有较高的氮素，能给小白菜提供充分的营养物质，此期间沼液高量处理的小白菜的叶片宽度、长度和叶柄长明显增大，其叶片宽分别为 25.67 mm、39.13 mm、46.57 mm；叶片长分别为 34.28 mm、48.23 mm、53.41 mm；叶柄长分别为 16.9 mm、24.39 mm、27.88 mm，均高于其他处理方式。此后，由于苗期后第 21～35 天小白菜吸收养分速度缓慢，吸收量少，喷施较高浓度沼液对小白菜生长有抑制作用，所以沼液高量处理的小白菜叶片宽、叶片长和叶柄长有增长变缓趋势，低于其他沼液处理。沼液低量处理的浓度适宜小白菜生长后期所需的营养，在小白菜苗期后第 35 天，沼液低量处理的小白菜叶片宽度、长度和叶柄长大于其他各种处理，分别为 50.37 mm、58.17 mm、26.34 mm。经方差分析和多重比较，在小白菜苗期后第 7～35 天，各种处理的小白菜的叶片宽度和叶片长度差异均不显著。在小白菜苗期后第 21 天，沼液高量和沼液中量处理的小白菜叶柄长差异显著，其他各处理间均不显著；在小白菜苗期后第 35 天，沼液低量和沼液中量处理的小白菜叶柄长差异显著，其他各种处理间均不显著。

图 4－8 是不同沼液施用浓度对小白菜叶片数的影响。从图可以看出随着小白菜的生长，小白菜的叶片数呈增长趋势。在小白菜苗期后第 7～21 天，沼液各种处理的小白菜生长较一致，无显著差异，但经过不同的追肥处理后，植株增长幅度不同。苗期后第 35 天，小白菜的叶片数依次为沼液中量＞沼液高量＞沼液低量＞对照组，其叶片数分别为 9.6 片、9.1 片、8.5 片、7.3 片。经方差分析和多重比较可知，苗期后第 35 天，沼液中量处理、沼液高量处理和对照处理之间的小白菜叶片数差异显著，其他各处理间差异均不显著。由此可知，沼液作为有机肥，养分丰富，作用时效长，有利于小白菜的生长发育。但由于沼液高量的浓度偏高，不利于养分迅速下渗到植株根系以供植株的利用，生长后期效果不明显；沼液中量的浓度适

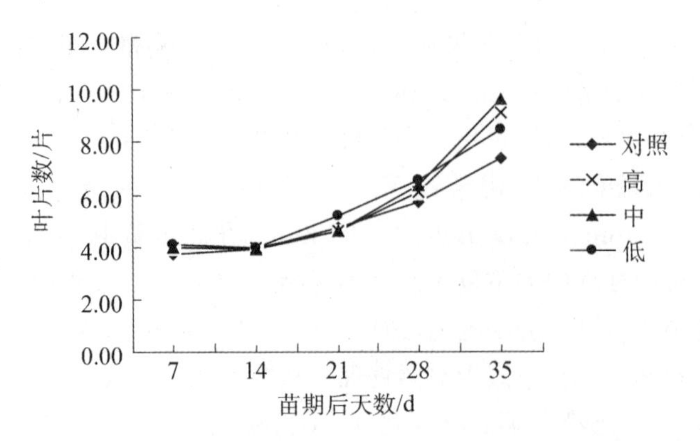

图 4-8 不同沼液施用浓度对小白菜叶片数的影响

宜，有利于肥料下渗，植株生长发育好，故在生长后期叶片数的增幅高于其他处理方式。

综上所述，沼液可以较好地促进小白菜的生长，使叶片肥大，增加叶片数，使植株生长旺盛。通过以上对比可知，沼液作为一种肥料，浓度变化与作物生长呈明显的相关性，因此，在试验中，应确定适宜的浓度去追肥，以利于作物的生长。

4.2.3 不同沼液施用浓度对小白菜产量的影响

图 4-9 是不同沼液施用浓度对小白菜产量的影响。从图可以看出，用沼液作为追肥与对照处理的小白菜单产 369.629 kg/(667 m^2)相比，小白菜产量都有所增加。其中沼液高量处理的小白菜产量最高，单产为 730.921 kg/(667 m^2)，增产 97.74%，其次是沼液中量处理，小白菜产量为 506.364 kg/(667 m^2)，增产 36.99%，最后是沼液低量处理，小白菜产量为 487.466 kg/(667 m^2)，增产 31.87%。说明随着沼液浓度的增加，小白菜产量逐渐增加，增产幅度随之变大。由此可知，沼液追肥处理对小白菜的增产效果明显。这是因为沼液中含有丰富的营养物质和大量的生长素、赤霉素、维生素等生物活性物质[14]。首先，这类活性物质是发酵原料中的

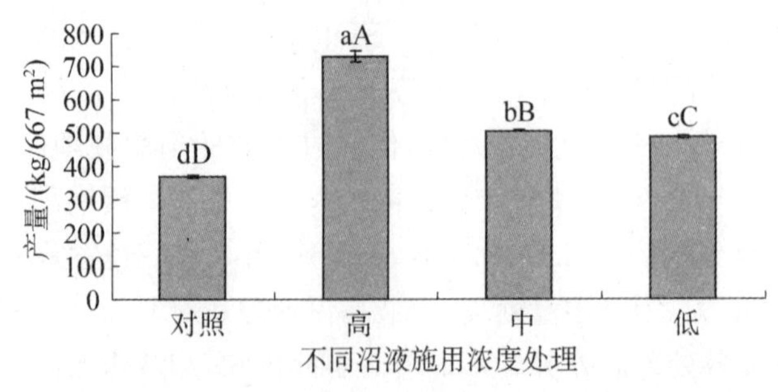

图 4-9 不同沼液施用浓度处理对小白菜产量的影响

注：同图 4-1 的图注。

大分子通过沼气微生物的降解作用而形成的小分子物质，其结构简单，易于被作物吸收，能向作物提供氮、磷、钾等主要营养元素；其次，这类活性物质存在于发酵原料中，经发酵变成离子，成为某些酶类的激活剂；第三，这类活性物质既可以促进植物根系的发育，也有助于植物体内的氮代谢，能增强植株的抗病能力，提高产量[15]。综合以上分析，沼液高量处理对小白菜的增产效果最明显，其次是沼液中量处理，最后是沼液低量处理。经方差分析和多重比较，各种处理之间的差异极显著。

4.2.4　不同沼液施用浓度对小白菜品质的影响

蔬菜的品质包括维生素、糖分、硝酸盐以及蛋白质和矿质元素含量等因子。其中以维生素 C(Vc)最为重要，因为人体不能自身合成 Vc，需要从蔬菜和水果中摄取。其次是糖分，可溶性糖含量是影响蔬菜口感的主要因素之一，并对蔬菜采后储藏、运输中的营养品质也有着重要影响[16]。蔬菜体内的硝酸盐是影响人体健康的重要因子，而叶菜类蔬菜极易产生硝酸盐的累积。

4.2.4.1　不同沼液施用浓度对小白菜维生素 C 含量的影响

不同沼液施用浓度对小白菜维生素 C 含量的影响如图 4－10 所示。从图可以看出，对照处理的小白菜的维生素 C 含量为 15.73 mg/(100 g)，施用沼液处理的小白菜的维生素 C 含量均高于对照处理的小白菜的维生素 C 含量。其中沼液中量处理的小白菜维生素 C 含量最高，达 20.48 mg/(100 g)，比对照处理增加30.20%，其次是沼液高量处理，小白菜维生素 C 含量为 17.42 mg/(100 g)，增幅为10.72%，最后为沼液低量处理，小白菜维生素 C 含量为 16.18 mg/(100 g)，增幅为 2.86%。李铁在沼液对番茄果实品质的影响的试验中表明[17]，与沼液 100%和清水处理比较，喷施沼液浓度为 50%的番茄的维生素 C 含量最高，为 16.65 mg/(100 g)，喷施沼液浓度为 100%的番茄的维生素 C 含量为 14.92 mg/(100 g)，喷施清水的番茄的维生素 C 含量为 14.15 mg/(100 g)；王金花在用沼液不同浓度处理苹果的试验

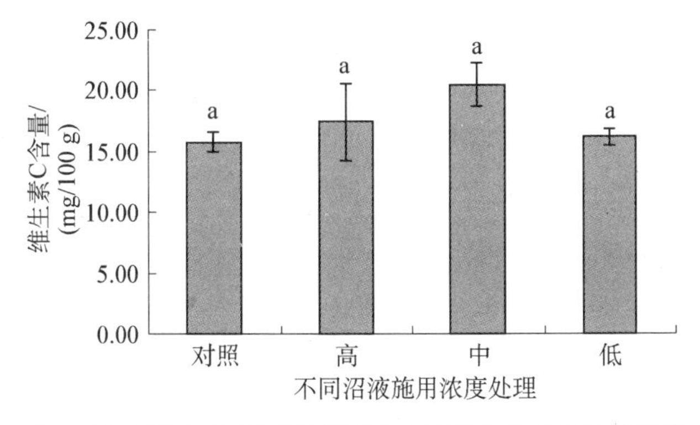

图 4－10　不同沼液施用浓度对小白菜维生素 C 含量的影响

中表明[14]，50%浓度的沼液灌溉，果品品质最好，苹果的维生素C含量比清水浇灌的高24.93%。由此可以得出沼液追肥对蔬菜的维生素C含量有明显的提高，且沼液中量处理的效果最好。这是因为高量的沼液造成土壤溶液浓度过高，影响根系内外的水势，不利于沼液的扩散，使根系不能充分吸收养分，从而影响养分向地上部运输，影响植株的品质。这也说明沼液有一定的浓度限制，沼液浓度较大时未必能达到较好的效果，同时还可能造成肥料的浪费与污染；且对于不同产品需肥量也不同，所以对不同产品应确定适宜的浓度去追肥，以利于作物的生长。综合以上分析，对小白菜维生素C含量的影响以沼液中量处理效果最好，沼肥高量处理次之，沼肥低量处理相对较差。经方差分析和多重比较，各处理间的差异均不显著。

4.2.4.2 不同沼液施用浓度对小白菜可溶性糖的影响

图4-11所示是不同沼液施用浓度对小白菜可溶性糖含量的影响。植物体内碳水化合物的含量约占干物质的90%～95%，而碳水化合物能够互相转化和再利用的主要类型是可溶性糖。可溶性糖不仅是植物的主要光合产物，而且是碳水化合物代谢和暂时贮藏的主要形式。作物高产栽培不仅要求功能叶有较强的光合能力，而且要求光合器官中形成的光合产物能够有效合理地分配运输。从图4-11可以看出，对照处理小白菜可溶性糖含量为13.86 mg/kg，不同沼液追肥处理的小白菜可溶性糖含量相对于对照处理小白菜可溶性糖含量都有显著的变化，其中沼液中量处理的小白菜的可溶性糖含量有所增加，为22.94 mg/kg，增幅为65.512%；其他处理的可溶性糖含量均降低，沼液高量处理和沼液低量处理的小白菜的可溶性糖含量都为9.74 mg/kg，比对照处理的低29.726%。李铁在沼液对番茄果实品质的影响的试验中表明，100%沼液、50%沼液和清水处理比较，喷施沼液浓度为50%的番茄的可溶性糖含量最高，为212.18 mg/kg，其次为100%沼液喷施浓度，番茄的可溶性糖含量为3.57%[18]；王金花在用沼液不同浓度处理苹果的试验中表明，用50%浓度的沼液灌溉，果品品质最好，苹果的可溶性糖含量比清水浇灌的高17.63%[14]。这是因为高浓度的沼液中含有较高的氮素，在适宜的范围

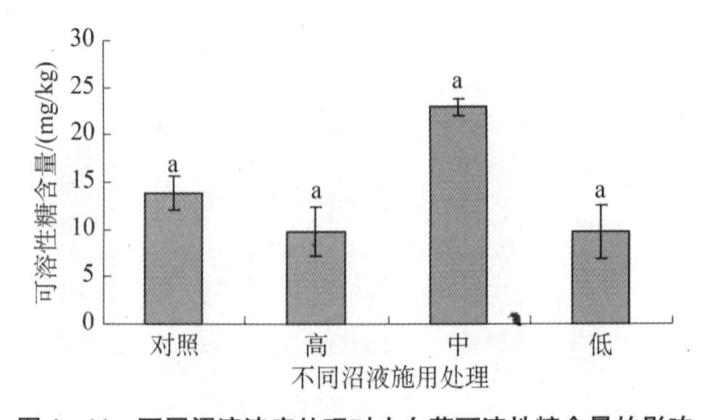

图4-11 不同沼液浓度处理对小白菜可溶性糖含量的影响

内，氮肥用量对蔬菜糖分含量的影响随着施氮量的增加而增加，但过度施用氮肥就会降低蔬菜中的糖分含量。沼液中量处理中的氮素含量适宜小白菜的生长，所以其可溶性糖含量增加。综上所述，对小白菜可溶性糖含量的影响以沼液中量处理的效果最好。经方差分析和多重比较可知，各种处理与对照组间的差异均不显著。

4.2.4.3　不同沼液施用浓度对小白菜硝酸盐含量的影响

图4-12是不同沼液施用浓度对小白菜硝酸盐含量的影响。硝酸盐和亚硝酸盐不为人体所需，摄入量过多，会对人体健康产生危害。进入人体的硝酸盐经细菌的作用还原成亚硝酸盐，亚硝酸盐能与血红蛋白结合引起高铁血红蛋白症，在酸性环境(如胃中)有仲胺、叔胺、酰胺及氨基酸存在时，即可形成具有强烈致癌作用的N-亚硝酸基化合物，进而诱发消化系统癌变。所以，硝酸盐含量是评价蔬菜品质的重要指标之一。从图4-12可以看出，沼液追肥处理的小白菜的硝酸盐含量与对照处理的小白菜硝酸盐含量(51.803 mg/kg)相比均降低。其中沼液高量处理的小白菜的硝酸盐含量最低，为44.627 mg/kg，降幅为13.85%，其次是沼液中量处理，小白菜的硝酸盐含量为47.22 mg/kg，降幅为8.85%，最后是沼液低量处理，小白菜的硝酸盐含量为47.682 mg/kg，降幅为7.95%。由此可以得知，沼液追肥对小白菜的硝酸盐含量有明显的降低作用。这是因为沼液中含有多种包括Mo、Mn在内的微量元素，有利于提高硝酸还原酶活性，可有效降低植株内硝酸盐的积累。有试验表明，不同沼液用量均降低了莴笋和生菜的硝酸盐含量，降幅分别为36.0%～64.5%和23.7%～64.9%，均明显低于对照处理组，且随沼液用量的增加降幅增大，并以沼液高量处理的效应最明显，说明沼液高量处理对降低蔬菜叶菜中的硝酸盐含量效果好[19]。这是因为沼液高量中的有机质含量高，同时由于植株光合作用和蒸腾作用的增强，加速了叶片硝态氮的转化，相对提高了叶片体内钾的含量，降低叶片的氮钾比例，从而降低作物内硝酸盐的含量[20]。综合以上分析，对小白菜硝酸盐含量的降低以沼液高量处理效果最好，其次为沼液中量处理，沼液低量处理相对较差。从方差分析和多重比较来看，各处理间都未达显著水平。

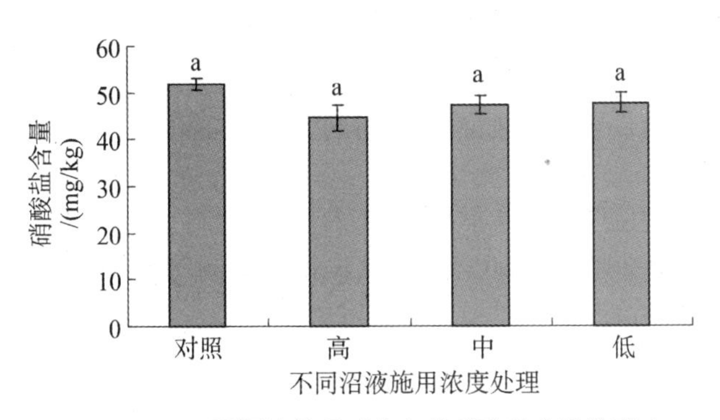

图4-12　不同沼液处理对小白菜硝酸盐含量的影响

4.2.5 小结

(1) 沼液作为一种有机肥,对小白菜营养器官的生长发育有明显的促进作用。在苗期后第35天,施用沼液低量处理的小白菜的叶片宽、叶片长和叶柄长比其他各种处理高,分别为50.37 mm、58.17 mm、26.34 mm;沼液中量处理的小白菜的叶片数为9.6片,高于其他各种处理方式。

(2) 施用沼液显著提高了小白菜的产量,其中沼液高量处理的产量最高,小白菜单产达730.921 kg/(667 m^2),增产97.74%,其次是沼液中量处理,小白菜单产为506.364 kg/(667 m^2),增产36.99%,最后是沼液低量处理,小白菜单产为487.466 kg/(667 m^2),增产31.87%。

(3) 施用沼液提高了小白菜的维生素C含量和可溶性糖含量。其中以沼液中量处理最好,小白菜的维生素C含量达20.48 mg/(100 g),比对照增高30.20%;小白菜的可溶性糖含量为22.94 mg/kg,增幅为65.512%。施用沼液还降低了小白菜的硝酸盐含量,以沼液高量处理的降低幅最大,硝酸盐含量为44.627 mg/kg,降低幅为13.85%。

参考文献

[1] 王远远. 蔬菜废弃物沼气发酵工艺条件及沼气发酵残余物综合利用技术的研究[D]. 上海:上海交通大学,2008.
[2] 鲍士旦. 土壤农化分析[M]. 北京:中国农业出版社,1999.
[3] Wang Y, Shen F, Liu R, et al. Effects of anaerobic fermentation residue of biogas production on the yield and quality of Chinese cabbage and nutrient accumulations in soil [J]. International Journal of Global Energy Issues, 2008,29(3):284 - 293.
[4] 王远远,沈飞,刘荣厚,等. 沼肥对小白菜产量及品质的影响[J]. 可再生能源,2007,(05):40 - 43.
[5] 白宝璋,王景安,孙玉霞,等. 植物生理学测试技术[M]. 北京:中国科学技术出版社,1993.
[6] 赵玲,栾敬德,刘荣厚. 沼液对草莓植株性状及果实品质的影响[J]. 北方园艺,2004,(02):58 - 59.
[7] 李梦梅. 生物有机肥对提高蔬菜产量品质的作用机理研究[D]. 南宁:广西大学,2005.
[8] 王远远,沈飞,刘荣厚,等. 施用沼气发酵残余物对土壤理化性质的影响[J]. 安徽农业科学,2008,(06):2389 - 2390.
[9] 孙羲. 植物营养与肥料[M]. 北京:中国农业出版社,1988.
[10] 黄昌勇. 土壤学[M]. 北京:中国农业出版社,2000.
[11] 中国农业科学院土壤肥料研究所. 中国肥料[M]. 上海:上海科学技术出版社,1994.

[12] Matsi T, Lithourgidis A S, Gagianas A A. Effects of injected liquid cattle manure on growth and yield of winter wheat and soil characteristics [J]. Agronomy Journal, 2003,95:592-596.

[13] 王远远,刘荣厚,沈飞,等.沼液追肥对小白菜生物学性状和产量的影响[J].北方园艺,2008,(01):13-16.

[14] 王金花.沼气发酵生态系统与残留物综合利用技术研究[D].北京:中国农业大学,2005.

[15] 董晓涛.沼液对果菜类蔬菜生长发育调控机制研究[D].长春:吉林农业大学,2004.

[16] 王远远,刘荣厚,沈飞,等.沼液作追肥对小白菜产量和品质的影响[J].江苏农业科学,2008,(01):220-222.

[17] 李铁.北方农村能源生态模式中利用沼液为肥料对番茄产量、品质及其植株生理活性指标影响的研究[D].沈阳:沈阳农业大学,2000.

[18] 李铁,张振.沼液对番茄果实品质的影响[J].中国沼气,2001,(01):37-39.

[19] Raven R P J M, Gregersen K H. Biogas plants in Denmark: successes and setbacks [J]. Renewable & Sustainable Energy Reviews, 2007,11(1):116-132.

[20] 李会合,叶学见,王正银.沼液对基质培木耳菜硝酸盐和营养品质的影响[J].中国沼气,2003,(01):37-39.

第 5 章　甜高粱茎秆及汁液储藏技术

甜高粱茎秆及汁液都是发酵法制取乙醇的理想原料，主要是由于其中含有丰富的可发酵糖分高达 12%～22%。但是甜高粱的采收期一般较短，通常集中在 1～2 个月之内，在自然条件下，茎秆容易发生霉烂和干化，粉碎的茎秆储藏 4～6 天，糖分损失即高达 50%，压榨后的汁液若不经处理也不能长时间储存。采收后必须快速加工，难以实现周年生产，因此较短的收获期以及采收后难以长时间储藏成为制约甜高粱茎秆乙醇产业化的主要瓶颈。设法延长甜高粱茎秆及其汁液的储藏期限，减少储藏期内糖分的损失，延长向生产企业供应原料的时间成为制约甜高粱制取燃料乙醇的关键技术之一。

目前，甜高粱茎秆及汁液储藏方法有物理、化学及生物三大类。甜高粱茎秆储藏的物理方法有：冷冻、干燥等[1]；化学方法有：添加抑菌剂储藏[2]；生物方法有堆垛覆膜气调储藏和田间埋藏等[3]，主要通过调控 O_2、CO_2 或添加酶等生化药剂，使甜高粱茎秆采后保持一定的生理作用，以其自身呼吸作用抵御微生物侵害。甜高粱茎秆汁液储藏的物理方法有冷冻、浓缩、高压灭菌等；化学方法有：加酸储藏、添加防腐剂储藏等[4]；生物法预发酵后再储藏[5]。这些储藏方法的目标都是最大限度地保持其中的糖分不受损失，最大限度地延长向生产企业提供原料的时间，以提高设备利用率。

本章介绍了甜高粱茎秆和汁液的常用储藏技术，主要包括甜高粱茎秆汁液浓缩储藏和添加防腐剂储藏，以及茎秆自发气调和自然干燥储藏技术。

5.1　甜高粱茎秆汁液浓缩储藏技术

甜高粱茎秆汁液是一种重要的乙醇发酵原料，含有酵母菌生长所需的碳源，但要提高酒精产率还需要有一定量的氮源和必需的矿物质元素等成分，因此，明确甜高粱茎秆汁成分对确定必需的发酵添加物种类及添加量具有实际意义，对控制酒精发酵过程具有重要作用。本节以引种到上海的辽甜 1 号、早熟 1 号和醇甜 2 号甜高粱茎为例，介绍了甜高粱茎秆汁液中与乙醇发酵相关的主要营养成分，以及甜高粱茎秆汁液在储藏过程中总糖、还原糖、pH 值及微生物菌落的变化规律，这为储存后的茎秆和汁液的乙醇发酵添加必需的营养成分和延长甜高粱茎秆汁储藏期提供了技术支持。

5.1.1 甜高粱茎秆及其汁液成分分析

5.1.1.1 分析测试方法

选取 2006 年种植于上海的辽甜 1 号、早熟 1 号、醇甜 2 号三个甜高粱品种，测定了茎秆和汁液中矿物质和糖分含量，相关测试方法[6]如下：

矿物质元素测定采用原子吸收分光光度计法；

灰分采用灼烧法(GB 5009.4—1985)测定；

水分采用直接干燥法(GB/T－14769—1993)测定；

总氮含量采用凯氏定氮法(GB/T14771—1993)测定；

总糖及还原糖采用 3,5－二硝基水杨酸法(DNS 法)测定；

pH 值采用精密 pH 计测定。

5.1.1.2 甜高粱茎秆及其汁液矿物质成分

表 5－1 所示是甜高粱茎秆及其汁液矿物质成分，由表可见，辽甜 1 号、醇甜 2 号茎秆中的 Cu^{2+}、Zn^{2+}、Mg^{2+} 含量高于汁液中的含量；而 Fe^{3+}、Ca^{2+}、K^{+} 则相反，在辽甜 1 号、醇甜 2 号汁液中的含量大于在茎秆中的含量；茎秆和汁液中 Mn^{2+} 的含量基本相当。辽甜 1 号茎秆中 Na^{+} 的含量大于在汁液中的含量，醇甜 2 号茎秆中 Na^{+} 的含量稍小于汁液中 Na^{+} 的含量。不同品种的汁液间某些矿物质成分存在不同程度的差异，相对于酵母菌的营养需求，这三个品种甜高粱茎秆及汁液中 Cu^{2+}、Zn^{2+}、Mg^{2+}、Ca^{2+}、K^{+}、Na^{+} 的含量比较充足。

表 5－1　甜高粱茎秆及其汁液矿物质成分

样品	Cu^{2+} 含量/(μg/mg)	Fe^{3+} 含量/(μg/mg)	Mn^{2+} 含量/(μg/mg)	Ca^{2+} 含量/(μg/mg)	Zn^{2+} 含量/(μg/mg)	Mg^{2+} 含量/(μg/mg)	Na^{+} 含量/(μg/mg)	K^{+} 含量/(μg/mg)
辽甜 1 号茎秆	11.9±1.1	4.7±0.2	1.2±0.0	97.5±3.2	10.1±0.1	564.6±26.9	408.7±25.3	497.6±22.6
辽甜 1 号汁	1.4±0.1	12.6±1.1	1.1±0.1	238.8±14.2	4.9±0.1	210.6±11.2	231.7±12.4	897.9±21.4
早熟 1 号茎秆	—	—	—	—	—	—	—	—
早熟 1 号汁	1.8±0.1	13.4±1.7	0.7±0.0	227.6±10.9	4.7±0.3	191.7±24.6	474.6±27.2	785.5±26.8
醇甜 2 号茎秆	13.2±0.6	5.6±1.4	1.0±0.1	61.2±5.5	11.3±0.2	550.8±30.9	261.3±33.7	781.6±23.9
醇甜 2 号汁	0.8±0.0	11.8±1.5	0.8±0.0	241.6±9.8	5.2±0.2	178.9±14.7	303.2±17.0	805.6±19.7

注："—"为未检测。

5.1.1.3 甜高粱茎秆汁液总糖、还原糖含量

表5-2所示是甜高粱茎秆汁液含糖、氮及水分、灰分含量。三个品种汁液中的含糖、含氮量及水分、灰分含量大体相当。总氮的含量仅在1.0 mg/mL左右(0.1%,质量比),而在酵母细胞的平均元素组成中氮占其菌体干物质质量的7.5%~10%,试验观察的三个品种甜高粱茎秆汁所提供的氮源对于酵母菌营养需求是明显不足的。其茎秆汁中均含有80%以上的水分,可见其能量密度较低,不利于储藏和运输。应对其汁液进行适当浓缩,以减少储运量,降低储运成本。

表5-2 甜高粱茎秆汁液含糖、氮及水分、灰分含量

	总糖/(mg/mL)	还原糖/(mg/mL)	总氮/(mg/mL)	有机氮/(mg/mL)	水分/%	灰分/%
辽甜1号汁	185.8±5.1	76.7±3.5	0.955±0.11	0.433±0.07	84.4±3.41	0.92±0.11
早熟1号汁	173.2±4.5	113.2±5.3	0.854±0.15	0.372±0.04	83.7±2.04	0.88±0.07
醇甜2号汁	178.6±6.2	102.6±4.1	0.981±0.12	0.436±0.05	84.8±4.24	0.99±0.14

由表5-2可知,试验观察的三个甜高粱品种茎秆及汁液均含有较丰富的糖分,可以为发酵制取酒精提供良好的碳源,但茎秆汁液中的总氮和某些矿物质元素不能满足酒精酵母的营养需要,在进行酒精发酵时应适当添加。本研究观察的三个品种是从北方引种到上海的,其茎秆及其汁液中的矿物质、含氮量等与宁喜斌[7]测定结果不尽相同;所含糖分比籍贵苏[8]等测定的丽欧等21个甜高粱品种茎秆汁的平均含糖量稍低。可见,与其他作物一样,甜高粱茎秆含糖量及其他成分随种植地区温度、日照、降水、土壤等自然条件差异和品种不同而异。含糖180 mg/mL左右的茎秆原汁补充氮源和有关矿物质营养盐[9]后可以直接用于酒精发酵,但由于甜高粱的采收期比较集中,若收获后加工不及时,在这个糖浓度下,茎秆及其汁液中的糖类极易损失,因此,需要探索甜高粱茎秆及汁液的储藏技术。

5.1.2 甜高粱茎秆汁液浓缩储藏

5.1.2.1 甜高粱茎秆汁液浓缩储藏方法

甜高粱茎秆采收后,除去叶、叶鞘和穗部,用三辊压榨机榨汁,并用公式(5-1)计算出汁率:

$$出汁率 = \frac{汁液质量}{茎秆质量} \times 100\% \qquad (5-1)$$

甜高粱茎秆汁浓缩:量取一定体积的甜高粱茎秆原汁,加入真空旋转蒸发仪的真空蒸发罐中,将加热温度设定在55~60℃,真空度设定在0.15 MPa,浓缩至原体积的1/2、1/3、1/4、1/5,存放在500 mL洁净玻璃瓶中,设3个组内平行处理及3

个原汁对照，用塑料薄膜封口，于室温下（10～16℃）避光储藏，每隔 7 天取样，测总糖、还原糖、pH 值。总糖残存率用式（5－2）计算：

$$总糖残存率 = \frac{汁液储藏后总糖含量}{汁液初始总糖含量} \times 100\% \quad (5-2)$$

5.1.2.2　浓缩储藏后汁液成分变化

1）辽甜 1 号浓缩汁总糖和 pH 值随储藏时间变化

经测定，出汁率分别为：辽甜 1 号 48.6%，早熟 1 号 51.6%，醇甜 2 号 50.92%，50%左右的出汁率能够满足试验和分析需求。

（1）辽甜 1 号浓缩汁总糖和 pH 值随储藏时间变化。

图 5－1 所示是辽甜 1 号浓缩汁总糖和 pH 值随储藏时间变化情况。由图可见，浓缩倍数较高的处理，总糖含量在储藏期内降低得较少。浓缩 5 倍的甜高粱汁储藏到 35 天时总糖从 821.4 mg/mL 变为 820.2 mg/mL，pH 值从 5.1 下降到 5.06，其总糖和 pH 值基本上没有发生变化。浓缩 4 倍的储藏到 35 天时总糖从 648.6 mg/mL 下降到 619.9 mg/mL，仅降低了 4.4%，pH 值从 5.2 下降到 4.9，说明其中仍有产酸微生物的活动。浓缩 3 倍的储藏到第 3 周即可以观察到有大量气泡产生，有较明显的酒精气味，到 35 天时总糖从 488.7 mg/mL 下降到 304.0 mg/mL，降低了 37.8%，pH 值从 5.3 变为 4.3。浓缩 2 倍处理组第 2 周就有大量气泡产生，有明显的酒精气味，储藏 35 天后总糖从 320.4 mg/mL 下降到 101.8 mg/mL，损失了 68.2%，pH 值从 5.4 下降到 3.8，产酸严重。对照组在第 1 周就有气泡产生，有明显的酒精味，pH 值显著降低，糖分损失 10%左右，储藏 35 天后总糖从 185.8 mg/mL 下降到 42.4 mg/mL，损失了 76.2%，pH 值从 5.5 下降到 3.7。

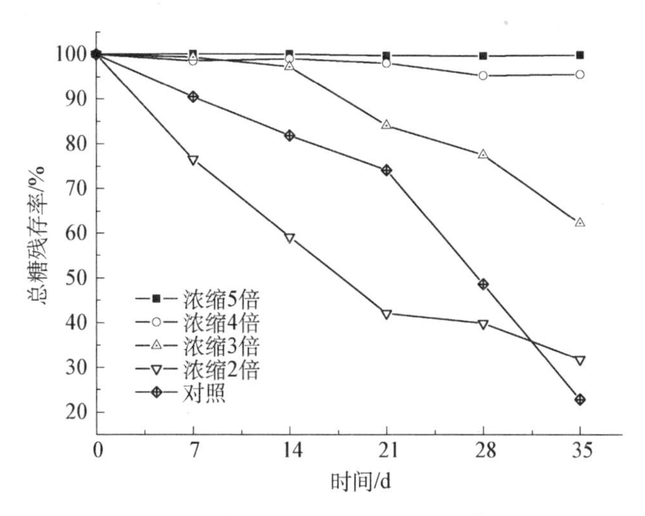

图 5－1　辽甜 1 号浓缩汁总糖和 pH 值随储藏时间变化情况

从图 5-1 中还可以发现，储藏前 3 周内，浓缩 2 倍处理组总糖残存率的降低速率大于对照组同期总糖残存率的降低速率；浓缩 2、3 倍两个处理组的 pH 值降低速率在前 3 周也较对照组高。其原因是浓缩 2、3 倍后，汁液中的含糖量分别达到 320.4 mg/mL 和 488.7 mg/mL，其产生的渗透压并没有完全抑制产酸微生物和野生酵母的活动，加之浓缩操作是在 55～60℃下进行的，有可能激活某些酶类的活性，促进了糖的降解和酸值升高，在储藏前期，其消耗糖和产酸的强度甚至比未经浓缩的对照还高。可见辽甜 1 号甜高粱茎秆榨汁后要及时加工或浓缩到 4 倍以上才能达到防止糖分损失的目的。

(2) 辽甜 1 号浓缩汁还原糖占总糖比率随时间变化。

图 5-2 所示是辽甜 1 号浓缩汁还原糖占总糖比率随时间变化情况。从图中可见，总体上，还原糖占总糖比率随时间延长而增加，各处理组还原糖占总糖的比率从储藏初期的 25%～40%上升到 35 天时的 60%～100%。这是蔗糖等多元糖被酶类或酸水解成还原糖所致。从图 5-2 中还可以观察到，储藏前 7 天内，所有浓缩处理组还原糖占总糖比率的上升速率均高于对照组的上升速率，说明浓缩汁中蔗糖水解酶的活性比对照组高。

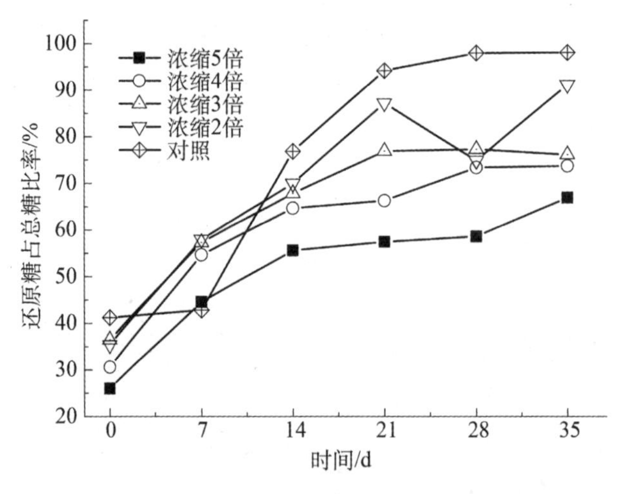

图 5-2　辽甜 1 号浓缩汁还原糖占总糖比率随储藏时间变化情况

2) 早熟 1 号甜高粱浓缩汁总糖和 pH 值随储藏时间变化

表 5-3 所示是早熟 1 号浓缩汁总糖、还原糖占总糖比率和 pH 值随储藏时间变化情况。由表所列数据可知，早熟 1 号总糖残存率和 pH 值变化与辽甜 1 号浓缩汁总糖残存率和 pH 值的总体变化趋势相似。储藏 35 天后，浓缩 5 倍的汁液总糖从 887.5 mg/mL 变为 867.6 mg/mL，仅下降 2.2%，pH 值从 5.2 变为 4.8；浓缩 4 倍的汁液总糖从 693.8 mg/mL 降低到 544.4 mg/mL，下降了 21.5%，损失较大，

pH 值从 5.2 下降到 3.7；浓缩 3 倍的总糖从 515.6 mg/mL 下降到 402.7 mg/mL，降低了 21.9%，pH 值从 5.2 变为 3.7，与浓缩 4 倍的处理相当。浓缩 2 倍的总糖从 345.9 mg/mL 下降到 190.2 mg/mL，降低了 45.0%，pH 值从 5.1 变为 3.4。对照组总糖从 173.2 mg/mL 下降到 46.5 mg/mL，降低了 73.2%，pH 值从 5.1 降为 3.5。

表 5-3　早熟 1 号浓缩汁总糖、还原糖占总糖比率和 pH 值随储藏时间变化情况

储藏时间/d	总糖残存率/%					pH 值					还原糖占总糖比率/%				
	对照	浓缩2倍	浓缩3倍	浓缩4倍	浓缩5倍	对照	浓缩2倍	浓缩3倍	浓缩4倍	浓缩5倍	对照	浓缩2倍	浓缩3倍	浓缩4倍	浓缩5倍
0	100.0	100.0	100.0	100.0	100.0	5.1	5.1	5.2	5.2	5.2	65.4	64.4	27.9	28.7	16.7
7	77.7	78.0	96.9	97.1	100.1	3.8	4.1	4.9	5.0	4.9	42.3	34.7	32.1	25.3	22.5
14	58.5	61.6	91.5	97.8	100.0	3.7	3.7	4.3	4.9	4.9	88.5	61.5	46.6	39.4	38.2
21	53.5	59.7	85.0	88.3	99.9	3.6	3.5	3.8	4.4	4.8	95.9	84.9	60.6	42.7	40.4
28	47.3	58.2	82.8	85.3	99.1	3.6	3.4	3.7	4.0	4.8	103.2	99.4	79.4	45.9	41.4
35	26.8	55.0	78.1	78.5	97.8	3.5	3.4	3.6	3.6	4.8	94.2	96.4	88.7	54.1	41.7

还原糖占总糖比率的变化趋势为，浓缩 3、4、5 倍处理组随储藏时间延长而增加。浓缩 2 倍处理组和对照组在第一周时，还原糖占总糖比率有所下降，同期两者的 pH 值从 5.1 分别降低到 3.8 和 4.1，说明这段时间内产酸微生物活动旺盛，还原糖被大量消耗，同时生成较多的酸类代谢物。由于酸的积累，加速了蔗糖的水解速度。从第二周起，浓缩 2 倍处理组和对照组还原糖占总糖的比率又开始快速升高。浓缩 4、5 倍处理组还原糖占总糖比率增加较慢，到 35 d 时分别由 28.7%、16.7%提高到 54.1%和 41.7%。

3）醇甜 2 号浓缩汁总糖、还原糖占总糖比率和 pH 值随储藏时间变化

表 5-4 所示是醇甜 2 号浓缩汁总糖、还原糖占总糖比率和 pH 值随储藏时间变化的情况。与辽甜 1 号、早熟 1 号的变化相似，醇甜 2 号浓缩汁储藏 35 天后，浓缩 5 倍处理组总糖从 890.4 mg/mL 变为 874.8 mg/mL，仅下降了 1.8%，pH 值从5.2 变为 4.9；浓缩 4 倍的总糖从 712.3 mg/mL 降低到 624.5 mg/mL，损失了12.3%，pH 值从 5.1 下降到 4.8；浓缩 3 倍的总糖从 523.6 mg/mL 下降到 352.3 mg/mL，降低了 32.7%，pH 值从 5.1 下降到 4.7；浓缩 2 倍的总糖从 365.4 mg/mL 下降到 115.3 mg/mL，降低了 68.4%，pH 值从 5.1 变为 3.7。对照组总糖从 178.6 mg/ mL 下降到 65.7 mg/mL，降低了 63.2%，pH 值从 5.2 下降为 3.5。

表 5－4　醇甜 2 号浓缩汁总糖、还原糖占总糖比率和 pH 值随储藏时间变化情况

储藏时间/d	总糖残存率/%					pH 值					还原糖占总糖比率/%				
	对照	浓缩2倍	浓缩3倍	浓缩4倍	浓缩5倍	对照	浓缩2倍	浓缩3倍	浓缩4倍	浓缩5倍	对照	浓缩2倍	浓缩3倍	浓缩4倍	浓缩5倍
0	100.0	100.0	100.0	100.0	100.0	5.2	5.1	5.1	5.1	5.2	57.4	57.6	39.5	29.7	25.4
7	63.7	91.3	92.8	99.7	98.8	4.6	5.0	5.1	4.9	4.9	67.6	75.0	43.5	26.4	27.7
14	61.0	83.4	83.1	97.5	98.9	4.3	4.0	5.1	4.9	4.9	93.4	58.1	58.9	40.3	49.4
21	51.1	67.3	78.7	94.2	98.5	3.8	3.9	5.1	4.9	4.9	99.5	65.2	68.2	38.2	51.5
28	42.1	38.9	72.0	90.0	98.5	3.6	3.8	4.7	4.8	4.9	96.3	98.5	82.7	40.7	52.2
35	36.8	31.6	67.3	87.7	98.2	3.5	3.7	4.7	4.8	4.9	98.8	97.2	82.3	39.7	52.5

醇甜 2 号各处理组还原糖占总糖比率也随时间延长呈增加趋势。浓缩 2 倍处理组第 2 周时还原糖占总糖比率下降，可能是这个处理组感染杂菌比较严重，还原糖被微生物大量消耗所致，其总糖损失率（68.4%）较对照组（63.2%）高也可以说明这一现象。

5.1.3　浓缩储藏方法的应用前景

用真空浓缩法脱出汁液中部分水分，可溶性固形物含量升高，水分活度降低，抑制微生物生长和酶活性。实验证实，初始总糖含量为 180 mg/mL 左右的甜高粱茎秆汁浓缩至 5 倍左右（含糖量 821.4～890.4 mg/mL）时，能防止糖的损失，减少储运成本，与直接储存甜高粱茎秆相比较，更有利于实现工业化生产。而且，消耗在浓缩工艺中的能量基本与玉米等淀粉质原料生产酒精的蒸煮糖化工序所消耗的能量相当。美国在种植地由农场加工浓缩甜高粱茎秆汁出售给食品工厂用于生产食用甜高粱糖浆。中国建立甜高粱乙醇项目可以走两条技术线路，一是在甜高粱产地建立分散的、小型的乙醇发酵工厂，进行固态或液态发酵生产低浓度酒精，再将其集中到大型工厂进行精馏；二是在甜高粱产地就地榨汁、浓缩，将浓缩汁出售给大型酒精工厂进行酒精生产。前者的小型工厂自动化程度较低，劳动量大，比较适合在我国较不发达地区建厂，但不易实现周年生产而造成设备闲置；后者在产地进行榨汁、浓缩，榨汁后剩余的甜高粱茎秆渣留在产地，可以做青储饲料或用于浓缩茎秆汁所需燃料，也可用来加工人造板、纸浆等。其技术、管理水平要求不高，浓缩汁由大型酒精厂收购，有利于实现大规模工业化生产，但要增加榨汁、浓缩设备及浓缩所需燃料动力的投入。

甜高粱茎秆汁储藏过程中，各处理组还原糖占总糖比例总体上呈上升趋势，这

是由于试验设定的真空浓缩温度(55～60℃)不能使茎秆汁中产酸微生物或水解酶类丧失活性,蔗糖等多元糖在酸或酶的作用下水解生成葡萄糖和果糖,汪彤彤等[10]的研究也观察到这种现象。因还原糖可以被酵母菌直接利用,所以这种变化对于酒精生产是有利的,若以制取结晶蔗糖为目的则需要对茎秆汁液进行较彻底的灭菌处理才能防止蔗糖水解。

5.1.4 小结

甜高粱茎秆成分随种植地区温度、日照、降水、土壤等自然条件差异和品种不同而异。甜高粱茎秆原汁补充氮源和部分矿物质营养盐后可以直接用于酒精发酵,但原汁中的糖分在常温下极易损失;甜高粱茎秆汁经浓缩可以达到延长储藏时间的目的,实验观察的三个甜高粱品种茎秆汁浓缩至原体积的1/4～1/5时,可以抑制汁液中大多数微生物的活动,防止发泡、pH值下降等腐败现象发生,使其中糖分损失较少或不受损失;在试验设定的真空浓缩工艺条件下(55～60℃,0.15 MPa)甜高粱茎秆汁中某些产酸微生物和水解酶类仍保持活性,使得还原糖占总糖的比率随储藏时间延长而升高,这有利于酒精发酵;采用浓缩方法可以达到长期储藏甜高粱茎秆汁的目的,大幅度减少储运成本,同时可以避免使用防腐剂给酒精发酵带来的抑制作用,但要耗费大量能源,生产中可以使用甜高粱茎秆叶和废渣作燃料实现能量循环,降低浓缩成本。

5.2 甜高粱茎秆汁液防腐剂储藏技术

甜高粱茎秆汁液在采收后,汁液中除有丰富的葡萄糖、果糖和蔗糖等微生物容易利用的碳源之外,同时还含有较多的氮源,以及有机或无机微生物生长的营养源,这些都为微生物的生长提供了有利的营养条件。另外,在甜高粱采收季节,不同生长地区的气温虽有差异,但总体温度在5～20℃范围之内,这样的温度条件也为不同的微生物提供了良好的生长条件。此外,甜高粱茎秆在采收和榨汁的过程中都属开放性加工,这些过程也会使甜高粱茎秆汁液中滋生很多自然微生物。根据刘荣厚教授课题组的研究经验,通过煮沸灭菌的方式处理甜高粱茎秆汁液,可以使甜高粱汁液6个月不出现酸化的现象,这也说明微生物的作用是导致甜高粱茎秆汁液腐坏的最根本原因[4]。

在食品工业中,防止由微生物引起的腐败变质的方法可分为物理法和化学法等。其中的化学法是指在生产和储运过程中添加某种对人体无害的化学防腐剂[10]。针对目前甜高粱茎秆汁液储藏的研究现状,较为有效的三种存储方式为:汁液冷冻储藏(<－20℃)、汁液浓缩储藏(总发酵糖>40%)以及高温灭菌储藏,但这三种方式共同的缺点是需要较高的设备投入和较高的能量投入去获取低温或浓缩汁液或高压蒸汽,此外高温灭菌法还非常容易使甜高粱汁液中的糖因高温而发生褐变,进而导致总糖损失,并产生发酵抑制物。因此,这三种方法在实际应用过程中,无法满足甜高粱生物乙醇生产低成本的要求。在食品工业中,防腐剂法有投资少、见效快、不需要特殊的设备,使用中一般不改变食品的形态等优点而被广泛地使用。随着化学工业和食品科学的发展,化学合成的防腐剂逐渐增多,在世界各国的食品工业中得到普遍应用。目前得到广泛认可和应用的防腐剂[10]有:丙酸盐、苯甲酸及其盐类、山梨酸及其盐类、尼泊金酯类、漂白粉等。因而采用添加廉价的食品防腐剂用于甜高粱茎秆汁液储藏,对于生产设备投资以及能量投入要求非常低,而且不存在潜在的环境危害,在不影响后续发酵的前提下,将是一种具有很大应用价值的甜高粱茎秆汁液储藏方式。

5.2.1 防腐剂及其储藏原理

1) 防腐剂储藏原理

食品储藏的基本原理是:根据食品品质变化的原因和影响因素,采取不同的储藏方法和技术措施,通过控制外界环境条件或改变食品内部的成分或结构,以达到抑制或杀灭微生物,抑制或破坏食品中的酶的活性,抑制食品营养成分和风味物质的变化及成分之间的不良反应,防止或减少食品中水分的蒸发和其他物理变化,维持鲜活食品在储藏中最低限度的生命活动,提高生物体的免疫力[11]。

防腐剂抑制与杀死微生物的机理是十分复杂的,有些至今尚未清楚其作用本质。目前使用的防腐剂一般认为对微生物具有以下几方面的作用[12、13]:

(1) 破坏微生物细胞膜的结构或者改变细胞膜的渗透性,使微生物体内的酶类和代谢产物逸出细胞外,导致微生物正常的生理平衡被破坏而失活。

(2) 防腐剂与微生物的酶作用,如与酶的巯基作用,破坏各种含硫蛋白酶的活性,干扰微生物体的正常代谢,从而影响其生存和繁殖。通常防腐剂作用于微生物的呼吸酶系,如乙酰辅酶A缩全酶、脱氢酶、电子转递酶系等。

(3) 其他作用:包括防腐剂作用于蛋白质,导致蛋白质部分变性、蛋白质交联而导致其他的生理作用不能进行等。

如酸型防腐剂能够以未解离的有机酸分子迅速渗透到细胞内部并酸化细胞,使蛋白质变性等。

2) 几种常用防腐剂

目前各国使用的食品防腐剂种类很多。使用的食品防腐剂主要是化学合成的物质,它们对微生物的细胞膜有破坏作用,从而抑制了微生物的发育和繁殖。防腐剂一般分为酸型防腐剂、酯型防腐剂、无机防腐剂和生物防腐剂4类。目前食品中最常用的防腐剂是酸型防腐剂,这一类有苯甲酸及其盐类、山梨酸及其盐类、丙酸及其盐类等。美国允许使用的食品防腐剂有五十余种,日本有四十余种。甜高粱茎秆汁液储藏常用的防腐剂有苯甲酸及其钠盐、山梨酸及其盐类、羟苯酯类(又名尼泊金酯类)、丙酸盐、亚硫酸及其盐类、硝酸及亚硝酸盐类[14][15][16]。

5.2.2　添加防腐剂储藏甜高粱茎秆汁液技术

5.2.2.1　尼泊金乙酯储藏甜高粱茎秆汁液的技术

以新鲜甜高粱茎秆汁液为原料，添加 0.01%～0.05%的尼泊金乙酯，分析甜高粱茎秆汁液储藏过程中各个指标的变化。

1) 储藏过程中可溶性固形物含量的变化

有研究发现甜高粱茎秆汁液中的可溶性固形物含量与其中的可发酵糖具有很好的线性关系[17]，因此研究在不同储藏时间内可溶性固形物的变化，可以在一定程度上反映出储藏效果的好坏。本部分的储藏实验进行两个重复，每个重复读取可溶性固形物含量两次，最终结果为 4 次读数的平均值。在本研究中初始汁液中可溶性固形物的含量为 12.4%，添加不同剂量的尼泊金乙酯的汁液储藏过程中可溶性固形物的变化如图 5 - 3 所示。

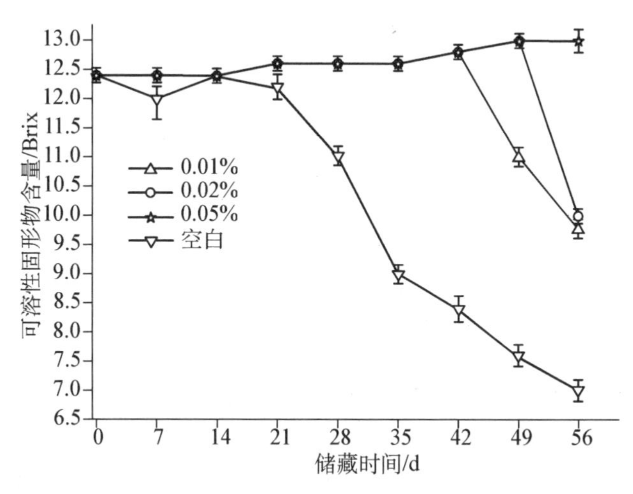

图 5 - 3　不同剂量尼泊金乙酯储藏甜高粱茎秆汁液过程中可溶性固形物的变化

由图 5 - 3 的结果可以看出，当尼泊金乙酯的添加浓度为 0.01%时，随着储藏的时间增加至 42 d，汁液中可溶性固形物的含量几乎保持不变，而随着储藏天数的继续增加，可溶性固形物含量明显下降。而对于 0.02%的尼泊金乙酯的添加量而言，前 49 d 可溶性固形物的含量也几乎保持不变，而在储藏至 49 d 以后其含量也出现了明显的下降。而对于 0.05%的尼泊金乙酯的添加量，在整个实验选定的 56 d的储藏时间内，可溶性固形物含量没有发生下降的趋势。相比而言，对于不添加任何防腐剂的空白，汁液中可溶性固形物的含量保持不变的趋势仅维持了14 d，在28 d后，汁液表观发生了明显的腐坏现象，且可溶性固形物的含量也随之急剧下降。由此可以看出，尼泊金乙酯在0.01%～0.05%的范围之内，对于甜高粱茎秆汁液的储藏具有一定的效果，而随着浓度的增加，效果增强。这主要是由于尼泊金乙酯具有很强的渗透微生物的能力。也正是由于它具有这样的功能，使微生物细胞膜产生损伤，同时还可以破坏细胞内的一些功能酶和辅酶的蛋白结构，致使微生物生长和代谢受到抑制。此外，尼泊金乙酯的有效功能基团是α，β-非饱和羟基基团，在这个基团上的p电子与邻近双键上的π电子会产生很强的共轭效应，而这种共轭效应会有很强的电子缓冲能力，能干扰微生物在新陈代谢过程中的电子传递和转移，致使微生物功能蛋白和辅酶失效，从而达到抑制微生物活性的作用。因此，随着尼泊金乙酯添加量的增加其抑菌效果增强，这与初选尼泊金乙酯浓度的实验结果具有一致性。

2) 储藏过程中糖含量的变化

为了明确甜高粱茎秆汁液在添加不同剂量尼泊金乙酯后，其中的糖分(蔗糖、还原糖和总糖)的变化情况，对这三种不同的糖分别进行定期测定，结果分别如图5-4、图5-5和图5-6所示。在本研究中，初始的蔗糖浓度为121.06 mg/mL，并在储藏56 d的过程中，添加不同剂量尼泊金乙酯的汁液中蔗糖的含量又发生了明显的下降。在储藏终止后，在0.01%、0.02%、0.05%以及空白组的汁液中，蔗糖浓度分别为2.93 mg/mL、5.82 mg/mL、27.12 mg/mL和1.79 mg/mL(见图5-4)。另外，根据图5-5，各个处理在储藏前，还原糖(葡萄糖+果糖)的含量为34.47 mg/mL，添加不同剂量的尼泊金乙酯的汁液后，其中还原糖的变化趋势为在储藏的开始阶段先增加，然后出现下降趋势，但各个处理中出现还原糖峰值的储藏时间段不同。例如，对空白而言，峰值出现在第21～28天之间。添加量为0.01%

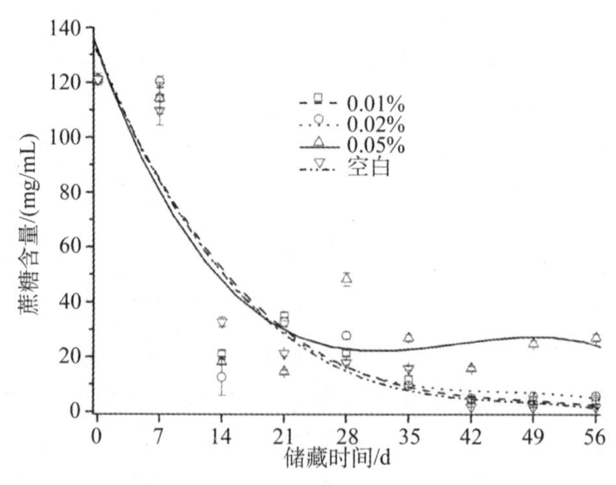

图5-4　添加不同剂量的尼泊金乙酯的汁液储藏过程中蔗糖的变化

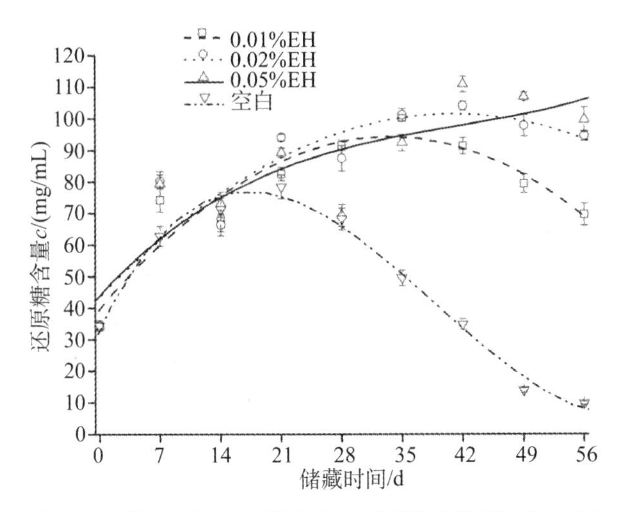

图5-5　添加不同剂量的尼泊金乙酯汁液储藏过程中还原糖的变化

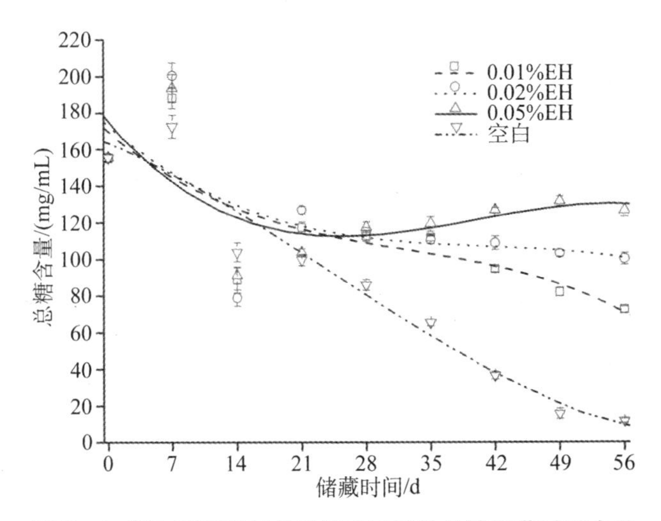

图5-6　添加不同剂量的尼泊金乙酯的汁液储藏过程中总糖的变化

组，峰值则出现在第28～42天之间，而对于添加量为0.02%组，还原糖峰值出现的时间在第35～49天之间，对于添加剂量为0.05%的甜高粱茎秆汁液，其还原糖出现峰值的时间则在56 d之后。此外，就还原糖的下降量而言，不同尼泊金乙酯的添加量，还原糖的下降趋势不同。总体上来说，随着尼泊金乙酯剂量的增加，还原糖降低的趋势减缓。储藏终止后，在空白、0.01%、0.02%以及0.05%组的汁液中，还原糖含量分别为9.78 mg/mL、65.59 mg/mL、94.53 mg/mL和99.61 mg/mL。

另外，依据图5-6结果所示，初始汁液中的总糖浓度为155.53 mg/mL，随着储藏时间的增加，各个处理中可溶性总糖含量有下降趋势。储藏终止后，在空白0.01%、0.02%以及0.05%组的汁液中，总糖含量分别为11.58 mg/mL、72.52 mg/mL、100.35 mg/mL和126.74 mg/mL。此结果显示，随着尼泊金乙酯添加剂量的减小，汁液中可发酵性总糖的损失随之增加。将本部分的研究结果与甘蔗茎秆汁液储藏结果相比较，发现总糖、还原糖以及蔗糖的变化趋势与甘蔗汁液储藏相似。其中蔗糖浓度降低的主要原因在于，在酸性条件下，长时间内蔗糖很容易水解成果糖和葡萄糖类的还原性糖，相应地也导致了在储藏过程中，还原糖在储藏前期含量出现了相应增加的现象。此外，在储藏过程中，总糖以及在后期还原糖具有下降趋势的原因在于，添加尼泊金乙酯的浓度虽然对致腐菌的生长产生了抑制，但并不能产生完全的抑制。随着储藏时间的延长，防腐剂的抑菌效果就会逐渐降低，进而导致致腐菌重新开始繁殖，消耗了汁液中的糖分[10]。这也是在防腐剂的作用下汁液不可能长效储藏的主要原因。

此外，根据储藏前后汁液中各种糖分回收率的情况来看(见图5-7)，在尼泊金乙酯添加剂量为0.01%、0.02%和0.05%组中，储藏结束时，糖回收率分别为46.6%、64.5%和81.5%。而相比于空白，其仅有7.44%的糖回收率。由此可见，仅就针对甜高粱茎秆汁液储存而言，暂不考虑对发酵的影响，高浓度的尼泊金乙酯将有利于甜高粱茎秆汁液的储藏。

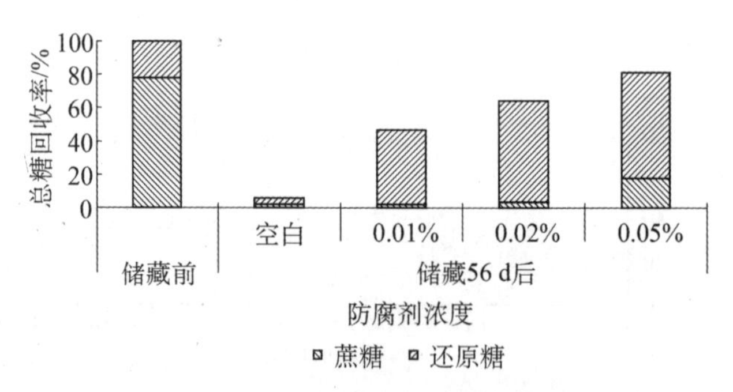

图5-7　56 d储藏后主要糖的回收率

3) 尼泊金乙酯对汁液后续乙醇发酵的影响

为了研究添加尼泊金乙酯储藏后的甜高粱茎秆汁液的发酵能力，在摇瓶中采用固定化酵母技术对储藏后的汁液进行乙醇发酵研究。添加尼泊金乙酯储藏后甜高粱汁液乙醇发酵结果如表5-5所示。结果显示，在相同的乙醇发酵时间内，添加0.05%尼泊金乙酯的甜高粱储藏汁液发酵后乙醇浓度为6.20%。而添加0.02%和0.01%尼泊金乙酯的甜高粱储藏汁液经发酵后乙醇浓度为6.10%和3.35%。与空白生成的乙醇浓度相比，它们之间的差异显著($p < 0.05$)。这主要

由于在汁液储藏过程中，较高的尼泊金乙酯的添加量可以保留较多的可发酵糖分，因此，在高剂量的尼泊金乙酯添加组可以获得较高的乙醇产量。通过对发酵终点后，发酵液中残糖浓度的比较可以发现，在空白、0.01%、0.02%和0.05%尼泊金乙酯添加组，其残糖分别为 2.75 mg/mL、2.75 mg/mL、2.88 mg/mL 和2.80 mg/mL，且它们之间的差异不显著（ $p<0.05$ ）。另外，在发酵结束时，它们的总糖利用率分别为 76.24%、96.22%、97.13%和 97.79%，这说明添加不同剂量的尼泊金乙酯对酵母的糖利用没有产生较大的影响。就乙醇得率而言，0.02%尼泊金乙酯的添加组获得最高的乙醇得率，为 93.86%，而相比空白、0.01%和 0.05%的添加组，其乙醇得率分别为 53.38%、71.33%和 75.54%，这足以显示高的尼泊金乙酯对酵母的代谢途径产生的影响，对乙醇的生成产生了抑制作用。另外，对发酵产生了差异的另外一个主要原因在于：在空白和 0.01%的尼泊金乙酯添加组，较低的初始糖浓度导致了酵母对汁液中的可发酵糖利用困难，从而导致乙醇得率较低。因此，尼泊金乙酯的添加量为 0.01%～0.02%时，在固定化酵母发酵体系中，对酵母的代谢途径的改变不会产生太大的影响。这主要是因为固定化系统中具有较高的酵母浓度，较高的酵母数量超出了 0.01%～0.02%尼泊金乙酯的最大微生物抑制浓度。另外，在发酵前储藏的汁液经过了高温灭菌的同时，调节了汁液的 pH 值至 5.0，这些预处理过程都可能会减弱尼泊金乙酯对酵母发酵的抑制作用。

表 5-5　添加尼泊金乙酯储藏后甜高粱汁液乙醇发酵结果

尼泊金乙酯剂量/%	乙醇浓度/(%，V/V)	残糖浓度/(mg/mL)	乙醇得率/%	糖利用率/%
0.01	3.35±0.35 (b)*	2.75±0.02 (a)	71.33	96.22
0.02	6.10±0.14 (a)	2.88±0.09 (a)	93.86	97.13
0.05	6.20±0.29 (a)	2.80±0.06 (a)	75.54	97.79
空白	0.4±0.14 (c)	2.75±0.05 (a)	53.38	76.23

* 在括号中的代表相应列差异性，同一列括号中不同字母代表这一列数值差异显著（ $p<0.05$ ）

就添加 0.05%尼泊金乙酯组的乙醇发酵而言，虽然它的乙醇得率相对较低，但却具有非常高的最终糖利用率。这说明在发酵过程，由于高浓度尼泊金乙酯的影响，酵母的代谢途径受到严重的影响，汁液中的一部分糖用于酵母生长去适应高浓度的尼泊金乙酯抑制，而没有用于乙醇发酵。在一定程度上增加酵母的接种量可以减弱抑制物的抑制，提高发酵乙醇的浓度和发酵效率，由此可以推断对于 0.05%尼泊金乙酯组发酵的乙醇得率可以通过增加固定化酵母的接种量获得提高。因此，通过综合衡量储藏过程中的糖回收率以及发酵过程中乙醇得率，添加 0.05%尼泊金乙酯可以被选取为一个比较折中的浓度用于甜高粱茎秆汁液储藏。

5.2.2.2 苯甲酸钠对甜高粱茎秆汁液储藏及后续乙醇发酵的影响

以新鲜甜高粱茎秆汁液为原料，添加 0.05%～0.15%的苯甲酸钠，分析甜高粱茎秆汁液储藏过程中各个指标的变化。

1) 储藏过程中可溶性固形物含量的变化

根据苯甲酸钠对甜高粱茎秆优势致腐菌使用剂量的抑制效应，选择 0.05%、0.10%和 0.15%的苯甲酸钠的剂量添加至甜高粱茎秆汁液中进行储藏研究。在为期 56 d 的储藏过程中，添加不同剂量苯甲酸钠的汁液储藏过程中可溶性固形物含量的变化如图 5-8 所示。由图可以看出，当苯甲酸钠的添加剂量为 0.05%时，汁液在储藏的前 28 天可溶性固形物含量没有出现明显的降低，而延长储藏时间，其出现了明显的降低，而且降低的速率和空白同期的速率几乎相同。对于苯甲酸钠的添加剂量为 0.10%时，直到储藏至 49 d，汁液中的可溶性固形物的含量才产生微弱的减低。相比之下，添加 0.15%的苯甲酸钠，其汁液中的可溶性固形物含量在 56 d 储藏时间内，没有出现降低的现象。由此可以初步看出，增加苯甲酸钠添加剂量有利于汁液的长期储藏。苯甲酸类防腐剂是以其未离解的分子发生作用的，未离解的苯甲酸亲油性强，易通过细胞膜进入细胞内，干扰霉菌和细菌等微生物细胞膜的通透性，阻碍细胞膜对氨基酸的吸收，进入细胞内的苯甲酸分子，酸化细胞内的储碱，抑制微生物细胞内的呼吸酶系的活性，从而起到防腐作用。因而未解离的苯甲酸分子浓度影响着苯甲酸钠的防腐功效，提高苯甲酸钠的浓度，会在溶液体系中生成高浓度的苯甲酸，对甜高粱致腐菌的抑制作用可以加强。因此，苯甲酸钠添加量越多，其抑菌效果就越强，这与初选苯甲酸钠的实验结果具有一致性。

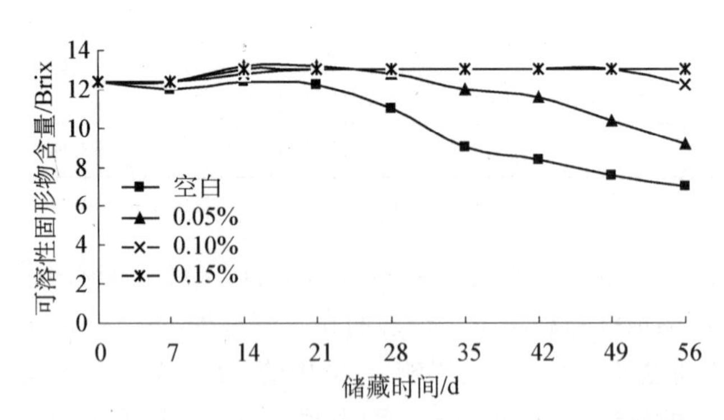

图 5-8 添加不同剂量苯甲酸钠的汁液储藏过程中可溶性固形物含量的变化

2) 储藏过程中糖含量的变化

为了明确甜高粱茎秆汁液在添加不同剂量苯甲酸钠后，其中糖分（蔗糖、还原糖和总糖）的变化情况，以及确定较为经济的使用剂量，这三种不同的糖浓度分别被定期测定,结果分别如图5-9、图5-10和图5-11所示。由图5-9可知,初始的蔗糖浓度为121.06 mg/mL,并在储藏前7天,各个处理的蔗糖含量都快速下降,此后,随着储藏时间的增加,空白组和添加0.05%苯甲酸钠组汁液中的蔗糖含量继续下降,而添加0.10%和0.15%苯甲酸钠组中的蔗糖则几乎保持不变,在设定的储藏期(56 d)结束后,随着苯甲酸钠剂量的增加,这三组中的蔗糖含量分别为20.88 mg/mL、46.86 mg/mL和53.91 mg/mL,而空白组则为2.93 mg/mL。这在一定程度上证明在甜高粱汁液储藏过程,蔗糖会被酶和酸同时水解,而酶则来源于汁液中的一些致腐菌的代谢。在储藏的前7天,添加高剂量苯甲酸钠组的蔗糖水解速率要高于低剂量组,原因可能在于无机盐如钠、钙、镁离子都会加速蔗糖水解(多价阳离子和碱金属离子的这种作用更强)[18]。由图5-10可知,在储藏过程中,汁液的初始还原糖浓度为34.47 mg/mL,添加了不同剂量的苯甲酸钠后,总体上说在储藏过程中,各个处理中的还原糖都有一个大幅增加的过程,对于空白组和添加0.05%组,还原糖在继续延长储藏时间后,出现了继续降低的现象,而对于添加0.10%和0.15%苯甲酸钠组,还原糖则在延长储藏时间后,基本上保持不变。由此可见,在储藏过程中蔗糖的水解是导致汁液中还原糖浓度在一定时间内出现增加现象的主要原因,而低剂量防腐剂的添加,对汁液中致腐菌的抑制作用效果差,当其适应防腐剂的抑制环境后,继续保持微生物活性,并优先利用葡萄糖和果糖为碳源进行生理修复和生长,这是导致还原糖浓度下降的根本原因。另外,由图5-11可知,初始的总糖浓度为155.53 mg/mL,随着储藏时间的增加,各个处理中总糖浓度含量具有下降趋势。对于空白组和添加0.05%苯甲酸钠组,下降程度明显,而对于添加0.10%和0.15%苯甲酸钠组,在整个储藏过程中下降的幅度很小。在储藏终止后,在空白、0.05%、0.10%以及0.15%组的汁液中,总糖含量分别为11.58 mg/mL、81.11 mg/mL、136.29 mg/mL和147.03 mg/mL。此结果显示,随着苯甲酸钠添加剂量的减小,汁液中可发酵性总糖的损失也随之增加。比较苯甲酸钠和尼泊金乙酯在甜高粱储藏过程中,不同浓度对各种糖含量的影响结果来

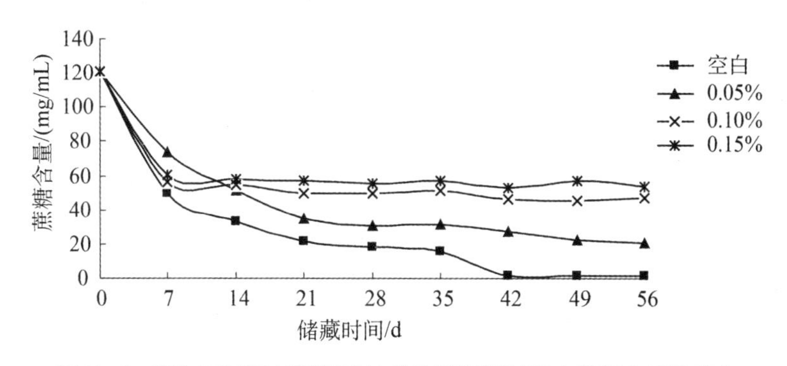

图5-9 添加不同剂量苯甲酸钠的汁液储藏过程中蔗糖含量的变化

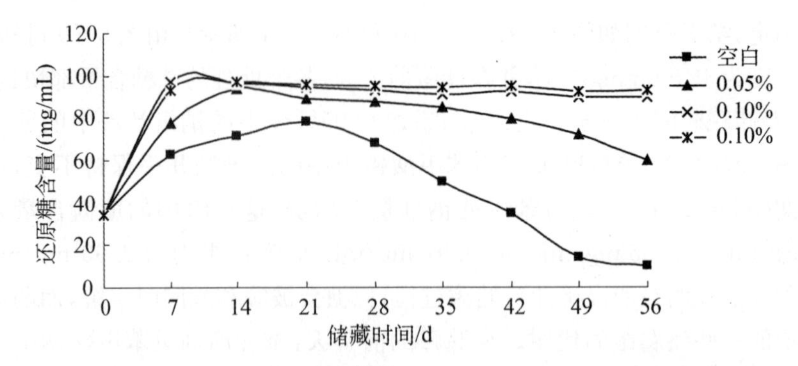

图 5-10　添加不同剂量苯甲酸钠的汁液储藏过程中还原糖含量的变化

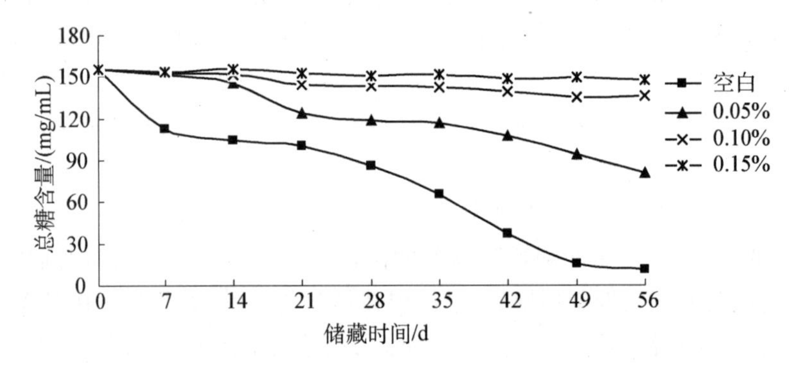

图 5-11　添加不同剂量苯甲酸钠的汁液储藏过程中总糖含量的变化

看，两者较为相似。这种结果与甘蔗汁液的冷冻以及罐装果汁的储藏过程中的蔗糖、果糖葡萄糖以及总糖的变化类似。

此外，根据储藏前后汁液中各种糖分的回收率情况来看(见图 5-12)，在苯甲酸钠添加剂量为 0.05%、0.10%和 0.15%组储藏结束时，糖回收率分别为 52.16%、87.63%和 94.53%。而对于空白组，其糖回收率仅有 7.44%。由此可见，仅针对甜高粱茎秆汁液储藏而言，不考虑对后续发酵的影响，高浓度的苯甲酸钠将有利于甜高粱茎秆汁液的储藏。

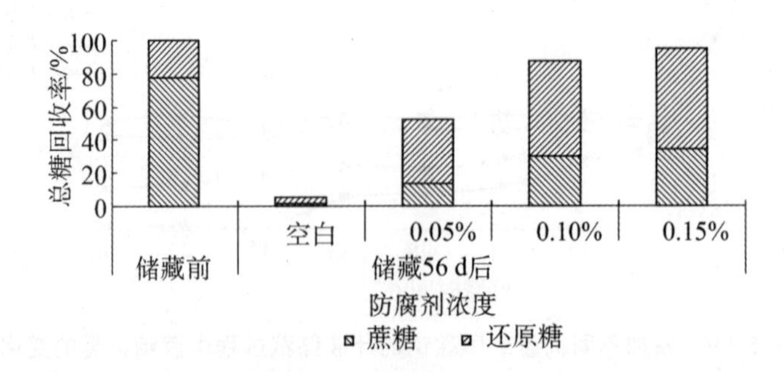

图 5-12　苯甲酸钠储藏甜高粱汁液前后主要糖回收率的变化

3）苯甲酸钠对汁液后续乙醇发酵的影响

为了研究添加苯甲酸钠储藏后储藏汁液的发酵能力，以及确定较合适的苯甲酸钠添加剂量，在摇瓶中采用固定化酵母技术对储藏后的汁液进行乙醇研究。根据苯甲酸钠的抑菌防腐的原理，苯甲酸钠的抑菌受到 pH 值影响非常大。因此，本部分发酵在 pH 值为 3.5 和 5.0 两个条件下进行。添加苯甲酸钠储藏后甜高粱汁液发酵结果如表 5－6 所示。由表 5－6 的发酵结果可以看出，在 pH 值为 3.5 的情况下，除添加 0.05％苯甲酸钠组发酵后乙醇浓度可达到 2.45％外，0.10％和 0.15％苯甲酸钠添加组发酵 12 h 后均未检测到乙醇，而且从残糖浓度看，添加 0.05％苯甲酸钠组在低 pH 值条件下虽然有发酵进行，最后的残糖浓度很高，说明酵母细胞在一定程度上受到了苯甲酸钠的抑制。同比，0.10％和 0.15％苯甲酸钠添加组，残糖浓度为 133.33 mg/mL 和 149.27 mg/mL，几乎和初始糖浓度相同，这说明在低 pH 值(为 3.5)条件下，0.10％～0.15％苯甲酸钠对酵母产生了完全抑制。当发酵汁液的 pH 值调节至 5.0 时，添加不同浓度苯甲酸钠储藏的汁液发酵都可以进行。结果显示，发酵结束后，随苯甲酸钠添加剂量的增加，乙醇浓度分别为 4.30％、8.10％和 8.60％，与空白相比它们之间的差异显著($p<0.05$)。发酵结束后，各个处理的残糖浓度随添加剂量的增加而略有增加，最终发酵残糖分别为 2.66 mg/mL、3.20 mg/mL 和 3.38 mg/mL，与空白相比它们之间的差异不显著($p<0.05$)。结合糖利用率，三组添加苯甲酸钠储藏的汁液在发酵后都达到了 90％以上的糖利用率，这说明在调节发酵 pH 值之后，苯甲酸钠对酵母的抑制减弱。从最终乙醇得率可以看出，当 pH 值调至 5.0 时，设定浓度范围的苯甲酸钠对储藏后甜高粱茎秆汁液的发酵基本不产生影响。

表 5－6 添加苯甲酸钠储藏后甜高粱汁液发酵结果

苯甲酸钠剂量	pH 值＝3.5		pH 值＝5.0			
	乙醇浓度/(％，V/V)	残糖浓度/(mg/mL)	乙醇浓度/(％，V/V)	残糖浓度/(mg/mL)	乙醇得率/％	糖利用率/％
0.05％	2.45±0.14	14.57±0.08 (b)	4.30±0.35 (b)	2.66±0.02 (a)	82.02	96.72
0.10％	—	133.33±0.16 (a)	8.10±0.14 (a)	3.20±0.09 (a)	91.94	97.65
0.15％	—	149.27±0.35 (a)	8.60±0.29 (a)	3.38±0.06 (a)	90.49	97.70
空白	—	—	0.40±0.14 (c)*	2.75±0.05 (a)	53.38	76.23

* 括号中字母代表所在列的差异性，相同字母代表差异不显著，不同字母代表差异显著($p<0.05$) —代表未检测到或未做检测。

因此，根据糖回收率的结果，并结合不同苯甲酸钠在不同 pH 值条件下对酵母发酵的影响效果，可以选择 0.15%的苯甲酸钠添加量，对甜高粱茎秆汁液的储藏具有十分有效的作用，且在发酵过程中通过调节发酵 pH 值，可以降低或消除苯甲酸钠对酵母的抑制，获得较好的发酵效果。

5.2.2.3　漂白粉对甜高粱茎秆汁液储藏及后续乙醇发酵的影响

以新鲜甜高粱茎秆汁液为原料，添加 0.1%～0.2%的漂白粉，分析甜高粱茎秆汁液储藏过程中各个指标的变化。

1) 储藏过程中可溶性固形物含量的变化

根据漂白粉对甜高粱茎秆汁液中优势致腐菌的抑制剂量的初步确定，在本部分选择 0.10%、0.15%和 0.20%的漂白粉剂量添加至甜高粱茎秆汁液中进行储藏研究。在为期 56 d 的储藏过程，添加不同剂量漂白粉的汁液储藏过程中可溶性固形物含量的变化如图 5 - 13 所示。由图可以看出，当漂白粉的添加浓度为 0.10%时，随着储藏时间增加至 21 d，汁液中可溶性固形物的含量几乎保持不变，而随着储藏天数的继续增加，可溶性固形物含量明显下降，且下降幅度和空白类似；而对于漂白粉添加量为 0.15%～0.20%的试验组而言，前 28 d 可溶性固形物的含量也几乎保持不变，而在储藏至 28 d 以后其含量也出现了明显下降，但下降幅度0.15%的添加量组大于 0.20%的添加量组。相比而言，对于不添加任何防腐剂的空白，汁液中可溶性固形物的含量保持不变的趋势仅维持了 14 d，在 28 d 后，汁液表观发生了明显的腐坏现象，且可溶性固形物的含量也随之急剧下降，且在储藏期终止时，汁液表面不同程度出现霉菌菌落。由此可以看出，漂白粉添加量在 0.10%～0.20%的范围之内，短期内(约 1 个月)对于甜高粱茎秆汁液的储藏具有一定的效果，且随着浓度的增加，效果增强；而随着储藏期的延长，汁液的储藏效果明显减弱。漂白粉主要成分为次氯酸钙中的次氯酸根(OCl^-)，次氯酸根遇酸释放出“有效氯”(HOCl)，其中，次氯酸体积小，不带电荷，易穿过细胞壁；同时，它又是一种强氧化剂，能损害细胞膜，使蛋白质、核糖核酸(RNA)和脱氧核糖核酸(DNA)等物质释出，并影响和干扰多种酶系统(主要是磷酸葡萄糖脱氢酶的巯基被氧化破坏)，

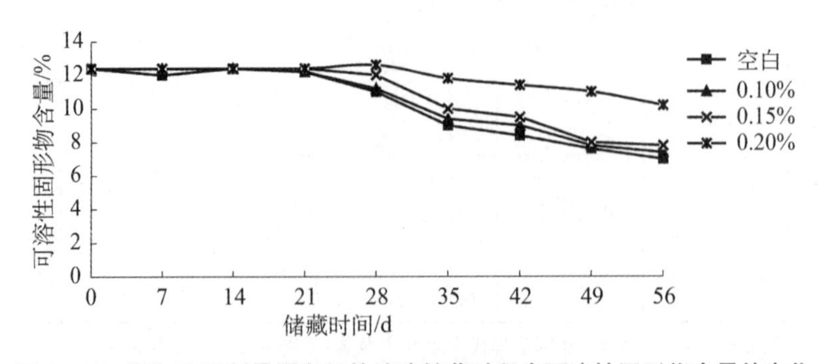

图 5 - 13　添加不同剂量漂白粉的汁液储藏过程中可溶性固形物含量的变化

使糖代谢受阻，从而使细菌死亡[10]。因此，可以看出漂白粉为一种短效的防腐剂，在短时间内，由于甜高粱茎秆汁液的 pH 值调节得较低，其有效氯的释放速率较快，所以在短时间内就达到了一个较好的杀菌和抑菌的效果。同时由于有效氯(HOCl)的稳定性较差，随着储藏时间延长，在甜高粱茎秆汁液中的“有效氯”缓慢失效，致使在储藏后期，汁液产生了一定的腐坏现象。

2) 甜高粱茎秆汁液储藏过程中糖的变化

为了明确甜高粱茎秆汁液在添加不同剂量漂白粉后，其中糖分(蔗糖、还原糖和总糖)的变化情况，以及确定较为经济的使用剂量，这三种不同的糖分别被定期测定，结果分别由图 5－14、图 5－15 和图 5－16 所示。由图 5－14 可知，初始的蔗糖浓度为 121.06 mg/mL，整体而言，在储藏的前 21 d，在各个处理中，汁液中蔗糖含量快速下降，随着储藏时间的延长下降趋势变缓。而且随着漂白粉剂量的增加，最终的蔗糖含量分别为 16.56 mg/mL、21.74 mg/mL 和 28.54 mg/mL。由图 5－15 可知，甜高粱茎秆汁液初始的还原糖浓度为 34.47 mg/mL，添加了不同剂量的漂白粉后，总体来说在储藏过程中，各个处理中的还原糖都有一个大幅增加的过程，且增幅期集中在第 7～21 天，此后随着储藏期的延长，各个处理中的还原糖的含量均出现快速下降的现象；而且随着漂白粉剂量的增加，还原糖下降的幅度减小，在储藏期结束时，漂白粉添加量为 0.10%、0.15%和 0.20%的试验组的汁液中还原糖的浓度分别为 15.56 mg/mL、24.55 mg/mL 和 58.27 mg/mL。由图 5－16 可知，从整体上看，各个处理组的甜高粱茎秆汁液的总糖含量都呈现出下降的过程，但随着漂白粉浓度的提高，下降趋势减缓。在储藏结束时，漂白粉添加量为 0.10%、0.15%和 0.20%的试验组的汁液中还原糖的浓度分别为 32.12 mg/mL、53.09 mg/mL 和 80.01 mg/mL。通过添加漂白粉对甜高粱汁液储藏过程中糖变化的影响可以看出，在储藏过程中同样存在着蔗糖与还原糖的转化过程，这与苯甲酸钠和尼泊金乙酯的防腐过程具有同样的规律。但漂白粉的作用效果会随着储藏期的延长而减弱，因此漂白粉适合用于短时间内汁液的储藏与加工。

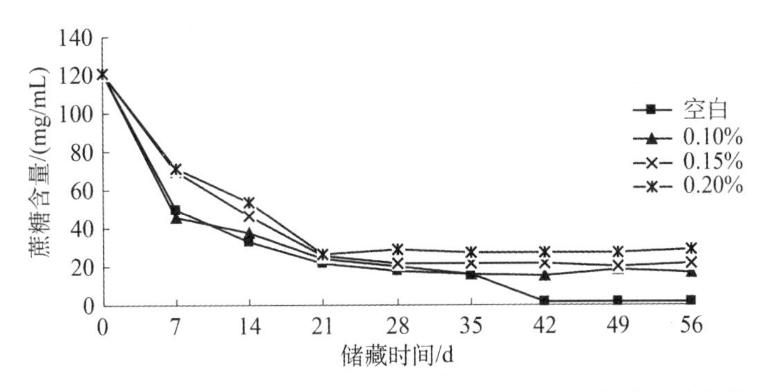

图 5－14　添加不同剂量漂白粉的汁液储藏过程中蔗糖含量的变化

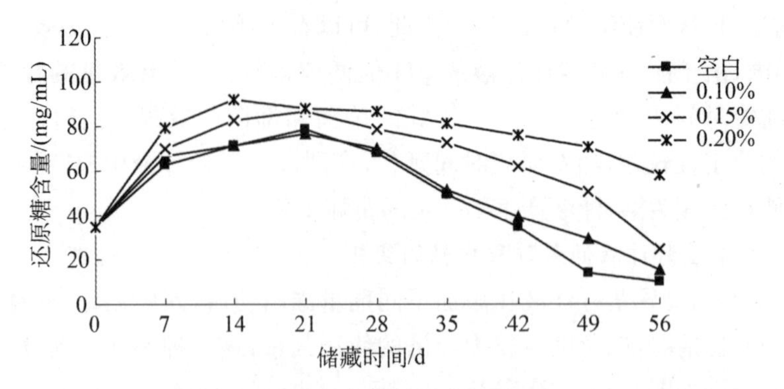

图 5-15　添加不同剂量漂白粉的汁液储藏过程中还原糖含量的变化

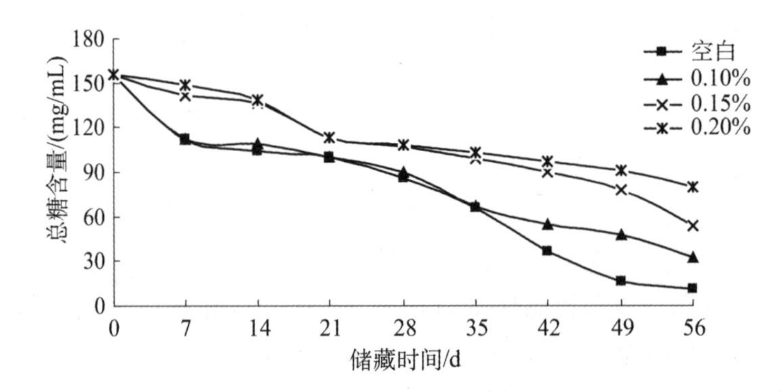

图 5-16　添加不同剂量漂白粉的汁液储藏过程中总糖含量的变化

此外，根据储藏前后汁液中各种糖分的回收率的情况来看(见图 5-17)，在漂白粉添加剂量为 0.10%、0.15%和 0.20%的试验组中，储藏结束时，糖回收率分别为 20.65%、29.76%和 55.82%。而空白试验组仅有 7.44%的糖回收率。由此可见，就目前漂白粉的使用剂量而言，0.20%的添加量可以获得最大的糖回收率，但仅约 56%的糖回收率，不能满足汁液储藏的经济性和实用性。因此，在实际的应用中，需适当地提高漂白粉的使用浓度。

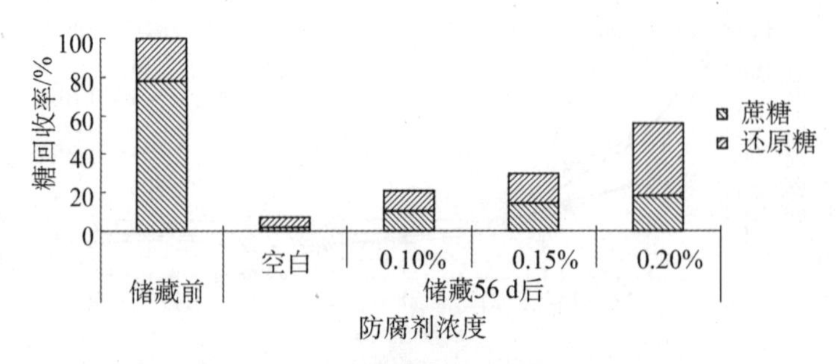

图 5-17　储藏前后主要糖回收率的变化

3）漂白粉的剂量对汁液后续乙醇发酵的影响

为了研究添加漂白粉储藏后汁液的发酵能力，在摇瓶中采用固定化酵母技术对储藏后的汁液进行了乙醇发酵研究。根据漂白粉的抑菌防腐的原理，漂白粉的抑菌受到 pH 值影响非常大，因此，本部分发酵在 pH 值为 3.5 和 5.0 两个条件下进行。储藏后甜高粱茎秆汁液发酵结果如表 5－7 所示。

表 5－7　储藏后甜高粱茎秆汁液发酵结果

漂白粉剂量	pH 值=3.5			pH 值=5.0			
	乙醇浓度/（%，V/V）	残糖浓度/（mg/mL）	乙醇得率/%	乙醇浓度/（%，V/V）	残糖浓度/（mg/mL）	乙醇得率/%	糖利用率/%
0.10%	1.30±0.45（a）	2.54±0.20（b）	62.61	1.30±0.45（c）*	2.35±0.09（a）	62.61	92.68
0.15%	1.60±0.70（a）	11.47±0.04（a）	46.62	2.60±0.24（b）	2.75±0.04（a）	75.76	94.82
0.20%	2.00±0.00（a）	14.11±0.20（a）	38.67	4.40±0.33（a）	2.75±0.07（a）	85.08	96.56
空白	—	—	—	0.40±0.14（c）	2.75±0.05（a）	53.38	76.23

* 括号中字母代表所在列的差异性，相同字母代表差异不显著，不同字母代表差异显著（$p<0.05$）　—代表未检测到或未做检测。

由表 5－7 可以看出，当储藏后汁液 pH 值为 3.5 时，三个漂白粉浓度添加量的汁液均可以发酵，且发酵液中乙醇的浓度随着防腐剂剂量的增加而增加，但由它们发酵终点时的残糖浓度和最终的乙醇得率可以看出，残糖浓度较高，而最终的乙醇得率随着漂白粉剂量的增加，却明显减小。这说明在低 pH 值的情况下，汁液中残余的有效氯对酵母的正常生理代谢途径产生了一定的影响，使其发酵不完全。而当汁液 pH 值调节至 5.0 时，漂白粉添加剂量为 0.15%和 0.20%试验组的乙醇得率出现了明显的提高，分别由 pH 值为 3.5 时的 46.62%提高到 75.76%和由 38.67%提高到 85.08%，同时发酵终点时的残糖浓度也明显降低。此外，酵母对糖的利用率近乎完全，这说明当储藏后的甜高粱汁液 pH 值调节至 5.0 时，残余的有效氯在高 pH 值的条件下，几乎失效，而对酵母的生理代谢影响较少。

通过糖回收率和乙醇发酵的结果可以看出，对于漂白粉作为甜高粱茎秆汁液的防腐剂，适合于短期（1 个月）储藏的剂量为 0.20%，发酵前通过调节汁液的 pH 值，降低有效氯的杀菌能力后，对发酵影响较小，而对于较长时间（2 个月）的汁液储藏，从本研究的结果看，需要提高漂白粉的剂量，才有可能达到储藏的目的。

5.2.2.4 甲酸对甜高粱茎秆汁液储藏及后续乙醇发酵的影响

1) 添加甲酸甜高粱茎秆汁液储存期间还原糖含量的变化

添加甲酸甜高粱茎秆汁液储存期间还原糖含量的变化如图 5-18 所示。对照组为不添加甲酸的甜高粱茎秆汁液，F1～F6 分别为添加体积分数为 0.01%、0.05%、0.1%、0.2%、0.3%、0.5%的甲酸进行甜高粱茎秆汁液储藏。由图 5-18 可知，在起初的 4 d 内，每个汁液样品中的还原糖含量都有所增加。原因是甜高粱茎秆汁液中的蔗糖可以被蔗糖转化酶或者酸水解成还原糖：葡萄糖和果糖。在储存 4 d 后，对照样品汁液中的还原糖随着时间增加显著降低（$p < 0.05$）。对照中的还原糖含量相比较初始的含量降低了 62.15%，这是由于甜高粱茎秆汁液中的细菌代谢作用消耗了大部分的糖分[19]，而其他处理的还原糖含量有不同程度的增加。据报道，甲酸可以通过抑制甜高粱茎秆汁液中的一些主要代谢糖分的细菌如乳酸菌和梭状芽胞秆菌的代谢作用来保持糖分。具体来说，F1 中的还原糖在开始的 8 d 内增加，然后随着时间增加而逐渐减少。F2 中的还原糖含量在开始的 20 d内随着时间的增加而显著增加（$p < 0.05$），F3 与 F2 类似，20 d 后还原糖含量的降低是由于微生物代谢的缘故。由于 F2 中甲酸含量较少，还原糖含量从 20 d 的 100.46 g/L 减少到 40 d 时的 72.89 g/L，减少了 27.48%，而 F3 仅减少 6.44%。F4 中的还原糖在开始的 4 d 内增加，接下来的 12 d 稍许降低，在 16 d 后直到 40 d 又逐渐增加。F5 中的还原糖含量和 F6 类似，还原糖含量呈现波浪式增加趋势，储存 40 d 后，F5 和 F6 中的还原糖分别为 73.83 g/L 和 71.95 g/L。

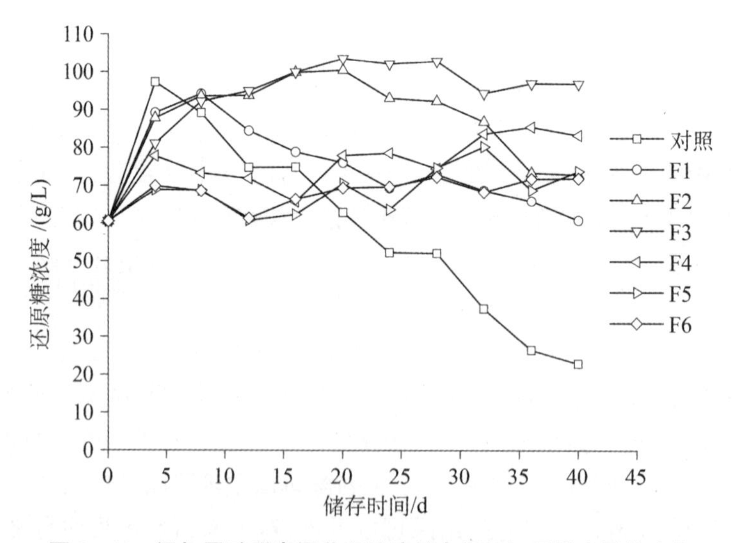

图 5-18 添加甲酸甜高粱茎秆汁液储存期间还原糖含量的变化

此外，储存过程中 F1 和对照都出现了气泡，而其他处理中并未观测到该现象。

这些气泡是微生物如野生酵母和其他细菌代谢过程利用糖分而产生大量二氧化碳引起的。在储存 40 d 后，汁液中还原糖含量从高到低的顺序为 F3 > F4 > F5 > F2 > F6 > F1。总的来说，甲酸储藏有利于保存甜高粱茎秆汁液中的还原糖，对于甲酸来说较合适的浓度范围应该是体积分数 0.05%～0.1%[20]。

2) 添加甲酸甜高粱茎秆汁液储藏期间总可溶性糖含量的变化

添加甲酸甜高粱茎秆汁液储藏期间总可溶性糖含量的变化如图 5-19 所示。由图可知，储藏期间所有处理的总可溶性糖含量总体呈现下降的趋势。通常，甜高粱茎秆汁液中的糖分含有 85%的蔗糖、9%的葡萄糖和 6%的果糖。汁液中很大部分的糖分为蔗糖，不能被微生物直接利用，但是在酶或者酸的催化下转化为葡萄糖和果糖可以被微生物直接利用。

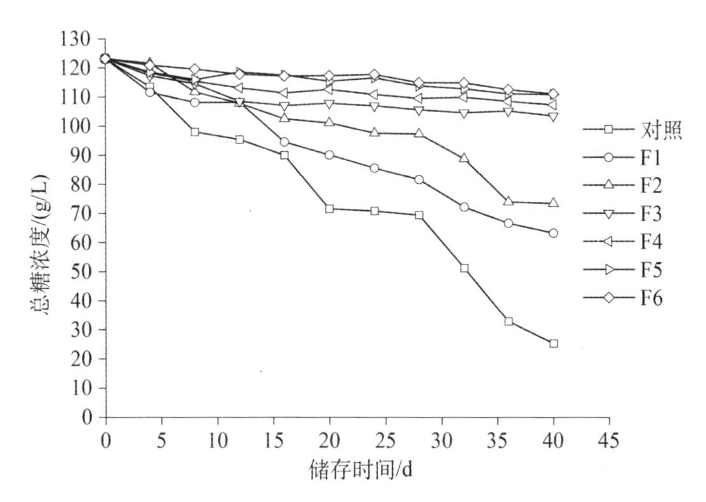

图5-19　添加甲酸甜高粱茎秆汁液储藏期间总可溶性糖含量的变化

从图 5-19 中可以看出，甲酸添加量越多，保持的可溶性糖含量越多。这表明甲酸有利于总可溶性糖的保藏，甲酸添加量越多，储藏效果越好。甲酸的抑菌效果主要归因于其对细菌分布的抑制。国外研究表明使用甲酸青储甜高粱茎秆是一个很好的选择，可以延长生物乙醇的生产周期，然而实际储存时并不是添加甲酸越多越好，甲酸还可能抑制酵母发酵汁液中的糖分制取乙醇，因此需要通过乙醇发酵来检验该储存方法的可行性。

3) 添加甲酸汁液储藏后的乙醇发酵

使用固定化酵母对 20℃条件下添加不同浓度的甲酸储藏 40 d 后的甜高粱茎秆汁液进行发酵，不添加甲酸的汁液作为对照组在相同条件下进行发酵。添加甲酸甜高粱茎秆汁液储存后发酵乙醇浓度和乙醇产率的变化如图 5-20 所示。方差分析表明，单独添加不同浓度的甲酸对汁液发酵后的乙醇浓度影响显著($p < 0.05$)。甲酸浓度逐渐增加，乙醇产率持续减少，而乙醇浓度先增加后降低，在 F3

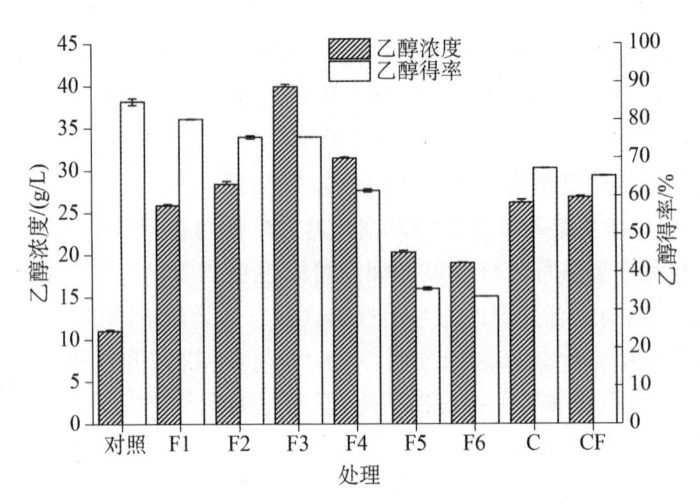

图 5-20　添加甲酸甜高粱茎秆汁液储存后发酵乙醇浓度和乙醇产率的变化

水平的条件下形成了明显的峰值。出现这种变化趋势的原因是随着甲酸浓度的增加,抑制了细菌的活性,汁液中的可溶性糖含量的保持量增加,因此汁液中的可溶性糖含量损失减少。尽管储藏后 F4、F5 和 F6 中保持相当多的糖分,但是较高浓度的甲酸也造成了对发酵的抑制作用,发酵后具有较高的残糖,这可能和活性氧有关,从而导致了发酵后较低的乙醇浓度和产率。相比较而言,对照试验组具有较高的乙醇产率,但是乙醇浓度很低。这是由于对照试验组中的可溶性糖含量在储藏过程中受到微生物作用消耗殆尽,在 20℃储藏 40 d 后可溶性糖含量由最初的 123.12 g/L降低到 25.27 g/L。与含有甲酸储藏的汁液相比,对照试验组在乙醇发酵的时候几乎没有任何抑制。为了得到更多的乙醇,单独添加体积含量 0.1%的甲酸对甜高粱茎秆汁液储藏是比较合适的储存剂量。

有研究表明[21],当甲酸剂量达到 0.5%时,几乎对甜高粱茎秆青贮后的乙醇发酵无抑制,因为压榨后的汁液中的甲酸浓度由于稀释作用只有原来的一半,即 0.25%的甲酸不会对酵母发酵造成抑制。总的来说可以发现添加 0.1%的甲酸处理(F3)适合于甜高粱茎秆汁液中的糖分保存,并且对乙醇发酵几乎无不利影响。最终的乙醇浓度和乙醇产率分别达到了 39.94 g/L 和 75.49%,其中乙醇浓度是对照的 3.62 倍。

试验结果表明,高浓度的甲酸有利于保存更多的糖分,但是对于乙醇发酵来说有必要减弱这种对酵母的抑制效应,这样才能适应储存后汁液的乙醇发酵。汪彤彤[10]采用 0.1%苯甲酸、0.02%尼泊金乙酯和 0.05%漂白粉储存时间为 30 d,而本研究储存时间达到了 40 d,延长了储存时间,采用固定化酵母发酵乙醇产率亦达到 75%左右;沈飞[4]研究表明,使用 0.05%尼泊金乙酯可以储存 60 d,0.20%漂白粉可存储 30 d,乙醇产率 75%左右,因此对于防腐剂的汁液储藏后的乙醇发酵产率的提高是未来研究的重点。

5.2.3 小结

对腐坏的甜高粱茎秆汁液进行致腐菌分离和鉴定可以发现，导致甜高粱茎秆汁液发生腐坏的优势致腐菌为野生酵母。

对储藏过程中各种糖浓度变化的研究发现，在甜高粱茎秆汁液储藏过程中，总存在蔗糖向还原糖转化的过程；且对甜高粱茎秆汁液储藏效果的优劣顺序为：苯甲酸钠＞尼泊金乙酯＞漂白粉。

对可发酵糖以及后续乙醇发酵效果的综合评定，适合于甜高粱茎秆汁液储藏的各种防腐剂的浓度和有效时间分别为：苯甲酸钠：0.15%（约 60 d），尼泊金乙酯：0.05%（约 60 d），漂白粉 0.20%（30 d）。在相应的浓度条件下，通过增加酵母的添加量，可减少尼泊金乙酯对酵母的抑制，达到较高的乙醇得率；通过将汁液的 pH 值由储藏时的 3.5 调节至发酵时的 5.0，可以在很大程度上消除苯甲酸钠和漂白粉对酵母的抑制作用，从而获得较高的发酵效率。

添加体积含量 0.1%的甲酸有利于甜高粱茎秆汁液储藏中的糖分保存，不会对后续乙醇发酵造成抑制，至少可以储藏 40 天。

5.3 甜高粱茎秆采后生理特性及自发气调储藏的研究

采收后的甜高粱茎秆仍是活体，还在进行呼吸代谢。正常的代谢过程可以防止外界微生物的侵入，避免糖分等营养物质因腐烂造成的损失，但呼吸代谢速率过高也要消耗大量糖分等营养物质，造成糖分损失和茎秆衰老。系统研究甜高粱茎秆采收后呼吸代谢规律和与糖分代谢有关的酶活性等生理特性对于减少呼吸消耗，使其保持正常的代谢速率以降低糖分损失具有非常重要的意义。本研究通过观察甜高粱茎秆采后生理作用，较系统地研究了甜高粱茎秆采后呼吸特性和中性蔗糖转化酶(NSI)活性、酸性蔗糖转化酶(ASI)活性、多酚氧化酶(PPO)活性等在储藏过程中的变化规律，并对甜高粱茎秆进行了自发气调包装(modified atmosphere packaging, MAP)储藏实验研究，旨在掌握甜高粱茎秆采后生理作用规律，为开发甜高粱茎秆生物储藏技术提供理论参考。

5.3.1 甜高粱茎秆储藏

5.3.1.1 甜高粱及预处理

辽甜一号、辽饲杂一号甜高粱种子由辽宁省农科院提供，种植于上海交通大学农业与生物学院农场。采收后手工去除叶及叶鞘，自下向上取第 6～10 节，于节间处切割成 20～30 cm 的小段用于实验。

将厚度分别为0.021 mm、0.034 mm、0.042 mm的低密度聚乙烯(LDPE)膜，用电热焊封机制成450 mm×250 mm的薄膜袋。

5.3.1.2　分析测定

1) 甜高粱茎秆呼吸速率测定

将甜高粱茎秆按每份500 g左右放在不透气的密封箱中，置于10℃、15℃、20℃、30℃的恒温环境中，参照Gong等[22]的方法，每隔一定的时间从中抽取气样1 mL，用气相色谱仪测定O_2、CO_2的浓度变化。根据密闭4 h内的气体浓度变化来计算其呼吸速率，设3次重复。计算公式如式(5-3)、(5-4)所示：

$$R_O = \frac{C_{O0} - C_{Ot}}{100} \times \frac{V - V_S}{Wt} \tag{5-3}$$

式中：R_O为O_2吸收速率，mL/(kg·h)；C_{O0}、C_{Ot}分别为密闭前后O_2浓度，%；V为密封箱容积，mL；V_S为甜高粱茎秆的体积，mL；W为甜高粱茎秆的质量，kg；t为密闭时间，h。

$$R_C = \frac{C_{Ct} - C_{C0}}{100} \times \frac{V - V_S}{Wt} \tag{5-4}$$

式中：R_C为CO_2释放速率，mL/(kg·h)；C_{C0}、C_{Ct}分别为密闭前后CO_2浓度，%；V为密封箱容积，mL；V_S为甜高粱茎秆的体积，mL；W为甜高粱茎秆的质量，kg；t为密闭时间，h。

2) 不同温度下甜高粱茎秆包装袋内的O_2、CO_2浓度变化

另将甜高粱茎秆按每袋500 g左右放在厚度为0.034 mm的LDPE包装袋内密封，先将袋中气体抽空，每袋再注入1 000 mL空气，以统一各包装袋内的初始空气量。分别放在温度为10℃、15℃、20℃、30℃的恒温箱中，每隔一定时间抽取袋中气体测定O_2、CO_2浓度。

以上实验每个温度设三个组内重复，结果取平均值。

3) 气体样品分析

采用日本岛津GC14A气相色谱仪进行气体样品分析。色谱柱：Molecular sieve 5A和Porapak Q并列柱(可同时测定气体中O_2、CO_2浓度)；载气：氦气；柱温：80℃；热导池检测器温度：100℃。

4) 蔗糖转化酶测定方法

均匀选取甜高粱茎秆髓5 g，加少量石英砂和pH值7.0的磷酸缓冲液(用于提取中性蔗糖转化酶(NSI))或pH值5.2的醋酸缓冲液(用于提取酸性蔗糖转化酶(ASI))在冰浴中研磨，低温离心取上清液即为粗酶液。取5 mL反应液(1.0 mL粗酶液，1.5 mL 2%蔗糖液，2.5 mL 50 mmol/L醋酸缓冲液)在35℃下保温1 h后，用3,5-二硝基水杨酸(DNS)法测定反应液中的还原糖含量，以每千克甜高粱

茎秆髓每小时在35℃下蔗糖转化为葡萄糖的毫克数(mg/(kg·h))表示蔗糖转化酶的活性。

5）多酚氧化酶活性(PPO)测定方法

均匀选取甜高粱茎秆髓5 g,加0.5 g聚乙烯吡咯烷酮及少量石英砂于20 mL的0.2 mol/L磷酸缓冲液(pH值=6.4)中,冰浴研磨,低温离心取上清液即为粗酶液。将0.2 mL粗酶液加入3 mL的0.1 mol/L的邻苯二酚溶液(用0.2 mol/L、pH值6.4的磷酸缓冲液配制)中。加酶液后5 s开始测定470 nm处吸光值(OD)变化,以35℃下每分钟OD_{470}变化0.001为一个酶活单位(U/min)。

6）总糖、还原糖测定方法

总糖及还原糖采用3,5-二硝基水杨酸法(DNS法)测定。

7）失重率测定

采用质量法测定失重率。失重率用式(5-5)计算:

$$失重率 = \frac{储藏前质量(g) - 储藏后质量(g)}{储藏前质量(g)} \times 100\% \tag{5-5}$$

5.3.2　甜高粱茎秆采后呼吸代谢特性

5.3.2.1　甜高粱茎秆在不同温度下的呼吸速率

甜高粱茎秆的呼吸速率采用密闭法测定[22]。在不同温度下的甜高粱茎秆的呼吸速率如表5-8所示。由表可见,辽甜一号(T-1)的O_2吸收速率(R_O)和CO_2释放速率(R_C)均随温度升高而增大,温度从10℃上升到30℃时,R_O和R_C都升高了2倍以上,分别达到66.67 mL/(kg·h)和63.43 mL/(kg·h);辽饲杂一号(S-1)的O_2吸收速率(R_O)和CO_2释放速率(R_C)也随所处环境温度升高而增大,温度从10℃上升到30℃时,O_2吸收速率和CO_2释放速率升高了近2倍,分别达到58.93 mL/(kg·h)和54.37 mL/(kg·h)。在相同温度下,辽甜一号茎秆的呼吸速率显著高于辽饲杂一号茎秆的呼吸速率($p<0.05$)。这说明,实验观察的两个品种的甜高粱茎秆与多数植物组织一样,采后呼吸速率随温度升高而增大;不同品种的甜高粱茎秆采后呼吸代谢水平不同。

表5-8　不同温度下甜高粱茎秆的呼吸速率

温度/℃	O_2吸收速率(R_O)/[mL/(kg·h)]		CO_2释放速率(R_C)/[mL/(kg·h)]	
	辽甜一号(T-1)	辽饲杂一号(S-1)	辽甜一号(T-1)	辽饲杂一号(S-1)
10	22.15	19.24	19.28	18.33
15	32.25	27.87	31.64	25.67

(续表)

温度/℃	O_2 吸收速率(R_O)/[mL/(kg·h)]		CO_2 释放速率(R_C)/[mL/(kg·h)]	
	辽甜一号(T-1)	辽饲杂一号(S-1)	辽甜一号(T-1)	辽饲杂一号(S-1)
20	49.31	42.51	43.62	37.36
30	66.67	58.93	63.43	54.37

由植物呼吸代谢的机理可知,植物进行有氧呼吸每吸收 6 个分子 O_2 或每释放 6 个分子 CO_2,就有 1 个分子的葡萄糖被消耗掉。按 15℃时的呼吸速率计算,采收以后每小时、每千克甜高粱茎秆呼吸代谢要消耗掉 40~60 mg 左右葡萄糖。所以,植物采后的呼吸速率是 MAP 储藏技术领域中最重要的一项指标,其具体数值和变化规律与植物品种、原产地等自身生理特性有关,也因栽培地区的温度、湿度、光照以及营养状况而异。虽然密闭法测得的 R_O 和 R_C 比实际值稍低,但本研究测定的是切断的甜高粱茎秆段的呼吸速率,因切口处受到了机械伤害,这会显著提高其呼吸代谢水平,因此,甜高粱茎秆整株的呼吸速率应当低于该测定值。

5.3.2.2 不同的温度条件下包装袋内 O_2、CO_2 的浓度变化

在不同的温度下,辽甜一号茎秆包装袋(厚 0.034 mm)内 O_2 浓度及 CO_2 浓度的变化情况分别如图 5-21 和图 5-22 所示。由两图可见,在最初的 4 h 内 O_2、CO_2 浓度分别表现为快速下降和快速上升,4 h 后逐渐达到相对平衡状态。O_2、CO_2 浓度下降和上升的具体情况有所不同,在温度为 10℃、15℃、20℃和 30℃的条件下,包装袋中 O_2 的平衡浓度分别为 10.2%、5.9%、3.7%、2.1%,与之对应的 CO_2 平衡浓度分别为 2.4%、3.9%、5.4%、7.5%。

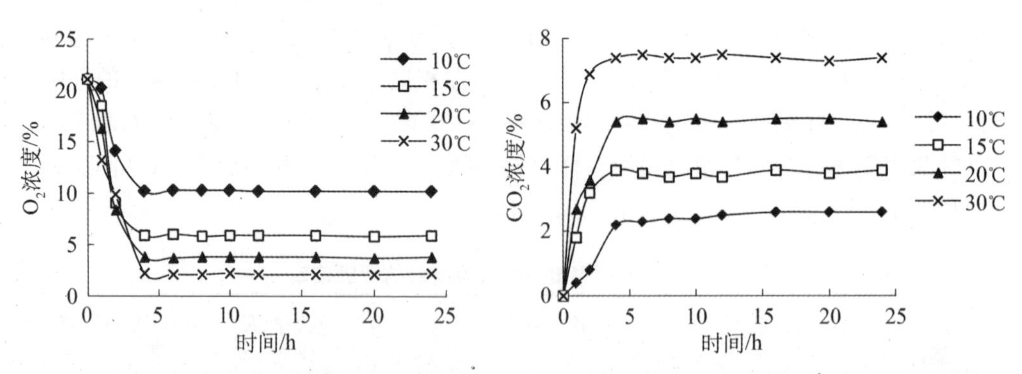

图 5-21 辽甜一号茎秆包装袋内 O_2 浓度曲线　　图 5-22 辽甜一号茎秆包装袋内 CO_2 浓度曲线

辽饲杂一号茎秆包装袋(厚 0.034 mm)内 O_2 和 CO_2 浓度变化趋势与辽甜一号相似(见图 5-23、图 5-24),不同的是 O_2、CO_2 浓度达到平衡状态所用的时间比辽甜一号稍长,在密封 6 h 后逐渐趋于稳定。在温度为 5℃、10℃、15℃、20℃

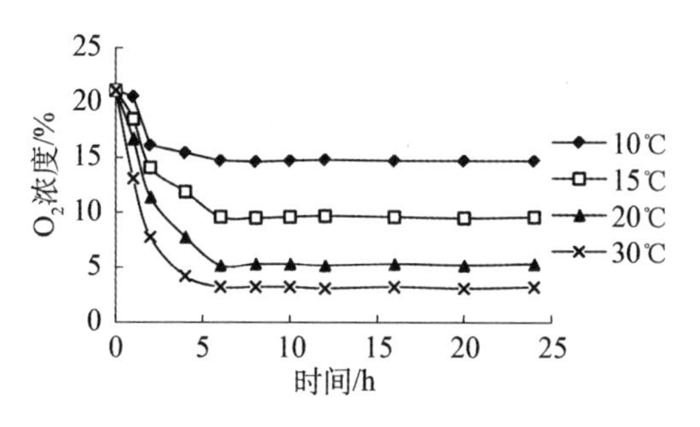

图 5-23　辽饲料杂一号茎秆包装袋内 O_2 浓度曲线

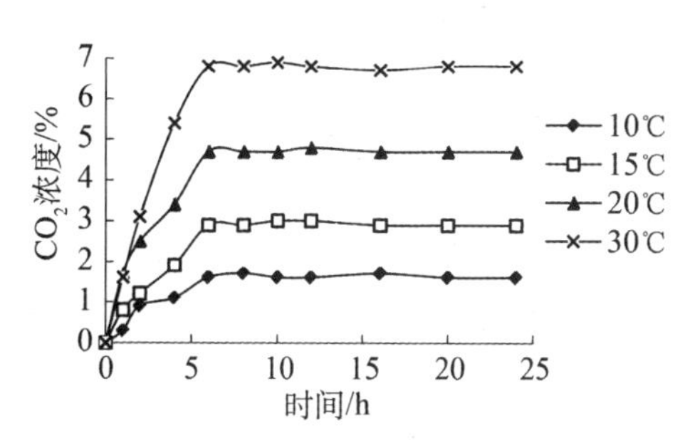

图 5-24　辽饲料杂一号茎秆包装袋内 CO_2 浓度曲线

下，包装袋中 O_2 平衡浓度分别为 14.7%、9.6%、5.2%、3.2%，对应的 CO_2 平衡浓度分别为 1.6%、2.9%、4.7%、6.8%。可见，在相同温度下，辽饲杂一号的 O_2 平衡浓度较辽甜一号高，而 CO_2 平衡浓度较辽甜一号低，这与上文中辽饲杂一号茎秆采后呼吸速率较辽甜一号低的结果是一致的。

实验过程中还观察到包装袋内气体体积随时间延长逐渐变小，这是由于 CO_2 与 O_2 透过薄膜的速率不同引起的，即在一定时间内 CO_2 从内向外的移动量大于 O_2 从外向内的移动量。

5.3.2.3　MAP 储藏实验结果

1) 不同厚度 LDPE 薄膜袋 MAP 储藏 O_2 和 CO_2 平衡浓度

表 5-9 所示是 20℃下不同厚度塑料薄膜袋内气体环境达到相对平衡时的 O_2、CO_2 浓度。由表 5-9 可知，在 20℃下，不同厚度的包装袋之间达到相对平衡时的 O_2 浓度有显著性差异（$p<0.05$），CO_2 平衡浓度也有显著性差异（$p<0.05$）。厚度为 0.042 mm 薄膜袋中 O_2 的平衡浓度比 0.021 mm 的低 50%～75%，CO_2 平衡浓度高 1 倍以上。用相同厚度薄膜包装的辽饲杂一号包装袋内 O_2 平衡浓度显著高于辽甜一号的 O_2 平衡浓度（$p<0.05$），而 CO_2 平衡浓度显著低于辽甜一号 CO_2 平衡浓度（$p<0.05$），也验证了辽饲杂一号茎秆的呼吸速率比辽甜一号低的结果。

表 5-9　20℃下不同厚度塑料薄膜袋内气体环境达到相对平衡时的 O_2、CO_2 浓度

薄膜厚度/mm	O_2 浓度/%		CO_2 浓度/%	
	辽甜一号(T-1)	辽饲杂一号(S-1)	辽甜一号(T-1)	辽饲杂一号(S-1)
0.021	6.5	8.5	3.8	2.4
0.034	3.7	5.2	5.5	4.7
0.042	2.2	3.6	7.6	6.4

较低的 O_2 浓度和较高的 CO_2 浓度，有利于降低采后植物组织的呼吸速率，减少消耗。然而，O_2 浓度过低、CO_2 浓度过高或在此条件下的持续时间过长，均可能引起厌氧呼吸。实验观察到，当储藏至 10 d 和 17 d 时，通过气相色谱分别从 0.042 mm 厚的薄膜包装的辽甜一号和辽饲杂一号的袋内探测到有微量乙醇气体产生，这表明辽甜一号在 O_2 浓度为 2.2%和 CO_2 浓度为 7.6%下，辽饲杂一号在 O_2 浓度为 3.6%和 CO_2 浓度为 6.4%下，有厌氧呼吸发生。而在 0.021 mm 和 0.034 mm 的袋内则没有发现乙醇气体。

2）*蔗糖转化酶、多酚氧化酶活性(PPO)的变化*

图 5-25、图 5-26 所示分别是在 20℃下 MAP 储藏过程中，采用不同厚度 LDPE 包装的辽甜一号茎秆中性蔗糖转化酶(NSI)、酸性蔗糖转化酶活性(ASI)变化情况。由两图可见，储藏过程中两种蔗糖转化酶的活性都呈上升趋势。具体情况是，在 10 d 之内，两种蔗糖转化酶活性升高较慢，10～24 d 上升速度较快，24 d 后，0.034 mm 厚的和 0.042 mm 厚的两种包装中的 NSI 活性上升速度变缓，0.021 mm厚的仍呈快速上升趋势。0.021 mm 厚包装的 ASI 活性在 17 d～24 d 内升高迅速，之后变缓。储藏至 30 d 时，0.021、0.034、0.042 mm 三种厚度包装的茎秆中 NSI 活性分别比初始值升高了 4.7、2.8、4.4 倍，ASI 活性分别比初始值升高了 2.2、1.3、1.8 倍，三者比较，厚度为 0.034 mm 的包装中两种蔗糖转化酶活性上升幅度较小。

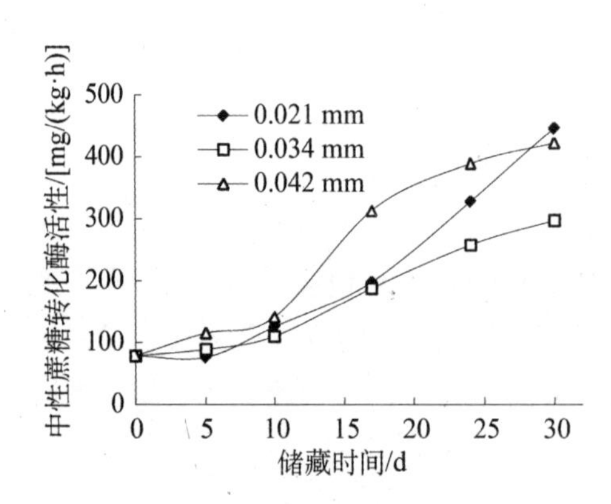

图 5-25　不同薄膜包装袋中辽甜一号茎秆中性蔗糖转化酶活性变化

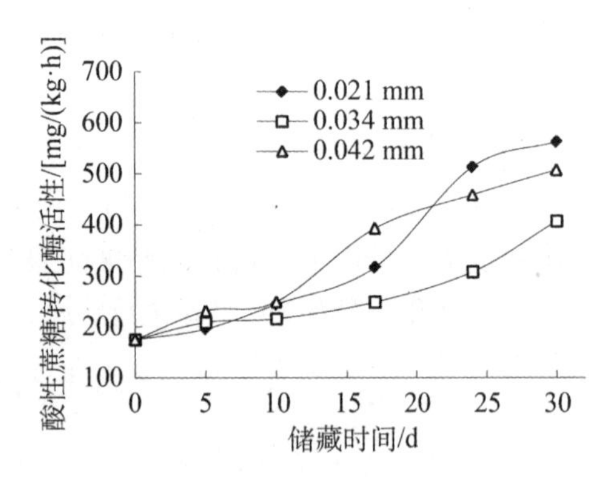

图 5-26　不同薄膜包装袋中辽甜一号茎秆酸性蔗糖转化酶活性变化

图 5-27 所示是辽甜一号茎秆多酚氧化酶活性(PPO)变化情况。由图可见，PPO 活性也随时间延长而增加，储藏至 30 d 时，0.021 mm、0.034 mm、0.042 mm 三种厚度包装的茎秆中 PPO 活性分别比初始值升高了 2.6、2.2 和 3.3 倍，厚度为 0.034 mm 的包装上升幅度较小。

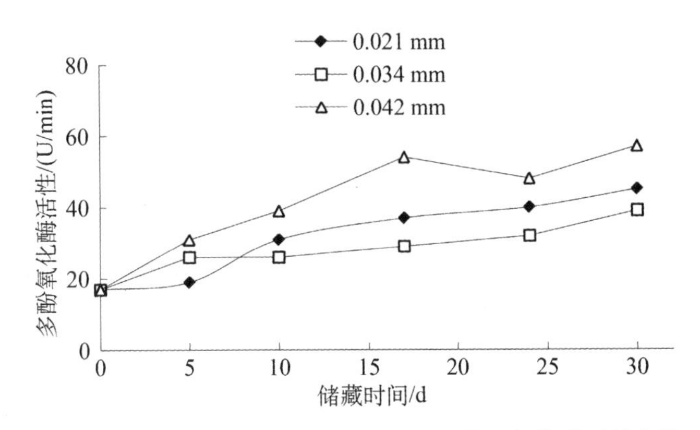

图 5-27　不同薄膜包装中辽甜一号茎秆多酚氧化酶活性变化

辽饲杂一号茎秆在三种不同厚度薄膜包装中的蔗糖转化酶活性的变化趋势与辽饲杂一号的情况相似(见图 5-28、图 5-29)。储藏到 30 d 时,0.021 mm、0.034 mm、0.042 mm 三种厚度包装的茎秆中 NSI 和 ASI 活性分别比初始值升高了 3.4、1.9、5.0 倍和 2.3、1.7、2.9 倍。

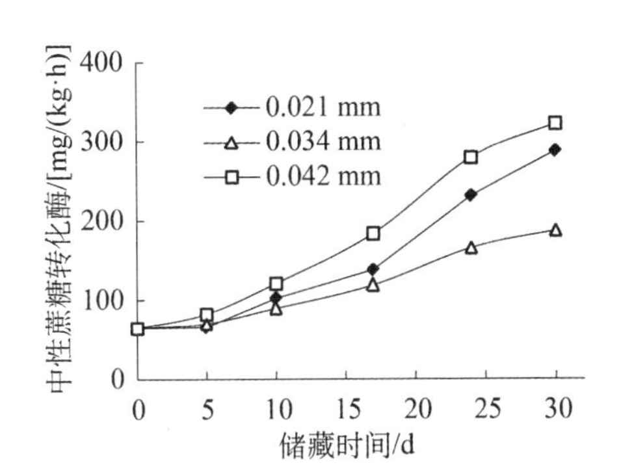

图 5-28　不同薄膜包装中辽饲杂一号茎秆中性蔗糖转化酶活性变化

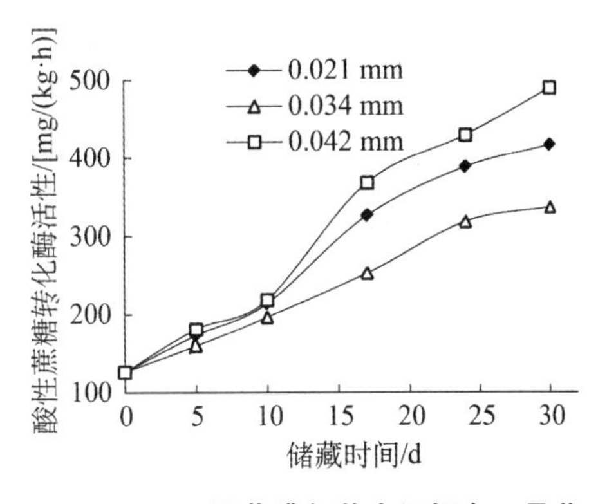

图 5-29　不同薄膜包装中辽饲杂一号茎秆酸性蔗糖转化酶活性变化

图 5-30 所示是辽饲杂一号茎秆多酚氧化酶活性(PPO)变化情况。由图可知,辽饲杂一号茎秆多酚氧化酶活性(PPO)分别比初始值升高了 1.2、0.9 和 1.3 倍。三种薄膜比较,厚度为 0.034 mm 包装的辽饲杂一号茎秆中三种酶的活性增加幅度均较小。

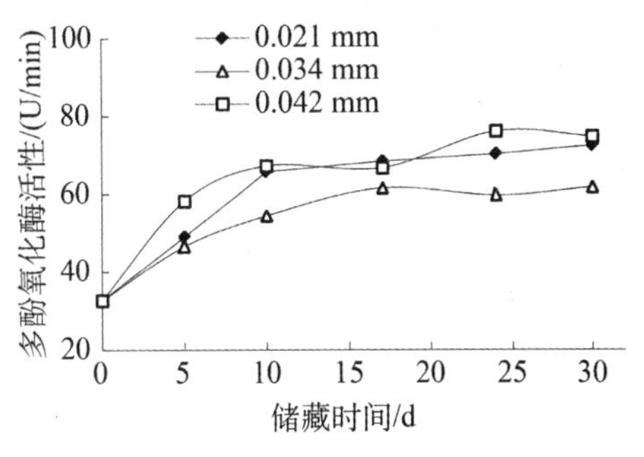

图 5-30　不同薄膜包装中辽饲杂一号茎秆多酚氧化酶活性变化

蔗糖转化酶是调节植物碳水化合物组成的主要酶类,与果实、块茎、肉质根等储藏器官中的已糖的积累密切相关，其活性保持在较低水平对减少植物储藏器官在采收后的蔗糖降解有利。本研究发现，除去叶及叶鞘的甜高粱茎秆段在MAP储藏中蔗糖转化酶有较大幅度升高，这与其受到了较重的机械伤害有关。作为对胁迫的响应，蔗糖转化酶活性升高，同时还原糖含量增加。由于PPO通常被认为是引起许多果蔬产品采后褐变最重要的酶，也是其他氧化衰老过程的信号[23]，MAP储藏可以使甜高粱茎秆PPO活性保持在较低水平，这有利于减缓甜高粱茎秆的褐变反应。

3）糖分变化和茎秆失重率

20℃下辽甜一号、辽饲杂一号MAP储藏总糖、还原糖变化如表5-10所示。由表可知，MAP储藏总糖、还原糖变化总的趋势是总糖含量逐渐降低，还原糖含量明显升高。入储初期，辽甜一号、辽饲杂一号的总糖含量分别是16.3%和14.1%；还原糖含量分别是3.5%和1.3%。储藏至30 d时，两个品种及不同厚度聚乙烯薄膜包装中的茎秆总糖均有不同程度的损失，各处理的总糖损失率之间有显著差异（$p<0.05$）。其中，0.021 mm、0.034 mm、0.042 mm包装的辽甜一号总糖损失率分别为13.5%、6.7%、20.9%；辽饲杂一号总糖损失率分别为7.8%、2.8%、20.8%。各不同厚度薄膜处理之间的还原糖增加率也有显著差异（$p<0.05$）。辽甜一号还原糖增加率分别为174.3%、140.0%、134.3%；辽饲杂一号还原糖增加率分别为500.0%、315.4%和523.1%。三种厚度的薄膜比较，两个甜高粱品种在厚度为0.034 mm的包装袋中的茎秆总糖损失率最小。在各种包装中，辽甜一号的总糖损失率均大于辽饲杂一号的总糖损失率。

表5-10　20℃下辽甜一号、辽饲杂一号MAP储藏总糖、还原糖变化

储藏时间/d	0.021 mm				0.034 mm				0.042 mm			
	总糖/(%(W/W))		还原糖/(%(W/W))		总糖/(%(W/W))		还原糖/(%(W/W))		总糖/(%(W/W))		还原糖/(%(W/W))	
	T-1	S-1	T-1	S-1	T-1	S-1	T-1	S-1	T-1	S-1	T-1	S-1
0	16.3	14.1	3.5	1.3	16.3	14.1	3.5	1.3	16.3	14.1	3.5	1.3
5	16.5	14.4	4.2	2.1	16.5	14.5	4.0	1.0	16.3	14.3	4.5	1.7
10	16.6	14.3	4.7	2.7	16.6	14.6	4.2	2.1	16.4	13.6	7.4	2.4
17	16.1	14.1	5.1	4.1	16.4	14.0	5.3	3.2	15.4	12.8	10.3	5.4
24	15.6	13.7	7.6	6.4	15.8	14.2	6.2	4.3	13.7	11.7	9.9	6.9
30	14.1	13.0	9.6	7.8	15.2	13.7	8.4	5.4	12.9	11.2	8.2	8.1

注：T-1表示辽甜一号甜高粱；S-1表示辽饲杂一号甜高粱。

从表5-10总糖含量变化中还可以发现，储藏至5～10 d时，两个品种的甜高粱茎秆中总糖浓度均有微小的升高过程，这是由于茎秆中有少量不溶性的淀粉等多糖转化成可溶性糖类引起的，总糖含量经过此升高过程后开始逐渐降低。储藏过程中，还原糖含量显著增加，与茅林春等[24]用薄膜包装储藏去皮甘蔗中还原糖含量变化的情况相近，也与本实验蔗糖转化酶活性升高现象相吻合，蔗糖转化酶活性升高幅度较大的处理，还原糖增加率也较高。而辽甜一号0.42 mm处理组的还原糖含量最大值出现在17 d，并不是在30 d，这可能与该处理第10 d时出现的厌氧呼吸作用有关。

20℃下辽甜一号、辽饲杂一号茎秆MAP储藏30 d的失重率如表5-11所示。方差分析表明，各处理之间的茎秆失重率没有显著差异（$p<0.05$），说明三种厚度的薄膜对甜高粱茎秆中的水分均有较好的保持作用。

表5-11　甜高粱茎秆MAP储藏失重率

薄膜厚度/mm	辽甜一号(T-1)/%	辽饲杂一号(S-1)/%
0.021	1.51	1.37
0.034	1.50	1.42
0.043	1.48	1.45

5.3.3　小结

（1）甜高粱茎秆采后的呼吸速率随温度升高而增大，温度从10℃上升到30℃时，甜高粱茎秆的呼吸速率升高2倍左右。在相同温度下，辽甜一号茎秆的呼吸速率显著高于辽饲杂一号茎秆的呼吸速率，总糖损失率均大于辽饲杂一号的总糖损失率。

（2）在20℃ MAP储藏中，NSI、ASI活性呈上升趋势，储藏至30 d时，茎秆中NSI活性比初始值升高1.9～5.0倍，ASI活性比初始值升高1.3～2.9倍，PPO活性比初始值升高0.9～3.3倍。

（3）MAP对供试的两种甜高粱茎秆中的水分均有较好的保持作用，储藏30 d，还原糖含量明显升高，总糖损失在21%以下。MAP储藏30 d后茎秆失质量为1.37%～1.51%，实验观察的三种LDPE薄膜中，厚度为0.034 mm的包装袋中甜高粱茎秆NSI、ASI和PPO的活性增加幅度较小，对减少总糖损失效果明显（总糖损失小于7%），可以用于甜高粱茎秆MAP储藏。

（4）可以考虑先在产地的田间对采收以后的甜高粱茎秆堆垛覆膜MAP储藏，利用其自身呼吸作用与薄膜透气性之间的平衡，在堆垛内形成高CO_2、低O_2的小环境，降低代谢作用强度，减少杂菌污染和水分损失，可以储藏1个月左右，这时中国北方的气温已经降到0℃以下，可以安全过冬，第二年春天再结合其他储藏加工方法即可以大幅度延长向燃料乙醇生产厂供应原料的时间，从而降低燃料乙醇生产设备闲置率和生产成本。

5.4 甜高粱茎秆自然干燥长效储藏的研究

在粮食生产中，刚收获的粮食水分偏高，为了防止其霉变，一般情况下，需要通过干燥技术，降低粮食的水分至“安全水分”之下。干燥后的粮食，细胞原来所含的糖分、酸、盐类以及蛋白质等浓度升高，渗透压增大，导致入侵的微生物发生质壁分离，使其正常的发育和繁殖受到抑制或停止，这样就可以延长粮食腐败变质，延长储藏期。在甜高粱茎秆采收后，由于光合作用减弱，呼吸代谢作用增强，呼吸代谢速率过高导致消耗大量糖分等营养物质[25]。另外，外界微生物的侵入生长，均为导致甜高粱茎秆糖分损失甚至腐烂的主要原因。根据粮食干燥储藏技术理论，通过快速、有效的干燥，降低甜高粱茎秆中的水分，理论上对于甜高粱茎秆中糖分的保存应该具有较好的效果。

目前，对于干燥储藏技术的研究较多，但该技术多用于粮食加工、食品加工、中药材加工及后期的储藏，而对于生产生物乙醇用的甜高粱方面的应用鲜有报道。与粮食干燥不同之处，甜高粱在采收后，整秆仍然保持着生理活性，茎秆中的有效糖分就会因呼吸作用而损耗。另外，甜高粱茎秆具有一层较为坚硬的蜡质外鞘，如果对甜高粱实施整秆干燥，整层外鞘将会减缓干燥速率。因此，在对甜高粱茎秆进行干燥储藏之前，将甜高粱茎秆粉碎，破坏茎秆的活性后，将有利于进行后期的干燥和储藏。

5.4.1 甜高粱茎秆干燥储藏方法

5.4.1.1 甜高粱及预处理

甜高粱品种为辽甜2号，甜高粱在上海种植，于10月采收，采收后的甜高粱，经手工去叶片、叶鞘以及穗部之后，挑选无虫害、无病害茎秆通过小型三辊甘蔗榨汁机获取甜高粱茎秆汁液，所得汁液经16层纱布粗滤，然后分别经40目、60目和100目筛网过滤后，冷冻备用。通过秸秆粉碎揉搓机将新鲜茎秆加工成粒度约4～6目左右大小，用于自然干燥。

5.4.1.2 甜高粱茎秆晾晒及糖分测定方法

在晾晒日内，将粉碎后的甜高粱茎秆平铺于水泥质晾场，晾晒层厚度约1 cm，晾晒期间每隔1 h，对其翻动一次。在晾晒期间，每日上午8点、13点和18点采样，用于测定茎秆中的含水量以及糖含量。白天晾晒结束后，将甜高粱茎秆起堆，并用具有透气性的编织袋薄膜覆盖。

1）总糖的测定

采用DNS(3,5-二硝基水杨酸)法，准确称取约0.500 0 g甜高粱茎秆，加少量水置于研钵中，通过研磨充分研碎甜高粱茎秆，并转移至250 mL具塞三角瓶，用蒸馏水定量至100 g后，置于往复式振荡器振荡30 min(转速250 r/min)。过滤获清液，对清液中的总糖测定采用3,5-二硝基水杨酸法(DNS法)测定。

2）还原糖测定

采用3,5-二硝基水杨酸法(DNS法)测定。

3）含水率的测定

取洁净玻璃制的称量瓶，置于105℃干燥箱中，瓶盖斜支于瓶边，加热0.5～1.0 h取出盖好，置干燥器内冷却0.5 h，称量，并重复干燥至恒重。称取2.00 g甜高粱茎秆样品，放入此称量瓶中，样品厚度约为5 mm，加盖称量后，置105℃干燥箱中，瓶盖斜支于瓶边，干燥过夜后，盖好取出，放入干燥器内冷却0.5 h后称量。然后再放入105℃干燥箱中干燥1 h左右，取出，放干燥器内冷却0.5 h后再称量。至前后两次质量差不超过2 mg，即为恒重。

4）甜高粱茎秆储藏

取不同晾晒时间段具有不同含水率的甜高粱茎秆1 000 g，置于双层聚乙烯自封袋中，并置于干燥通风场所，储藏期间，每隔1个月测定茎秆中的糖分。同时用新鲜的甜高粱茎秆进行储藏作为空白组，试验设置两个重复，所有试验结果为两个重复的平均值。

5.4.1.3　储藏后的甜高粱茎秆复水发酵

1）发酵过程

取约50.00 g甜高粱茎秆，置于pH值调节至5.0的蒸馏水中后，置于250 r/min往复式振荡器上振荡。将复水后的甜高粱茎秆，在121℃灭菌10 min后，冷却备用。将灭菌后的甜高粱茎秆接入活性干酵母(耐高温活性高干酵母，湖北安琪活性干酵母有限公司)进行乙醇发酵，并测定发酵后乙醇的含量及残糖的含量。

2）总糖浓度的测定

采用3,5-二硝基水杨酸法(DNS法)测定。

3）乙醇浓度的测定

取一定量发酵料渣加入500 mL蒸馏瓶中，加100 mL蒸馏水混合均匀进行蒸馏，取馏出液100 mL，用乙醇比重计测定蒸出液的乙醇浓度，校正至20℃时的浓度，并通过计算得出单位发酵料渣中的乙醇含量。

5.4.2　甜高粱茎秆干燥储藏过程中各指标的变化

5.4.2.1　甜高粱茎秆自然干燥过程中水分、糖分的变化

自然干燥是指直接利用太阳辐射热能或自然热风进行的干燥加工。在农副产

品加工行业，例如常规的果品、蔬菜等农副产品，大多都是采取晒干、晾干、风干或阴干等方式进行加工。自然干燥方法，由于不受场地限制、不需要设备投资和能源消耗，至今仍被包括我国在内的大多数发展中国家广泛采用。结合甜高粱茎秆采收季节的气候特点，采用自然干燥的方法并对其进行长期储藏，对于降低储藏成本具有重要的意义。为了保证甜高粱茎秆在采收粉碎后，能及时地被自然干燥，并确定快速干燥的关键时间点，同时为明确甜高粱茎秆在晾晒过程中的糖分变化及损失情况，本研究对新鲜的甜高粱茎秆自然干燥过程中的水分变化及糖分变化进行了监测，甜高粱茎秆在自然干燥过程中含水率的变化如图 5－31 所示。

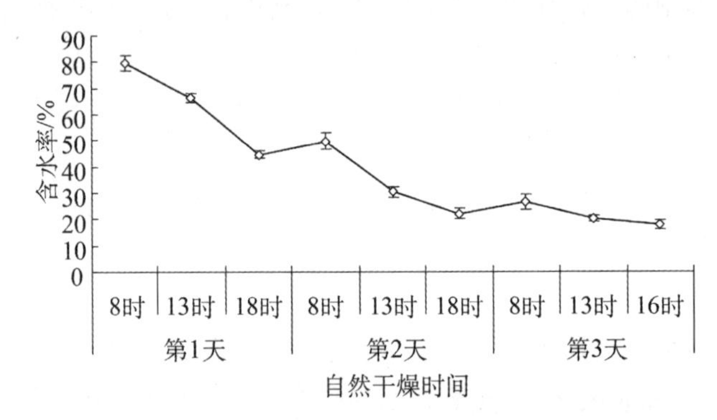

图 5－31　甜高粱茎秆在自然干燥过程中含水率的变化

本次晾晒干燥试验，选取连续 3 日晴好天气，每天晾晒时间约为 10h。晾晒 3 d 期间，晾晒温度场局部温度在 20～25℃之间，而局部空气相对湿度为 45%～55%。由图 5－31 可以看出，在日光和风吹的作用下，从上午 8 时始，在晾晒 5 h 后，新鲜的甜高粱茎秆的含水率可以从约 80%降低至 66%，而午后随着气温的升高，干燥速率也随之加快，由约 66%降低至约 45%，通过计算，第一天的干燥速率为3.5%/h。通过起堆过夜后，秸秆的含水率有一定的回升，但回升幅度不大，这主要由于夜间气温低，空气湿度较大，出现了一定的“返潮”现象。这是因为甜高粱茎秆中的水存在形态上应该与玉米秸秆相似，主要是毛细管结合和渗透结合两种方式，而在干燥时以除去毛细管结合水为主[26]。因此，在秸秆干燥后，置于夜间湿度较高的环境中，由于毛细管吸水作用，使干燥后的秸秆湿度有所增加。晾晒第二天，开始时水分仍保持较快的蒸发速度，5 h 后含水率由 50%降低至约 30%，而此后，水分蒸发速率有所减缓，此后的 5 h 内，含水率由 30%降低至 22%。通过计算可以得出第二天的干燥速率为 2.8%/h。同比第三天的干燥速率较慢，前 5 h，含水率由隔夜吸湿的 26%降低至 20%，此后的 3 h 的干燥过程中，含水率仅由 20%减低至 18%，整天的干燥速率为 1.0%/h。通过分析可以看出，在自然干燥过程中，干燥速率随着干燥时间的延长而降低，与一般生物质原料的自然干燥性质类似，这是因为生物质水主要包括自由水和结合水两部分，最先蒸发的为自由水，因此开始蒸发时速率较快，而随着自由水被蒸发，蒸发速率减慢。由此可见，以储藏为目的，结合收获期间有利的气候条件对甜高粱茎秆进行自然干燥，具有一定的可行性。

为了防止在甜高粱茎秆晾晒过程中茎秆中糖分的损失，必须首先明确在晾晒过程中糖分的变化规律。自然干燥中糖分的变化如图5－32所示。由图可以看出，还原糖在晾晒的首日，出现增加趋势，具体而言，由初始的73.24 mg/g增加至127.31 mg/g，而经过隔夜的起堆，还原糖又出现了明显的增加，至第二天晾晒时，增加至161.11 mg/g。相应的蔗糖含量出现降低，从晾晒开始时的272.41 mg/g降低至170.22 mg/g。而总糖在储藏当天基本保持不变，而起堆隔夜后总糖也出现明显的降低，由347.03 mg/g降低至331.33 mg/g，降低约4.58%。而在此后的两天的晾晒过程中还原糖和蔗糖基本保持不变。主要可能原因在于，在秸秆的高含水率区，一些植物体自带的导致蔗糖水解的酶，仍能保持活性，具有水解蔗糖的能力，且在晾晒过程中，秸秆表面的温度较高，有利于酶活性的提高。因此，在储藏的首日，蔗糖出现下降趋势而还原糖含量增加。而起堆隔夜期间由于微生物和作物自身的呼吸代谢过程，消耗了一部分糖分，在此过程中，首先蔗糖转化为还原糖，然后还原糖用于微生物和茎秆的呼吸代谢[25]。因此，在首日隔夜起堆后，蔗糖明显降低，而还原糖明显增加，整体的总糖含量有降低的现象发生。随着干燥过程的继续，茎秆中的含水率下降，植物细胞内渗透压增大，酶的活性受到抑制，同时由于含水率的降低，附着在颗粒表面的微生物因游离水量减少而无法正常生长。因此，在后两日的干燥过程和起堆过夜过程中，各种还原糖没有出现继续增加的趋势，且总糖和蔗糖也没有出现降低的趋势。通过上面的结果与分析可以看出，通过利用自然干燥法干燥甜高粱茎秆具有可行性，同时干燥后期糖变化的趋势，为自然干燥

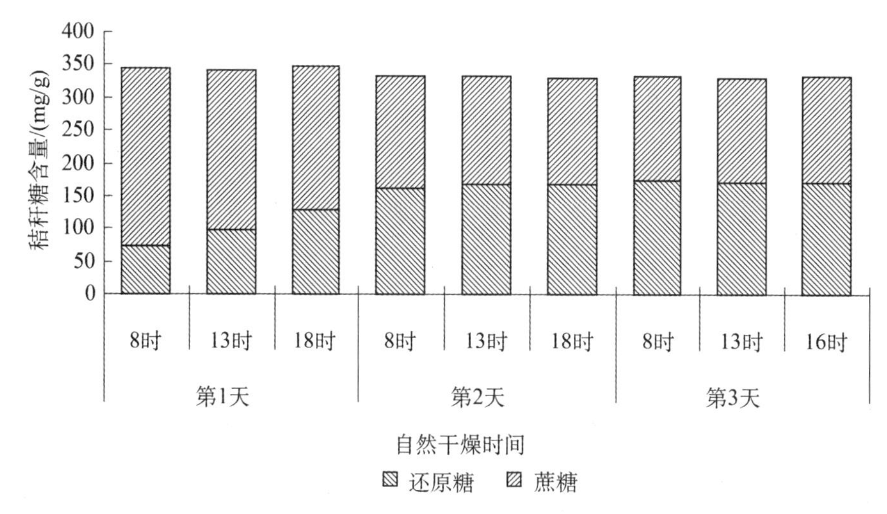

图5－32　自然干燥中糖分的变化

过程中寻求糖保藏方法提供了一定的数据依据。

5.4.2.2　不同含水率的甜高粱茎秆长期储藏过程中糖分变化的研究

将通过自然干燥后的甜高粱茎秆长期储藏。为了明确储藏效果和选择合适的储藏含水率，选取在晾晒过程中不同含水率的甜高粱茎秆作为储藏对象，并监测储藏过程中糖分的变化情况，不同含水率的甜高粱茎秆长期储藏过程中还原糖的变化如图 5－33 所示，不同含水率的甜高粱茎秆长期储藏过程中总糖的变化如图 5－34 所示。由图 5－33 和图 5－34 可以看出，当甜高粱茎秆的含水率为 80%和 45%时，在储藏一个月的过程中，无论总糖还是还原糖，都产生了明显的损失，1 个月结束时，空白组的总糖和还原糖的含量已检测不出。而对于 45%含水率组，其还原糖和总糖仅为 3.76 mg/g 和 5.16 mg/g。从秸秆表观看，此两组包装袋内，在一个月时均长满白色和黄色霉菌菌苔，且秸秆气味酸臭。这说明即使茎秆的含水率降低至 45%，仍然无法有效地控制由微生物的生长而导致的腐坏现象。而对于含水率为 22%和 18%的组，在储藏 6 个月过程中，总糖和还原糖的含量均出现上下小幅波动，但第 6 个月时的总糖以及还原糖的含量并没有发生降低的趋势。这说明通过自然干燥法获得的甜高粱茎秆没有受到致腐微生物生长的影响，可以满足至少 6 个月的储藏。从理论上分析，自然干燥储藏甜高粱茎秆主要的依据在于，水是

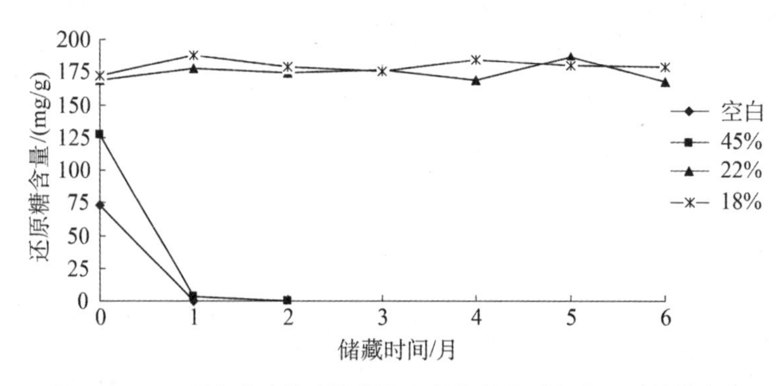

图 5－33　不同含水率的甜高粱茎秆长期储藏过程中还原糖的变化

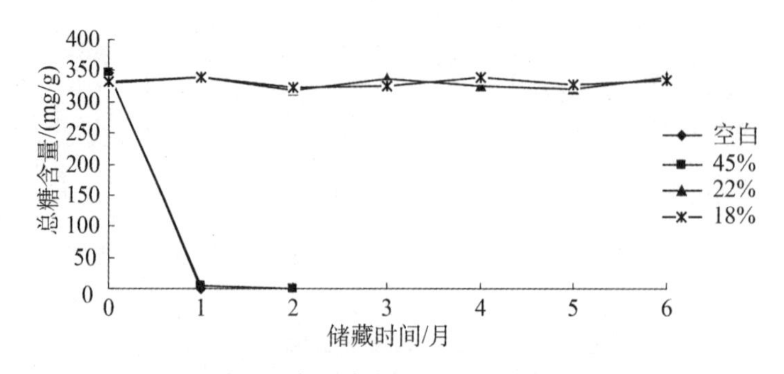

图 5－34　不同含水率的甜高粱茎秆长期储藏过程中总糖的变化

微生物生长的必需因子之一，在低含水率条件下将不利于微生物的生长。同时从本实验的研究结果可以说明，含水率为 22%左右，可以被认为是甜高粱茎秆干法储藏的“安全含水率”。但值得注意的是随着储藏期的延长，约储藏至 7～8 个月时，随着储藏气温的增加，在甜高粱茎秆的储藏袋中出现了被虫侵食现象，因此，对甜高粱茎秆自然干燥长期储藏过程中虫害的防治需做进一步研究。

5.4.2.3　不同复水条件对储藏后的甜高粱茎秆复水总糖浸提效果的影响

为了满足发酵的需求，干燥后的甜高粱茎秆必须通过复水处理。而在复水过程中，由于渗透压的作用，必然存在着细胞内的糖分向自由水相扩散转移的过程。因此，在复水过程中，自由水相获得糖分的多少和扩散速率相关，这必将影响到发酵的效果和速率。而在甘蔗制糖工业中，在糖的浸提过程中，甘蔗破碎度、渗出温度、时间和渗出水加入量是影响渗出糖分抽出效率的主要因素。因此，对于干燥后的甜高粱茎秆复水后可溶性糖的浸提过程中是否存在相同的影响，以及这些因素对总糖浸提有何具体影响，为了明确这些问题，本研究对干燥后甜高粱茎秆复水过程的相关因素进行了研究，即对浸提温度、颗粒大小、时间以及浸提水量的影响进行研究。

在浸提温度的影响研究方面，选取浸提温度为 25℃、35℃、45℃、55℃、65℃和 75℃等 6 个温度梯度点，其他浸提条件为：浸提时间为 60 min，料水比为 1∶5，粒径为没有粉筛的混合茎秆。浸提温度对总糖浸提率的影响如图 5－35 所示。由图 5－35 可以看出，当温度由 25℃升高至 75℃，总糖的浸提率会从约 67%增加至 70%。提高浸提温度会在一定程度上提高总糖的浸提率，但通过方差分析可知，在设定的温度点内，浸提温度对总糖浸提率的影响不显著（$p < 0.05$）。这主要是由于在甜高粱茎秆复水过程中，植物细胞也随之复水，由于细胞内溶质浓度较高，这就会在细胞的内外形成一个渗透压差，进而导致糖的扩散转运，即一部分糖会在渗透压的作用下进入用于复水的自由水相中，而这种糖的扩散转运过程受温度影响，一般情况下，随着温度的升高，扩散速率提高。而卢家炯等[27]在对蔗料渗透扩散

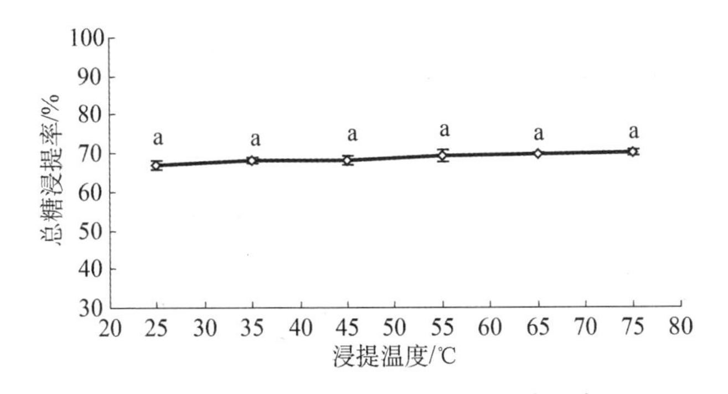

图 5－35　浸提温度对总糖浸提率的影响

注：在同一显著水平下，不同处理间字母相同表示无显著差异。

影响因素的研究发现，短时间内不同的抽提温度对最初糖分的抽出并无显著的影响。这与甘蔗茎秆糖抽提过程中温度对其影响的规律相似。由此可见在甜高粱茎秆复水发酵前，提高浸提温度并不是十分必要。

为了明确浸提时间对浸提效果的影响，设定浸提时间为 15 min、30 min、60 min、90 min、120 min 和 180 min 等 6 个时间点。而温度不控制，设定为当时室温，粒径为混合没有筛分，料水比约为 1∶5。浸提时间对总糖浸提率的影响如图 5-36所示。由图可以看出，随着浸提时间由 15 min 延长至 60 min，总糖浸提率由 65%增加到 69%。但随着浸提时间的延长，浸提率几乎保持不变，即使将浸提时间提高至 180 min，浸提率也无大幅提高。通过方差分析结果显示，不同的浸提时间对干燥储藏后的甜高粱茎秆的浸提率的影响不显著（ $p < 0.05$ ）。由此可以看出，在 1 h 内通过延长浸提时间，对于总糖浸提率的提高具有一定的促进作用，若继续延长浸提时间，对提高浸提率的作用较小。在干燥的甜高粱茎秆复水过程中的微观方面，可能存在着植物细胞吸水和胞内溶质扩散的两个过程，但两个过程却存在相反的物质流向。因此，在复水的初始阶段，糖的胞外扩散作用将会被削弱，而随着时间的延长，植物细胞吸水结束，细胞内的糖就可以以正常的扩散速率向自由水相扩散。所以在最初的时间段内，随着浸提时间的延长，对浸提率的提高有一定作用；然而随着浸提时间的进一步延长，胞外自由水中的溶质浓度和细胞内达到平衡，这种扩散作用也相应地处于平衡状态，因此，即使继续延长浸提时间，对糖浸提率的改善也没有太大的影响。由此可见，在自然干燥甜高粱茎秆复水发酵前，1 h是较为理想的复水时间。

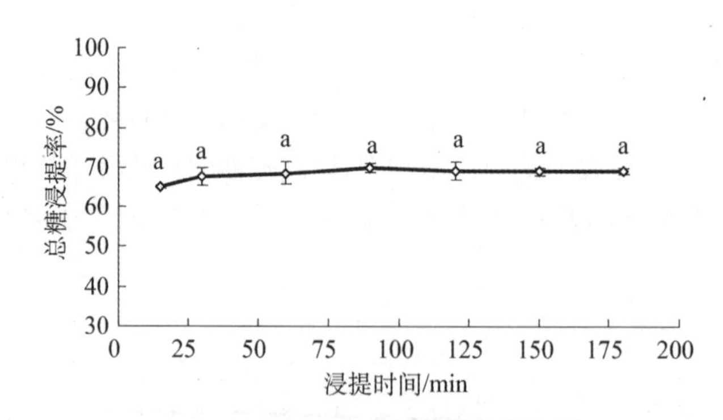

图 5-36 浸提时间对总糖浸提率的影响

注：在同一显著水平下，不同处理间字母相同表示无显著差异。

为了明确粒径对浸提效果的影响，筛分干燥后的甜高粱茎秆颗粒为 4 目、6 目、10 目、20 目、30 目和 40 目 6 个梯度。浸提温度选取为室温，浸提时间选取为 60 min，而浸提时的料水比则固定为 1∶5。粒径对总糖浸提率的影响如图 5-37 所示。由图可以看出，当粒径为 4 目时，总糖浸提率为 59%，而当粒径减小至 6 目

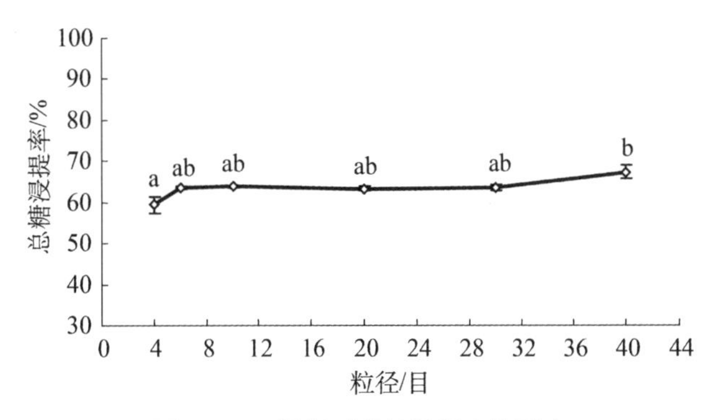

图 5-37　粒径对总糖浸提率的影响

注：在同一显著水平下，不同处理间字母相同表示无显著差异，字母不同表示有显著差异。

时，总糖浸提率可以提高至 64%。继续降低物料的粒径至 30 目时，浸提率无明显的变化，而当粒径继续增加至 40 目时，浸提率可以提高至 68%。通过方差分析可以看出，粒径 4 目与 40 目对总糖浸提率的影响差异显著（$p < 0.05$）。粒径 4 目与粒径为 6～30 目试验组对于总糖的浸提率的影响不显著，而且 6～30 目与 40 目的粒径对于提高浸提率也没有明显的差异（$p < 0.05$）。在甜菜、甘蔗中，蔗糖、葡萄糖等存在于细胞液中，切成菜丝后菜丝表面上许多细胞被切破，渗出时糖分连同非糖分被浸出，但菜丝内部细胞中的糖分被包在细胞壁内，如果使其破碎度增大，将有利于其中糖分的浸提。因此，与甜菜、甘蔗类似，增加甜高粱茎秆的粉碎度，将有利于其中糖分的提高。虽然较高的粉碎粒径有利于总糖的浸提，但获得较高粉碎粒径的物料则需要耗费较大的能量，因此，在干燥的甜高粱茎秆用于复水发酵前，可以选择 6 目为较为经济的粒径范围。

为了明确浸提过程中料水比对浸提效果的影响，本研究中设定料水比为 1∶3、1∶4、1∶5、1∶6、1∶7、1∶8、1∶9 和 1∶10 等 8个梯度，同时设定其他浸提条件为：温度为室温，粒径为混合粒径，浸提时间为 60 min。浸提料水比对总糖浸提率的影响如图 5-38 所示。由图 5-38 可知，提高在浸提过程中的浸提水的用量，对于提高茎秆中糖分的浸提率具有一定的促进作用，当料水比为 1∶3 时，此时的浸提率为 61%，而当料水比调节至 1∶10 时，浸提率可以达到 67%。通过方差分析可以看出，在料水比为 1∶3～1∶9 之间时，它们对总糖的浸提率影响差异不显著（$p < 0.05$），但料水比 1∶3 与 1∶10 组合之间的差异达到显著（$p < 0.05$）。这主要的原因在于，在糖扩散过程中，使用的水量越大，导致在自由水相中的糖浓度越低，由细胞内向细胞外的渗透压差就越大，进而导致更多的糖分被浸提出。此外，过高的浸提水使用量，使浸提过程出现自由水过量现象，在这种情况下，由于振荡器的振荡作用，也可以加强糖从细胞中向细胞外的扩散速率。结合干燥后甜高粱茎秆后续发酵拟采用的工艺，可以选择不同的复水料水比。例如，对于固

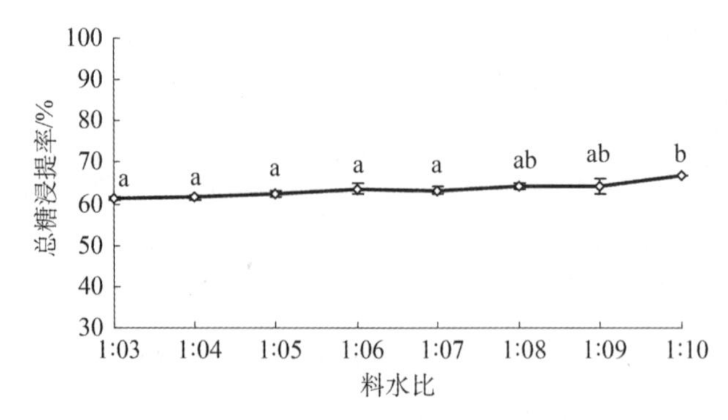

图 5-38　浸提料水比对总糖浸提率的影响

注：在同一显著水平下，不同处理间字母相同表示无显著差异，字母不同表示有显著差异。

态发酵可以选择较低的浸提水使用量，而对于液态发酵可以采用较多的浸提水使用量用于糖分的浸提。

通过对上述 4 个因素对干燥后甜高粱茎秆糖浸提效果的研究结果可知，物料的粒径和浸提水的使用量对糖浸提的效果影响较大，而温度和浸提时间影响较小。因此，在自然干燥后并经长期储藏的甜高粱茎秆，在后续发酵前的复水过程中不需要较为复杂的工艺。在甘蔗和甜菜的渗出法糖浸提工艺中，一般可以达到约 90% 以上的总糖浸提率，而本研究中总糖浸提率在 60%～70%之间，这主要由于浸提设备和工艺的差别，如在甘蔗的浸提过程中，多采用填充床式浸提设备，同时采用多次浸提的工艺方式[27]。因此，甘蔗和甜菜的总糖浸提效果较本研究所得效果要好。

5.4.2.4　不同温度强制干燥对甜高粱茎秆干燥速率的影响

由前面的分析结果可以看出，通过自然干燥甜高粱茎秆可以达到较长时间的储藏目的。但是自然干燥将会受到气候和收割期局部天气的影响，同时也会受到人为因素的影响，干燥的品质难以得到保证。在自然条件下进行甜高粱茎秆干燥，降低水分至 30%以下，为了达到更好的干燥效果，还需应用干燥设备进行干燥，进一步降低甜高粱茎秆的水分含量。因此，本节通过研究不同温度下强制通风干燥对甜高粱茎秆干燥速率的影响，以确定较为合适的干燥温度。不同温度对甜高粱茎秆强制干燥速率的影响如图 5-39 所示。由图可以看出，在等温干燥的条件下，所有温度下的干燥曲线具有相同的特征，即在干燥初始段干燥速率较慢(处于低速干燥区)，不同的温度条件这个干燥段的时间不同，例如，在 30℃ 干燥时，低速干燥区的时间段为 10 h 左右，而随着干燥温度从 30℃ 提高到 70℃，低速干燥区的保留时间缩短至 1～6 h 之内。继续延长干燥时间后，干燥进入快速干燥区，在这个区，茎秆水分快速蒸发，且随着温度的增加干燥速率加快。此后，干燥进入恒重区，即继续干燥，水分不再降低，随着温度的升高最终的含水率降低。甜高粱茎秆类似于

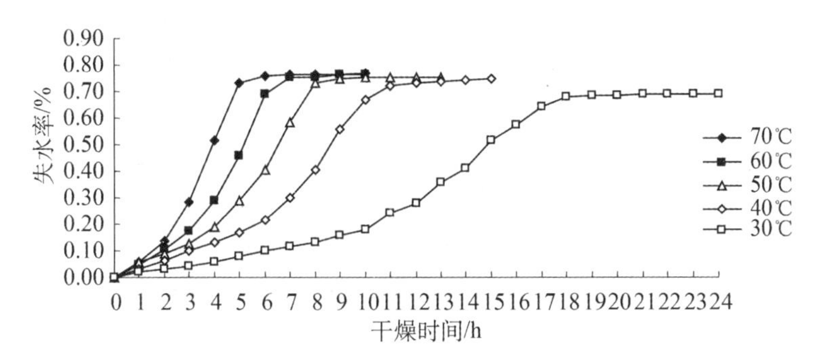

图 5 - 39　不同温度对甜高粱茎秆强制干燥速率的影响

玉米秸秆，为毛细管多孔胶体物质，其水分的存在方式以毛细管结合水为主，为外在水分，其表面张力和黏度与自由水分一样，比较容易去除，因此在前段时间低速干燥区的干燥速率较慢，而进入快速干燥区后干燥速率则显著加快，实际上快慢是相对的，对各个温度下的干燥过程都是低速区较慢，而后面较快，对不同温度而言，温度高自然低速区较短，干燥时间缩短。此外，还有少量的水分与甜高粱茎秆结合较为紧密，其干燥过程就比较慢，只有通过提高干燥温度才可以除去，因此，这一部分水分干燥发生在后期，且随温度升高，失水率增大。由此可以看出，甜高粱茎秆的干燥过程和其他的物料的干燥过程并没有太大的区别，在通风速率等其他干燥条件相同的情况下，干燥温度越高，物料的干燥速率越快，相反，干燥温度越低，物料的干燥速率越慢。由图 5 - 40 可以看出，在 30℃时，需要 16 h 才可以使水分降低至 22%左右(甜高粱茎秆储藏安全水分)，相比，在 40℃时，需要 9 h，在 50℃时，需要 7 h，在 60℃时，需要 5.5 h，而在 70℃时，则仅需要 4.5 h。可见当温度由 30℃升高到 40℃可以缩短干燥时间约一半，而随着温度继续升高，干燥时间缩短梯度较小。另外，通过对干燥过程中甜高粱茎秆表观的观测可知，随着温度的升高，茎秆颜色加深，说明高温干燥过程中茎秆中羰基化合物(还原糖类)和氨基化合物(氨基酸和蛋白质)间发生了反应(称之为“美拉德反应”)后，产生了褐变。而在低温干燥区(30℃)干燥后的甜高粱茎秆，带有一定的酸味，这说明在干燥过程中茎秆里的糖分被微生物利用产生了一定的酸化。结合甜高粱茎秆在低温干燥过程中可能出现的酸变和在高温干燥时可能出现的褐变，而造成的可发酵糖损失，以及干燥速率增加率的幅度范围，在对甜高粱茎秆进行人工强制干燥时可以选取的干燥合适温度为 40～50℃。因为，在此区域的干燥温度，一方面不适合有害微生物生长，另一方面此区域温度也没有达到糖类快速的褐变温度(60℃)。

5.4.3　小结

通过以上对甜高粱茎秆干燥、储藏后续复水发酵以及强制干燥的研究，可以得出以下结论：

通过对甜高粱茎秆自然干燥过程的研究可知，晾晒过程中的高含水率区存在蔗糖向还原糖转化的过程，并且总糖在晾晒过程中会出现一定的损失。当含水率降低至45%以下时，这种转化就会减弱，且总糖损失减弱。因此，加快干燥速率有利于降低在晾晒过程中的总糖损失。

通过长期储藏的结果可以发现，适合甜高粱茎秆干燥储藏的安全水分含量为22%，在此水分含量及小于此含量以下的甜高粱茎秆经储藏6个月，未出现腐坏和糖分损失。

对干燥储藏后的甜高粱进行复水的研究表明，减小物料的粒径和增加浸提温度和浸提时间以及浸提水的使用量都可以增加糖浸提率，但总体差异不显著，因此，在自然干燥后并经长期储藏的甜高粱茎秆，在后续发酵前不需要复杂的工艺进行发酵前复水。

通过研究不同温度下强制通风干燥对甜高粱茎秆干燥速率的影响，并经综合评判，选取40～50℃作为甜高粱茎秆辅助强制干燥温度，在短时间内(7～9 h)可以实现茎秆含水率降至安全含水率以下，同时可以降低因低温干燥时有害微生物的生长和高温干燥时糖褐变而造成的糖分损失。

结合甜高粱茎秆自然干燥、储藏、复水、后续发酵的研究，说明自然干燥法是一条较为有效的长期储藏甜高粱茎秆中有效糖分的工艺，该工艺具有技术简单方便、能耗低、储藏效果好等优点，并结合辅助干燥所确定的技术参数，可以降低在甜高粱茎秆干燥储藏期间的技术风险。

参考文献

[1] 梅晓岩，刘荣厚，沈飞. 甜高粱茎秆汁液成分分析及浓缩储藏的试验研究[J]. 农业工程学报，2008，24(1)：218-223.

[2] 韩冰，李纪红，李十中，等. 甜高粱茎秆保存方法与优化研究[J]. 太阳能学报，2012，33(10)：1719-1723.

[3] 梅晓岩. 生物方法转化生物质为能源及生物基产品关键技术的研究[D]. 上海：上海交通大学，2008.

[4] 沈飞. 甜高粱茎秆/汁液储藏及残渣酶水解制取生物乙醇的研究[D]. 上海：上海交通大学，2010.

[5] 武冬梅，李冀新，孙新纪，等. 甜高粱汁生物储藏技术的研究[J]. 2009，30(11)：198-199.

[6] 张水华. 食品分析[M]. 北京：中国轻工业出版社，2004.

[7] 宁喜斌，马志泓，李达. 甜高粱茎汁成分的测定[J]. 沈阳农业大学学报，1995，26(01)：45-48.

[8] 籍贵苏,杜瑞恒,侯升林,等. 甜高粱茎秆含糖量研究[J]. 华北农学报,2006,21(S2):81－83.

[9] 刘荣厚,李金霞,沈飞,等. 甜高粱茎秆汁液固定化酵母酒精发酵的研究[J]. 农业工程学报,2005,21(09):137－140.

[10] 汪彤彤. 防腐剂对甜高粱茎秆汁液储存及酒精发酵影响的试验研究[D]. 沈阳:沈阳农业大学,2006.

[11] 初峰. 食品保藏技术[M]. 北京:化学工业出版社,2010.

[12] 石立三,吴清平,吴慧清,等. 我国食品防腐剂应用状况及未来发展趋势[J]. 食品研究与开发,2008,29(3):157－161.

[13] 薛明,沈艾彬. 天然食品防腐剂的分类及抗菌机理[J]. 宁夏农林科技,2012,53(12):87－89.

[14] 郝利平,夏延斌,陈永泉,等. 食品添加剂[M]. 北京:中国农业大学出版社,2004.

[15] 刘志皋,高彦祥. 食品添加剂基础[M]. 北京:中国轻工业出版社,2005.

[16] 严成. 丙酸钙对牛肉保鲜效果的研究[J]. 食品科学,2009,30(14):300－303.

[17] Liu R, Li J, Shen F. Refining bioethanol from stalk juice of sweet sorghum by immobilized yeast fermentation [J]. Renewable Energy, 2008,33(5):1130－1135.

[18] 成纪予. 亚热带地区影响糖液储存诸因素的研究[D]. 南宁:广西大学,2004.

[19] Shen F, Liu R. Storage of Sweet Sorghum Fresh Juice with Ethyl-p-Hydroxybenzoate and the Ethanol Fermentation with the Preserved Juice [J]. Journal of Biobased Materials And Bioenergy, 2010,4(4):324－329.

[20] 曹卫星. 预处理方法对甜高粱茎秆汁液及残渣乙醇发酵的影响[D]. 上海:上海交通大学,2012.

[21] Schmidt J, Sipocz J, Kaszas I, et al. Preservation of sugar content in ensiled sweet sorghum [J]. Bioresource Technology, 1997,60(1):9－13.

[22] Gong S, Corey K. Predicting steady-state oxygen concentration in modified atmosphere packages of tomatoes [J]. Journal of the American Society for Horticultural Science, 1994,119(3):546－550.

[23] Larrigaudiere C, Lentheric I, Vendrell M. Relationship between enzymatic browning and internal disorders in controlled-atmosphere stored pears [J]. Journal Of the Science Of Food And Agriculture, 1998,78(2):232－236.

[24] 茅林春,刘卫晓. 甘蔗采后生理变化及其保鲜技术的研究[J]. 中国农业科学,2000,33(5):41－45.

[25] 梅晓岩,刘荣厚,沈飞. 甜高粱茎秆采后生理特性及其自发气调包装储藏的研究[J]. 农业工程学报,2008,24(7):165－170.

[26] 雷廷宙. 秸秆干燥过程的实验研究与理论分析[D]. 大连:大连理工大学,2006.

[27] 卢家炯,覃亮举. 蔗料渗透扩散的影响因素[J]. 广西蔗糖,1997,04:48－53.

第 6 章　甜高粱液态发酵制取乙醇技术

6.1　甜高粱液态发酵基本原理及工艺

甜高粱茎秆汁液丰富，其中汁液中富含可发酵糖。甜高粱茎秆通过汁液提取，进行液态发酵生产乙醇是目前甜高粱乙醇生产的主要方式之一。其流程一般先清理甜高粱茎秆去除叶子和鞘、将茎秆破碎榨汁，汁液经过澄清调质等处理后，加入酵母进行发酵，最后获得所需的乙醇产品。甜高粱茎秆汁液因其富含可发酵糖的组分特征，相比传统的淀粉原料乙醇生产的液态发酵有很多特征性的区别。在本节内容中将对甜高粱茎秆汁液液态发酵生产乙醇的工艺原理进行详细的介绍[1-3]。

6.1.1　甜高粱液态发酵的基本原理及生化过程

6.1.1.1　甜高粱液态发酵的基本原理

与其他能源植物相比，甜高粱有两个光合产物的储藏库，一个是以含糖分为主的茎秆，一个是以含淀粉为主的籽粒。作为其中一个重要的储藏库，甜高粱茎秆富含可发酵糖分，主要是葡萄糖、果糖和蔗糖。将富含这些可发酵糖分的汁液经过压榨出来后，进行发酵就可以直接转化成乙醇。其主要的发酵原理可以包括己糖转化和蔗糖转化两个部分[4]。

(1) 己糖转化：对于甜高粱汁液中的六碳糖，也称己糖，包括葡萄糖和果糖。葡萄糖(果糖)代谢转化成乙醇的过程是酵母菌在厌氧条件下利用其自身酶系进行厌氧呼吸，将原料中的己糖转化为乙醇，同时产生其自身生命活动所需的三磷酸腺苷(ATP)的过程。其总反应的方程式为

$$\underset{180\ g}{C_6H_{12}O_6} \longrightarrow \underset{92\ g}{2C_2H_5OH} + 2CO_2 + \text{热量}$$

这个过程需要经历 4 个阶段：

第一阶段，葡萄糖磷酸化，生成活泼的 1,6 -二磷酸果糖；

第二阶段，1,6 -二磷酸果糖裂解为两个分子的磷酸丙糖(3 -磷酸甘油醛)；

第三阶段，3-磷酸甘油醛经氧化和磷酸化后分子内重排，释放出能量，生成丙酮酸；

第四阶段，丙酮酸继续降解，生成乙醇。

(2) 蔗糖转化：甜高粱汁液中的双糖，主要指蔗糖。当发酵液中有蔗糖存在时，酵母菌合成双糖水解酶的功能被激活，合成好的蔗糖水解酶被分泌到细胞外，将一分子蔗糖水解为一分子葡萄糖和一分子果糖。葡萄糖和果糖，经过酵母代谢转化成乙醇。蔗糖在酵母菌的作用下其发酵通式如下：

$$\underset{\substack{\text{蔗糖} \\ 342\ \text{g}}}{C_{12}H_{22}O_{11}} + H_2O \longrightarrow \underset{\text{葡萄糖}}{C_6H_{12}O_6} + \underset{\text{果糖}}{C_6H_{12}O_6} \longrightarrow 4C_2H_5OH + 4CO_2 + \text{热量}$$

$$342\ \text{g} \qquad\qquad 360\ \text{g} \qquad\qquad 184\ \text{g}$$

目前，实际利用甜高粱原料生产乙醇的菌种多为酿酒酵母（*Saccharomyces cerevisiae*）。酿酒酵母进入汁液的发酵体系后（接种后），体系中的糖分通过酵母的营养运输机制进入细胞内，在酵母细胞内糖-乙醇转化酶系统的作用下，最终生成乙醇、CO_2 和热量。乙醇从酵母细胞排除后很快地扩散到周围的介质体系中，一般的乙醇发酵介质体系为水介质，乙醇和水任意互溶后，使得酵母细胞周围的乙醇浓度变低，从而不会产生产物抑制，使发酵顺利进行；CO_2 也会很容易地溶解在发酵的介质体系，但很快就会达到饱和状态，此后酵母产生的 CO_2 就被吸附到酵母细胞的表面，直至超过细胞的吸附量时，CO_2 转变为气体状态，形成小气泡。当气泡增大，其浮力超过细胞的重力时，气泡就带着酵母细胞上升，直到气泡破裂为止，CO_2 释放到空气中，而酵母细胞则留在发酵液中慢慢下沉，这样由于 CO_2 的产生，带动了发酵介质中的酵母细胞上下运动，能使酵母细胞和发酵液充分接触，使发酵快速充分地进行；发酵过程中产生的能量，一部分被酵母细胞当作新陈代谢的能量重新利用，另一部分能量和乙醇及 CO_2 一样释放到发酵介质中，表现为发酵过程中发酵体系温度上升。

乙醇发酵过程从表观上一般可以将其分为发酵前期、主发酵期和发酵后期三个阶段。

6.1.1.2　甜高粱液态发酵乙醇生成的生化过程

甜高粱汁液的乙醇发酵的生物化学过程是三种可发酵糖（蔗糖、葡萄糖、果糖）在酵母菌的乙醇发酵酶系统的作用下生成乙醇的过程。葡萄糖的乙醇发酵是在厌氧条件下进行的，它的全部生化过程中，从反应底物葡萄糖开始至生成中间产物丙酮酸止，这一段的葡萄糖分解代谢途径是葡萄糖在酵母细胞内无论进行无氧氧化分解还是进行有氧氧化分解都必须经历的共同反应历程，这一段反应历程称之为糖酵解或己糖二磷酸途径（Embden-Meyerhof-Parnas pathway，EMP 途径）。在有氧条件下，EMP 途径是三羧酸循环、氧化磷酸化作用的前奏。而在无氧条件下，EMP 途径生成的丙酮酸，在不同的生物细胞中有不同的代谢方向，酵母菌在缺氧的条件下将丙酮酸转化成为乙醛,乙醛再转化成为乙醇,这称为乙醇发酵。酵母菌乙醇发酵过程是在各种酒化酶(酵母细胞中各种酶和辅酶的总称)的催化作用下发生的,共有12步生化反应。

6.1.2 甜高粱液态发酵生产乙醇的基本工艺

甜高粱作为一种典型糖类生物质原料,因其汁液中含有大量的可以直接被酵母等微生物用于乙醇发酵的原料。与淀粉质原料相比,采用甜高粱汁液生产乙醇可以省去蒸煮、制曲、糖化等工序,因此,其工艺过程和设备均比较简单,生产周期较短。但是由于汁液中糖类生物质原料的干物质浓度大,糖分高,产酸细菌多,灰分和胶体物质很多,因此对于糖类生物质原料发酵前必须进行预处理。一般而言,甜高粱汁液的预处理程序主要包括,糖汁的制取、稀释、酸化(最适的pH值为4.0~4.5)、灭菌(加热灭菌或药物灭菌)、澄清和添加营养盐(主要包括氮源、磷源、镁源、生长素等)。采用的发酵工艺和蒸馏工艺与常规的淀粉糖化醪的乙醇发酵基本上相同,其基本工艺流程如图6-1所示[5]。

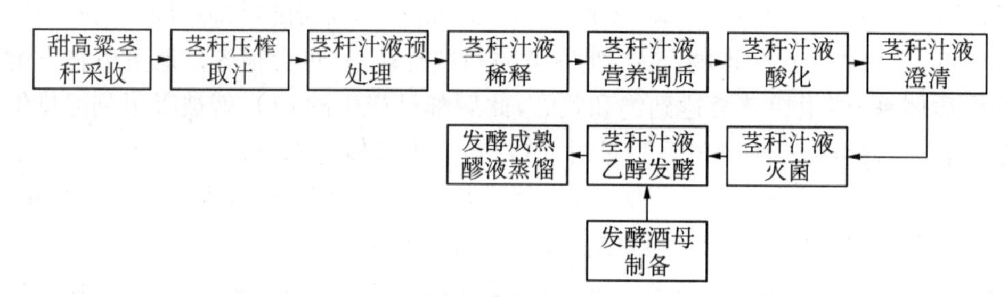

图6-1 甜高粱茎秆汁液乙醇生产基本工艺流程

1) 甜高粱茎秆压榨取汁

甜高粱茎秆的榨汁工艺和传统的甘蔗压榨取汁工艺基本相似,一般有两种方法,即压榨法和渗出法。这两种方法都要先将含有糖分的组织细胞加以破坏。然后分别采用多重压榨、多级喷淋或挤压把糖汁抽提出来。因此,各种方法所使用的设备及其工艺条件是有区别的。压榨法提汁是比较成熟的方法,所用的主要设备是三辊压榨机。渗出法造价低廉、动力消耗少、运行安全、维修管理简便,而且糖分回收率也很高。

2) 甜高粱茎秆汁液的预处理

甜高粱茎秆获取糖汁,主要通过甜高粱茎秆经压榨→汁液沉淀→过滤三大步骤获得糖汁。为了防止糖汁酸化,达到长期储存的目的,获取的糖汁一般需要浓缩到75~86°Bx之间。也可采用添加防腐剂等方法储藏甜高粱茎秆汁液。

3) 甜高粱茎秆浓缩汁稀释工艺

浓缩汁稀释的目的是为了降低糖浓度,使其适合于酵母生长,同时也是为了减少无机盐对酵母的影响。一般情况下根据所采用的发酵工艺要求，可以将糖汁稀释成一个浓度或者两个浓度的稀释糖液。较稀的糖液用于酒母的培养，称之为酒母稀糖液，较浓的则用于乙醇发酵，成为基本稀糖液。后来随着菌种性能的改良和生产工艺的改进，酒母培养和发酵采用同一浓度的稀糖液也可以达到良好的发酵指标，为了简化工业过程，发展形成了单浓度流程，而过去的那种生产方式称为双浓度流程。一般情况下单浓度流程的稀释糖液浓度为22%～25%，而双浓度流程的酒母稀释糖液浓度为12%～14%，基本稀释糖液浓度为33%～35%。糖汁的稀释方法一般有间歇和连续两种。

4）营养盐的添加调配

营养盐添加的目的是为了保证酵母的正常繁殖和发酵，根据甜高粱汁液的化学组分和性质，必须在其汁液中添加适量的酵母所需要的营养盐。由生产实践和组分测定可以知道，甜高粱茎秆汁液一般缺乏氮素和镁盐，除此之外，还缺少少量的钾盐和磷酸盐等。由于甜高粱品种和产地以及收获期不同，其主要营养盐含量差别较大。因此，必须对汁液进行分析，了解酵母所需营养盐缺乏的种类和程度，依此决定添加所要营养物质的种类和数量。

5）糖汁酸化

糖汁加酸酸化的目的是防止杂菌的繁殖，加速糖汁中灰分与胶体物质沉淀，同时调整稀糖液的酸度，使其适于酵母的生长。由于甜高粱汁液为微酸性，而酵母发酵最适宜的pH值为4.0～4.5，所以工艺上要求糖汁稀释时要加酸。

6）汁液的澄清

汁液中通常含有较多的胶体物质、色素、灰分和其他的悬浮物质，它们的存在对于酵母的正常生长、繁殖和代谢有一定的害处，应尽量去除。汁液澄清的方法主要有机械澄清法、加酸澄清法和加絮凝剂澄清法。

7）汁液的灭菌工艺

原料中往往含有杂菌，主要是野生酵母、白念球菌及乳酸菌一类的产酸菌。为了保证汁液发酵得以正常运行，除了加酸提高汁液的酸度外，还要进行灭菌。灭菌的方法有物理法、化学法两种。

8）酵母培养的工艺

酵母培养可分为两个阶段，即酵母纯粹扩大培养阶段和酒母培养阶段。

9）乙醇发酵工艺

作为一种典型的糖质原料，甜高粱乙醇的发酵方法很多，按发酵的连续程度可分为：间歇式发酵、半连续式发酵与连续式发酵三大类。

10）乙醇蒸馏

甜高粱汁液中灰分胶体物质等非糖杂质多，其乙醇发酵代谢生成酯醛头级杂质及杂醇油较多，对成品乙醇质量影响较大，同时蒸馏过程中泡沫较多，也易产生积垢。因此，蒸馏时要注意排醛和抽提杂醇油，同时也要注意防止产生液泛及积垢。以甜高粱为原料生产高纯度乙醇或精馏乙醇，大多采用双塔式液相过塔连续蒸馏流程，但要从粗乙醇中分离出酯醛混合物达到精馏乙醇的质量标准是较难的。目前，多采用三塔式连续蒸馏流程，其主要包括三个塔，一是醪塔；另一是排醛塔，又称分馏塔，它安装在醪塔与精馏塔之间，它的作用是排除酯醛类等头级杂质；三是精馏塔，它除了浓缩乙醇提高浓度的作用外，还继续排除杂质达到提纯乙醇，使能达到精馏乙醇的质量标准。

6.2 甜高粱汁液乙醇发酵前处理技术研究

甜高粱茎秆汁液成分复杂，其中的果胶、色素及蛋白质等胶体物质在乙醇发酵时产生大量泡沫，降低发酵罐的利用率。同时胶体物质会吸附在酵母的表面，使酵母新陈代谢作用发生困难，特别是焦糖与黑色素对酵母的乙醇发酵作用抑制较大[6]。通过对甜高粱茎秆汁液进行预处理，除去色素、胶体物质等可以大幅降低甜高粱茎秆汁液的黏度，增加澄清度，使得酵母可以更好地利用汁液中的可利用糖分发酵制取乙醇，对提高乙醇转化效率具有重要意义。因此，采用一些预处理方法对甜高粱茎秆汁液进行预处理并检验其乙醇发酵效果是必要的。此外，甜高粱茎秆汁液澄清也有利于减少其中的杂质，提高乙醇产率。

6.2.1 壳聚糖对甜高粱茎秆汁液澄清性能的影响

壳聚糖是一种天然高分子化合物，无毒无害，由于其分子结构中氨基等距离地排列在分子链上，当与质子结合后即成为带正电荷的聚电解质，可与酸性环境中带负电荷的可溶性蛋白质、纤维素、果胶、悬浮微粒、单宁等物质发生很强的凝集作用而形成沉淀絮凝，从而达到澄清的效果。壳聚糖应用于甜高粱汁液的澄清处理鲜见报道，一般来说，影响澄清处理效果的因素有澄清剂的添加量、汁液 pH 值、温度等方面。本节主要研究不同的预处理条件如壳聚糖用量、汁液 pH 值、温度、分离速度等因素对使用壳聚糖的盐酸溶液预处理甜高粱茎秆汁液的影响，并接种酵母发酵壳聚糖预处理后的甜高粱茎秆汁液，检验其乙醇发酵水平。

6.2.1.1 壳聚糖用量对甜高粱茎秆汁液澄清度和可溶性总糖的影响

图 6-2 表示不同的壳聚糖用量对于甜高粱茎秆汁液的澄清度和总可溶性糖含量的影响。随着壳聚糖用量从 0.1 g/L 逐渐增加至 1 g/L，甜高粱茎秆汁液的澄清度依次增加，方差分析表明，壳聚糖用量对甜高粱茎秆汁液的澄清度影响显著（$p < 0.05$），这说明壳聚糖溶液可以显著去除甜高粱茎秆汁液中的杂质，由邓肯多重比较可知，当壳聚糖用量超过 0.4 g/L 时，汁液的澄清度增加不显著，因此，在该试验条件下，壳聚糖用量 0.4 g/L 即可满足要求，过高的用量则增加澄清剂的成

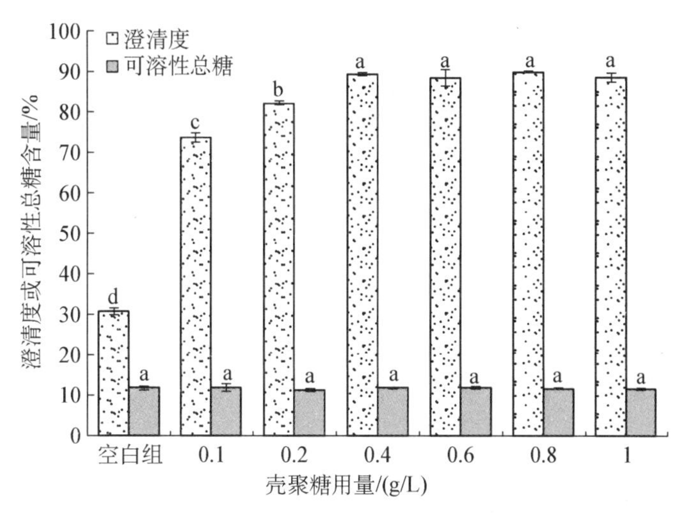

图 6-2　壳聚糖用量对汁液澄清度和总可溶性糖含量的影响

注:在同一显著水平下,不同处理间字母相同表示无显著差异,字母不同表示有显著差异。

本,经济上不合算。而壳聚糖用量从 0.1 g/L 逐渐增加至 1 g/L,汁液的可溶性糖含量变化不显著($p>0.05$),维持在 13%(质量分数)左右,这说明壳聚糖对可溶性糖的损失较小。综合澄清度和可溶性糖含量这两个因素,在该试验条件下,0.4 g/L左右的壳聚糖用量为较合适的水平。

6.2.1.2　pH 值对甜高粱茎秆汁液澄清度和可溶性总糖的影响

图 6-3 所示是 pH 值对汁液澄清度和总可溶性糖含量的影响。由于汁液后续的乙醇发酵合适的 pH 值为 5 左右,因此,pH 值选择 3～6 作为研究范围。

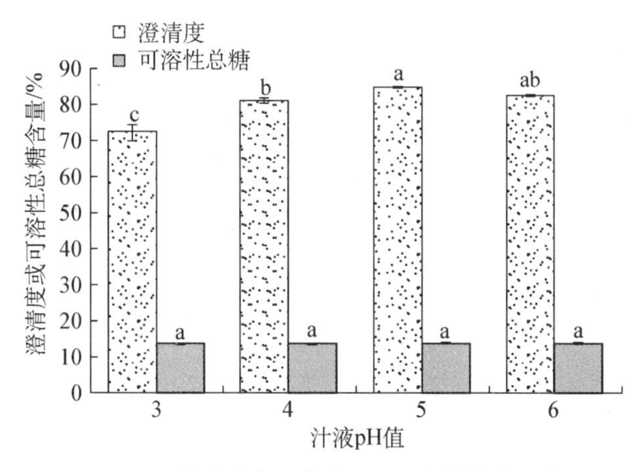

图 6-3　pH 值对汁液澄清度和总可溶性糖含量的影响

注:在同一显著水平下,不同处理间字母相同表示无显著差异,字母不同表示有显著差异。

由图 6-3 可知，随着汁液 pH 值从 3 增加到 6，汁液澄清度依次增加，但是多重比较可知，当 pH 值大于 5 时，变化不显著，而在不同的 pH 值条件下，可溶性糖含量变化不显著，因此，在该试验条件下，pH 值为 5 可能是较合适的汁液澄清的 pH 值。一般，新收获压榨后的甜高粱茎秆汁液的 pH 值为 5.0 左右，因此不必对汁液进行 pH 值的调节，但是壳聚糖盐酸溶液为酸性，在增加壳聚糖用量时会改变汁液的 pH 值，尽管单因素确定 pH 值为 5 是较合适的，但是对于多因素的存在仍然需要优化来确定合适的澄清条件。

6.2.1.3　温度对甜高粱茎秆汁液澄清度和可溶性总糖的影响

图 6-4 表示温度对甜高粱茎秆汁液澄清度和总可溶性糖含量的影响。方差分析和多重比较分析表明，在该试验条件下，温度对甜高粱茎秆汁液的可溶性糖含量影响不显著。在 20～40℃时对澄清度影响不显著，但是随着温度升高，澄清度先增加后降低。

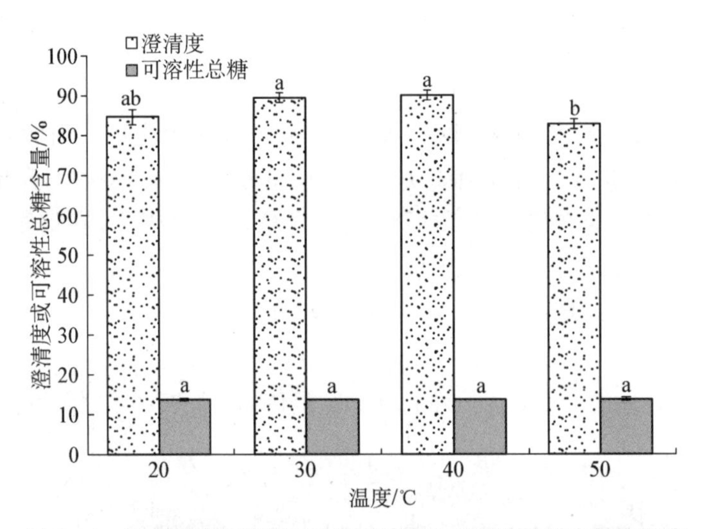

图 6-4　温度对甜高粱茎秆汁液澄清度和总可溶性糖含量的影响

注：在同一显著水平下，不同处理间字母相同表示无显著差异，字母不同表示有显著差异。

一般来说，温度与吸附剂的吸附性能存在一定的关系，温度升高，加快吸附反应，但是 50℃时澄清度有所下降，这可能由于过高的温度加快了分子运动，使溶液变得相对混浊，另外壳聚糖用量较小，仅为 0.2 g/L，可能不足以显著影响甜高粱茎秆汁液的澄清度和可溶性糖含量。

6.2.1.4　分离速度对甜高粱茎秆汁液澄清度和可溶性总糖的影响

图 6-5 所示为澄清处理后分离速度对甜高粱茎秆汁液澄清度和总可溶性糖含量的影响。方差分析和多重比较分析表明，甜高粱汁液在分离速度为 2 000 r/min 时的澄清度，大于 1 000 r/min 时，但是当分离速度超过 2 000 r/min，汁液澄清度变

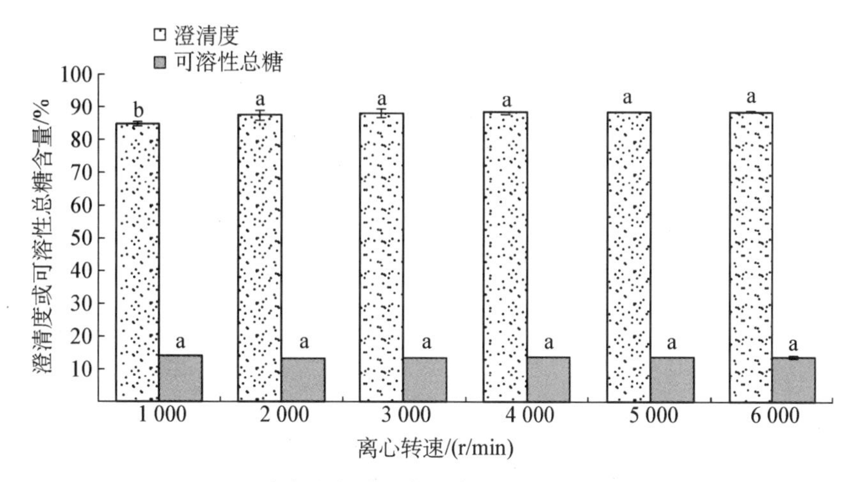

图 6－5　分离速度对汁液澄清度和总可溶性糖的影响

注：在同一显著水平下，不同处理间字母相同表示无显著差异，字母不同表示有显著差异。

化不显著，总可溶性糖含量变化不显著。在不同的转速下，澄清度约 85%左右，因此 2 000 r/min 即可满足壳聚糖吸附的沉淀与汁液的快速分离要求，在后续实验中分离速度采用 2 000 r/min 即可。

6.2.2　壳聚糖预处理甜高粱茎秆汁液参数优化及验证

根据单因素实验结果，使用 Box-Behnken 设计方法，应用实验设计软件 Desgin Expert(V7.1.6)进行三因素三水平的响应面优化设计，设计矩阵如表 6－1 所示。

表 6－1　甜高粱茎秆汁液澄清试验设计与结果

编号	用量/(g/L)	pH 值	温度/℃	澄清度/%	总可溶性糖含量/%
1	0.5	6	20	88.78	13.00
2	0.8	5	20	85.05	13.31
3	0.2	5	20	88.16	14.04
4	0.5	5	30	90.03	13.13
5	0.5	4	20	85.67	14.09
6	0.8	6	30	86.77	13.08
7	0.2	4	30	86.00	13.92
8	0.5	5	30	90.21	13.68
9	0.8	5	40	85.52	13.49
10	0.5	5	30	90.48	13.39

（续表）

编号	用量/(g/L)	pH值	温度/℃	澄清度/%	总可溶性糖含量/%
11	0.5	5	30	90.15	13.03
12	0.8	4	30	83.99	13.97
13	0.2	6	30	88.70	13.31
14	0.2	5	40	87.84	14.32
15	0.5	5	30	90.37	14.24
16	0.5	6	40	88.35	14.17
17	0.5	4	40	86.56	13.66

设甜高粱茎秆汁液澄清度 Y_1 和总可溶性糖含量 Y_2 为预测响应值，Y_1 和 Y_2 预测模型由最小二乘法拟合的二次多项方程可表示为

$$Y = B_0 + B_1x_1 + B_2x_2 + B_3x_3 + B_{12}x_1x_2 + B_{13}x_1x_3 + B_{23}x_2x_3 + B_{11}x_1^2 + B_{22}x_2^2 + B_{33}x_3^2 \quad (6-1)$$

式中：B_0 为常数项；B_1、B_2、B_3 分别为线性系数；B_{12}、B_{13}、B_{23} 为交互项系数；B_{11}、B_{22}、B_{33} 为二次项系数；x_1 为壳聚糖的用量(g/L)；x_2 为 pH 值；x_3 为温度(℃)。

对表 6-1 的试验数据进行多元回归拟合，使用 Design-expert 软件(V7.1.6)获得汁液澄清度(Y_1)对壳聚糖用量(x_1)、pH 值(x_2)、温度(x_3)的二元多项回归方程式(6-2)。回归方程的方差分析结果如表 6-2 所示。

$$Y_1 = 90.245 - 1.17375x_1 + 1.2975x_2 + 0.07375x_3 + 0.02x_1x_2 - 0.02x_1x_3 - 0.33x_2x_3 - 2.2875x_1^2 - 1.5925x_2^2 - 1.3125x_3^2 \quad (6-2)$$

表 6-2　响应面回归模型方差分析

方差来源	平方和	自由度	均方	F 值	$p>F$ 概率
模型	69.44	9	7.72	115.35	<0.0001
x_1	11.022	1	11.022	164.772	<0.0001
x_2	13.468	1	13.468	201.348	<0.0001
x_3	0.044	1	0.044	0.651	0.4465
x_1x_2	0.002	1	0.002	0.024	0.8815
x_1x_3	0.160	1	0.160	2.392	0.1659
x_2x_3	0.436	1	0.436	6.512	0.0380

（续表）

方差来源	平方和	自由度	均方	F 值	$p>F$ 概率
x_1^2	22.032	1	22.032	329.384	<0.000 1
x_2^2	10.678	1	10.678	159.639	<0.000 1
x_3^2	7.253	1	7.253	108.437	<0.000 1
残差	0.468	7	0.066 9		
失拟项	0.34	3	0.114	3.56	0.125 8
纯误差	0.127 6	4	0.031 9		
总变异	69.91	16			

注：$CV=0.29\%$；$R^2=0.993\,3$；$R=0.996\,6$；Adj. $R^2=0.984\,6$。

由表 6－2 可以看出，模型 $F=115.35$，$p<0.000\,1$，表明模型回归效果极显著。澄清度模型中，壳聚糖用量(x_1)和 pH 值(x_2)影响极显著($p<0.000\,1$)，而温度(x_3)影响不显著。交互项 x_1x_2($p=0.881\,5>0.05$)与 x_1x_3($p=0.165\,9>0.05$)均不显著；而 x_2x_3 显著($p=0.038<0.05$)。由于 p 均小于 0.000 1，因此二次项 x_1^2、x_2^2、x_3^2 影响均极显著。此外，决定系数 $R^2=0.993\,3$，调整系数 Adj. $R^2=0.984\,6$ 也较大，表明模型是高度显著的。相关系数 $R=0.996\,6$ 说明该模型拟合程度好，试验误差小，预测值与真实值之间具有高度的相关性。变异系数 $CV=0.29\%$，说明模型的输出数据精度较高。回归方程的失拟值 $F=0.34$，$p=0.125\,8>0.05$，失拟不显著，因此该模型是稳定的，能很好地预测壳聚糖预处理甜高粱茎秆汁液过程中汁液澄清度的变化。

表 6－3 所示对可溶性糖含量进行分析得到连续模型的方差统计表，对于可溶性糖含量而言，系统给出的各回归模型均不显著($p>0.05$)，这说明在实验中选定的因素水平范围内可溶性糖含量受其他因素影响较小，这与单因素试验结果相对应。

表 6－3　连续模型的方差统计表

误差源	平方和	自由度	均方	F 值	$P>F$ 的概率
线性对平均值	1.10	3	0.366	2.151	0.143 0
两因素交互作用的平方和对线性	0.661	3	0.220	1.422	0.293 7
二次项模型对两因素交互作用的平方和	0.248	3	0.082	0.443	0.729 4
三次项模型对二次项模型	0.352	3	0.117	0.493	0.705 8
残差	0.951	4	0.238		

使用壳聚糖澄清甜高粱茎秆汁液最终目的是得到澄清度和可溶性糖含量较高的澄清汁液用于乙醇的发酵。使用 DesignExpert 软件优化试验结果，以最大可溶性糖含量及澄清度为优化目标，得到优化后的预处理参数为壳聚糖用量 0.42 g/L，汁液 pH 值 5.41（实际取 5.4），温度 29.57℃（实际取 29.6℃），预测的澄清度和可溶性糖含量分别为 90.7%和 136.4%。使用优化后的参数进行验证试验，实际预处理后汁液澄清度为（90.62±0.1202）%，总可溶性糖含量为（130.32±0.22）g/L，与预测值（90.7%和 130.38 g/L）分别相差 1%和 0.1%，均小于 5%，表明优化结果与预测值接近，优化结果真实可信。

6.2.3 预处理后及对照的汁液性质及乙醇发酵情况比较

为了明确预处理前后汁液的基本性质，已经后续的乙醇发酵性能影响，通过测定 pH 值、锤度、澄清度等指标，并将汁液进行乙醇发酵，分析其发酵动力学参数。

6.2.3.1 预处理后及对照汁液的性质比较

为了研究壳聚糖对汁液的影响，分析了预处理前后甜高粱茎秆汁液的性质。由于加入的是壳聚糖溶液，对汁液有部分稀释作用，因此在不处理的汁液中加入等量的蒸馏水，维持体积一致，壳聚糖处理后汁液及对照汁液的性质比较如表 6-4 所示。

表 6-4 壳聚糖处理后汁液及对照汁液的性质比较

测定指标	预处理后	对照
pH 值	5.12±0.01	5.09±0.00
锤度（Bx°）	15.20±0.00	15.20±0.00
澄清度 T_{610}/%	90.79±0.13	24.25±0.06
吸光度 A_{420}	0.343±0.00	1.45±0.00
可溶性蛋白/（μg/mL）	34.17±1.81	55.78±3.61
α-氨基氮/（mg/L）	131.43±1.85	127.28±0.93
单宁含量/（mg/L）	39.29±0.82	40.75±0.54
还原糖含量/（g/L）	126.95±0.69	86.80±1.00
可溶性总糖含量/（g/L）	129.32±0.22	132.84±0.26
乙醇浓度/（g/L）	56.12±1.12	55.40±0.99
乙醇产率/%	86.52±2.20	81.62±1.29

由表6-4可知，甜高粱茎秆汁液pH值和锤度预处理前后变化较小，这表明澄清处理对汁液pH值和锤度影响较小；预处理前后汁液澄清度变化较大，预处理后的澄清度达到了90.79%，约为预处理前的3.7倍，大幅提高了澄清效果，经过处理后的汁液澄清透亮，而未处理的则浑浊暗淡。汁液吸光度与未处理相比，在预处理后，吸光度大大降低，约为预处理前的1/4，这也表明，使用壳聚糖溶液澄清处理后的汁液可以降低溶液的色泽。

壳聚糖对于汁液的澄清效果还表现为可溶性蛋白和α-氨基氮含量的变化，汁液中可溶性蛋白含量在澄清处理后降低了38.75%，这是由于蛋白质一般带负电，壳聚糖溶液具有吸附蛋白质的能力，因而可溶性蛋白含量降低。而α-氨基氮含量却有所增加，增加了4.15 mg/L，这可能由于壳聚糖盐酸溶液促进了多肽的水解，从而增加了α-氨基氮的含量[7]。

单宁是对酵母发酵不利的成分，但是澄清处理对于汁液中的单宁含量去除效果并不明显，预处理后仅仅降低了3.57%。预处理后还原糖含量增加明显，由澄清处理前的86.80 g/L增加到126.95 g/L，接近总可溶性糖的含量，比对照组增加了46.26%，这是由于加入的壳聚糖溶液为酸性，促进了汁液中的蔗糖水解为具有还原性的葡萄糖和果糖，从而增加了还原糖含量；另一方面，这两种还原糖均为可直接发酵的单糖，更多的单糖直接被酵母发酵，减少了蔗糖水解的时间，从而有利于提高后续发酵的速率。而汁液的总可溶性总糖含量在澄清前后变化较小，相比较澄清处理前仅仅降低了2.7%，这说明壳聚糖澄清处理对于甜高粱茎秆汁液中的总可溶性糖含量影响较小，相比较活性炭等吸附剂而言是一种较为理想的澄清剂。尽管乙醇浓度相比较对照仅仅增加1.29%，然而乙醇产率相比较对照增加6.0%，这表明澄清处理后有利于乙醇发酵。

6.2.3.2　预处理后及对照汁液的发酵情况比较

对甜高粱茎秆汁液进行澄清预处理的最终目的是为了去除其中杂质，从而提高乙醇发酵能力，减少副产物，因此有必要研究比较澄清处理前后的乙醇发酵情况，主要包括酵母菌体生长速率、糖分消耗速率、乙醇生成速率等动力学参数的比较。结果如表6-5、表6-6和表6-7所示。

表6-5　酵母生长动力学参数表

汁液种类	R	X_0	X_m	μ_m
澄清汁液	0.993 8	0.089 37±0.033 44	5.281 37±0.133 7	0.310±0.030 3
对照汁液	0.993 1	0.085 15±0.033 75	5.181 43±0.146 0	0.300±0.031 1

注：X_0 为初始菌体浓度(g/L)；X_m 为最大菌体浓度(g/L)；μ_m 为最大比生长速率(h^{-1})；

表 6-6　乙醇生成动力学参数

样品	R	α
澄清汁液	0.982 7	9.639 5±0.294 6
对照汁液	0.979 3	9.089 0±0.311 4

注：α 为与菌体生长相关的产物生成系数。

表 6-7　糖分消耗动力学参数

样品	R	S_0	$Y_{X/s}$	m
澄清汁液	0.995 78	123.460 5±2.272 2	0.050 4±0.003 44	0.304 38±0.092 46
对照汁液	0.993 80	125.511 9±2.792 6	0.048 63±0.004 36	0.645 35±0.102 61

注：S_0 为发酵液中可溶性总糖初始浓度(g/L)；$Y_{X/s}$ 为以消耗的基质为基准的细胞得率系数(菌体对底物的得率系数)；m 为酵母菌体细胞维持相关常数。

从发酵过程来看，当发酵进行到 24 h 后，菌体增长缓慢，进入稳定期，整个生长曲线类似 S 形曲线，选用 S 形曲线的 Logistic 方程建立菌体生长的动力学模型，对试验数据进行非线性拟合，得到酵母生长动力学参数 X_0、X_m、μ_m，如表 6-5 所示。动力学参数 X_m 和 μ_m 分别表示酵母生长过程中的最大细胞浓度(g/L)和最大比生长速率(h^{-1})，从表 6-5 可知，澄清汁液的动力学参数 X_m 和 μ_m 均大于对照组，这说明经过澄清处理后，提高了酵母的比生长速率，而菌体生长速率与菌体浓度成正比，因此澄清汁液达到更高的菌体浓度，更加有利于酵母的生长和乙醇发酵。这可能是由于澄清处理使得汁液中的杂质及抑制物减少，酵母可以获得更多的溶解氧从而使生长速度加快，可以达到更高的酵母细胞浓度，为乙醇发酵提供足够的微生物。

从乙醇模型拟合相关系数以及动力学参数看(见表 6-6)，采用 Luedeking-Piret 模型具有较好的拟合精度，相关系数都大于 0.97。α 表示与酵母细胞生长相关的乙醇生成参数，澄清汁液的 α 大于对照组，因此，使用壳聚糖澄清处理的汁液与细胞生长相关性更大，而通过前面的分析可知，细胞比生长速率澄清汁液大于对照组，这说明甜高粱茎秆汁液的澄清有利于提高乙醇的生成速率。

由表 6-7 中糖分消耗动力学参数可知，对于初始糖的浓度，由于澄清处理损失一部分糖，对照大于澄清汁液，而对于 $Y_{X/s}$，澄清汁液大于对照，澄清汁液的 m 小于对照，说明以消耗的糖分为基准的细胞得率系数更大，澄清汁液需要较小的维持系数，说明澄清汁液更加有利于酵母细胞的生长，酵母细胞更加容易利用汁液中的糖分。

6.2.4　小结

采用壳聚糖溶液对甜高粱茎秆汁液进行澄清处理具有良好的效果，其中壳聚糖的用量、汁液 pH 值、温度以及分离速度对汁液的澄清度和总糖损失具有较为明显的影响，通过响应面优化得到优化后的澄清条件为壳聚糖用量为 0.42 g/L，汁液 pH 值为 5.4，温度为 29.6℃。并且在最优条件下进行验证试验，验证试验表明，优化后的结果具有很高的可信度。预处理后汁液澄清度为（90.62±0.12）%，总可溶性糖含量为（130.32±0.22）g/L，与预测值的相对误差均小于 5%。通过发酵动力学方程参数的拟合表明，澄清预处理提高了酵母细胞的最大比生长速率，增加了酵母细胞的数量，增加了甜高粱茎秆汁液中糖分的消耗速度，从而提高了乙醇产量。

6.3　固定化酵母转化甜高粱茎秆汁液生产乙醇：工艺参数调控与优化

对于以甜高粱茎秆为原料转化乙醇技术发展的关键是降低乙醇生产成本和提高单位茎秆的乙醇产量。因此，在乙醇转化技术中高效、充分利用茎秆中的可发酵糖，提高发酵转化速率和效率对于降低乙醇生产成本具有关键性的作用；而开发新型高效的发酵工艺，并采用相对优化的工艺条件是提高发酵转化速率和效率的根本。固定化发酵技术作为一种新型生物发酵技术在 20 世纪 70 年代兴起并得到一定的应用。所谓的固定化发酵技术就是指利用物理或化学手段将游离的细胞或酶与不溶性载体相结合，使其保持活性并可反复使用于生物发酵的一种技术，它包括固定化酶技术和固定化细胞技术。该技术可以大幅度提高参加反应的微生物浓度，催化效率高；减少使用微生物的数量；微生物被高分子材料包埋，可耐环境冲击；产物分离提取容易；操作稳定性好，因而受到人们越来越多的关注。

传统的乙醇发酵工艺，采用游离细胞发酵，酵母随发酵醪不断流走，造成发酵罐中酵母细胞浓度不够大，使乙醇发酵速度慢，发酵时间长，而且所用发酵罐也多，设备利用率不高。而采用固定化酵母技术，在发酵罐中的酵母细胞浓度很大，发酵速度比游离细胞发酵快得多。当采用连续发酵时，将酵母细胞固定在一个发酵罐中，一边进汁液，一边排出成熟发酵醪液。这样利用一个发酵罐就可取代原来数个发酵罐的作用，设备利用率较高，而且减少了设备投资[8]。

目前对于固定化酵母发酵生产乙醇的研究多集中在固定化材料的选取，发酵过程中营养物质的调控以及动力学模型的构建等方面。而对工艺参数的影响分析和优化方面的研究较少，同时现有的固定化酵母发酵动力学方程多基于酵母生长动力学基础之上。由于固定化过程在改变酵母细胞活性的同时，也改变了细胞的环境、生理以及形态特征，因此，固定化酵母和游离态酵母发酵所需要的工艺条件将不会完全相同。对固定化酵母乙醇发酵过程中主要工艺条件的分析和优化需做进一步研究。另外，鉴于固定化酵母快速发酵过程中，酵母生长量较少的特点，可对传统的动力学模型方程进行简化和改进。

针对固定化酵母乙醇发酵中，发酵温度、甜高粱茎秆汁液 pH 值、转速和固定化酵母填充率等关键工艺参数进行分析和优化，旨在明确它们对乙醇发酵的影响，同时确定较优的发酵工艺条件，为高效地利用甜高粱茎秆中非结构性糖提供参考依据；本部分根据固定化酵母具有较快的乙醇发酵速率以及发酵过程中酵母生长量小的特点，并结合甜高粱茎秆汁液混合糖分的特点，构建混合糖发酵动力学以及相应的乙醇生成动力学模型，并在此基础上对相关的动力学参数进行优化求解和验证。

6.3.1 发酵温度的影响

为了研究发酵温度的影响，在摇瓶中进行固定化酵母发酵甜高粱茎秆汁液制取乙醇，试验进行两次重复，发酵使用的甜高粱茎秆汁液初糖浓度为 70.37 mg/mL。试验过程中温度的水平分别为 25℃、28℃、31℃、34℃、37℃，其他发酵条件为：pH 值 4.0、恒温水浴振荡器转速 150 r/min、固定化酵母粒子填充率 25%。图 6-6 为固定化酵母发酵甜高粱茎秆汁液制取乙醇过程中温度与乙醇得率的关系，图 6-7 为在发酵过程中不同温度水平下 CO_2 失重率与发酵时间的关系。

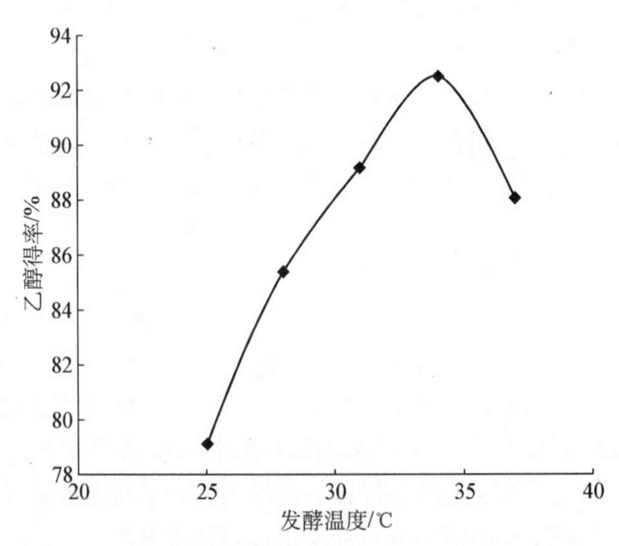

图 6-6 固定化酵母发酵甜高粱茎秆汁液制取乙醇过程中温度和乙醇得率的关系

由图 6-6 可以看出，在固定化酵母发酵甜高粱茎秆汁液制取乙醇的过程中，当发酵温度从 25℃增加到 34℃的过程中，其发酵的乙醇得率从 79.13%增加到 92.51%，增加十分显著。但是发酵温度从 34℃继续增加到 37℃时，乙醇得率由 92.51%降低到 88.05%。由此可见，34℃是较为合适的发酵温度。这主要是由于在乙醇发酵过程中，乙醇的形成直接取决于发酵温度[9]，在发酵过程中增加发酵温度可以使最终总的乙醇浓度增加[10]，但是过高的发酵温度会对酵母细胞的生长和代谢产生抑制，因而过高的乙醇发酵温度将会导致最终的乙醇浓度的降低和乙醇得率的减少。一般而言,对于游离态酵母乙醇发酵的较适宜的发酵温度在30℃左右,而在本研究中,固定化乙醇发酵的较适宜的温度为34℃,相对于游离态酵母的乙醇发酵温度要高,这可能的原因在于固定化酵母粒子在发酵过程中,从固定化酵母粒子的表面到粒子内部存在传热过程,因而固定化酵母乙醇发酵的较适宜的发酵温度要稍高于游离态酵母的乙醇发酵。

在分批发酵的过程中,CO_2 的失重量和失重率可以直接反映发酵的反应速率,由图6-7中的不同温度水平下 CO_2 失重曲线可以看出,发酵温度在37℃时,发酵过程中最大的 CO_2 失重率为0.9 g/h,而在25℃时发酵过程中最大的 CO_2 失重率仅为0.5 g/h,同时,在本研究的25～37℃的温度范围内,不同发酵温度下最大的 CO_2 失重率随温度的增加而增加,因而总的发酵时间也随着温度的增加而缩短,这也说明在乙醇发酵过程中温度是影响发酵速率的一个直接的因素。结合温度对发酵速率和对乙醇得率的影响,虽然较高的温度水平可以提高乙醇发酵的发酵速率,但是过高的温度会使固定化材料中的酵母细胞活化加快,使酵母细胞出现易老化、失活等问题,最终会导致发酵反应的中止。因而在采用固定化酵母发酵甜高粱茎秆汁液制取乙醇的工艺过程中,发酵温度应考虑选择在34℃左右,因为在此时,相对于其他的温度水平其乙醇得率最高,就发酵时间而言,此时的发酵时间和37℃时的发酵时间相差不大。这样既可保证较快的发酵速率,也可以获得较高的乙醇得率。

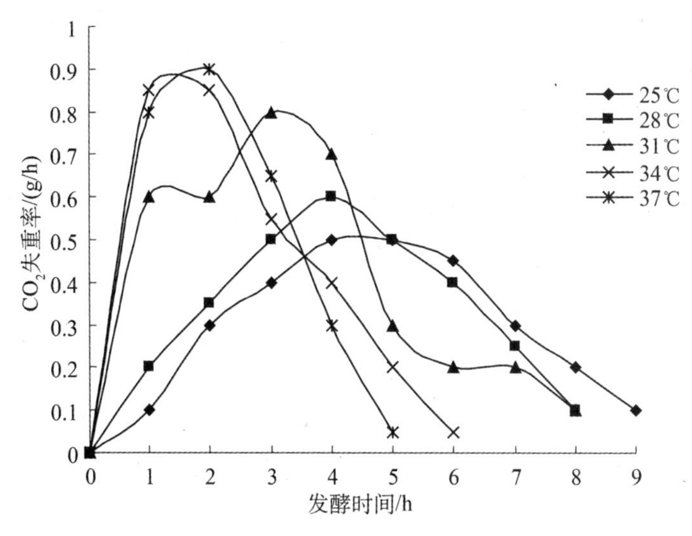

图6-7　固定化酵母发酵甜高粱茎秆汁液制取乙醇过程中 CO_2 失重率和发酵时间的关系

6.3.2　发酵pH值的影响

在本发酵试验中甜高粱茎秆汁液的浓度为70.37 mg/mL,同时用1M的无菌水配制的 HCl 和 NaOH 调节茎秆汁液的 pH 值至 3.0、3.5、4.0、4.5、5.0,用于固定化酵母乙醇发酵,发酵的其他条件固定为:温度 31℃、摇床的转速为 150 r/min 以及固定化酵母粒子的填充率为 25%。图 6-8 是固定化酵母发酵甜高粱茎秆汁液制取乙醇的过程中乙醇得率与发酵 pH 值之间的关系;图 6-9 是固定化酵母发酵甜高粱茎秆汁液制取乙醇过程中不同 pH 值条件下 CO_2 失重率与发酵时间之间的关系。

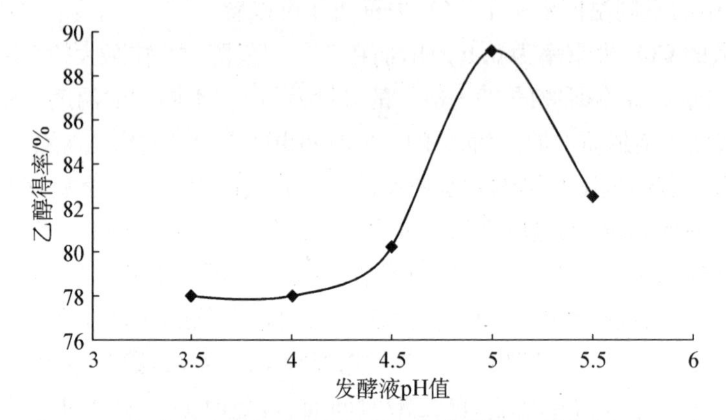

图 6-8　固定化酵母发酵甜高粱茎秆汁液制取乙醇的过程中乙醇得率与发酵 pH 值的关系

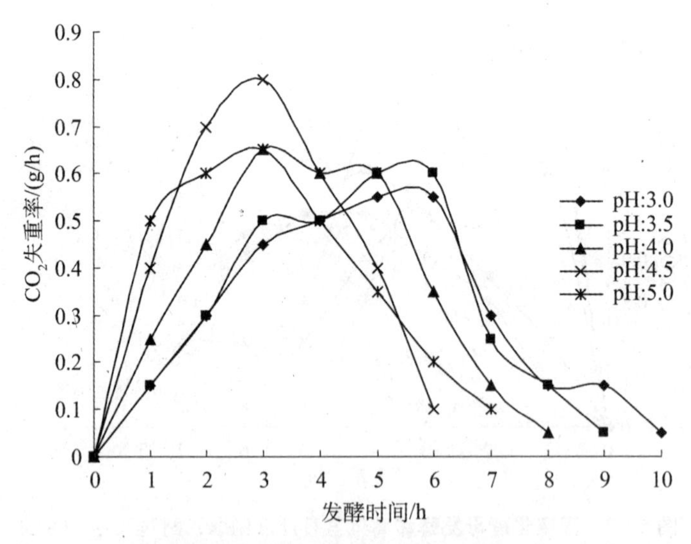

图 6-9　固定化酵母发酵甜高粱茎秆汁液制取乙醇过程中不同 pH 值条件下 CO_2 失重率与发酵时间的关系

由图 6-8 结果表明,甜高粱茎秆汁液的 pH 值从 3.0 增加到 4.0 的过程中,甜高粱茎秆汁液乙醇发酵的乙醇得率有所增加,但是增加的幅度较缓。当茎秆汁液的 pH 值由 4.0 增加到 4.5 时，乙醇发酵的最终的乙醇得率由 80.25%增加到 89.16%，增加非常迅速；但是当 pH 值继续由 4.5 增加到 5.0 时，发酵的最终乙醇得率有显著的下降，由 pH 值为 4.5 时的 89.16%下降至 82.48%。由此可见，在固定化酵母发酵甜高粱茎秆汁液制取乙醇的过程中，茎秆汁液的 pH 值为 4.5 时是固定化酵母发酵甜高粱茎秆汁液较为适宜的 pH 值。这可能的原因在于，对于较低 pH 值的发酵基质而言，较低的 pH 值会抑制酵母细胞的生长以及营养物质在发酵基质与细胞之间的交换[11]。而在较高 pH 值条件下进行发酵又会增加杂菌的感染，这两者最终的结果都会导致发酵乙醇得率的降低。目前，对于固定化酵母乙醇发酵的研究中，Yasuyuki Isono 和 Noguchi 研究分别表明了较适易固定化酵母发酵的 pH 值为 4.0；而 Fukushima 的研究则认为 pH 值在 2.8～3.4 是较适宜固定化酵母发酵的 pH 值范围；同时此三人也报道了降低 pH 值，对于发酵过程中杂菌具有较好的控制作用[11, 12]。本研究的结果与 Yasuyuki Isono 和 Noguchi 的结果基本一致。

由图 6 - 9 可以看出，在 pH 值为 3.0、3.5、4.0、4.5 和 5.0 的条件下。其固定化酵母发酵过程中的最大 CO_2 失重率分别为 0.55 g/h、0.6 g/h、0.65 g/h、0.8 g/h和 0.65 g/h，而发酵时间分别为 10 h、9 h、8 h、6 h 和 7 h，可见 pH 值在 4.5 时具有较好的发酵能力和较快的发酵速率，而在其他的 pH 值条件下，发酵能力差异不大，但 pH 值在 3.0～4.5 之间，发酵速率随 pH 值的增加而加快，而在 pH 值 4.5～5.0 之间，随 pH 值的增加，发酵速率降低。

综合考虑在不同 pH 值条件下的固定化酵母甜高粱茎秆汁液乙醇发酵的乙醇得率和发酵时间，pH 值为 4.5 是一个较为合适的发酵值，在此条件下，用固定化酵母发酵甜高粱茎秆汁液具有较高的乙醇得率和发酵能力以及较快的发酵速率。同时，大多数的甜高粱茎秆汁液的 pH 值范围也在 4.5 左右。

6.3.3　固定化酵母粒子填充率的影响

在本研究中，发酵过程中的固定化酵母粒子的填充率分别选择为 10%、15%、20%、25%和 30%，而发酵的其他条件依次设定为固定值并保持不变。温度为 31℃、pH 值为 4.5、转速为 150 r/min，甜高粱茎秆汁液中可溶性总糖浓度为 70.37 mg/mL。固定化酵母发酵甜高粱茎秆汁液制取乙醇过程中不同粒子填充率对发酵过程中的乙醇得率的影响如图 6 - 10 所示；固定化酵母粒子发酵甜高粱茎秆汁液制取在不同粒子填充率下 CO_2 失重率和发酵时间的关系如图 6 - 11 所示。

从图 6 - 10 可以看出，在固定化酵母粒子发酵甜高粱茎秆汁液制取乙醇的过程中，固定化酵母粒子填充率对于乙醇得率的影响存在一个阈值，即固定化酵母粒子填充率为 25%。在固定化酵母粒子填充率小于 25%时，乙醇发酵的乙醇得率随着粒子填充率的增加而增加，在粒子填充率为 10%时，乙醇得率为 71.33%，在固

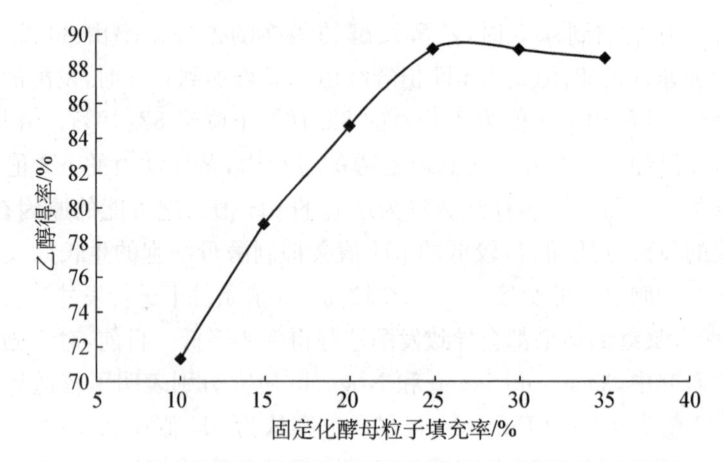

图 6-10 固定化酵母粒子发酵甜高粱茎秆汁液制取乙醇过程中不同粒子填充率对乙醇得率的影响

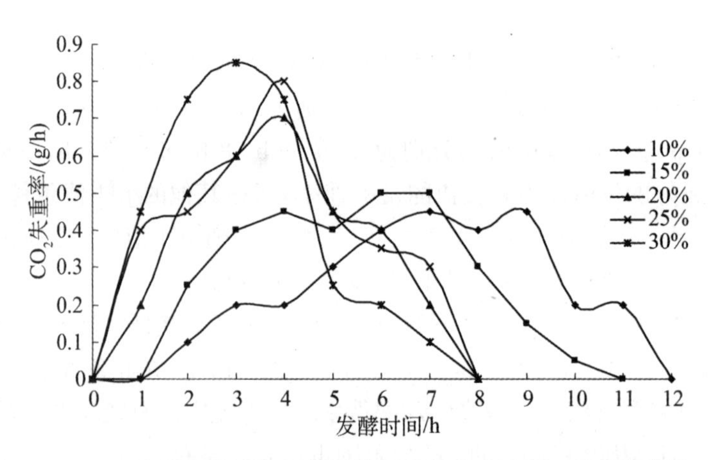

图 6-11 在不同粒子填充率条件下固定化酵母粒子发酵甜高粱茎秆汁液制取乙醇的 CO_2 失重率和发酵时间的关系

定化酵母粒子填充率为25%时，乙醇得率为89.16%。而当固定化酵母粒子填充率大于25%时，乙醇发酵的乙醇得率几乎保持不变。由此可见，在固定化酵母粒子发酵甜高粱制取乙醇的过程中，在一定的粒子填充率下，乙醇得率受到填充率的影响较大，而当固定化酵母粒子填充率达到一定的程度时，发酵的乙醇得率将不受粒子填充率的影响。这可能的原因在于，一方面在固定化粒子填充率低于阈值之下时，可供发酵之用的固定化粒子的数量决定了固定化酵母粒子的发酵性能，即固定化酵母粒子的数量越多，酵母细胞对于甜高粱茎秆汁液中的糖分的利用越充分，因而在本研究中固定化酵母粒子填充率小于25%时，乙醇得率随着填充率的增加而增加；另一方面，当发酵过程中固定化酵母的填充率大于一定值时，固定化酵母粒子的运动由于固定化酵母粒子的数量较多而受到限制，同时固定化酵母粒子处于“饱和”状态，而甜高粱茎秆汁液中的糖分一定，这样就会使固定化酵母粒子中的酵母细胞因营养物质不足而处于“饥饿”状态，这也将影响到固定化酵母粒子的活性降低，从而使此后的乙醇发酵的乙醇得率在一定程度上保持不变。

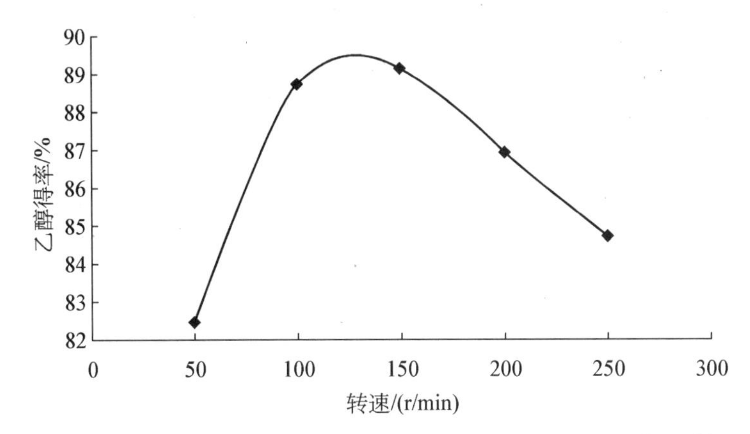

图6-12　固定化酵母发酵甜高粱茎秆汁液制取乙醇的过程中乙醇得率与转速的关系

通过比较图6-11不同固定化酵母粒子填充率下发酵甜高粱茎秆汁液制取乙醇的过程中 CO_2 失重率可知，在固定化酵母粒子填充率为10%、15%、20%、25%和30%的发酵条件下，其过程中最大的 CO_2 失重率分别为0.45 g/h、0.5 g/h、0.7 g/h、0.8 g/h和0.85 g/h，由此可见，固定化酵母粒子发酵甜高粱茎秆汁液制取乙醇的发酵能力随着固定化酵母粒子填充率的增加而增加。而通过比较在这5个发酵条件下的发酵时间可以看出，固定化酵母粒子填充率按由高到低的顺序其发酵时间分别为8 h、8 h、8 h、11 h和12 h，由此推断，在其他发酵条件不变的前提下，过高的固定化酵母粒子填充率，不能提高整个发酵过程的发酵速率，但较低的粒子填充率也对整个发酵过程的发酵速率产生负面的影响。

通过上述的分析，在固定化酵母技术发酵甜高粱茎秆汁液制取乙醇的工艺中，对于固定化酵母粒子用量的选择，应考虑选择在25%，此时乙醇发酵具有较高的乙醇得率，同时还具有较快的发酵速率。同时选择合适的固定化酵母粒子的填充率，对于节省固定化材料，降低固定化技术发酵制取乙醇具有重要的实际意义。

6.3.4　混合搅拌转速的影响

在本研究中，发酵过程中转速分别控制在50 r/min、100 r/min、150 r/min、200 r/min和250 r/min五个水平，而其他的发酵条件则控制不变，温度为31℃、pH值为4.5、固定化酵母粒子填充率为25%。发酵使用的甜高粱茎秆汁液中可溶性总糖浓度为70.37 mg/mL。固定化酵母甜高粱茎秆汁液乙醇发酵乙醇得率和转速之间的关系如图 6－12 所示。发酵过程中的不同转速水平下的 CO_2 失重率与发酵时间之间的关系如图 6－13 所示。

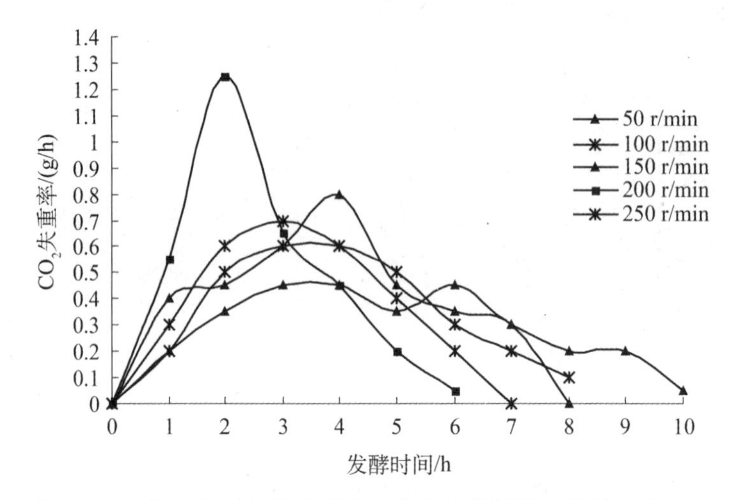

图 6－13　固定化酵母发酵甜高粱茎秆汁液制取乙醇过程中不同 pH 值条件下 CO_2 失重率与发酵时间的关系

由图 6－12 可以看出，发酵过程中转速为 150 r/min 时，可以获得最大的发酵乙醇得率，为 89.16％，同时，在转速由 50 r/min 增加到 150 r/min 时，固定化酵母发酵甜高粱茎秆汁液的乙醇得率由 82.48％增加到 89.16％；继续增加发酵过程的转速至 250 r/min，此过程中发酵的乙醇得率呈现下降趋势，在此时乙醇得率降至 84.71％。这可能的原因在于，在固定化微生物的发酵体系中固定化微生物粒子与发酵底物之间以及代谢产物和基质溶液之间存在传质过程，在固定化酵母发酵甜高粱茎秆汁液的体系中也同样存在这样的传质过程，即甜高粱茎秆汁液中的糖质等营养物质和固定化粒子之间，发酵产生的乙醇在固定化酵母粒子和甜高粱茎秆汁液之间也存在着传质过程。同时底物基质溶液的流体特性直接影响到固定化酵母粒子和甜高粱茎秆汁液之间的传质速率。因而增加转速，甜高粱茎秆汁液的流动性加强，从而增强了糖质等营养物质向固定化酵母粒子内的传递，以及发酵生成的乙醇向粒子体系外释出，减小了产物乙醇对酵母细胞的抑制的可能性，这最终致使固定化酵母发酵甜高粱茎秆汁液制取乙醇体系的乙醇得率随着转速的增加而增加。但是过高的转速会增加发酵液对固定化酵母粒子的剪切力，从而影响到固定化酵母粒子的稳定性和固定化酵母细胞的发酵活性。因而，在本研究中转速从 150 r/min 之后继续增加时，乙醇得率不但没有增加，反而有一定的下降趋势。

由图 6－13 可以看出，在转速为 200 r/min 条件下，最大的 CO_2 失重率为 1.25 g/h，在其他的转速条件下其最大的 CO_2 失重率分别是：50 r/min 为 0.45 g/h、100 r/min 为 0.6 g/h、150 r/min 为 0.8 g/h、250 r/min 为 0.7 g/h。由此可见，在不同转速

条件下的最大 CO_2 失重率随着转速的增加而增加，当转速为 200 r/min 时，该值不再增加，相反有下降的趋势。这说明固定化酵母发酵甜高粱茎秆汁液发酵转速在 200 r/min 时，具有最大的发酵能力。同时比较不同转速条件下的发酵反应的时间，随发酵转速由 50 r/min 增加到 250 r/min，发酵时间分别为：10 h、8 h、8 h、6 h 和 7 h。可见发酵过程中转速为 200 r/min 时，总体的发酵速率最大。这可能的原因在于，固定化酵母发酵的速率在一般情况下直接受到内扩散和外扩散的影响。在一定的流体速度值之下发酵速率受到外扩散的控制。而当流体速度达到一定值之后，外扩散作用的影响逐渐减弱并最终将消失，此时发酵速率受到内扩散作用的控制。因而在本研究中，发酵速率在 50 r/min～200 r/min 范围内随着转速的增加而增加，在 200 r/min～250 r/min 之间时，发酵速率随转速增加有减少趋势。

根据上述的分析可以知道，在应用固定化酵母发酵甜高粱茎秆汁液制取乙醇的工艺中，转速应考虑选择在 150～200 r/min 之间，因为在此范围内，可以获得较高的乙醇发酵的乙醇得率以及较高的发酵能力和发酵速率。同时还可以通过选择合适的转速，以减少搅拌混合的用能，降低甜高粱茎秆汁液制取乙醇的成本。

6.3.5　主要工艺参数优化

在开展优化实验前，根据 6.3.1～6.3.4 节中对确定的各个因素（包括温度、发酵转速、pH 值以及固定化粒子填充率）的大致影响范围，即温度在 28～37℃，发酵转速为 100～250 r/min，pH 值为 3.5～5.0，以及固定化酵母粒子填充率为 15%～25%的范围内有较好的发酵结果。依据正交试验原理，选择 $L_{16}(4^5)$ 正交表对各个因素进行优化试验，用于确定不同因素在对乙醇得率和发酵速率影响的重要性，并在此基础上以乙醇得率和 CO_2 失重率为优化目标，优化出较合适的工艺条件，并根据摇瓶中的优化结果在 5 L 反应器进行放大验证。根据正交设计原理以及实际经验，在优化过程中由于选取的各个因素之间产生的交互影响较小，因此，在本设计中忽略交互作用的影响。$L_{16}(4^5)$ 正交设计表及相应的因素和水平如表 6-8 所示。

表 6-8　$L_{16}(4^5)$ 正交设计表及相应的因素和水平

试验序号	温度/℃	转速/(r/min)	空白列	填充率/%	pH 值
	A	B		C	D
1	28	100	1	15	3.5
2	28	150	2	20	4.0
3	28	200	3	25	4.5

(续表)

试验序号	温度/℃	转速/(r/min)	空白列	填充率/%	pH值
	A	B		C	D
4	28	250	4	30	5.0
5	31	100	2	25	5.0
6	31	150	1	30	4.5
7	31	200	4	15	4.0
8	31	250	3	20	3.5
9	34	100	3	30	4.0
10	34	150	4	25	3.5
11	34	200	1	20	5.0
12	34	250	2	15	4.5
13	37	100	4	20	4.5
14	37	150	3	15	5.0
15	37	200	2	30	3.5
16	37	250	1	25	4.0

按照试验设计,在摇床上进行乙醇发酵,每组试验重复2次,所有试验结果为两次试验值的平均值。在所得试验结果的基础上对结果进行差异显著性分析。正交实验中乙醇得率与CO_2失重率结果如表6-9所示。

表6-9 正交实验中乙醇得率与CO_2失重率结果

试验序号	乙醇得率/%	CO_2失重率/(g/h)
1	70.08±0.745 e	0.373±0.005 8 k
2	66.66±2.607 e	0.463±0.005 8 j
3	82.54±2.143 cd	0.485±0.004 6 i
4	82.90±3.762 cd	0.484±0.004 0 i
5	84.98±1.519 bcd	0.488±0.004 0 i
6	85.15±2.668 bcd	0.458±0.002 9 j
7	80.61±0.445 d	0.733±0.000 0 e
8	87.55±1.299 bc	0.770±0.004 6 d
9	81.60±0.748 d	0.522±0.000 0 h

（续表）

试验序号	乙醇得率/%	CO_2 失重率/(g/h)
10	89.08±0.358 ab	0.858±0.004 6 b
11	85.47±1.942 bcd	0.769±0.003 5 d
12	82.53±0.552 cd	0.587±0.000 0 g
13	89.42±1.957 ab	0.662±0.008 1 f
14	89.71±1.162 ab	0.772±0.009 2 d
15	93.31±0.000 a	0.835±0.004 0 c
16	87.14±0.406 bc	0.934±0.009 8 a

注：字母 a～j 代表差异显著性，每组不同字母代表差异显著。

6.3.5.1　多因素对乙醇得率的影响

采用极差分析的方法，对温度、转速、固定化粒子填充率以及发酵 pH 值的重要性进行分析，表 6－10 为多因素对固定化酵母乙醇得率的极差分析结果。由表可知，因素 A（发酵温度）的极差值（R）为 14.10，是 4 个因素中最大的，因素 D（发酵液的 pH 值）的极差是 6.76，为 4 个因素中第二位；因素 C（固定化酵母粒子填充率）为 5.45，排名为 4 个因素中的第三位；因素 B（发酵转速）的极差为 4.21，是 4 个因素中最小的。根据极差分析原则，R 值越大说明这个因素越重要。根据本试验的极差分析结果，这些因素对乙醇得率影响顺序为：温度＞pH 值＞粒子填充率＞发酵转速。同样依据正交试验最优水平确定原则，通过比较各水平试验结果的总和或平均值大小（即表 6－10 中 K 和 k 值）来确定最优水平，可以发现，提高乙醇得率最佳的条件为 $A_4B_3C_3D_4$。也就是说发酵过程可获得最大乙醇得率的发酵条件可以初步确定如下：温度为 37℃，发酵转速为 200 r/min，粒子填充率为 25%，pH 值为 5.0。

表 6－10　多因素对乙醇得率的极差分析结果

	温度	转速	空白	粒子填充率	pH 值
	A	B		C	D
K_1	909.55	978.24	983.51	968.82	1 020.07
K_2	1 014.88	991.81	982.44	987.28	948.03
K_3	1 016.07	1 028.81	1 027.23	1 034.23	1 017.93
K_4	1 078.73	1 020.37	1 026.05	1 028.90	1 029.20
k_1	75.79	81.52	81.95	80.73	85.01

（续表）

	温度	转速	空白	粒子填充率	pH值
	A	B		C	D
k_2	84.57	82.65	81.87	82.27	79.00
k_3	84.67	85.73	85.60	86.18	85.16
k_4	89.89	85.03	85.50	85.74	85.77
R	14.10	4.21	3.73	5.45	6.76
Q	A_4	B_3		C_3	D_4

为了进一步比较这4个因素对提高乙醇得率的影响程度的显著性，采用了方差分析的方法（ANOVA）对正交试验结果进行了分析。经计算可得，4个因素的F检验值分别如下：$F_{温度}=152.28$，$F_{转速}=17.46$，$F_{粒子添充率}=31.44$，$F_{pH}=44.80$。均大于相应自由度下的临界值$F_{0.01}=4.40$。这说明涉及的4个因素对乙醇产率的影响均极显著（$p<0.01$）。

不同因素及水平对乙醇得率的影响如图6-14所示。从图6-14中可以看出，在多因素的影响下，当温度从28℃上升至37℃时，乙醇得率也从75.8%上升至89.9%。仅从对乙醇得率的角度而言，较适的发酵温度为37℃。而且在发酵过程出现随温度增加乙醇得率增加的趋势，这主要原因是，在酵母的活性范围内，发酵过程中乙醇的形成直接取决于发酵温度，一般而言，提高发酵温度可以使最终总的乙醇浓度增加；另外，游离态酵母乙醇发酵的最佳温度大约为30℃，而固定化酵母发酵的最佳温度要比相同酵母游离态时发酵所需温度高，其中的原因还有待于进一步分析。对于pH值这个参数来说，在多因素的影响下，最大的乙醇得率为85.8%，此时的pH值为5.0。而在低pH值区（尤其在4.0时）乙醇得率明显降低。这可能的原因在于，对于发酵基质而言，较低的pH值会抑制酵母细胞的生长以及营养物质在发酵基质与细胞之间的交换。此外，在pH值变化不是非常剧烈的情况下，乙醇发酵过程的功能酶虽然没有发生变性，但活力受到影响，因此在过高或过低的pH值条件下，都不利于乙醇得率的增加。对游离态的酵母发酵来说，最佳的pH值在4.8～5.0之间，而在本研究的试验中，最佳的pH值是5.0，这也表明以海藻酸钙为介质的固定酵母细胞进行乙醇发酵时，pH值对酵母细胞没有较大的影响；此外，在多因素的作用下，随着粒子填充率的上升，乙醇得率也产生明显的上升，在固定化粒子增加到25%以后，乙醇得率就有下降趋势，但不明显，可见再继续提高固定化粒子填充率对于提高乙醇得率效果不大。这可能的原因在于，一方面固定化粒子填充率较低，固定化酵母粒子所包含的酵母浓度较低，发酵过程中，酵母会利用甜高粱茎秆汁液中的一部分糖用于自生菌体的生长，而用于生成乙

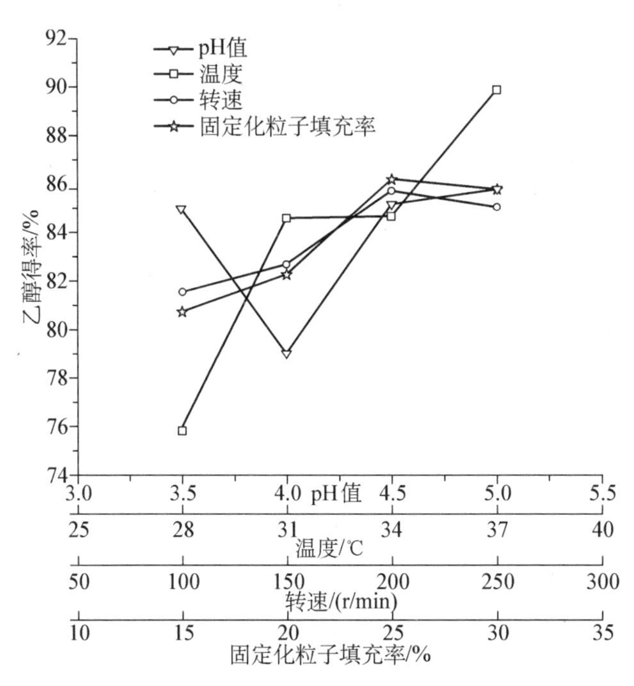

图 6-14 不同因素及水平对乙醇得率的影响

醇的糖就会减少,因此,在较低的粒子填充率的情况下,乙醇得率较低;另一方面,当发酵过程中固定化酵母的填充率过大时,固定化酵母粒子在发酵瓶的运动将由于固定化酵母粒子的数量增多而受到限制,导致混合效果差。同时,固定化酵母粒子过多,糖浓度不变,会使酵母处于"饱和"状态,此后若继续增加固定化酵母粒子填充率,发酵的乙醇得率在一定程度上仍保持不变,甚至有下降的可能;由图 6-14 还可以发现,在多因素的作用下,随着转速的提高,乙醇得率也随之增加,而当转速达到 200 r/min 之后,继续提高转速,乙醇得率有微弱的下降趋势。这主要的原因在于,低转速的条件下,发酵液与固定化粒子混合强度低,混合效果差,导致乙醇转化降低。而在过高的转速下,由于剪切作用,会对酵母细胞产生一定的生理损害,酵母在自身修复的过程中,将消耗一定的糖分,这也会在一定程度上降低发酵的乙醇得率。

6.3.5.2 多因素对发酵速率的影响

CO_2 是酵母发酵产生乙醇过程中的第二产物。在间歇发酵过程中测定 CO_2 失重率可以间接地衡量发酵速率。在获得高乙醇得率的同时还需获得较高的发酵速率。因此,通过正交分析试验,以 CO_2 失重率为优化目标,对正交试验结果进行分析,以期明确影响发酵速率的主要因素,以及获得较快发酵速率的优化条件。多因素对 CO_2 失重率的极差分析结果如表 6-11 所示。

表 6-11　多因素对 CO_2 失重率的极差分析结果

	温度	转速	空白	粒子填充率	pH
	A	B		C	D
K_1	5.381	6.136	7.605	7.397	8.509
K_2	7.346	7.656	7.120	7.993	7.958
K_3	8.208	8.468	7.648	8.296	6.579
K_4	9.613	8.288	8.175	6.862	7.502
k_1	0.448	0.511	0.634	0.616	0.709
k_2	0.612	0.638	0.539	0.666	0.663
k_3	0.684	0.706	0.637	0.691	0.548
k_4	0.801	0.691	0.681	0.571	0.625
R	0.353	0.194	0.142	0.120	0.161
Q	A_4	B_3		C_3	D_1

通过极差分析可以直观地看出，因素 A(发酵温度)的极差为 0.353，在相关的 4 个因素中排名第一；因素 B(发酵转速)的极差值 R 为 0.194，在 4 个影响因素中排名第二；因素 D(pH 值)的极差为 0.161，在 4 个因素中排名第三；最后是因素 C，极差为 0.120。同样，根据极差分析原则和本试验的分析结果，可以得出这 4 个因素对发酵速率影响的重要性顺序为：温度＞转速＞pH 值＞粒子填充率。通过比较各水平试验结果的总和或平均值大小可得，提高发酵速率的优化水平 Q 的组合为 $A_4B_3C_3D_1$，即温度为 37℃，发酵转速为 200 r/min，粒子填充率为 25%以及 pH 值为 3.5。

通过方差分析的结果显示，4 个参数的 F 值分别为：$F_{温度}=7\,100.67$，$F_{转速}=2\,542.64$，$F_{粒子填充率}=920.53$，$F_{pH}=1\,510.77$。四者都比相应自由度下的 $F_{0.01}=4.40$ 的临界值大。因此 4 个因素对于发酵速率都有极显著($p<0.01$) 的影响。

多因素对乙醇发酵过程中发酵速率的影响如图 6-15 所示。在多因素的影响下，随着温度从 28℃上升至 37℃过程中，CO_2 失重率保持较快增加，当温度为 37℃时，CO_2 失重率最大，可达 0.801 g/h。这说明发酵过程中，发酵速率随着发酵温度的提高而增加，这主要原因在于乙醇发酵过程是多种发酵酶体系复合催化转化的过程，而在酶不失活性的温度范围内，随着温度的增加，酶促反应速率加快。一般情况下，温度增加 10℃，酶促反应速率增加 2 倍左右。因此，酵母的代谢速率也会相应地增加。就转速而言，在多因素的作用下，转速由 100 r/min 增加至 200 r/min 时，CO_2 的失重率也随之增加，当转速为 200 r/min 时，CO_2 失重率最高，为 0.706 g/h，

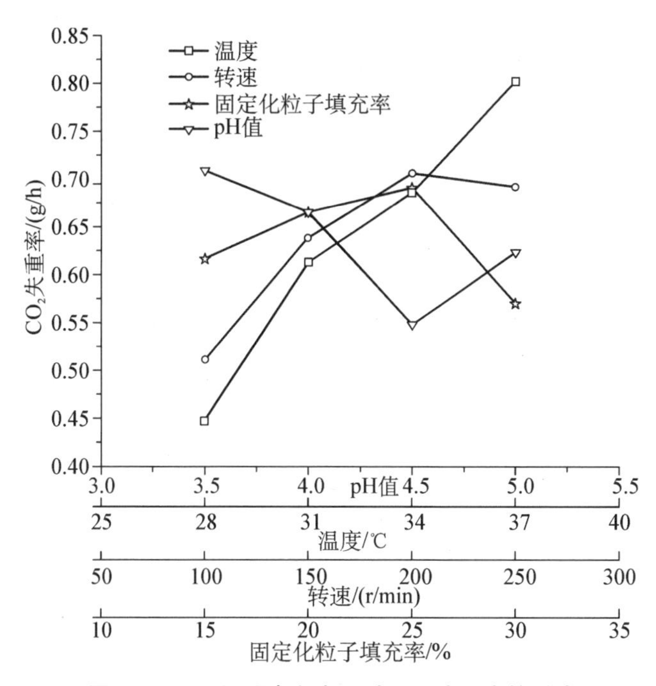

图 6-15 不同因素和水平对 CO_2 失重率的影响

而且当继续增加转速至 250 r/min 时，CO_2 失重率几乎保持不变。可能的原因在于，固定化酵母发酵的速率在一般情况下直接受到内扩散和外扩散的影响。在一定的流体速度值之下发酵速率受到外扩散的控制。而当流体速度达到一定值之后，外扩散作用的影响逐渐减弱并最终将消失，此时发酵速率受到内扩散作用的控制，而内扩散对发酵速率的影响在宏观上表现不是十分的明显。在多因素的作用下，在发酵过程中，pH 值为 3.5 时，CO_2 失重率最高，为 0.663 g/h。根据 pH 值的极差分析，pH 值是影响反应速率的第三重要因素。反应速率主要还是根据其他因素来控制的，因此，在 pH 值增加至 4.0～4.5 之间时，反应速率有降低的现象；在多因素作用下，当固定化粒子填充率小于 25%时，CO_2 失重率随着填充率的增加而增高，在 25%时达到最高，为 0.691 g/h。而当填充率继续增加，大于 25%时，CO_2 失重率有所下降。这主要的原因在于，在一定的发酵体积中，增加粒子填充率可以提高酵母细胞在发酵体系中的浓度，这样可以有效地降低基质和乙醇对酵母细胞的抑制作用。因此，粒子填充率在 15%～25%时，发酵速率会随粒子填充率的增加而迅速提高。但是过高的粒子填充率会影响固定化酵母在发酵体系中的混合效果，导致在相同的转速条件下，酵母与发酵汁液间的传质速率下降，从而在一定程度上导致发酵速率下降。

6.3.5.3 最优条件的确定

为了获得较优的乙醇得率和较快的发酵速率，根据多因素条件对乙醇产率和 CO_2 失重率的分析，提高乙醇产率的最佳条件是 $A_4B_3C_3D_4$，而提高发酵速率的最佳条件是 $A_4B_3C_3D_1$。同时针对乙醇得率和发酵速率评判，其中温度、发酵转速以及固定化粒子填充率有相同的优化点，所以最佳的发酵温度为 37℃，最佳的转速为 200 r/min，最佳的粒子填充率为 25%。在 pH 值的选取上乙醇得率和发酵速率产生了不一致的优化点。为了确定发酵过程的折中 pH 值，对 pH 值对乙醇产率和 CO_2 失重率的影响进行了分析，结果如图 6-16 所示。

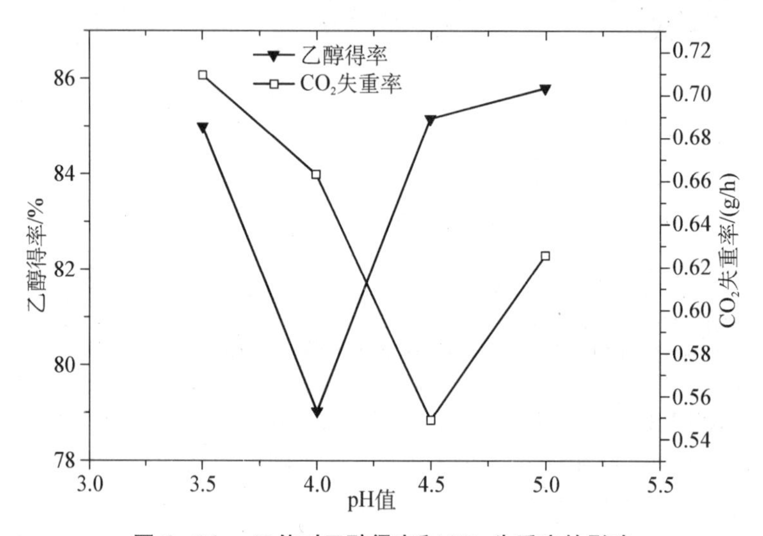

图 6-16 pH 值对乙醇得率和 CO_2 失重率的影响

通过图 6-16 的分析，可以首先排除 pH 为 4.0 和 pH 为 4.5 的水平点，因为在 pH 为 4.0 时乙醇得率出现最低值，而 pH 为 4.5 时 CO_2 失重率最低。同时根据极差分析结果可以发现，pH 值是影响乙醇得率排序为第二的影响因素，而对发酵速率的影响为第三位影响因素。也就是说，pH 对应乙醇得率影响权重高于对发酵速率的影响。因此，可以确定 pH 为 5.0 作为固定化酵母发酵折中的 pH 值。

综上所述，固定化酵母发酵制取乙醇的最佳条件是 $A_4B_3C_3D_4$，但是这个试验组合并没有出现在所涉及的正交实验表中。因此，需要对这个实验组合的发酵能力及可靠性做进一步的验证实验。

6.3.5.4 最优组合验证性研究

按照优化过程所获得的最优组合，分别在 250 mL 的摇瓶和 5 L 的发酵反应器中进行验证试验，选取的最佳参数是 $A_4B_3C_3D_4$，实验重复 3 个平行。在摇瓶中的试验结果如图 6-17 所示。

由摇瓶的实验结果显示，甜高粱茎秆汁液中的可溶性总糖浓度随发酵时间的

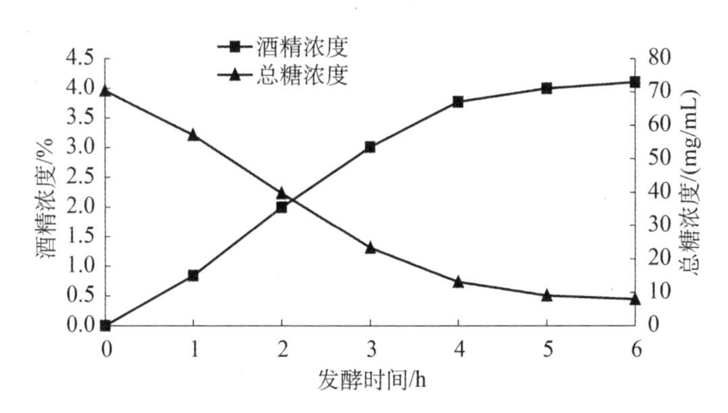

图 6-17　最优实验组合摇瓶验证实验结果

延长而降低，而汁液中生成的乙醇浓度随发酵时间的增加而增加，总的发酵时间为 6 h，发酵结束时，乙醇得率为 95.15%，通过计算 CO_2 失重率为 1.020 g/h，经比较发现，此两个指标值均高于正交试验中各个组合值。此结果可以表明通过优化出的工艺参数组合 $A_4B_3C_3D_4$，具有一定的可信度。

为了进一步证实摇瓶实验结果的可放大可行性，在 5 L 的搅拌式反应器中重复了同样工艺条件下的验证试验。5 L 反应器中的乙醇发酵结果如图 6-18 所示。

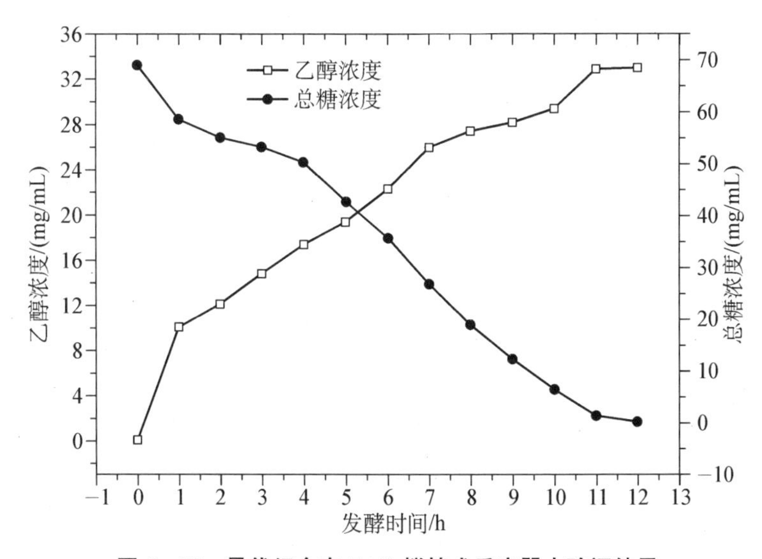

图 6-18　最优组合在 5-L 搅拌式反应器中验证结果

由图 6-18 看出，最初的可溶性总糖浓度是 68.85 mg/mL，最终的乙醇浓度和残糖浓度分别为 32.91 mg/mL 和 1.33 mg/mL，最终反应时间总共为 11 h。通过计算，最终的乙醇产率为 93.24%。用最优化条件 $A_4B_3C_3D_4$ 在 5 L 反应器中所得的乙醇得率比在摇瓶中的验证性实验中的要低，但差别不大，但此值比正交实验表中各实验组合的乙醇得率都要高，这说明，最终得出的最佳发酵条件 $A_4B_3C_3D_4$ 在反应器中可以获得较高的乙醇得率，同时也说明在摇瓶中对乙醇得率的优化结果具有可放大性。另外通过比较发酵时间可以看出，反应器中的发酵时间较摇瓶中长，可见最优组合在反应速率这个指标上的可放大性较弱，可能的原因在于，反应器和摇瓶发酵系统的转速类型的差异。因为转速是影响发酵速率的第二主要因素，是影响乙醇得率的最小因素。因而，当发酵条件由摇瓶的转速条件放大为反应器转速条件时，对乙醇得率影响较小，而对发酵速率的影响较大，这也导致了反应器中发酵速率降低，但总体而言，即使在反应器中发酵的时间为 11 h，也可以满足快速乙醇发酵的要求，且相对于传统游离态乙醇发酵的发酵时间缩短了 3～4 倍[13, 14]。因此，可以选择 $A_4B_3C_3D_4$ 工艺组合作为固定化酵母发酵制取乙醇的最佳条件，即发酵温度为 37℃，发酵转速为 200 r/min，粒子填充率为 25%以及 pH 值为 5.0。

6.3.6 固定化酵母混合糖发酵动力学

研究发酵过程的动力学对于固定化酵母反应器的设计具有实际的指导意义，而传统的乙醇发酵动力学是基于酵母生长动力学基础之上的，不适合固定化酵母快速乙醇发酵。主要原因在于，固定化酵母乙醇发酵过程中，固定在凝胶内的酵母一般情况不会再增殖，而将糖分的绝大部分用于乙醇的发酵过程。通过上一部分反应器验证的试验结果也可以看出，可溶性总糖的消耗速率几乎近似于线性变化，这说明发酵过程中酵母生长时间较短和生长量较小。基于该现象，结合甜高粱茎秆糖分构成为混合糖体系的特殊性，以简化传统的动力学方程为目的，构建了混合糖发酵动力学模型，并在此基础上研究乙醇生成动力学模型。在验证模型可靠性的基础上，对相应的动力学方程进行了求解。

6.3.6.1 混合糖发酵动力学模型构建与理论依据

在构建动力学模型之前，作如下假设：

(1) 在发酵过程中，酵母细胞生长量可以不考虑。

(2) 假设在发酵过程中三种糖的利用方式为：酵母在利用葡萄糖和果糖的同时，产生蔗糖水解酶，同步水解蔗糖成葡萄糖与果糖。

与此同时，酵母也同样利用生成的果糖和葡萄糖，发酵生成乙醇。根据固定化乙醇发酵原理的假设，初步设定固定化酵母乙醇发酵混合糖利用及乙醇生成反应链如图 6-19 所示。

根据图 6-19 所示的发酵过程反应链，可以初步确定，不考虑酵母细胞生长的混合糖利用及乙醇生成动力学模型如下。

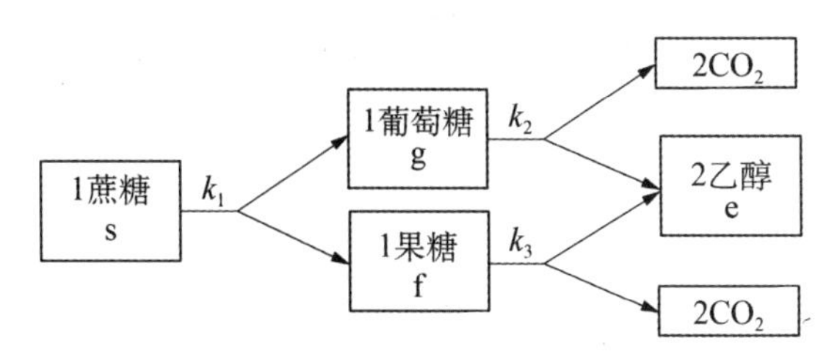

图 6-19　固定化酵母混合糖发酵反应链

蔗糖利用的动力学模型方程：

$$\frac{dc_s}{dt} = -k_1 c_s \tag{6-3}$$

式中：$\frac{dc_s}{dt}$为蔗糖浓度随时间的变化；k_1 为蔗糖消耗速率常数(h^{-1})；c_s 为蔗糖浓度(mmol/L)。

葡萄糖利用的动力学模型方程：

$$\frac{dc_g}{dt} = k_1 c_s - k_2 c_g \tag{6-4}$$

式中：k_1 为蔗糖消耗速率常数(h^{-1})；c_s 为蔗糖浓度(mmol/L)；k_2 为葡萄糖消耗速率常数(h^{-1})；c_g 为葡萄糖浓度(mmol/L)。

果糖利用的动力学模型方程：

$$\frac{dc_f}{dt} = k_1 c_s - k_3 c_f \tag{6-5}$$

式中：k_1 为蔗糖消耗速率常数(h^{-1})；c_s 为蔗糖浓度(mmol/L)；k_3 为果糖消耗速率常数(h^{-1})；c_f 为果糖浓度(mmol/L)。

乙醇生成动力学模型：

$$\frac{dc_e}{dt} = 2k_2 c_g + 2k_3 c_f \tag{6-6}$$

式中：k_2 为葡萄糖消耗速率常数(h^{-1})；c_g 为葡萄糖浓度(mmol/L)；k_3 为果糖消耗速率常数(h^{-1})；c_f 为果糖浓度(mmol/L)；c_e 为乙醇浓度(mmol/L)。

6.3.6.2　动力学方程参数求解与验证

固定化酵母发酵甜高粱茎秆汁液过程中蔗糖浓度、葡萄糖浓度、果糖浓度以及生成乙醇浓度如表 6-12 所示，控制发酵温度为 37℃，发酵转速为 200 r/min，粒子填充率为 25%以及 pH 值为 5.0，在 5 L 玻璃全混机械搅拌反应器上进行甜高粱乙醇发酵。

表 6 - 12　发酵过程不同时间点的各物质浓度

发酵时间/h	蔗糖浓度/(10^3 mol/L*)	葡萄糖浓度/(10^{-3} mol/L)	果糖浓度/(10^{-3} mol/L)	乙醇浓度/(10^{-3} mol/L)
0	88.25	95.05	127.92	0.00
1	41.06	123.09	142.79	217.97
2	19.09	128.25	142.26	262.60
3	9.93	135.12	143.03	321.23
4	5.35	125.66	112.80	377.33
5	3.46	117.46	89.27	420.07
6	2.82	103.47	62.30	482.94
7	1.64	83.49	33.61	564.17
8	2.25	67.21	16.63	594.91
9	1.95	47.64	10.94	612.72

* 为方便计算将发酵过程各种物质浓度由 mg/mL 转化成 10^{-3} mol/L。

所构建的动力学模型方程，从数学上看为一个常微分方程组，基于表 6 - 12 中的实验数据，可采用 Runge-Kutta 方法数值求解该方程组。这里采用 Matlab 软件进行求解，具体采用 ODE45 命令。

模型中有三个参数需要求解：k_1、k_2 和 k_3。为此，构建如下的目标函数(见式 6 - 7)：

$$\begin{aligned}\text{Min}Error = &\sum_{i=0}^{t}(c_{si}-c_{sEXP})+\sum_{i=0}^{t}(c_{gi}-c_{gEXP})+\\ &\sum_{i=0}^{t}(c_{fi}-c_{fEXP})+\sum_{i=0}^{t}(c_{ei}-c_{eEXP})\end{aligned} \tag{6-7}$$

采用先进的模式搜索法(Pattern Search Method)对参数进行求解，求解得最优解如表 6 - 13 所示。

表 6 - 13　动力学参数优化解

参数	k_1	k_2	k_3
数值	1.265	0.122	0.252

将最优参数值代入所构建的动力学模型中，即可得出本试验的动力学模型[见式(6 - 10)～式(6 - 13)]：

蔗糖利用的动力学模型方程：

$$\frac{dc_s}{dt}=-1.265c_s \tag{6-8}$$

葡萄糖利用的动力学模型方程：

$$\frac{\mathrm{d}c_g}{\mathrm{d}t} = 1.265c_s - 0.122c_g \tag{6-9}$$

果糖利用的动力学模型方程：

$$\frac{\mathrm{d}c_f}{\mathrm{d}t} = 1.265c_s - 0.252c_f \tag{6-10}$$

乙醇生成动力学模型：

$$\frac{\mathrm{d}c_e}{\mathrm{d}t} = 0.244c_g + 0.504c_f \tag{6-11}$$

对上面各式进行联立积分，并以初始时刻（$t = 0$ h）的初始值代入求解并简化可以得到蔗糖浓度、葡萄糖浓度、果糖浓度以及乙醇浓度与发酵时间的函数表达式[见式(6-12)～式(6-13)]。

$$c_s = 88.25\exp(-1.265t) \tag{6-12}$$

$$c_g = -97.67\exp(-1.265t) + 192.72\exp(-0.122t) \tag{6-13}$$

$$c_f = -110.20\exp(-1.265t) + 238.12\exp(-0.252t) \tag{6-14}$$

$$c_e = 798.94 + 62.75\exp(-1.265t) - 476.25\exp(-0.252t) - 385.44\exp(-0.122t) \tag{6-15}$$

根据上述系列方程，可得到乙醇发酵过程中模型拟合值如图6-20所示。

由图6-20可以看出，绝大多数的实际测定点都在模型拟合值的曲线上，说明模型拟合效果较好，此外，拟合值与实际值拟合相关系数的大小可以说明模型拟合精度的高低以及模型的可靠性。通过计算可以得出在固定化酵母发酵过程中蔗糖

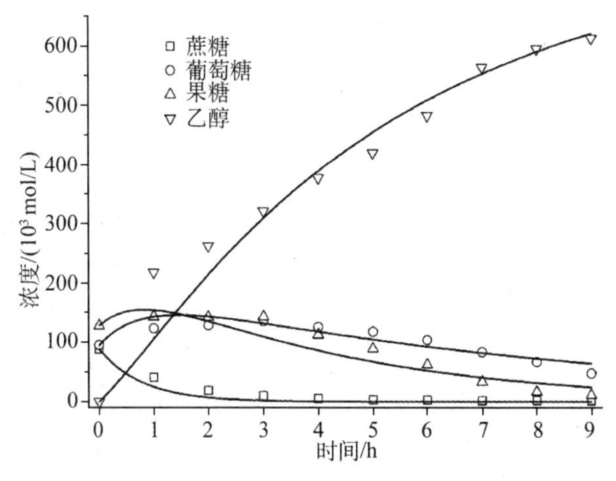

图6-20　模型拟合拟合曲线与实际值关系

利用动力学模型的拟合值与实际值拟合的相关系数为0.991 2,葡萄糖利用动力学模型的拟合值与实际值拟合相关系数为0.957 1,果糖利用动力学模型拟合值与实际值拟合相关系数为0.973 5,而乙醇生成动力学模型拟合值与拟合值拟合的相关系数为0.991 4。这些相关系数均非常接近1,说明构建的固定化酵母快速发酵混合糖利用模型以及相应的乙醇生成模型是可行的。该模型对发酵过程是一个具体量化的解释,对于后续探索混合糖类原料制取乙醇工艺的优化具有重要的理论参考价值。

6.3.7 小结

对固定化酵母发酵甜高粱茎秆汁液过程中,多因素对乙醇得率和发酵速率影响分析的结果可以发现,所选取的温度、发酵转速、固定化粒子填充率以及汁液的pH值对发酵速率和乙醇得率均有非常显著的影响,且对乙醇得率的影响顺序为温度>pH值>粒子填充率>发酵转速,对发酵速率的影响顺序为温度>转速>pH值>粒子填充率。

对各因素最优条件确定的分析可以发现,较优的发酵条件是温度为37℃,发酵转速为200 r/min,粒子填充率为25%,pH值为5.0,通过摇瓶发酵验证显示可以获得95.2%的乙醇得率和1.020 g/h的CO_2失重率。通过5 L反应器放大验证结果显示,可以获得93.2%的乙醇得率。可见,由摇瓶发酵获得固定化酵母乙醇发酵最优工艺条件具有较高的可靠性和放大可行性。

在最优发酵工艺条件下,在5 L反应器中对固定化酵母发酵动力学以及乙醇生成动力学进行了研究。构建了不考虑酵母生长的混合糖发酵动力学以及乙醇生成动力学,并求得优化的动力学参数和动力学方程;通过拟合验证,通过各个动力学模型方程获得拟合值和实验值具有很好的拟合度(相关系数均在0.95以上),说明所构建的动力学模型方程能较好地反映固定化酵母混合糖乙醇发酵的过程,并具有很好的可信度。

6.4 固定化酵母转化甜高粱茎秆汁液生产乙醇:营养微环境的调控与优化

甜高粱茎秆汁液可以为酵母菌提供充足的碳源,但要提高乙醇产率还需要有一定量的氮源和必需的矿物质元素等成分,因此,明确甜高粱茎秆汁液成分对确定必需的发酵添加物种类及添加量具有实际意义,对控制乙醇发酵过程具有重要作用。酵母生长繁殖时需要一定的氮源、磷源、生长素、镁盐等。在发酵过程中添加营养盐可以改善酵母的生长环境,增加营养,达到促进发酵的目的。张书祥等(1 997)在以瓜干为原料的乙醇生产中,添加适量营养盐及其复合物能提高乙醇浓度(0.1~2%(V/V)),缩短发酵周期(30~36h)[15]。在工业生产中(以100t罐为例)，乙醇浓度每提高 1%(*V/V*)，约可增收成品乙醇 700 kg，周期缩短可以提高设备利用率，并且一般选用的营养盐成本低，加量少，易溶解。试验结果证明，所添加的成本明显低于所产生的效益，因此，研究在发酵液中添加营养盐具有一定的现实意义。

此外，尽管甜高粱茎秆汁液中含有一定的氮源，并且是一种适合酿酒酵母生长的培养基，但是缺乏某些必要的微量元素和维生素可能会限制其发酵。虽然酵母在生长过程中对一些微量元素的需求量较低，但是微量元素在细胞代谢过程中尤其是作为许多酶的辅助因子具有重要作用。使用酵母把糖类发酵成为乙醇是一个复杂的过程，包含着大量的代谢反应，并且乙醇生产与很多因素有关，如温度、pH 值、溶解氧以及相关辅酶等。金属离子可以影响糖的酵解以及丙酮酸与乙醇的转化[16]；铜可以作为一些酶如细胞色素，乳糖分解酵素以及铜-锌过氧化物歧化酶等的辅助因子[17]；另外，锌、铜和锰离子也备受关注，因为它们对酿酒酵母的呼吸活性和生长速率上有积极的影响[18]；锌是许多酶包括乙醇脱氢酶、碱性磷酸酶、碳酸酐酶以及许多羧肽酶的重要催化因子[19]；铁是细胞色素、细胞色素氧化酶和铁卟啉的组成成分，这些都是过氧化酶的活性基团，铁是许多代谢途径的必需的辅助因子并且是一种重要的微生物代谢必需的生元素[20, 21]；钴是一种重要的元素，因为它可以促进酵母细胞的生长增殖，据报道，添加 0.02 g/L 钴可以增加乙醇的产量[21]；生物素是酵母生长所必需的元素，在需氧呼吸过程产生生物能的三羧酸循环过程中起着主导作用[22]；另外，钼酸钠(Na_2MoO_4)和硼酸(H_3BO_4)也常常作为乙醇发酵的培养基的组成成分[23]。

为了增加乙醇产率，一些研究者报道了添加营养盐如氨基酸、硫酸铵、硫酸镁、磷酸二氢钾、氯化钙等来提高乙醇的产量[24]。此外，文献也报道了在合成培养基中添加一些微量元素如 Cu、Zn、Mn、Co 和 Fe 对于酵母的细胞生长和乙醇产率具有积极的效果[19, 25]。但是，酵母细胞对于微量元素的敏感性和耐受性主要和酵母的种类、底物种类和发酵条件有关，合理的某种微量元素的剂量在不同的发酵原料中的使用也会不一样。

因此，本节通过对甜高粱茎秆汁液的主要组分进行分析，在此基础上明确主要营养元素对其乙醇转化的提升，同时确定对发酵甜高粱茎秆汁液制取乙醇的乙醇产率有显著影响的微量元素的种类，并对使用酿酒酵母发酵甜高粱茎秆汁液制取乙醇过程中微量元素的添加量进行优化，从而找到获取最大乙醇产率的微量元素的最佳添加量。

6.4.1　不同甜高粱品种的组分分析及乙醇发酵的研究

6.4.1.1　甜高粱茎秆及其汁液矿物质成分

表 6 - 14 是对不同品种的甜高粱茎秆及其汁液矿物质成分测定结果，由表可见，辽甜 1 号、醇甜 2 号茎秆中的 Cu^{2+}、Zn^{2+}、Mg^{2+} 含量高于汁液中的含量；而

Fe^{3+}、Ca^{2+}、K^+则相反，在辽甜 1 号、醇甜 2 号汁液中的含量大于在茎秆中的含量；茎秆和汁液中 Mn^{2+} 的含量基本相当。辽甜 1 号茎秆中 Na^+ 的含量大于在汁液中的含量，醇甜 2 号茎秆中 Na^+ 的含量稍小于汁液中 Na^+ 的含量。不同品种的汁液间某些矿物质成分也存在不同程度的差异。相对于酵母菌的营养需求，实验观察的三个品种甜高粱茎秆及汁液中 Cu^{2+}、Zn^{2+}、Mg^{2+}、Ca^{2+}、K^+、Na^+ 的含量比较充足。

表 6-14 甜高粱茎秆及其汁液矿物质成分测定结果

样品	Cu^{2+} 含量/(μg/mg)	Fe^{3+} 含量/(μg/mg)	Mn^{2+} 含量/(μg/mg)	Ca^{2+} 含量/(μg/mg)	Zn^{2+} 含量/(μg/mg)	Mg^{2+} 含量/(μg/mg)	Na^+ 含量/(μg/mg)	K^+ 含量/(μg/mg)
辽甜 1 号茎秆	11.9±1.1	4.7±0.2	1.2±0.0	97.5±3.2	10.1±0.1	564.6±26.9	408.7±25.3	497.6±22.6
辽甜 1 号汁液	1.4±0.1	12.6±1.1	1.1±0.1	238.8±14.2	4.9±0.1	210.6±11.2	231.7±12.4	897.9±21.4
早熟 1 号茎秆	—	—	—	—	—	—	—	—
早熟 1 号汁液	1.8±0.1	13.4±1.7	0.7±0.0	227.6±10.9	4.7±0.3	191.7±24.6	474.6±27.2	785.5±26.8
醇甜 2 号茎秆	13.2±0.6	5.6±1.4	1.0±0.1	61.2±5.5	11.3±0.2	550.8±30.9	261.3±33.7	781.6±23.9
醇甜 2 号汁液	0.8±0.0	11.8±1.5	0.8±0.0	241.6±9.8	5.2±0.2	178.9±14.7	303.2±17.0	805.6±19.7

注："—"为未检测。

6.4.1.2 甜高粱茎秆汁液可溶性总糖、还原糖含量

表 6-15 是甜高粱茎秆汁液含糖、氮及水分、灰分测定结果。三个品种汁液中的含糖、含氮量及水分、灰分含量大体相当。总氮的含量仅在 1.0 mg/mL 左右(0.1%，质量比)，而在酵母细胞的平均元素组成中氮占其菌体干物质质量的 7.5%～10%，试验观察的三个品种甜高粱茎秆汁所提供的氮源对于酵母菌营养需求是明显不足的。其茎秆汁液中均含有 80%以上的水分，可见其能量密度较低，不利于储藏和运输。应对其汁液进行适当浓缩，以减少储运量，降低储运成本。

表 6-15 甜高粱茎秆汁液含糖、氮及水分、灰分测定结果

	可溶性总糖/(mg/mL)	还原糖/(mg/mL)	总氮/(mg/mL)	有机氮/(mg/mL)	水分/%	灰分/%
辽甜 1 号汁液	185.8±5.1	76.7±3.5	0.955±0.11	0.433±0.07	84.4±3.41	0.92±0.11

（续表）

	可溶性总糖/(mg/mL)	还原糖/(mg/mL)	总氮/(mg/mL)	有机氮/(mg/mL)	水分/%	灰分/%
早熟1号汁液	173.2±4.5	113.2±5.3	0.854±0.15	0.372±0.04	83.7±2.04	0.88±0.07
醇甜2号汁液	178.6±6.2	102.6±4.1	0.981±0.12	0.436±0.05	84.8±4.24	0.99±0.14

由表6-15可知，试验观察的三个甜高粱品种茎秆及汁液均含有较丰富的糖分，可以为发酵制取乙醇提供良好的碳源，但茎秆汁液中的总氮和某些矿物质元素不能满足乙醇酵母的营养需要，在进行乙醇发酵时应适当添加。本研究观察的三个品种是从北方引种到上海的，其茎秆及其汁液中的矿物质、含氮量等与宁喜斌[26]测定结果不尽相同；所含糖分与 Andrea Monti 测定的有所不同[27]，比籍贵苏[28]等用 WYT-4 型手持糖量计测定的，种植于河北省的丽欧等21个甜高粱品种茎秆汁液平均含糖量稍低。可见，与其他作物一样，甜高粱茎秆含糖量及其他成分随种植地区温度、日照、降水、土壤等自然条件差异和品种不同而异。含糖180 mg/mL左右的茎秆原汁补充氮源和有关矿物质营养盐后即可以直接用于乙醇发酵。

6.4.1.3　不同品种甜高粱乙醇发酵研究

选用南阳混合酵母作为发酵菌种，以取自11个典型的甜高粱品种：辽饲杂1号、辽饲杂2号、辽饲杂3号、辽饲杂4号、沈农甜杂2号、龙饲杂1号、原甜1号、吉甜1号、绿能2号、苏马克和 Roma 为发酵原料进行乙醇发酵，它们的基本生物学特性如表6-16所示。各原料品种中的还原糖、蔗糖以及可溶性总糖含量(见表6-17)。取固定化粒子50 mL，发酵原料100 mL(粒子：发酵原料 $V/V=1:2$(以下相同))放入250 mL的三角瓶内，然后把三角瓶置于恒温水浴摇床上，条件：摇床转速140～160 r/min、温度(32±1)℃、pH值=4.0～4.5，定期测量 CO_2 的失重，依据 CO_2 的失重情况判断三角瓶发酵是否结束，发酵12 h后，测得发酵醪中的残糖含量、乙醇浓度及乙醇得率。

表6-16　不同品种甜高粱的生物学特性

品种名称	芽鞘色	生育期/d	株高/cm	茎粗/cm	锤度/(°Bx)	茎秆产量/(kg/hm²)*	榨汁率/%
辽饲杂1号	红	121	315.0	1.87	9.3	88 888	73.1
辽饲杂2号	绿	126	333.3	1.93	12.5	95 556	65.1

(续表)

品种名称	芽鞘色	生育期/d	株高/cm	茎粗/cm	锤度/(°Bx)	茎秆产量/(kg/hm²)*	榨汁率/%
辽饲杂 3 号	红	124	325.7	1.87	12	91 944	62.8
辽饲杂 4 号	红	124	314.7	1.80	12	100 000	69.7
沈农甜杂 2 号	绿	128	340.3	1.90	16	98 334	69.3
龙饲杂 1 号	绿	121	243.7	1.77	15	79 722	65.0
吉甜 1 号	绿	124	302.7	1.90	15.5	87 778	69.0
原甜 1 号	绿		286.7	1.87	15	83 055	66.2
苏马克	绿	125	309.0	1.93	16	87 499	69.7
绿能 2 号	红		283.0	1.60	15	80 833	62.0

* 1 hm = 666.66 m^2。

表 6-17　甜高粱茎秆汁液的锤度与可溶性糖含量等测定结果

试验品种	锤度/(°Bx)	可溶性总糖含量/%	还原糖含量/%	蔗糖含量/%	蔗糖/还原糖
辽饲杂 1 号	15.5	12.60	3.03	9.35	3.09
辽饲杂 2 号	12.5	10.78	5.59	5.15	0.92
辽饲杂 3 号	16	12.78	3.08	9.47	3.07
辽饲杂 4 号	12	8.77	3.93	4.75	1.21
沈农甜杂 2 号	15	12.00	3.13	8.69	2.78
龙饲杂 1 号	15	11.23	3.01	8.05	2.67
吉甜 1 号	15.5	12.07	6.47	5.08	0.79
原甜 1 号	15	11.13	3.37	7.65	2.27
绿能 2 号	16	12.01	4.76	7.23	1.52
苏马克	15	12.02	5.50	6.45	1.17
Roma	17	13.94	1.44	12.00	8.33

选取这 11 个甜高粱品种，经压榨获得汁液后，在三角瓶进行发酵试验(不添加任何营养物质和微量元素)，发酵条件为：摇床转速 140～160 r/min、恒温(32±1)℃、pH 值＝4.5、粒子填充率为 1/3(V/V)固定化粒子 50 mL，甜高粱茎秆汁液 100 mL，发酵时间为 12 h。不同品种甜高粱对乙醇得率影响的试验结果如表6-18所示。

表 6-18　不同品种甜高粱对乙醇得率的影响

品种	pH值	初糖/%	残糖/%	乙醇浓度/[%(V/V)]	乙醇得率/%
辽饲杂1号	4.5	12.60	1.42	6.9	88.71
辽饲杂2号	4.4	10.78	0.76	6.1	93.00
辽饲杂3号	4.4	12.78	1.14	7.3	91.11
辽饲杂4号	4.4	8.77	1.61	4.5	81.70
沈农甜杂2号	4.5	12.00	0.69	7.1	94.23
龙饲杂1号	4.5	11.23	0.92	6.2	91.80
吉甜1号	4.5	12.07	1.24	6.7	89.70
原甜1号	4.5	11.13	0.9	6.2	91.90
绿能2号	4.4	12.01	1.05	6.8	91.30
苏马克	4.4	12.02	1.03	6.7	91.40
罗马	4.5	13.94	1.25	7.9	91.06

发酵12 h后，由表6-18可知，各品种的乙醇得率均在80%以上，都可作为发酵原料做进一步试验。从可溶性总糖含量、还原糖含量、蔗糖含量及乙醇得率来看，龙饲杂1号、原甜1号和绿能2号；辽饲杂2号、辽饲杂4号、苏马克和吉甜1号；辽饲杂1号、辽饲杂3号、沈农甜杂2号，在性状上，以上每一个小分组的各组员都有相似之处，而Roma与其他的品种不一致，单独考虑。故从节约能源的角度考虑，选用原甜1号、辽饲杂2号和沈农甜杂2号、Roma的茎秆汁液为原料分别作营养盐配比摇瓶发酵试验，以分析营养元素对乙醇产率的影响。

6.4.2　主要营养元素对甜高粱茎秆汁液乙醇发酵的调控

6.4.2.1　试验方案

利用正交表$L_9(3^4)$安排试验(见表6-19和表6-20)。选三个因素，每个因素分别取三个水平，三个因素分别为K_2HPO_4、$(NH_4)_2SO_4$、$MgSO_4$，其中K_2HPO_4的三个水平为0、0.125%、0.5%；$(NH_4)_2SO_4$的三个水平为0、0.05%、0.2%；$MgSO_4$的三个水平为0、0.01%、0.05%。按照正交试验方案的试验号和摇床试验的条件安排试验，记录反应前的原料质量，从发酵5 h时开始记录发酵过程中CO_2的失重，以后每隔1 h记录一次，依据反应过程中CO_2的失重量计算乙醇得率，反应终点时，测定乙醇浓度、残糖浓度。

表 6－19　正交试验因素水平表

水平	因素 A K_2HPO_4	因素 B $(NH_4)_2SO_4$	因素 C $MgSO_4$
1	1(0.125%)	1(0.20%)	1(0)
2	2(0)	2(0.05%)	2(0.05%)
3	3(0.500%)	3(0)	3(0.01%)

表 6－20　试验方案设计表

试验序号	A　K_2HPO_4	B$(NH_4)_2SO_4$	C　$MgSO_4$	空白
1	1	1	3	2
2	2	1	1	1
3	3	1	2	3
4	1	2	2	1
5	2	2	3	3
6	3	2	1	2
7	1	3	1	3
8	2	3	2	2
9	3	3	3	1

6.4.2.2　沈农甜杂 2 号甜高粱汁液发酵

图 6－21 列出了发酵反应 5～9 h 各个整点的依据 CO_2 的失重量计算出的乙醇得率[图(a)、(b)为相同条件下的两个重复Ⅰ和Ⅱ]；表 6－21 对发酵 10 h 的乙醇

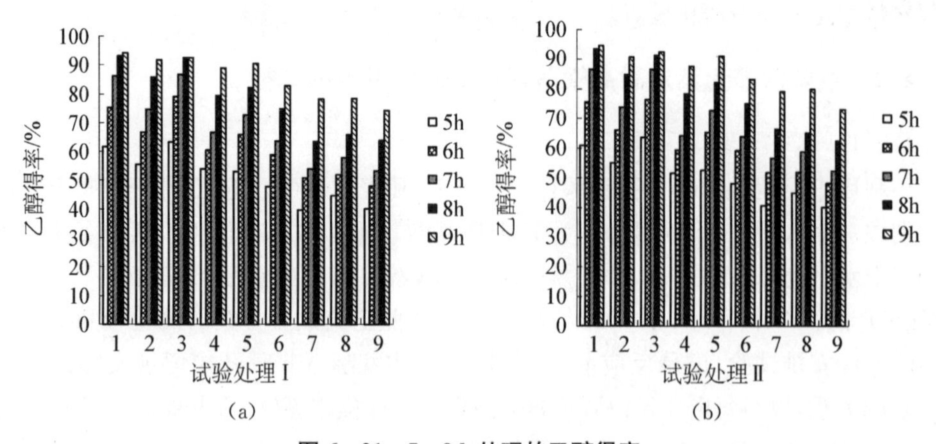

图 6－21　5～9 h 处理的乙醇得率

得率进行了方差分析；表6－22列出发酵10 h(反应达到终点)的乙醇得率、乙醇浓度、残糖浓度，并对乙醇得率进行了分析。

表6－21　方差分析表

方差来源	自由度	平方和	均方	F	临界值
A	2	7.88	3.94	11.93**	$F_{0.01}(2, 11)=7.21$
B	2	216.19	108.10	327.26**	
C	2	3.08	1.54	4.67*	$F_{0.05}(2, 11)=3.98$
误差	11	3.63	0.33		
总和	17	230.78			

表6－22　$L_9(3^4)$正交试验结果与计算分析

试验序号	A	B	C	空白	乙醇得率/%		乙醇浓度/[%(V/V)]		残糖含量/%	
					Ⅰ	Ⅱ	Ⅰ	Ⅱ	Ⅰ	Ⅱ
1	1	1	3	2	94.00	94.31	7.0	7.1	0.72	0.67
2	2	1	1	1	93.63	92.62	7.0	6.9	0.76	0.89
3	3	1	2	3	93.11	93.85	6.9	7.0	0.83	0.74
4	1	2	2	1	93.03	92.63	6.9	6.8	0.96	1.13
5	2	2	3	3	91.09	92.00	6.8	6.9	1.07	0.96
6	3	2	1	2	90.75	90.93	6.8	6.8	1.11	1.08
7	1	3	1	3	85.76	86.66	6.4	6.5	1.71	1.60
8	2	3	2	2	86.32	86.16	6.5	6.5	1.63	1.66
9	3	3	3	1	84.77	86.25	6.4	6.2	1.83	2.01
K_1	546.38	561.52	540.35	539.92						
K_2	541.82	550.42	545.09	542.47						
K_3	536.66	512.92	539.42	542.47						
k_1	182.13	187.17	180.12	179.97						
k_2	180.61	183.47	171.70	180.82						
k_3	178.89	170.97	179.81	180.82						
R	3.24	16.20	1.89	0.85						
Q	A_1	B_2	C_2							

注：空白试验10 h后的乙醇得率(%)：Ⅰ80.25、Ⅱ81.87；乙醇含量(%(V/V)：Ⅰ6.0、Ⅱ6.1；残糖含量(%)：Ⅰ2.37、Ⅱ2.18。

由图 6－21 可以看出，以沈农甜杂 2 号为发酵原料各处理在相同条件下 5～9 h的乙醇得率，其中处理 1、3 组的发酵速率比其他处理组快，在发酵 8 h 后反应基本达到终点。由方差分析（见表 6－21）可以看出 $F_{(K_2HPO_4)}=11.93$、$F_{((NH_4)_2SO_4)}=327.26$，均大于 $F_{0.01}(2, 11)=7.21$，故$(NH_4)_2SO_4$、K_2HPO_4 的配比对试验结果影响极显著，$F_{(MgSO_4)}=4.67$，大于 $F_{0.05}(2, 11)=3.98$，小于 $F_{0.01}(2, 11)=7.21$，故 $MgSO_4$ 的配比对试验结果影响显著。通过对发酵 10 h 乙醇得率（见表 6－22）进行分析，因素 B($(NH_4)_2SO_4$)的极差最大，为 16.20，其次是因素 A(K_2HPO_4)，极差为 3.24，最后是因素 C($MgSO_4$)，极差为 1.89，可见影响乙醇得率因素的主次顺序为：B→A→C。由空列判断 A、B、C 各因素均可靠，最优组合为 $A_1B_1C_2$，即 K_2HPO_4 为 0.125%、$(NH_4)_2SO_4$ 为 0.20%、$MgSO_4$ 为 0.05%，加营养盐的乙醇得率比不加任何营养盐的乙醇得率至少要提高 4.0%。

6.4.2.3 Roma 甜高粱汁液发酵

图 6－22 列出了发酵反应 5～9 h 各个整点的依据 CO_2 的失重量计算出的乙醇得率[图(a)、(b)为相同条件下的两个重复Ⅰ和Ⅱ]；表 6－23 对发酵 10 h 的乙醇得率进行了方差分析；表 6－24 列出了发酵 10 h(反应达到终点)的乙醇得率、乙醇浓度、残糖浓度，并对乙醇得率进行了分析。

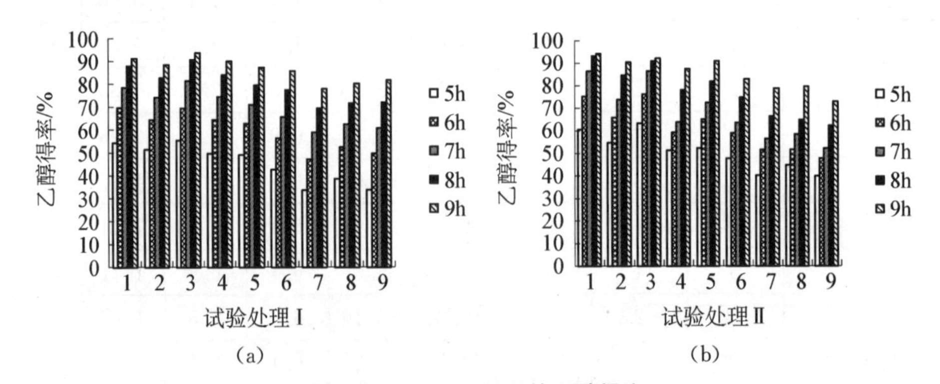

图 6－22　5～9 h 处理的乙醇得率

表 6－23　方差分析表

方差来源	自由度	平方和	均方	F	临界值
A	2	19.83	9.91	9.01**	$F_{0.01}(2, 11)=7.21$
B	2	202.31	101.16	91.96**	
C	2	75.12	37.56	34.15**	$F_{0.05}(2, 11)=3.98$
误差	11	12.07	1.10		
总和	17	309.33			

表 6 - 24　正交试验结果与分析表

试验序号	A	B	C	空白	乙醇得率/%		乙醇浓度/[%(V/V)]		残糖含量/%	
					Ⅰ	Ⅱ	Ⅰ	Ⅱ	Ⅰ	Ⅱ
1	1	1	3	2	93.98	94.21	8.0	8.0	0.83	0.80
2	2	1	1	1	91.63	91.02	7.75	7.7	1.15	1.26
3	3	1	2	3	94.38	93.25	8.0	7.9	0.79	0.92
4	1	2	2	1	92.35	91.15	7.8	7.7	1.01	1.25
5	2	2	3	3	91.76	93.88	7.7	7.9	1.25	0.89
6	3	2	1	2	84.69	84.53	7.1	7.15	2.14	2.25
7	1	3	1	3	83.45	82.78	7.0	7.0	2.31	2.45
8	2	3	2	2	86.51	86.79	7.35	7.3	1.89	1.76
9	3	3	3	1	84.12	85.81	7.1	7.2	2.28	1.95
K_1	537.92	558.47	518.10	536.08						
K_2	541.59	538.36	544.43	530.71						
K_3	526.78	509.46	543.76	539.50						
k_1	179.31	186.16	172.70	178.69						
k_2	180.53	179.45	181.48	176.90						
k_3	175.59	169.82	181.25	179.83						
R	4.94	16.34	8.78	2.93						
Q	A_2	B_1	C_2							

注：空白试验 10 h 后的乙醇得率(%)：Ⅰ 78.69、Ⅱ 82.05；乙醇含量[%(V/V)]：Ⅰ 6.6、Ⅱ 6.9；残糖含量(%)：Ⅰ 2.98、Ⅱ 2.56。

由图 6 - 22 可以看出，以 Roma 为发酵原料各处理在相同条件下 5～9 h 的乙醇得率，其中处理 1、3 组的发酵速率比其他处理组快，在发酵 8 h 后反应基本达到终点。由方差分析(见表 6 - 23)可以看出 $F_{(K_2HPO_4)}=9.01$、$F_{(MgSO_4)}=34.15$、$F_{((NH_4)_2SO_4)}=91.96$，均大于 $F_{0.01}(2,11)=7.21$，故 $(NH_4)_2SO_4$、K_2HPO_4、$MgSO_4$ 的配比对试验结果影响极显著。通过对发酵 10 h 乙醇得率(见表 6 - 24)进行分析，因素 B($(NH_4)_2SO_4$)的极差最大，为 16.34，其次是因素 C($MgSO_4$)，极差为 8.78，最后是因素 A(K_2HPO_4)，极差为 4.94，可见影响乙醇得率因素的主次顺序为：B→C→A。由空列判断 A、B、C 各因素均可靠，最优组合为 $A_2B_1C_2$，即 K_2HPO_4 为 0、$(NH_4)_2SO_4$ 为 0.20%、$MgSO_4$ 为 0.05%，加营养盐的乙醇得率比

不加任何营养盐的乙醇得率至少要提高3.0%。

6.4.2.4　辽饲杂2号甜高粱汁液发酵

图6－23列出了发酵反应5～9 h各个整点的依据CO_2的失重量计算出的乙醇得率[图(a)、(b)为相同条件下的两个重复Ⅰ和Ⅱ];表6－25对发酵9 h的乙醇得率进行了方差分析;表6－26列出了发酵9 h(反应达到终点)的乙醇得率、乙醇浓度、残糖浓度,并对乙醇得率进行了分析。

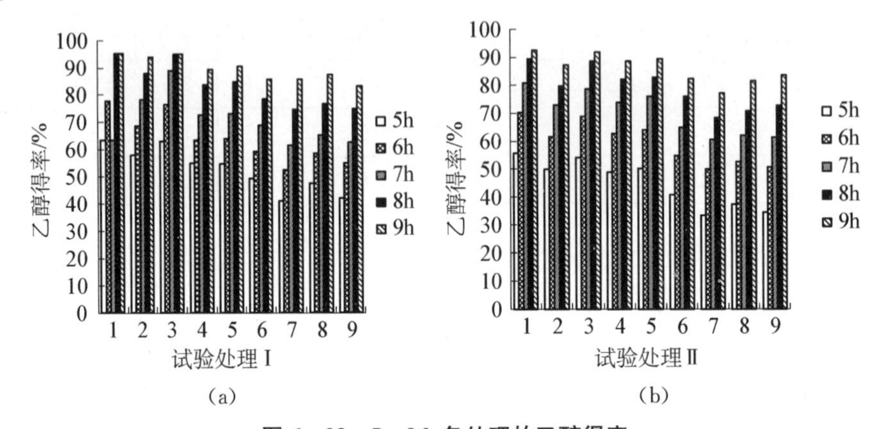

图6－23　5～9 h各处理的乙醇得率

表6－25　方差分析表

方差来源	自由度	平方和	均方	F	临界值
A	2	33.39	16.70	7.99**	$F_{0.01}(2, 11)=7.21$
B	2	272.79	136.40	65.26**	
C	2	21.51	10.76	5.15*	$F_{0.05}(2, 11)=3.98$
误差	11	22.95	2.09		
总和	17	350.64			

表6－26　正交试验结果与分析表

试验序号	A	B	C	空白	乙醇得率/%		乙醇浓度/(%(V/V))		残糖含量/%	
					Ⅰ	Ⅱ	Ⅰ	Ⅱ	Ⅰ	Ⅱ
1	1	1	3	2	95.02	95.85	6.2	6.25	0.54	0.48
2	2	1	1	1	93.80	94.93	6.1	6.15	0.69	0.55

(续表)

试验序号	A	B	C	空白	乙醇得率/%		乙醇浓度/(%(V/V))		残糖含量/%	
					Ⅰ	Ⅱ	Ⅰ	Ⅱ	Ⅰ	Ⅱ
3	3	1	2	3	94.83	95.72	6.2	6.2	0.56	0.46
4	1	2	2	1	91.16	93.53	5.9	6.1	0.98	0.71
5	2	2	3	3	90.42	94.38	5.8	6.15	1.04	0.63
6	3	2	1	2	85.51	87.25	5.5	5.6	1.56	1.28
7	1	3	1	3	85.51	86.40	5.5	5.6	1.62	1.49
8	2	3	2	2	87.33	86.72	5.6	5.6	1.36	1.45
9	3	3	3	1	83.05	83.93	5.3	5.4	1.84	1.75
K_1	547.47	570.15	533.30	537.40						
K_2	547.58	542.15	549.29	537.58						
K_3	530.19	512.94	542.65	547.26						
k_1	182.49	190.05	177.77	179.13						
k_2	182.53	180.72	183.10	179.19						
k_3	176.73	170.98	180.88	182.42						
R	5.8	19.07	5.33	3.29						
Q	A_2	B_1	C_3							

注:空白试验10 h后的乙醇得率(%):Ⅰ80.69、Ⅱ82.38;乙醇含量(%(V/V)):Ⅰ5.2、Ⅱ5.25;残糖含量(%):Ⅰ2.09、Ⅱ1.95。

由图6-23可以看出,以辽饲杂2号为发酵原料各处理在相同条件下5～9 h的乙醇得率,其中处理1、2、3组的发酵速率比其他处理组快,在发酵8 h后反应基本达到终点。由方差分析(见表6-25)可以看出$F_{(K_2HPO_4)}=7.99$、$F_{((NH_4)_2SO_4)}=65.26$,均大于$F_{0.01}(2, 11)=7.21$,故$(NH_4)_2SO_4$、K_2HPO_4的配比对试验结果影响极显著。$F_{(MgSO_4)}=5.15$大于$F_{0.05}(2, 11)=3.98$,小于$F_{0.01}(2, 11)=7.21$,故$MgSO_4$的配比对试验结果影响显著。通过对发酵9 h乙醇得率(见表6-26)进行分析,因素B($(NH_4)_2SO_4$)的极差最大,为19.07,其次是因素A(K_2HPO_4),极差为5.8,最后是因素C($MgSO_4$),极差为5.33,可见影响乙醇得率因素的主次顺序为:B→A→C。由空列判断A、B、C各因素均可靠,最优组合为$A_2B_1C_3$,即K_2HPO_4为0、$(NH_4)_2SO_4$为0.20%、$MgSO_4$为0.01%,加营养盐的乙醇得率比不加任何营养盐的乙醇得率至少要提高2.0%。

6.4.2.5　原甜1号甜高粱汁液发酵

图6-24列出了发酵反应5～9 h各个整点的依据CO_2的失重量计算出的乙

醇得率[图(a)、(b)为相同条件下的两个重复Ⅰ和Ⅱ];表6-27对发酵9 h的乙醇得率进行了方差分析;表6-28列出了发酵9 h(反应达到终点)的乙醇得率、乙醇浓度、残糖浓度,并对乙醇得率进行了分析。

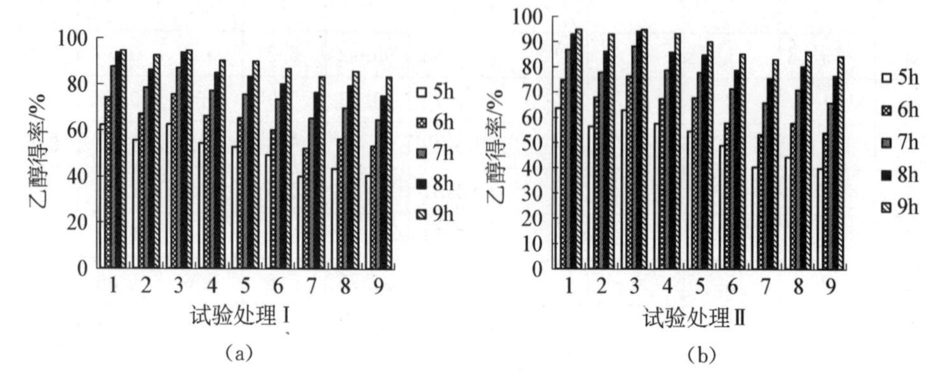

图6-24　5～9 h各处理的乙醇得率

表6-27　方差分析表

方差来源	自由度	平方和	均方	F	临界值
A	2	6.44	3.22	4.95*	$F_{0.01}(2, 11)=7.21$
B	2	76.44	38.22	58.8**	
C	2	10.90	5.45	8.38**	$F_{0.05}(2, 11)=3.98$
误差	11	7.15	0.65		
总和		100.93			

表6-28　正交试验结果与分析表

试验序号	A	B	C	空白	乙醇得率/%		乙醇浓度/[%(V/V)]		残糖含量/%	
					Ⅰ	Ⅱ	Ⅰ	Ⅱ	Ⅰ	Ⅱ
1	1	1	3	2	94.69	95.02	6.3	6.4	0.59	0.56
2	2	1	1	1	93.58	94.02	6.2	6.3	0.74	0.63
3	3	1	2	3	94.63	94.87	6.3	6.35	0.64	0.58
4	1	2	2	1	92.56	94.48	6.2	6.3	0.83	0.65
5	2	2	3	3	93.18	92.69	6.2	6.2	0.76	0.85
6	3	2	1	2	92.36	91.05	6.2	6.1	0.87	1.0

（续表）

试验序号	A	B	C	空白	乙醇得率/%		乙醇浓度/[%(V/V)]		残糖含量/%	
					Ⅰ	Ⅱ	Ⅰ	Ⅱ	Ⅰ	Ⅱ
7	1	3	1	3	89.35	88.78	6.0	5.9	1.19	1.25
8	2	3	2	2	91.34	91.99	6.1	6.15	0.99	0.83
9	3	3	3	1	87.50	88.35	5.8	5.9	1.42	1.28
K_1	554.88	566.81	549.14	550.14						
K_2	556.80	556.32	559.87	556.45						
K_3	548.41	536.96	551.08	553.50						
k_1	184.96	188.94	183.05	183.38						
k_2	185.60	185.44	186.62	185.48						
k_3	182.80	178.99	183.69	184.50						
R	2.8	9.95	3.57	2.0						
Q	A_2	B_1	C_2							

注：空白试验 10 h 后的乙醇得率(%)：Ⅰ 84.53、Ⅱ 85.33；乙醇含量(%(V/V))：Ⅰ 5.6、Ⅱ 残糖含量(%)：Ⅰ 1.74、Ⅱ 1.63。

由图 6－24 可以看出，以辽饲杂 2 号为发酵原料各处理在相同条件下 5～9 h 的乙醇得率，其中处理 1、3 组的发酵速率比其他处理组快，在发酵 8 h 后反应基本达到终点。由方差分析（见表 6－27）可以看出 $F_{(MgSO_4)}=8.38$、$F_{((NH_4)_2SO_4)}=58.8$，均大于 $F_{0.01}(2,11)=7.21$，故 $(NH_4)_2SO_4$、K_2HPO_4 的配比对试验结果影响极显著。$F_{(K_2HPO_4)}=4.95$ 大于 $F_{0.05}(2,11)=3.98$，小于 $F_{0.01}(2,11)=7.21$，故 $MgSO_4$ 的配比对试验结果影响显著。通过对发酵 9 h 乙醇得率（见表 6－28）进行分析，因素 B（$(NH_4)_2SO_4$）的极差最大，为 9.95，其次是因素 C（$MgSO_4$），极差为 3.57，最后是因素 A（K_2HPO_4），极差为 2.8，可见影响乙醇得率因素的主次顺序为：B→C→A。由空列判断 A、B、C 各因素均可靠，最优组合为 $A_2B_1C_2$，即 K_2HPO_4 为 0、$(NH_4)_2SO_4$ 为 0.20%、$MgSO_4$ 为 0.05%，加营养盐的乙醇得率比不加任何营养盐的乙醇得率至少要提高 4.0%。

6.4.2.6　小结

分析摇瓶中营养盐配比对乙醇得率影响的试验得出的结论为：以甜高粱茎秆汁液为发酵原料生产乙醇，影响酵母生长、发酵的最主要的营养盐为氮源，镁盐、钾盐、磷酸盐等对其也起一定作用。甜高粱的品种不同，其中的成分就不同，那么影响乙醇得率的营养盐的主次顺序就不同，因此在发酵之前，应该对茎秆汁液成分进行分析，及时了解营养盐的缺乏程度，并决定必要的营养盐添加成分及数量。本试验选用的氮源为$(NH_4)_2SO_4$，镁盐为 $MgSO_4$，钾盐为 K_2HPO_4，其中$(NH_4)_2SO_4$的适当添加量为 0.2%，$MgSO_4$ 的适当添加量为 0.01%～0.05%，K_2HPO_4 的适当添加量为 0～0.125%。适当的营养盐配比加快了反应速率，提高了设备利用率，使反应时间缩短 1～2 h，乙醇得率提高 2%～8%。本研究所选的营养盐成本低，加量少，易溶解，且所加的成本明显低于所产生的效益，该研究具有一定的现实意义。

6.4.3 甜高粱茎秆汁液碳/氮调配对乙醇发酵的影响及优化

甜高粱茎秆汁液中含有丰富的糖，可以为乙醇发酵提供碳源，而氮源和某些矿物质成分却不能满足需要。本课题组曾采用固定化酵母发酵技术对甜高粱茎秆汁液添加 K_2HPO_4、$(NH_4)_2SO_4$ 和 $MgSO_4$ 营养盐的作用和配比关系进行了研究，结果表明，加营养盐的乙醇产率比不加任何营养盐的乙醇产率可提高 4.0%～8.0%，对固定化酵母粒子添加量、反应温度、摇床转速、初始糖浓度等乙醇发酵条件进行了筛选[29-31]，发现初始糖浓度和$(NH_4)_2SO_4$、固定化酵母粒子添加量对乙醇产率的影响较大。有关初始糖浓度、氮源、矿物质成分添加量、固定化酵母粒子添加量以及发酵温度、搅拌速率等工艺参数对乙醇产率的交互影响还有待于进一步研究。本部分在已有工作的基础上，根据种植于上海地区的甜高粱茎秆汁液成分，选择对乙醇产率影响显著的影响因子，采用 Box-Behnken 的中心组合试验设计和响应面分析手段，在摇床上进行乙醇发酵条件的优化，并对优化条件在 5 L 机械搅拌式生物反应器上进行了验证性试验，以期为进一步提高甜高粱茎秆汁液制取燃料乙醇效率提供科学依据。

响应面方法(response surface methodology，RSM)包括实验设计、建模、因子效应评估以及寻求因子最佳操作条件，已被广泛应用于微生物培养条件的优化。本研究根据前期单因素试验和正交试验结果，选择对乙醇产率影响较大的初始糖浓度、$(NH_4)_2SO_4$ 添加量和固定化酵母粒子投放量三个因素为自变量，以乙醇产率为响应值，根据 Box-Behnken 的中心组合设计原理，设计三因素、三水平共 17 个试验点，中心点设置 5 次重复，用来估计实验误差。试验因素水平如表 6-29 所示。其中，初始糖浓度是原始发酵液中可溶性总糖的百分比浓度；$(NH_4)_2SO_4$ 添加量是$(NH_4)_2SO_4$ 占原始发酵液的质量百分比；固定化酵母投放量是固定化酵母粒子占原始发酵液的质量百分比。其他发酵条件分别为：发酵温度(34±1)℃；摇床转速(140±5)r/min；原始发酵液 pH 值为 4.5；KH_2PO_4 添加量占原始发酵液质量的 0.125%；$MgSO_4 \cdot 7H_2O$ 添加量占原始发酵液质量的 0.05%。

表 6 - 29　Box-Behnken 试验因素水平表

变　量	代码		编码水平*		
	未编码	编码	−1	0	1
初始糖浓度/%	A	X_1	18	22	26
$(NH_4)_2SO_4$ 添加量/%	B	X_2	0.1	0.2	0.3
固定化酵母投放量/%	C	X_3	20	25	30

注：* 编码值与实际值的关系 $A=(X_1-22)/4$；$B=(X_2-0.2)/0.1$；$C=(X_3-25)/5$。

用以下多元二次方程来作响应值估计模型：

$$Y=\beta_0+\sum_{j=1}^{k}\beta_j X_j+\sum_{j=1}^{k}\beta_{jj}X_j^2+\sum_{i<j}\sum\beta_{ij}X_iX_j \tag{6-16}$$

式中：Y 是乙醇产率响应值；β_0、β_j、β_{jj}、β_{ij} 分别是线性截距和一次项、二次项及交互项的回归系数；X_i、X_j 是自变量编码值。

6.4.3.1　甜高粱茎秆汁液固定化酵母乙醇发酵响应面二次回归模型及方差分析

表 6 - 30 所示是 Box-Behnken 试验设计及结果。其中，发酵结束时乙醇浓度是根据摇瓶试验中实测的乙醇产率确定的。下面介绍乙醇产率模型预测值的计算公式。

表 6 - 30　Box-Behnken 试验设计及结果

试验号	X_1	X_2	X_3	发酵结束时乙醇浓度/%	乙醇产率/%	
					实测值	模型预测值
1	1	−1	0	11.3	85.16	85.24
2	1	0	1	11.5	86.35	86.25
3	−1	−1	0	7.2	78.10	77.82
4	0	0	0	10.5	93.14	92.87
5	−1	0	−1	7.4	80.63	80.75
6	1	0	−1	11.8	88.48	88.47
7	0	0	0	10.5	92.93	92.87
8	0	1	−1	10.0	89.13	89.71
9	−1	0	1	7.6	82.33	82.97

（续表）

试验号	X_1	X_2	X_3	发酵结束时乙醇浓度/%	乙醇产率/%	
					实测值	模型预测值
10	0	−1	1	9.5	84.29	83.75
11	0	0	0	10.4	92.66	92.87
12	−1	1	0	7.9	85.58	85.7
13	0	0	0	10.4	92.37	92.87
14	0	1	1	10.2	90.46	89.71
15	1	1	0	11.8	88.99	89.28
16	0	0	0	10.4	92.91	92.87
17	0	−1	−1	9.3	83.10	83.75

用Design-Expert软件对表6－30中乙醇产率实测值进行二次多项式回归拟合，得到乙醇产率（Y）对初始糖浓度（X_1）、$(NH_4)_2SO_4$添加量（X_2）和固定化酵母粒子投放量（X_3）的回归方程式：

$$Y = 92.87 + 2.75X_1 + 2.98X_2 + 0.43X_3 - 0.96X_1X_2 - 1.11X_1X_3 + 0.000X_2X_3 - 5.24X_1^2 - 3.12X_2^2 - 3.02X_3^2 \quad (6-17)$$

表6－31是响应面二次回归方程的方差分析结果。由表可知，二次回归方程模型的F值为77.28，模型在$p<0.0001$水平上具有显著意义，即p值大于F值的概率小于0.01%。初始糖浓度（X_1）、$(NH_4)_2SO_4$添加量（X_2）的一次项和初始糖浓度（X_1）、$(NH_4)_2SO_4$添加量（X_2）和固定化酵母粒子投放量（X_3）的二次项对乙醇产率（Y）的影响在$p<0.0001$水平上显著；X_1-X_2、X_1-X_3交互项在$p<0.05$水平上影响显著。固定化酵母粒子投放量（X_3）以及X_2-X_3交互项的影响不显著（$p>0.05$）。模型失拟项（lack of fit）的$F=3.712$，$p=0.1188>0.05$，没有显著意义。数据中没有异常点，不需要引入更高次数的项。式（6－16）的有效项为X_1，X_2，X_1X_2，X_1X_3，X_1^2，X_2^2，X_3^2，所以式（6－17）可以进一步简化为

$$Y = 92.87 + 2.75X_1 + 2.98X_2 - 0.96X_1X_2 - 1.11X_1X_3 - 5.24X_1^2 - 3.12X_2^2 - 3.02X_3^2 \quad (6-18)$$

表6-31　二次回归模型及方差分析表

方差来源	平方和	自由度	均方	F值	$p>F$的概率
模型	357.050	9	39.672	77.288	<0.000 1
X_1	60.471	1	60.471	117.808	<0.000 1
X_2	70.966	1	70.966	138.254	<0.000 1
X_3	1.509	1	1.509	2.940	0.130 1
X_1X_2	3.700	1	3.700	7.208	0.031 3
X_1X_3	4.912	1	4.912	9.569	0.017 5
X_2X_3	0.000	1	0.000	0.000	1.000 0
X_1^2	115.460	1	115.460	224.937	<0.000 1
X_2^2	41.016	1	41.016	79.907	<0.000 1
X_3^2	38.315	1	38.315	74.644	<0.000 1
残差	3.593	7	0.513		
失拟值	2.644	3	0.881	3.712	0.118 8
纯误差	0.949	4	0.237		
总变异	360.643	16			

表6-30的乙醇产率模型预测值是由回归方程式(6-18)计算得到的。二次回归模型的可信度分析结果显示，方程式(6-18)的信噪比(adeq precision)=27.384，$R^2=0.99$，$R^2_{Adj}=0.977\ 2$，$R^2_{Pred}=0.878\ 6$，模型拟合程度较高，能解释97.72%的乙醇产率变化，是描写乙醇产率(Y)与发酵液初始糖浓度(X_1)、$(NH_4)_2SO_4$添加量(X_2)、固定化酵母粒子投放量(X_3)关系的合适数学模型，可以用此模型在试验设定区间内对乙醇产率(Y)进行预测。从表6-30中也可以发现，由式(6-18)计算出的乙醇产率模型预测值与实测值非常接近，也说明该模型的有效性。

从式(6-17)中可知，X_1、X_2、X_3三个影响因子对乙醇产率(Y)的影响均不是简单的线性关系，说明这三个影响因子对乙醇产率的作用机理比较复杂。甜高粱茎秆汁液初始糖浓度(X_1)、$(NH_4)_2SO_4$添加量(X_2)以及X_1-X_2的交互作用对乙醇产率影响显著。这是因为酵母代谢所需的碳源、氮源是成一定比例的正相关关系。初始糖浓度高，氮源的需要量就多。虽然甜高粱茎秆原汁经过浓缩，含氮量与含糖量以相同的比例增加，但仍不能满足需要，要添加$(NH_4)_2SO_4$(X_2)等作为补充氮源。本实验室以前的实验及池振明、吕欣等人的研究中也观察到添加

$(NH_4)_2SO_4$ 等氮源有利于提高糖的利用率和加快发酵反应速度[30, 32, 33]。本试验在发酵之前对固定化酵母进行了增殖培养，固定化粒子增殖液中的酵母细胞浓度已经达到 1.0×10^8 个/mL 以上，可能由于在设定的固定化酵母粒子投放量范围内(20%～30%)能够保证发酵液中的酵母浓度，增加或减少其添加剂量对提高乙醇产率的贡献不大。这一现象反映到数学模型[见式(6-17)]中的结果是，固定化酵母粒子添加量(X_3)的一次项和 X_2-X_3 的交互项对数学模型的影响不显著($p>0.05$)。X_1-X_3 交互项的影响在 $p<0.05$ 水平上显著。

实验观察到，初始糖浓度较低、酵母粒子添加量较大的处理组，在发酵初期 CO_2 失重量较大，启动发酵较快，但在发酵后期却不如初始糖浓度较高、酵母粒子添加量较少处理组的 CO_2 失重量大。这是因为，本实验设定的初始糖浓度为 18%～26%，比常规发酵的糖浓度要高，所形成的渗透压高，对酵母菌的抑制作用大。当初始糖浓度较低、酵母粒子添加量较大时，酵母菌受到的渗透压降低，能较快适应发酵液环境而启动发酵，但在后期的发酵能力有所下降，不如初始糖浓度较高、酵母粒子添加量较少的后发酵旺盛。而后发酵能力强弱是影响可溶性总糖利用率和乙醇产率的关键性因素。这也是模型[见式(6-17)]中初始糖浓度(X_1)与酵母粒子添加量(X_3)的交互作用对响应值有显著性影响的原因。在反应初期，初始糖浓度的高渗透压对酵母菌产生短时抑制，酵母粒子添加量的差异对糖浓度产生的稀释作用也不同，初始糖浓度较低或酵母粒子添加量较大，有利于酵母菌尽快适应发酵液的环境，进入旺盛发酵期，从而影响乙醇产率。同时应当注意到，在酵母菌可以耐受的渗透压范围内，提高发酵液的初始糖浓度有利于提高发酵设备的利用率，节约生产成本；固定化酵母粒子要占用发酵设备的有效容积，添加量过高不但会增加制备固定化酵母粒子的支出，也会使发酵设备的利用率降低，而影响生产效率。

6.4.3.2 甜高粱茎秆汁液固定化酵母乙醇发酵响应曲面图及发酵条件的优化分析

图 6-25～图 6-27 是根据方程式(6-18)绘出的三维响应面分析图。由图中可知，在试验设定的范围内，试验因子 X_1、X_2、X_3 均存在极值点，说明拟合曲面有真实的最大值。当固定化酵母粒子投放量为 25%($C=0$)时，初始糖浓度在 22%～24%之间($X_1=0\sim0.5$)、$(NH_4)_2SO_4$ 添加量在 0.2%左右($X_2\approx0$)，乙醇产率(Y)有最大值；当 $(NH_4)_2SO_4$ 添加量为 0.2%($X_2\approx0$)时，初始糖浓度在 24%左右($X_1\approx0.5$)，固定化酵母粒子投放量在 25%～27.5%($X_3=0\sim0.5$)时，乙醇产率(Y)有最大值；当初始糖浓度在 22%($X_1=0$)时，$(NH_4)_2SO_4$ 添加量在 0.25%～0.275%之间($X_2=0.5\sim0.75$)，固定化酵母粒子投放量在 25%～27.5%时，乙醇产率(Y)有最大值。

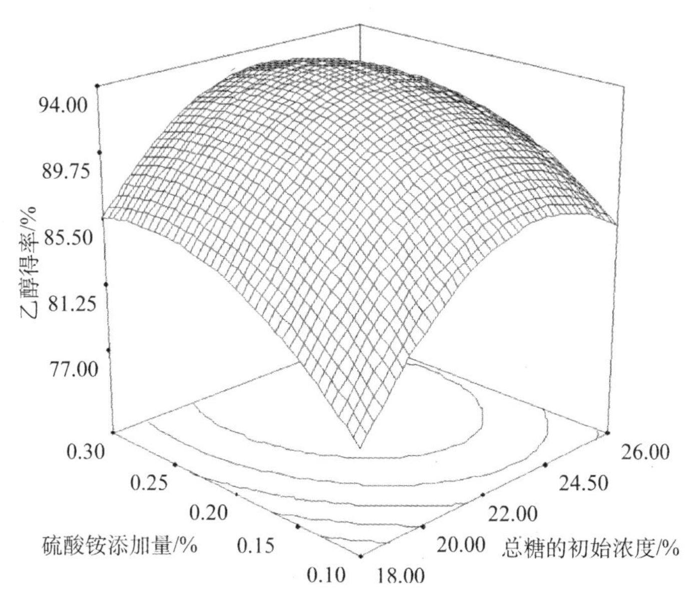

图 6－25　X_1－X_2 交互作用对乙醇产率的影响(X_3 ＝0)

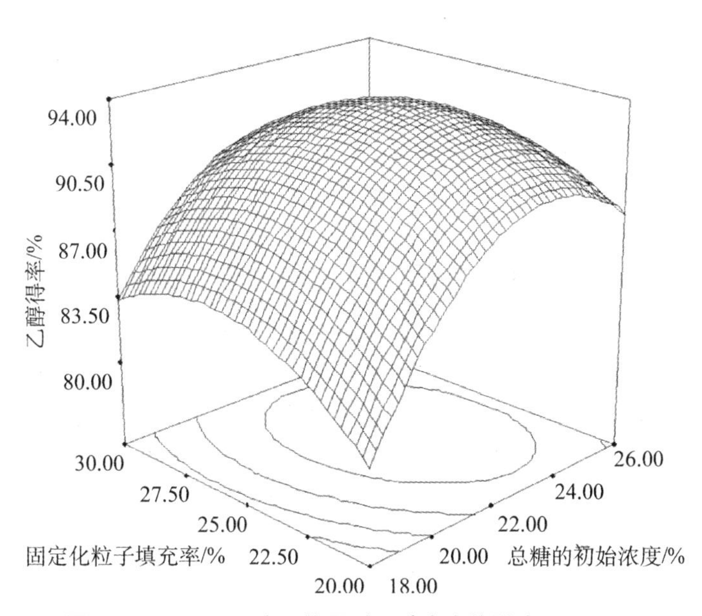

图 6－26　X_1－X_3 交互作用对乙醇产率的影响(X_2 ＝0)

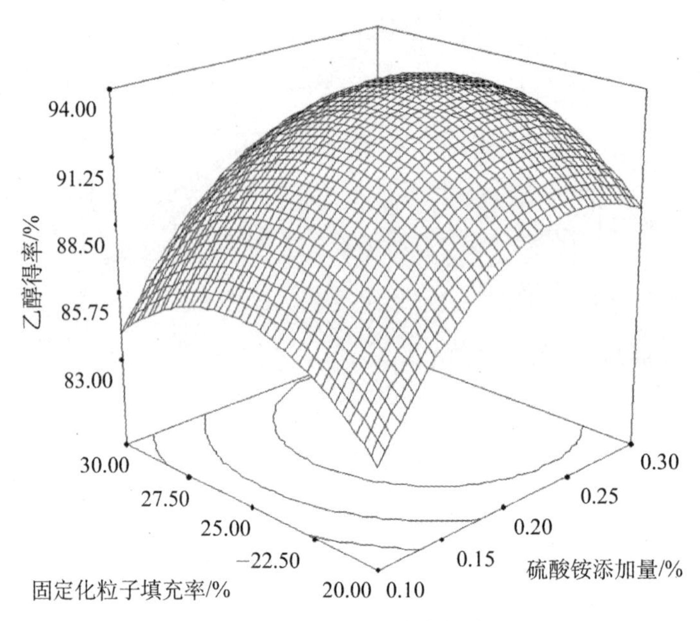

图 6-27　X_2-X_3 交互作用对乙醇产率的影响($X_1=0$)

用二次回归模型[见式(6-18)]对影响因子 X_1、X_2、X_3 进行最优化选择分析(optimization choices)的结果表明，当初始糖浓度(X_1)、$(NH_4)_2SO_4$ 添加量(X_2)和固定化酵母粒子投放量(X_3)三个因素的代码值分别取 $X_1=0.22$，$X_2=0.44$，$X_3=0.03$ 时为最优试验点，乙醇产率(Y)有最大值，这时 $Y=93.83\%$。即，初始糖浓度 $A=22.88\%$、$(NH_4)_2SO_4$ 添加量 $B=0.244\%$、固定化酵母粒子投放量 $C=25.15\%$ 为最优组合，乙醇产率的预测值为 93.83%。

除了本试验观察的三个因素外，发酵液的其他营养成分、pH 值、发酵温度、搅拌转速、溶氧量等操作条件都是发酵反应的影响因子，可以使用多种方法对其进行优化。与其他方法比较，中心组合试验设计(Box-Behnken)可以减少试验次数，提高研究效率。通过对所得的多元二次回归模型进行最优化选择分析，可以给出的各因子极值点取值，使各因子的水平及组合更恰当。本研究证明，RSM 方法对甜高粱茎秆汁液固定化酵母乙醇发酵条件优化是非常有效的。需要指出的是，RSM 方法得到的多元二次回归模型方程是用来找出影响的因子最佳值，并不能作为通用模型去准确估计发酵反应的乙醇产率，其有效性仅限于试验设定的源数据变化范围。

6.4.3.3　优化发酵条件的实验验证

1) 优化发酵条件的摇瓶实验验证

为验证模型[见式(6-18)]的有效性和由最优化选择分析获得的优化因子组合的真实性，我们采用初始糖浓度 $A=22.88\%$、$(NH_4)_2SO_4$ 添加量 $B=$

0.244%、固定化酵母粒子投放量 $C=25.15\%$，在摇瓶上进行了验证性实验。实验设置两次重复，发酵终了时平均乙醇浓度为 11.0%、发酵成熟醪液中残糖浓度为 0.021%，发酵反应时间为 14 h，并计算得到的可溶性总糖利用率为 99.91%。乙醇产率平均值为 94.84%，比优化前的最大值提高了 1.84%，比较接近模型预测值(93.83%)，验证了模型的有效性。

2) 优化发酵条件的 5 L 机械搅拌式生物反应器实验验证

在得到摇瓶实验验证的基础上，在 5 L 机械搅拌式生物反应器上进一步对优化条件的有效性进行了验证。设定桨叶式反应器搅拌转速与摇床的转速相同(140 r/min)。实验设置两次重复。发酵结束时醪液中乙醇浓度为 11.1%，残糖浓度为0.005%，发酵反应时间为 13 h，并计算得到的可溶性总糖利用率为 99.98%，乙醇产率为 94.96%，也与模型预测值比较接近，并计算出使用优化发酵条件在 5 L 生物反应器上的乙醇生产效率为 6.5 g/(L・h)。图 6－28 所示是生物反应器验证性试验过程中乙醇、可溶性总糖浓度随发酵时间变化曲线。

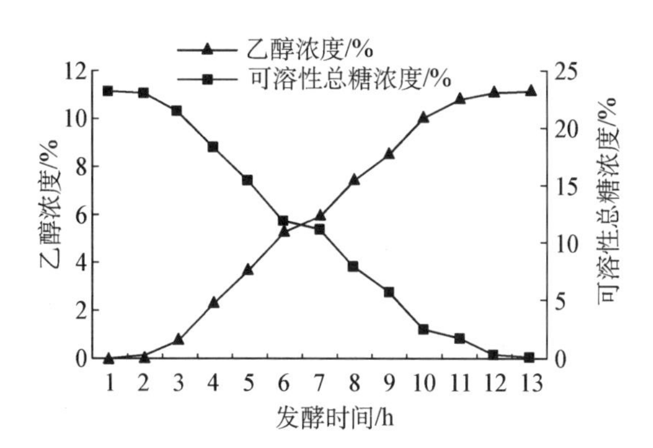

图 6－28　生物反应器验证试验乙醇、可溶性总糖浓度随发酵时间变化曲线

从图 6－28 中可见，发酵液中可溶性总糖含量随发酵时间延长而降低，乙醇浓度不断升高。接种后，酵母菌经过一段时间的适应期，从第 3 小时进入旺盛发酵期，乙醇浓度升高速率和可溶性总糖浓度降低速率明显加快，可以持续 7～8 h。在发酵反应的后期，由于体系中的糖消耗殆尽，乙醇浓度升高，使酵母菌代谢受到抑制，糖分降低和乙醇浓度上升速率变缓，到 13 h 后，反应罐中不再有 CO_2 逸出，发酵反应结束。

3) 摇瓶与机械搅拌式反应器反应体系的异同

在摇瓶与机械搅拌式反应器验证性实验中观察到，两种反应体系得到的乙醇产率、可溶性总糖利用率比较接近，说明用摇床优化的参数也适用于机械搅拌式反应器。但两者的发酵反应时间稍有不同，机械搅拌式反应器的发酵反应时间比摇瓶发酵时间减少 1 h,可能是因为往复式摇床与桨叶圆周搅拌形成的液体流动方式不同,对固定化粒子及发酵液的剪切力有所差异,体系中固定化酵母粒子与环境的物质传递方式和速度不同造成的。

6.4.3.4 小结

用中心组合(Box-Behnken)试验设计和 RSM 分析得出预测乙醇产率的二次回归模型,模型的相关系数(R^2)为 0.99,可以用来预测和优化甜高粱茎秆汁液固定化酵母乙醇发酵的发酵条件。对乙醇产率影响显著($p < 0.05$)的因素及次序是:$(NH_4)_2SO_4$ 添加量、发酵液初始糖浓度,固定化酵母粒子投放量对乙醇产率影响不显著性。RSM 优化发酵条件为:初始糖浓度 22.88%、$(NH_4)_2SO_4$ 添加量 0.244%、固定化酵母粒子投放量 25.15%,乙醇产率的模型预测值为 93.83%。摇瓶验证实验乙醇产率为 94.84%,比优化前最大值提高了 1.84%,与预测值比较接近;5 L 机械搅拌式生物反应器验证试验实测值乙醇产率为 94.96%。由于搅拌方式不同,在相同转速下,用优化的发酵反应条件在桨叶式机械搅拌式生物反应器上的发酵反应时间为 13 h,比往复式摇瓶的发酵反应时间缩短 1 h,反应器乙醇生产能力达到 6.5 g/(L·h)。

6.4.4 微量元素对甜高粱茎秆汁液乙醇发酵的影响与调控

6.4.4.1 基于 Plackett-Burman 设计筛选对乙醇产率有显著影响的微量元素

Plackett-Burman 设计主要用于两水平的因子试验中使用较少的试验次数来估计主要影响。为了筛选 8 种化合物包括 $FeSO_4 \cdot 7H_2O$, $CuSO_4 \cdot 5H_2O$, $ZnSO_4 \cdot 7H_2O$, $MnCl_2 \cdot 4H_2O$, H_3BO_3, $Na_2MoO_4 \cdot 2H_2O$, $CoCl_2 \cdot 6H_2O$ 中的微量元素,及 Biotin(生物素)对甜高粱乙醇发酵的影响,将它们的水溶液,按照实验设计表 6-32 加入到甜高粱茎秆汁液中进行乙醇发酵。基于 Plackett-Burman 的试验设计矩阵和试验结果如表 6-32 所示。使用 Design-Expert 软件分析每个微量元素对乙醇产率的主要影响。每个试验重复两次,结果取平均值。

表 6-32 Plackett-Burman 设计矩阵以及乙醇产率的实验和预测值

序号	A	B	C	D	E	F	G	H	J	K	L	乙醇产率/%	
												实验值	预测值
1	30	−1	0.2	20	20	1	−1	1	30	−1	30	88.86	88.90
2	30	−1	0	1	20	1	1	10	1	1	30	85.86	86.53
3	30	−1	0.2	20	1	20	1	10	1	−1	1	82.91	82.20
4	5	−1	0.2	1	20	20	−1	10	30	1	1	85.79	86.50

（续表）

序号	A	B	C	D	E	F	G	H	J	K	L	乙醇产率/%	
												实验值	预测值
5	30	1	0.2	1	1	1	1	1	30	1	1	83.18	84.57
6	5	−1	0	20	1	20	1	1	30	1	30	88.33	86.97
7	5	1	0	20	20	1	1	10	30	−1	1	86.99	86.50
8	5	1	0.2	20	1	1	−1	10	1	1	30	83.76	84.60
9	30	1	0	1	1	20	−1	10	30	−1	30	87.24	86.97
10	5	−1	0	1	1	1	−1	1	1	−1	1	82.07	82.20
11	30	1	0	20	20	20	−1	1	1	1	1	85.15	84.13
12	5	1	0.2	1	20	20	1	1	1	−1	30	86.44	86.53

图 6－29 是基于 Plackett-Burman 设计标准化影响的柏拉图。由图可知，由于 t 值超过了最大限制值 2.306，因此认为变量 L(Biotin)、J($CoCl_2 \cdot 6H_2O$)和E($MnCl_2 \cdot 4H_2O$)对乙醇产率影响显著。此外，L(Biotin)、J($CoCl_2 \cdot 6H_2O$)、E($MnCl_2 \cdot 4H_2O$)、D($ZnSO_4 \cdot 7H_2O$)、F(H_3BO_3)和 G(dummy，空白列)对乙醇产率有积极影响，而 C($CuSO_4 \cdot 5H_2O$)、K(dummy)、H($Na_2MoO_4 \cdot 2H_2O$)、B(dummy)、A($FeSO_4 \cdot 7H_2O$)对乙醇产率有不利影响。对已选择的因素模型进行方差分析(ANOVA)，结果如表 6－33 所示。

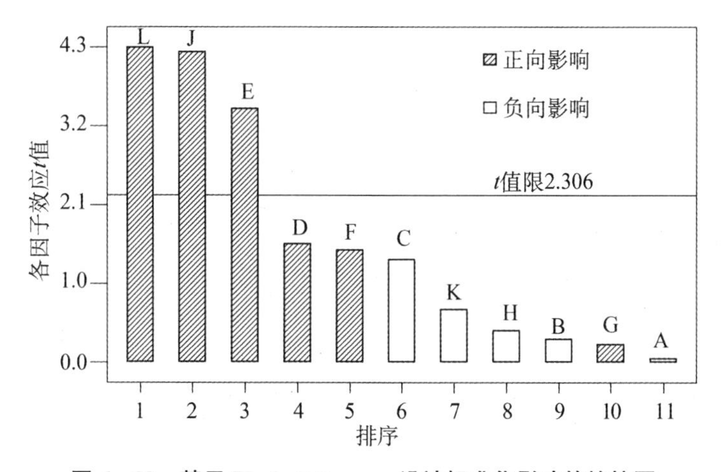

图 6－29　基于 Plackett-Burman 设计标准化影响的柏拉图

表 6-33　所选模型的方差分析

来源	平方和	自由度	均方和	F 值	p 值
模型	45.31	3	15.10	16.52	0.000 9
$MnCl_2 \cdot 4H_2O$	11.21	1	11.21	12.26	0.008 1
$CoCl_2 \cdot 6H_2O$	16.81	1	16.81	18.38	0.002 7
Biotin	17.29	1	17.29	18.91	0.002 4
残差	7.31	8	0.91		
总差异	52.62	11			

表 6-33 中模型的 $p = 0.000\,9 < 0.05$，表明所选择模型拟合显著。同样，添加 $MnCl_2 \cdot 4H_2O$、$CoCl_2 \cdot 6H_2O$ 和 Biotin 的 p 值均 < 0.05，表明这三种元素对乙醇产率均有显著影响。这三个微量元素的添加量需要通过单因素试验确定水平变化范围以及使用 Box-Behken 设计作进一步的优化，从而得到最佳的微量元素的添加量。

通过 Plackett-Burman 设计筛选出对乙醇产率有显著积极影响的因素为 $MnCl_2 \cdot 4H_2O$、$CoCl_2 \cdot 6H_2O$ 和 Biotin，尚需通过单因素试验确定因素水平的变化范围。图 6-30 为微量元素浓度对甜高粱茎秆汁液乙醇产率的影响。由图 6-30 可知，当 $MnCl_2 \cdot 4H_2O$ 的添加量从 1 mg/L 增加到 30 mg/L，乙醇产率先增加后降低，在添加量为 10 mg/L 时有拐点，选取 5～15 mg/L 为 $MnCl_2 \cdot 4H_2O$ 的优化水平范围；当 $CoCl_2 \cdot 6H_2O$ 的添加量从 1 mg/L 增加到 40 mg/L，同样乙醇产率先增加后降低，在 15 mg/L 处乙醇产率有拐点，选取 5～25 mg/L 为 $CoCl_2 \cdot 6H_2O$ 的优化水平范围；当 Biotin 的添加量从 1 mg/L 增加到 40 mg/L，乙醇产率先增加

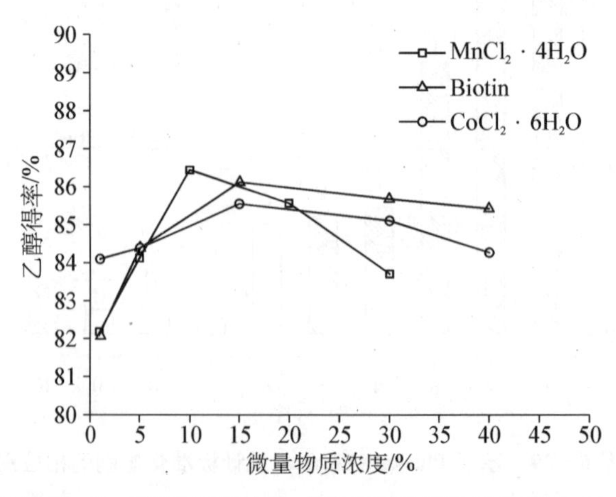

图 6-30　微量元素浓度对甜高粱茎秆汁液乙醇产率的影响

后降低，在添加量为 15 mg/L 处有拐点，选取 5～25 mg/L 为 Biotin 的优化水平范围。

6.4.4.2　基于 Box-Behken 设计优化微量元素的添加量

使用 Plackett-Burman 设计筛选出对酵母发酵甜高粱茎秆汁液制取乙醇的乙醇产率影响显著的微量元素后，使用 Box-Behnken 设计方法来优化上述微量元素的剂量。本研究中，总共设计 17 次试验来优化乙醇产率，中央点 5 次重复来计算纯误差平方和。X_1、X_2、X_3 分别代表独立变量 $MnCl_2 \cdot 4H_2O$、$CoCl_2 \cdot 6H_2O$ 和 Biotin。阿拉伯数字“－1”“0”和“＋1”分别代表因素的低、中、高水平。为统计计算方便起见，根据公式(6－19)将 X_i 编码成 x_i。

$$\chi_i = (X_i - \overline{x_i})/(\Delta x_j) \quad (i = 1,\ 2,\ 3) \tag{6-19}$$

式中：χ_i 是无量纲的独立变量值；X_i 是自变量的真实值；$\overline{x_i}$ 是中央点自变量的真实值；Δx_j 是步长变化。根据单因素实验结果，确定了优化试验的低、中、高三个水平安排如下：$MnCl_2 \cdot 4H_2O$(mg/L)：5、10 和 15；$CoCl_2 \cdot 6H_2O$(mg/L)：5、15 和 25；Biotin(mg/L)：5、15 和 25。Box-Behken 试验设计矩阵以及乙醇产率的试验值和预测值如表 6－34 所示。

表 6－34　乙醇产率的试验值和预测值的矩阵

序号	X_1	X_2	X_3	乙醇产率/%	
				实验值	预测值
1	－1	－1	0	87.81	87.93
2	0	－1	－1	87.3	87.12
3	0	－1	1	86.94	86.89
4	0	0	0	89.27	89.13
5	－1	0	1	87.00	86.93
6	－1	0	－1	88.58	88.64
7	1	0	1	86.31	86.25
8	0	1	－1	87.86	87.91
9	1	1	0	86.69	86.57
10	1	－1	0	86.61	86.72
11	1	0	－1	86.57	86.64
12	0	0	0	89.13	89.13
13	0	1	1	85.87	86.05

（续表）

序号	X_1	X_2	X_3	乙醇产率/%	
				实验值	预测值
14	0	0	0	88.89	89.13
15	0	0	0	89.14	89.13
16	0	0	0	89.19	89.13
17	−1	1	0	88.16	88.05

二次模型用来拟合相应于自变量的响应值如下：

$$E_y = B_0 + B_1X_1 + B_2X_2 + B_3X_3 + B_{12}X_1X_2 + B_{13}X_1X_3 + B_{23}X_2X_3 + B_{11}X_1^2 + B_{22}X_2^2 + B_{33}X_3 \quad (6-20)$$

式中：E_y（乙醇产率，%）表示预测响应值；X_1、X_2 和 X_3 是自变量（$MnCl_2 \cdot 4H_2O$、$CoCl_2 \cdot 6H_2O$ 和 Biotin）；B_0 是常数项；B_1、B_2 和 B_3 是一次项系数；B_{12}、B_{13} 和 B_{23} 是交互项系数；B_{11}、B_{22} 和 B_{33} 是二次项系数。

1）乙醇产率的数学模型的建立和显著性检验

根据表 6-34 中实验数据进行多重回归分析，得到一个二次多项式来表示乙醇产率：

$$E_y = 89.13 - 0.67X_1 - 0.010X_2 - 0.52X_3 - 0.067X_1X_2 + 0.33X_1X_3 - 0.41X_2X_3 - 0.84X_1^2 - 0.97X_2^2 - 1.17X_3^2 \quad (6-21)$$

表 6-35 是所选二次模型响应面的方差分析。结果表明，该模型的 F 值为 74.33，$p < 0.05$，表明模型影响显著；而 F 值的失拟值为 2.37，$p > 0.05$，表示失拟项相对纯误差而言并不显著，相关系数为 0.994 8，表明试验值和预测值具有极佳的相关性，因此，选择的二次项模型是可靠的，该模型可以用来预测发酵液的乙醇产率。此外，模型中的一次项 X_1 和 X_3、交互项 X_1X_3 和 X_2X_3、二次项 X_1^2、X_2^2 和 X_3^2 影响显著（$p < 0.05$），交互项 X_1X_2 影响不显著（$p > 0.05$）。

表 6-35　所选二次模型响应面的方差分析

来源	平方和	自由度	均方和	F 值	p 值
模型	21.04	9	2.34	74.33	<0.000 1
X_1	3.63	1	3.63	115.35	<0.000 1
X_2	0.001	1	0.001	0.028	0.871 9

（续表）

来源	平方和	自由度	均方和	F 值	p 值
X_3	2.19	1	2.19	69.78	<0.0001
X_1X_2	0.018	1	0.018	0.56	0.4777
X_1X_3	0.44	1	0.44	13.87	0.0074
X_2X_3	0.66	1	0.66	21.00	0.0025
X_1^2	3.00	1	3.00	95.37	<0.0001
X_2^2	3.92	1	3.92	124.69	<0.0001
X_3^2	5.73	1	5.73	182.18	<0.0001
残差	0.22	7	0.031		
失拟值	0.14	3	0.047	2.37	0.2112
纯误差	0.079	4	0.020		
总变异	21.26	16			

2）微量元素添加量的响应面分析和优化

图 6－31 是在 Biotin 浓度为 15 mg/L 时，添加 $MnCl_2 \cdot 4H_2O$ 和 $CoCl_2 \cdot 6H_2O$ 对乙醇产率影响的响应曲面。从图可以看出，当 $MnCl_2 \cdot 4H_2O$ 和 $CoCl_2 \cdot 6H_2O$ 浓度逐渐增加，乙醇产率逐渐增加，当两个微量元素的浓度增加到一个合适的浓度时，乙醇产率将达到最大，再增加 $MnCl_2 \cdot 4H_2O$ 和 $CoCl_2 \cdot 6H_2O$ 浓度，其趋势恰好相反。Jones 和 Gadd 报道了酵母细胞需要 Mn 作为重要的微量元素来生长，最佳浓度为 2～10 μM[18]。且 Mn 在酿酒酵母的代谢过程中的一些酶，如丙酮

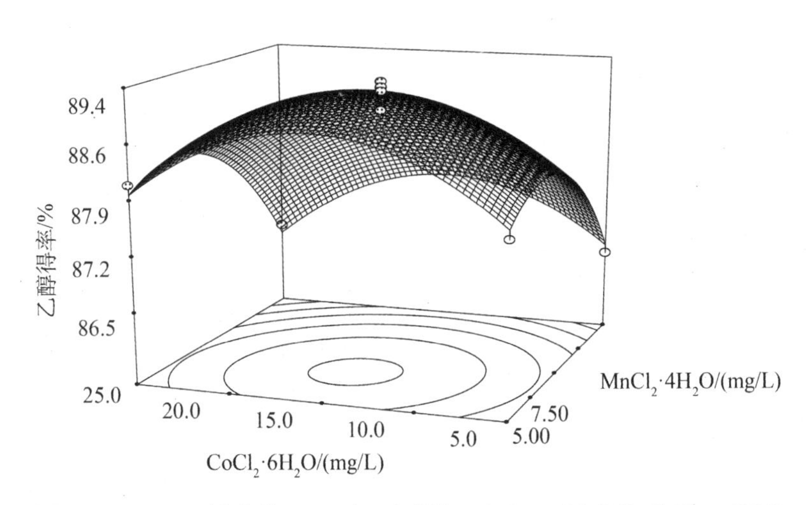

图 6－31　Biotin 浓度为 15 mg/L 时，添加 $MnCl_2 \cdot 4H_2O$ 和 $CoCl_2 \cdot 6H_2O$ 对乙醇产率的影响

酸羧化酶等，具有重要的作用[19]。当 $MnCl_2 \cdot 4H_2O$ 浓度从 5 mg/L 增加到 10 mg/L，再到 15 mg/L，增加 $CoCl_2 \cdot 6H_2O$ 浓度可以增加乙醇产率，但是过多的添加 $CoCl_2 \cdot 6H_2O$ 则使乙醇产率有所降低。这是由于适量的钴可以提高乙醇的产量[34]，但是相对高浓度的钴则对酿酒酵母有毒害作用[35, 36]。尽管表 6－35 的方差分析显示 $CoCl_2 \cdot 6H_2O$ 在选择的浓度范围(5～25 mg/L)对乙醇产率无显著影响($p < 0.05$)，但是从曲面可知该曲面存在峰值，即最大的乙醇产率。因此，由图 6－31可以得到，合适的 $CoCl_2 \cdot 6H_2O$ 和 $MnCl_2 \cdot 4H_2O$ 浓度可以提高乙醇产率。

图 6－32 是在 $CoCl_2 \cdot 6H_2O$ 浓度为 15 mg/L 时，添加 $MnCl_2 \cdot 4H_2O$ 和 biotin 对乙醇产率影响的响应曲面。从图可知，当 Biotin 浓度在 5～25 mg/L 内变化时，乙醇产率随着 $MnCl_2 \cdot 4H_2O$ 浓度的增加而先增加后降低。此外，当 $MnCl_2 \cdot 4H_2O$ 浓度从 5 mg/L 到 10 mg/L 再到 15 mg/L 变化时，增加 Biotin 浓度时乙醇产率亦呈现相似的变化趋势。

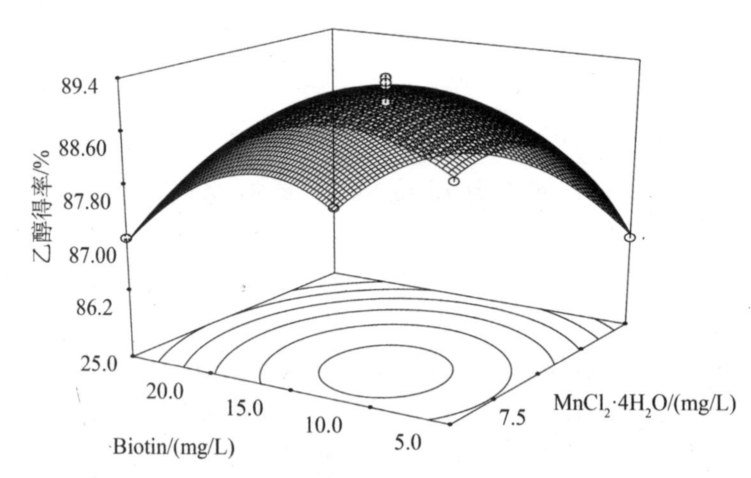

图 6－32　$CoCl_2 \cdot 6H_2O$ 浓度为 15 mg/L 时，添加 $MnCl_2 \cdot 4H_2O$ 和 Biotin 对乙醇产率的影响

图 6－33 是当 $MnCl_2 \cdot 4H_2O$ 浓度为 10 mg/L 时，添加 $CoCl_2 \cdot 6H_2O$ 和 Biotin 对乙醇产率影响的响应曲面。随着 $CoCl_2 \cdot 6H_2O$ 和 Biotin 浓度的增加，乙醇产率逐渐增加，但是太高的 $CoCl_2 \cdot 6H_2O$ 和 Biotin 会使乙醇产率降低，这可以推断 $CoCl_2 \cdot 6H_2O$ 与 Biotin 之间可能存在交互作用，而表 6－36 的方差分析亦证实了这一点，即 $CoCl_2 \cdot 6H_2O$ 和 Biotin 之间存在显著的交互作用 ($p = 0.0025 < 0.05$)。

3) 优化结果和验证实验

通过 Design Expert 软件以乙醇产率最大化为目标对选择的三种微量元素($MnCl_2 \cdot 4H_2O$、$CoCl_2 \cdot 6H_2O$ 和 Biotin)添加量进行优化，得到三种微量元素最佳添加量分别为 7.70 mg/L、15.74 mg/L 和 11.97 mg/L。在最优条件下进行验

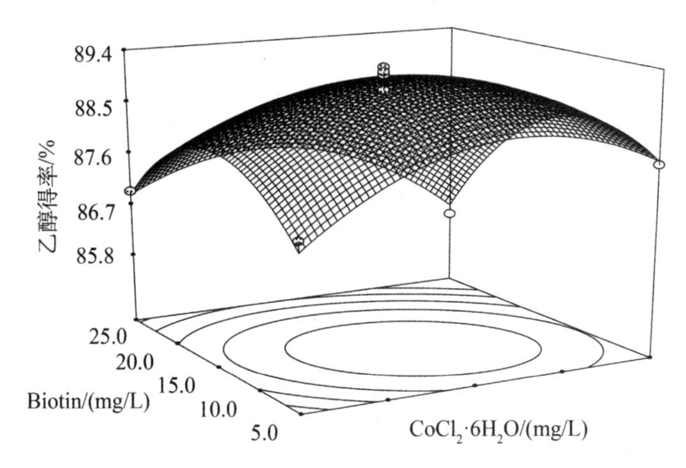

图6-33 当 $MnCl_2 \cdot 4H_2O$ 浓度为 10 mg/L 时，添加 $CoCl_2 \cdot 6H_2O$ 和 Biotin 对乙醇产率的影响

证试验，重复两次，结果取平均值。在最优条件下试验的乙醇产率为（89.30±0.10）%，这和 Design-Expert 软件预测值的误差<5%相接近，因此，所选模型可以用来预测乙醇产率。另外，最优条件下的乙醇产率比对照（未添加任何微量元素）的乙醇产率（84.54±0.13）%提高 5.63%，表明这三种微量元素的添加具有提高乙醇产率的效果。

6.4.4.3 小结

本部分主要研究了添加一定量的 $MnCl_2 \cdot 4H_2O$、$CoCl_2 \cdot 6H_2O$ 和 Biotin 来增加甜高粱汁液制取乙醇的乙醇产率。研究发现，Biotin、$CoCl_2 \cdot 6H_2O$ 和 $MnCl_2 \cdot 4H_2O$ 的添加对乙醇产率有显著积极影响，最优的添加剂量分别为：$MnCl_2 \cdot 4H_2O$ 7.70 mg/L、$CoCl_2 \cdot 6H_2O$ 15.74 mg/L、Biotin 11.97 mg/L。这三种微量元素在最优剂量条件下相比较对照而言，乙醇产率提高了 5.63%。

参考文献

[1] 沈飞. 甜高粱茎秆/汁液储藏及残渣酶水解制取生物乙醇的研究[D]. 上海：上海交通大学，2010.

[2] 梅晓岩. 生物方法转化生物质为能源及生物基产品关键技术的研究[D]. 上海：上海交通大学，2009.

[3] 曹卫星. 预处理方法对甜高粱茎秆汁液及残渣乙醇发酵的影响[D]. 上海：上海交通大学，2012.

[4] 刘荣厚，梅晓岩，颜涌捷. 燃料乙醇的制取工艺与实例[M]. 北京：化学工业出版社，2007.

[5] 卢庆善. 甜高粱[M]. 北京：中国农业科学技术出版社，2008.

[6] 雷晓静,冯少岭,张中举,等.玉米中蛋白质对赖氨酸生产的影响[J].粮油加工与食品机械,2006,11:83-85.
[7] 唐振兴,石陆娥,钱俊青.壳聚糖凝胶吸附蛋白质机理研究[J].精细化工,2004,21(11):833-836.
[8] 赵华,赵树欣.玉米原料乙醇浓醪发酵技术的研究[J].酿酒科技,1998,(5):38-40.
[9] Maarse H. Volatile compounds in foods and beverages [M]. New York: Marcel Dekker, Inc., 1991.
[10] Mallouchos A, Komaitis M, Koutinas A, et al. Wine fermentations by immobilized and free cells at different temperatures. Effect of immobilization and temperature on volatile by-products [J]. Food Chemistry, 2003,80(1):109-113.
[11] Isono Y, Araya G-i, Hoshino A. Immobilization of Saccharomyces cerevisiae for ethanol fermentation on γ-alumina particles using a spray-dryer [J]. Process Biochemistry, 1995,30(8):743-746.
[12] Fukushima S, Yamade K. A novel process of ethanol production accompanied by extraction of sugar in cane chips [J]. Journal of Fermentation Technology, 1988,66(4):423-426.
[13] 张自高,吕成举.应用载体技术发展乙醇生产[J].酿酒科技,2001,(6):58-59.
[14] 刘荣厚,李金霞,沈飞,等.甜高粱茎秆汁液固定化酵母乙醇发酵的研究[J].农业工程学报,2006,21(9):137-140.
[15] 张书祥,李宁.固定化酵母连续发酵生产乙醇工业应用的研究[J].生物学杂志,1999,16(3):27-28.
[16] Azenha M, Vasconcelos M T, Moradas-Ferreira P. The influence of Cu concentration on ethanolic fermentation by Saccharomyces cerevisiae [J]. Journal of Bioscience and Bioengineering, 2000,90(2):163-167.
[17] Collins P J, Dobson A. Regulation of laccase gene transcription in Trametes versicolor [J]. Applied and Environmental Microbiology, 1997,63(9):3444-3450.
[18] Jones R P, Gadd G M. Ionic nutrition of yeast—physiological mechanisms involved and implications for biotechnology [J]. Enzyme and Microbial Technology, 1990,12(6):402-418.
[19] Stehlik-Tomas V, Zetic V G, Stanzer D, et al. Zinc, copper and manganese enrichment in yeast Saccharomyces cerevisae [J]. Food Technology and Biotechnology, 2004,42(2):115-120.
[20] Wright G D, Honek J F. Effects of iron binding agents on Saccharomyces cerevisiae growth and cytochrome P450 content [J]. Canadian Journal of Microbiology, 1989,35(10):945-950.
[21] Xue C, Zhao X-Q, Yuan W-J, et al. Improving ethanol tolerance of a self-flocculating yeast by optimization of medium composition [J]. World Journal of Microbiology and

Biotechnology, 2008,24(10):2257 - 2261.

[22] Kulkarni M K, Kininge P T, Ghasghase N V, et al. Effect of additives on alcohol production and kinetic studies of S. cerevisiae for sugar cane wine production [J]. International Journal of Advanced Biotechnology and Research, 2011,2(1):154 - 158.

[23] Jeppsson H, Yu S, Hahn-Hägerdal B. Xylulose and glucose fermentation by Saccharomyces cerevisiae in chemostat culture [J]. Applied and Environmental Microbiology, 1996,62(5):1705 - 1709.

[24] Arrizon J, Gschaedler A. Increasing fermentation efficiency at high sugar concentrations by supplementing an additional source of nitrogen during the exponential phase of the tequila fermentation process [J]. Canadian Journal of Microbiology, 2002,48(11):965 - 970.

[25] Birch R M, Ciani M, Walker G M. Magnesium, calcium and fermentative metabolism in wine yeasts [J]. Journal of Wine Research, 2003,14(1):3 - 15.

[26] 宁喜斌,马志泓. 甜高粱茎汁成分的测定[J]. 沈阳农业大学学报,1995,26(1):45 - 48.

[27] Monti A, Di Virgilio N, Venturi G. Mineral composition and ash content of six major energy crops [J]. Biomass and Bioenergy, 2008,32(3):216 - 223.

[28] 籍贵苏,杜瑞恒,侯升林,等. 甜高粱茎秆含糖量研究[J]. 华北农学报,2006,21(S2):81 - 83.

[29] 汪彤彤,刘荣厚,沈飞. 防腐剂对甜高粱茎秆汁液贮存及乙醇发酵的影响[J]. 江苏农业科学,2006,(3):159 - 161.

[30] Liu R, Shen F. Impacts of main factors on bioethanol fermentation from stalk juice of sweet sorghum by immobilized Saccharomyces cerevisiae (CICC 1308) [J]. Bioresource Technology, 2008,99(4):847 - 854.

[31] Yu B, Zhang F, Zheng Y, et al. Alcohol fermentation from the mash of dried sweet potato with its dregs using immobilised yeast [J]. Process Biochemistry, 1996,31(1):1 - 6.

[32] 池振明,刘建国. 利用中温蒸煮工艺进行高浓度乙醇发酵[J]. 生物工程学报,1995,11(3):228 - 232.

[33] 吕欣,段作营,毛忠贵. 氮源与无机盐对高浓度乙醇发酵的影响[J]. 西北农林科技大学学报(自然科学版),2003,31(4):159 - 162.

[34] Gosse G. Overview on the different routes for industrial utilization of sorghum [C]. Presented at First European Seminar on Sorghum for energy and Industry, Toulouse, France, 1996.

[35] Aoyama I, Kudo A, Veliky I. Effect of cobalt-magnesium interaction on growth of saccharomyces cerevisiae [J]. Toxicity Assessment, 1986,1(2):211 - 226.

[36] Veliky I, Stefanec J. Effect of cobalt on the multiplication of Saccharomyces cerevisiae [J]. Naturwissenschaften, 1964,51(21):518 - 519.

第 7 章　甜高粱固态发酵制取乙醇技术

7.1　甜高粱固态发酵转化乙醇技术的工艺

乙醇固态发酵是指在不含或几乎不含自由水的湿的固体物料中培养发酵微生物，并进行乙醇转化的过程。固态发酵乙醇生产有很多的优点[1]：

(1) 固态发酵底物水分含量低，可节约用水(尤其是夏天或水资源贫乏地区)；

(2) 产品更容易分离出来，可减少蒸馏车间和设备；

(3) 可节约能源；

(4) 可减少资金投入和运行成本；

(5) 几乎没有废水排放，残渣更易处理，保护环境。

甜高粱茎秆固态发酵工艺包括如下几个过程[2]。

1) 原料的预处理

原料预处理主要是将采收后的甜高粱茎秆加工成适合发酵的原料过程[3]。采收后的甜高粱茎秆去掉叶片、根、泥土等杂质。甜高粱的叶、根、穗等不含可发酵糖分，所以在粉碎前必须将它们去除。去除叶片和粉碎是采用专用的机械去除叶片及叶鞘，并粉碎成 0.2～0.8 cm 粒度的碎渣。通过粉碎，使得原料有效膨胀，有利于糖分的释放与分解。增加了原料的表面积，提高了酵母菌与原料接触的机会，有利于原料的充分利用，同时有利于发酵后乙醇的蒸馏，提高乙醇蒸馏效率。但粉碎的粒度宜大小适中。过大可能影响原料与酵母细胞的充分接触以及细胞内游离水的释放，而过小的容易堵塞造成通气散热不良，影响酒母的活性和乙醇的产生。

2) 酵母调配接种

一般而言，采用 8%～10%的酵母兑水，制成酵母菌液。按照比例 8∶1(即甜高粱茎秆∶菌液＝8∶1)用于接种发酵。酵母的质量直接影响乙醇的质量和产量，要求使用新酵母，选择发酵能力强的品种。目前，在甜高粱固态发酵的酵母菌种，安琪耐高温活性干酵母是应用较为广泛的菌种之一。对于酵母的用量，因为甜高粱茎秆属于糖质原料，主要依靠酵母的分解作用，所以，酵母的用量不可过少也不可过大。用量过大造成浪费和生产成本升高。接种量过小，发酵缓慢，糖-乙醇的转化率较低。一般的经验用量为甜高粱茎秆重量的5%～8%,但仍需进一步探讨与优化[4]。

3）入池发酵

在甜高粱茎秆固态发酵生产乙醇过程中,整个发酵体系处于气态、液态和固态的体系当中。酵母的生长、代谢过程极为复杂,为了使酵母与甜高粱茎秆在缺氧条件下进行乙醇代谢,在搅拌均匀的甜高粱茎秆入池发酵时,需要逐层压实,尽量地排除原料中的空气。装满发酵池后用薄膜覆盖,四周密封。

一般而言,入池后第一天,酵母成倍增长,池内温度逐渐升高,第二天温度可以达到25℃,第三天池内温度可以达到30～32℃。池内的酸度也随之逐渐增大,乙醇含量大幅度上升。发酵进行72 h即可成熟,但发酵时间的长短,需根据池内发酵情况而定。如果入池温度较低,发酵较为缓慢,发酵期可以适当延长。如若气温和入池温度较高,发酵较快,发酵期可以缩短。总之,发酵结束后,发酵糟渣中残糖含量低于0.5%,乙醇的体积分数可以达8%左右[5]。

4）乙醇蒸馏

乙醇蒸馏的原理和液态乙醇生产工艺中蒸馏的原理一致,均是利用体系中挥发性成分(乙醇、水、杂醇油和脂类)的沸点不同。其中乙醇的沸点较低(78℃)容易挥发,可首先从糟渣中以气态挥发出来,然后经快速冷凝后,形成具有一定浓度的粗乙醇(40%～50%,V/V),然后再经精馏后,可以获得一定纯度的乙醇。蒸馏设备与操作对蒸馏出来的乙醇质量和数量有着直接影响。

7.2　自然干燥的甜高粱茎秆复水固态发酵生产乙醇可行性及因素分析与优化

在自然干燥储藏的甜高粱茎秆后续乙醇发酵工艺的选择方面,选择固态发酵工艺主要基于如下考虑:首先,甜高粱茎秆在自然干燥前已经粉碎,一次性粉碎可以满足干燥和发酵的同时需求;其次,储藏后甜高粱茎秆在复水后,如采用压榨等方法获取糖液进行液态发酵,会导致额外能量的投入;再次,甜高粱茎秆自然干燥储藏适合干旱和半干旱的边际性土地的区域,进行固态发酵对水资源需求量不大,适合这些地区的甜高粱乙醇的发展;最后,储藏后甜高粱茎秆在复水过程中,糖分通过主动扩散进入自由水相,有利于酵母的利用,在乙醇得率和发酵速率的提高方面有一定的空间。因此,对于储藏后的甜高粱茎秆复水发酵,选择固态发酵技术路线具有一定合理性和技术优势。

此外,依据甜高粱茎秆固态发酵的初步试验可以看出,酵母接入复水后的甜高粱茎秆可以完全适应发酵体系,且生长没有受到影响,但发酵效率略显低下。因此,对自然干燥的甜高粱茎秆固态发酵过程中的一些影响因素进行研究,对于提高发酵效率具有一定的意义。

近年来,关于固态发酵制取乙醇的相关研究中,多用玉米芯、葡萄皮渣、苹果渣、甜菜、芭蕉芋以及新鲜的甜高粱茎秆等为原料来制取乙醇,并对相关的一些工艺参数进行研究,例如,发酵温度、底物粒径、无机盐的添加以及体系 pH 值等均有报道[1, 6-11]。就甜高粱而言,近年来关于固态发酵制取乙醇的研究均集中于新鲜的甜高粱茎秆,而以长期储藏为目的的自然干燥的甜高粱茎秆固态发酵鲜有报道。同时,由于在甜高粱茎秆干燥过程细胞水分去除的过程以及后期复水的过程势必会对甜高粱茎秆内的微结构产生一定的影响,这在一定程度上可能影响固态发酵的效果。

因此,以自然干燥甜高粱茎秆为原料,对其复水进行固态发酵制取乙醇的可行性进行探讨,并对过程中的温度、含水率、菌种添加量以及基质粒径大小对酵母生长、乙醇生成、CO_2 生成以及糖利用率等发酵指标的影响进行研究,旨在明确这些工艺参数对自然干燥的甜高粱乙醇固态发酵的影响;同时通过对相应的工艺参数进行优化,以期获得满足较高乙醇得率和发酵速率的工艺条件。

7.2.1 自然干燥并长期干燥储藏后甜高粱茎秆复水乙醇发酵可行性分析

为了验证通过自然干燥处理并经长期储藏后甜高粱茎秆的发酵性能,本研究采用固态发酵的方式,对复水后的甜高粱茎秆进行乙醇发酵试验。根据乙醇发酵的一般经验条件,选择发酵温度为 30℃,酵母接种率为 0.5‰,茎秆粒径为混合无筛分。复水过程中,复水温度为常温,复水时间为 60 min(包括高温灭菌 10 min),料水比为 1∶3。且在发酵过程检测不同时间点总糖的变化、酵母菌体吸光度(OD_{600})值以及测定发酵过程整个发酵体系的 CO_2 失重情况,用于评判长期干燥储藏后的甜高粱茎秆的可发酵性。长期干燥储藏后甜高粱茎秆复水乙醇发酵过程中 CO_2 失重、菌体吸光度及总糖含量变化如图 7-1 所示。

通过固态发酵试验的结果可以看出,酵母的吸光度曲线,符合正常酵母发酵过程中的“S”形曲线,这说明在发酵过程中,基质中没有出现抑制酵母生长的物质和因素。且在菌种接入 6 h 后酵母生长就进入对数期,30 h 即进入相对静止生长区。通过发酵过程中 CO_2 的失重可以看出,发酵全程总共失重量为 7.2 g,失重曲线和酵母生长曲线具有很好的拟合性。这说明在酵母接入后,无论酵母是进行生长还是乙醇代谢,都可以较好地适应发酵基质体系。而通过对发酵过程基质中总糖的测定结果来看,在酵母接入后,基质里的糖分就可以被酵母生长和代谢所利用,糖分下降速度很快,在发酵 24 h 后基质中的总糖浓度已经降低至 2～3 mg/g。这说明在干燥储藏后的甜高粱茎秆复水后,糖分由于扩散作用被浸提至自由水相中,这使酵母可以相对容易地利用基质中的糖分,同时由于有少量自由水的存在,酵母将自由水相中的糖快速利用后,由于植物细胞外侧的溶质浓度下降,有利于胞内糖分

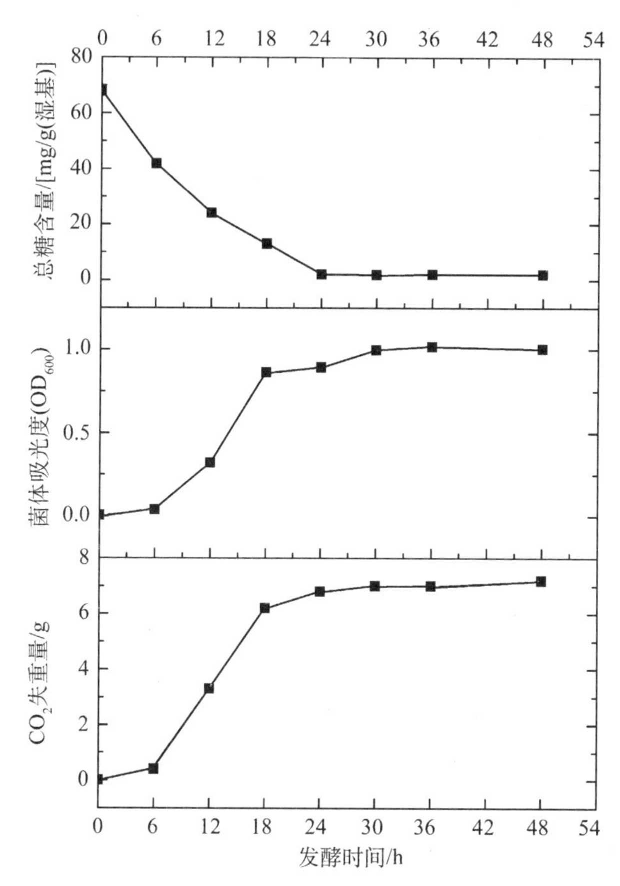

图 7－1　长期干燥储藏后甜高粱茎秆复水乙醇发酵过程中 CO_2 失重、菌体吸光度及总糖含量变化

的外渗。因此，从发酵速率而言，相对于常规的乙醇固态发酵，现有的发酵 24 h 即可完成，而传统的则需要 72 h 或者更长时间[12, 13]。而最终的乙醇浓度可以达到 67.06 mg/g(相对于原料湿基)，通过计算乙醇转化率为 1.34 mg/(g 秸秆)(相对于原料湿基)，而相对于理论的乙醇得率为 48.4%，相对正常的乙醇发酵而言，这样的乙醇得率比较低。因此如果应用储藏后的甜高粱茎秆用于后续的乙醇发酵，相应的乙醇固态发酵工艺还需进一步研究和优化。

7.2.2　自然干燥的甜高粱茎秆乙醇固态发酵影响因素分析

7.2.2.1　材料与方法

1）甜高粱与预处理

甜高粱品种为辽甜 1 号，种子由辽宁省农业科学院提供，采收后的甜高粱，经手工去叶片、叶鞘以及穗部之后，挑选无虫害、无病害甜高粱茎秆，通过秸秆粉碎揉搓机将新鲜茎秆加工成粒度约 4～6 目左右大小，用于自然干燥。通过自然晾晒、风干，密封储藏备用。

2) 甜高粱茎秆复水

根据第 5 章的研究结果，复水过程中的温度、时间以及粒径和料水比对复水糖浸提影响不大。因此在复水过程，统一称取 50 g 甜高粱茎秆，置于 45 mL 含有 0.1 g $(NH_4)_2SO_4$、0.01 g $MgSO_4$ 和 0.025 g K_2HPO_4 的密闭发酵瓶中，置入高压灭菌锅 121℃，灭菌 15 min，冷却后备用。

3) 酵母菌种及活化

本部分研究的酵母采用安琪耐高温活性干酵母。该酵母菌种具有高发酵速率和较高的乙醇和温度的耐受性。自然状态下酵母细胞中的含水率可达 78%左右，而高活性的干酵母含水率仅为 4.5%～5.5%，此时的酵母细胞处于一种休眠的状态，要使其恢复生理活性，必须让其复水以达到正常的含水量。按实验设计要求，其复水活化过程为：称取一定量的活性干酵母置于 25 mL 无菌水中，并置于（36±1）℃水浴 15 min，此后保持恒温 30℃，低速振荡 30 min。复活后的酵母用无菌喷洒器均匀地喷洒于甜高粱茎秆基质上，并混合均匀。

4) 实验设计

本研究先采用单因素试验，研究发酵温度、茎秆粒径、含水率以及酵母接种量对固态发酵的影响。本实验主要包括 4 个部分，固态发酵单因素试验设计如表 7-1所示。所有试验在全自动恒温恒湿培养箱中进行，且每个组合重复 4 次。在 4 个重复中其中两个重复用于测定 CO_2 失重，另外两个重复用于取样，所有试验结果为相应重复的平均值。取样品密封后，置于−20℃的低温冰箱中储藏，用于测定发酵过程中菌体浓度、糖浓度和乙醇浓度。在单因素试验的基础上，对相应的工艺条件采用正交试验以乙醇得率和发酵时间为目标进行优化。

表 7-1 固态发酵单因素试验设计

.	组号	温度/℃	粒径/mm	含水率/%	接种率/(‰，质量分数)
A	1	25	2.5～2.8	66.67	1.0
	2	30			
	3	35			
	4	40			
	5	45			

（续表）

.	组号	温度/℃	粒径/mm	含水率/%	接种率/（‰，质量分数）
B	6	30	<0.6	71.43	1.0
	7		0.6～0.9		
	8		0.9～1.6		
	9		1.6～2.5		
	10		2.5～2.8		
C	11	30	2.5～2.8	63.64	1.0
	12			69.23	
	13			73.33	
	14			76.47	
	15			78.95	
D	16	35	2.5～2.8	69.23	0.25
	17				0.50
	18				1.0
	19				2.0
	20				4.0

*注：酵母接种率定义为接入活性干酵母的干重与甜高粱茎秆的干重比。

5）分析测试

（1）酵母细胞的测定　对于酵母细胞浓度的测定采用分光光度计法，取0.500 0 g的发酵过程中甜高粱茎秆颗粒分散在0.9%的NaCl溶液中。样品在转速为200 r/min的振荡器上振荡15 min后，用双层镜头滤纸过滤，并用0.9%的NaCl溶液滤洗2～3次，将滤液体积定容至100 mL后，用可见分光光度计在波长为600 nm的条件下测定滤液的吸光度，并配制10 mg/mL活性干酵母标准溶液作为标准曲线的测定。根据所得的标准曲线和样品的吸光度可以计算出发酵过程中甜高粱茎秆中的酵母含量。

（2）总糖的测定　准确称取约0.500 0 g甜高粱茎秆，加少量水置于研钵中，通过研磨充分研碎甜高粱茎秆，并转移至250 mL具塞三角瓶，用蒸馏水定量至100 g后，置于往复式振荡器振荡30 min（转速250 r/min）。过滤获清液，清液经水解后，采用DNS（3，5-二硝基水杨酸）法测定总糖含量。

（3）乙醇浓度的测定　定量称取发酵糟渣，经蒸馏后，采用气相色谱法测定乙醇含量。

(4) CO_2 失重的测定　天平称重法。

7.2.2.2　乙醇固态发酵影响因素分析

1) 温度对甜高粱茎秆乙醇固态发酵的影响

一般而言,由于在酵母生长和发酵过程中,参与生长与代谢的酶对温度非常敏感,因而,在固态发酵过程中温度是一个非常重要的工艺条件。同时在固态发酵过程中,由于基质的混合散热效果差而导致热量积累,从而导致发酵体系中温度的差异,这也同样会导致同一种酵母在固态发酵和液态深层发酵工艺中的温度不一致。因此,在自然干燥的甜高粱茎秆颗粒复水后的乙醇发酵过程中,为获得较好的发酵效率,研究温度对其发酵过程的影响非常必要。温度对酵母生长量($Y_{cell/sugar}$)的影响如图 7-2 所示。

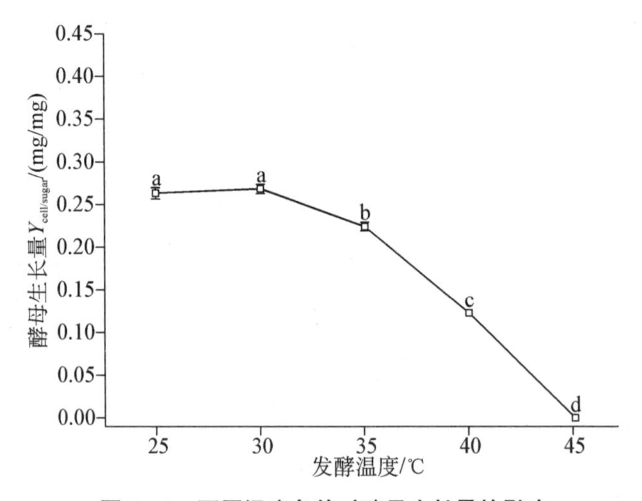

图 7-2　不同温度条件对酵母生长量的影响

注:在同一显著水平下,不同处理间字母相同表示无显著差异,字母不同表示有显著差异。

由图 7-2 结果可知,温度从 25℃升高到 30℃,酵母生长量有微弱的增加,即 $Y_{cell/sugar}$ 由 0.25 mg/mg 增加至 0.27 mg/mg,而随着温度的继续增加酵母生长量明显下降,当发酵温度增加到 45℃时,酵母生长都几乎停止。通过方差分析,结果显示:温度为 25～30℃时对酵母生长影响不显著($p < 0.05$),而继续升高温度对酵母生长则产生毒害作用,且影响显著($p < 0.05$)。一般而言,高温可增加生成的乙醇对酵母的毒性,而过高的温度,还会导致酵母酶系中蛋白的变性,从而使酵母停止生长,甚至死亡。由此可见在固态基质乙醇发酵中 25～30℃是适合酵母生长的温度段。这与酵母正常生理生长温度范围相同[14]。

在发酵过程中 CO_2 的生成量是衡量发酵好坏的一个重要指标,而在发酵过程中 CO_2 的生成来源主要有酵母的有氧呼吸以及产生乙醇的代谢过程。不同温度

条件对 CO_2 生成的影响如图 7－3 所示。由图可知,整体上,发酵过程中 CO_2 的生成量随着温度的增加而增加,在温度由 25℃增加到 40℃的过程中 CO_2 的生成量（$Y_{CO_2/sugar}$）由 0.26 mg/mg 增加到 0.28 mg/mg,而继续增高温度至 45℃时,$Y_{CO_2/sugar}$则突降为 0.12 mg/mg。由方差分析的结果可以看出,除 25℃和 40℃这两个独立点之外,温度变化在 25～40℃范围内对 CO_2 生成量的影响差异不显著（$p<0.05$）。这说明在此温度范围内,无论酵母处于生长还是处于乙醇代谢,酵母细胞并没有因温度改变而产生生理损伤,而 40～45℃之间的变化表明,温度对 CO_2 生成量的影响达到显著性差异（$p<0.05$）,且 25～30℃之间的 CO_2 生成量与 45℃的差异不显著（$p<0.05$）,这说明酵母在 45℃并没有死亡,而是细胞受到了很大的损伤,酵母一直在利用糖进行生理修复。

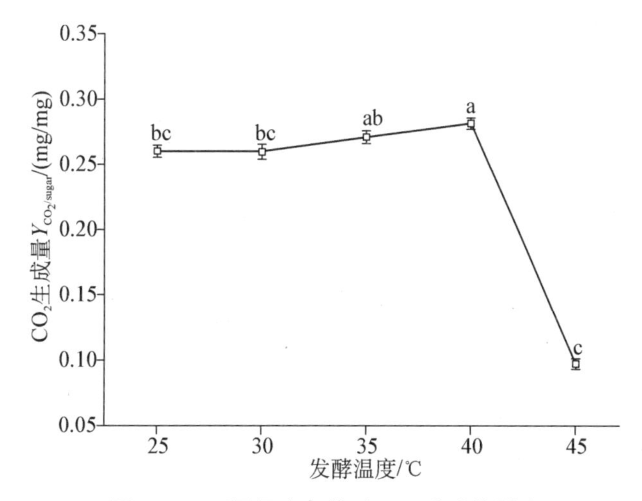

图 7－3　不同温度条件对 CO_2 生成的影响

注:在同一显著水平下,不同处理间字母相同表示无显著差异,字母不同表示有显著差异。

在相同糖浓度的条件下,乙醇的产量则反映了酵母细胞的代谢能力,不同温度对乙醇产量的影响如图 7－4 所示。由图 7－4 的结果可以看出,总体上随着温度的升高,乙醇的产量会随之增加,而当发酵温度过高时,会对酵母的乙醇代谢途径带来干扰。本研究中当温度由 25℃增加到 40℃的过程中,$Y_{eth./sugar}$由 0.22 mg/mg 增加到 0.24 mg/mg,而继续升高温度 $Y_{eth./sugar}$则突降至 0.03 mg/mg。通过方差分析可以看出温度点在 25～35℃之间变化时,它们之间的差异不显著（$p<0.05$）。40℃温度点与 25～30℃之间的温度点差异显著（$p<0.05$）。而 45℃的温度点与其他温度点之间的差异都显著（$p<0.05$）。这说明对于固态甜高粱茎秆乙醇发酵而言,乙醇发酵在某种程度上取决于温度的大小,并且温度的增加可以促进乙醇产量的增加,但过高的温度将会导致酶的破坏,细胞膜的损坏,甚至酵母

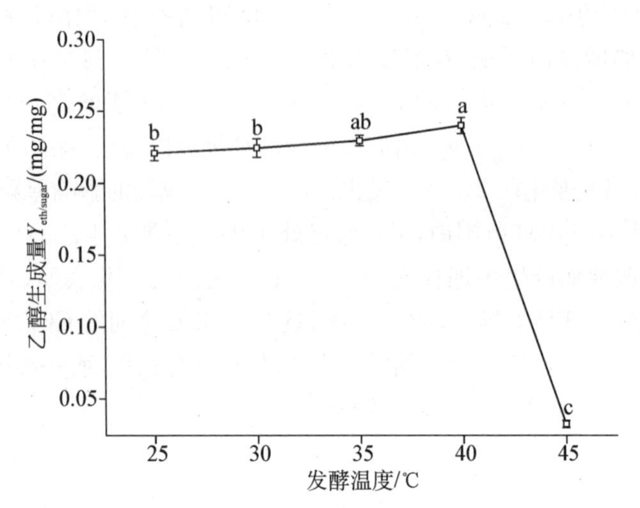

图 7－4　不同温度对乙醇产量的影响

注：在同一显著水平下，不同处理间字母相同表示无显著差异，字母不同表示有显著差异。

细胞的失活，这些都会导致乙醇产量的降低；就变化趋势而言，乙醇产量随温度变化的趋势与液态发酵相似[15]，只是在固态发酵过程中，适合乙醇生成的温度范围应该在 35～40℃。同时 45℃有微量的乙醇产生，说明酵母细胞在受损修复的同时也进行着微量乙醇代谢途径。此外，酵母的代谢温度要高于生长温度，可能的原因是在酵母体内的复合酶体系在较高的温度下酶活性增强，使催化性能提高。

糖利用率是衡量发酵过程中酵母对发酵环境适应能力的一个重要指标，在酵母发酵过程中，无论酵母进行的途径是生长还是代谢，总糖利用率越高，发酵环境对酵母产生的胁迫就越小。另外，对于固态发酵，总糖利用率越高，也说明酵母对糖的可及度也就越高。不同温度对糖利用率的影响如图 7－5 所示。由图可以看出，随着温度的增高，糖利用率降低，在 25～35℃的温度变化范围内，由方差分析可以看出，温度对糖利用率的影响并不显著（$p < 0.05$）。而在 40～45℃的变化过程中，温度对糖利用率的变化相对于前一个温度段，影响产生显著性差异（$p < 0.05$）。由此可见温度可对酵母产生胁迫性损害。

此外，对 45℃时的发酵作进一步的研究，在此温度条件下进行发酵，乙醇的产出量非常少。为了研究高温对酵母生理活性的影响，将 45℃发酵后的酵母置于 40℃环境继续发酵，温度胁迫条件下 CO_2 失重曲线如图 7－6 所示。由图 7－6 可以看出，温度为 45℃时 CO_2 失重很少，但不符合酵母生长代谢过程中 CO_2 失重曲线规律，近似于线性，这说明酵母在 45℃处于修复性代谢过程。但在 45℃条件下发酵 48 h 后，重新在 40℃条件下继续发酵，而此时则可以继续发酵。结合上面的分析和此现象的发生，可以看出酵母对一定高温的胁迫具有一定的可逆性生理

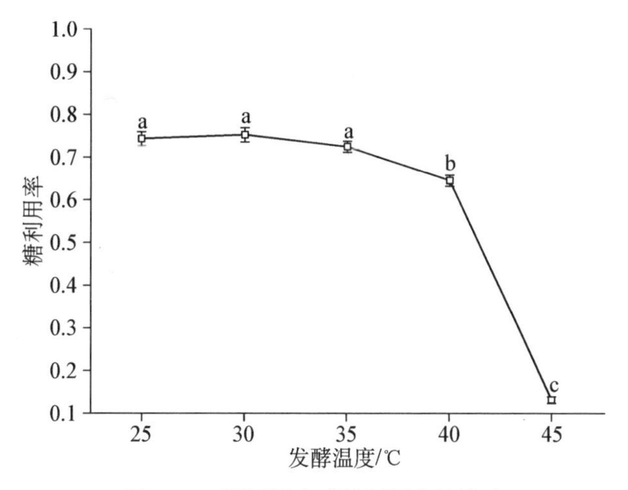

图 7－5　不同温度对糖利用率的影响

注：在同一显著水平下，不同处理间字母相同表示无显著差异，字母不同表示有显著差异。

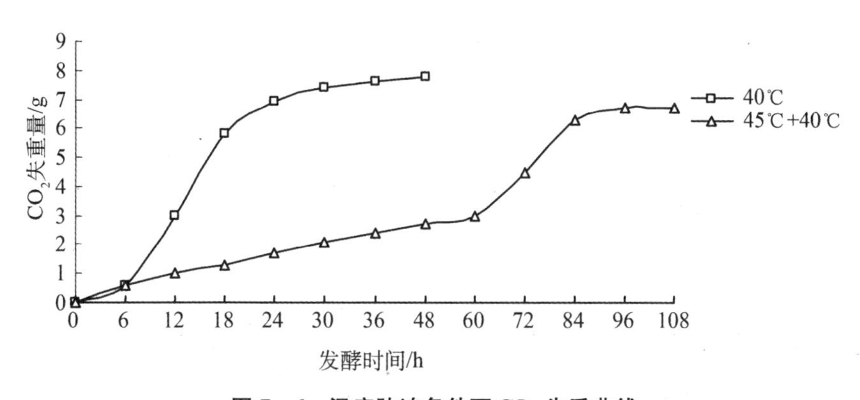

图 7－6　温度胁迫条件下 CO_2 失重曲线

特征。

综上所述，温度对于酵母生长和代谢都具有非常重要的影响，而且通过对本结果的分析可以发现，适合酵母生长和乙醇代谢的温度并不一致。具体而言，适合生长的温度范围在 25～30℃之间，而适合乙醇代谢的温度范围为 35～40℃之间。同时还可以发现温度可对酵母产生胁迫性损害，但在一定的温度范围内，这种胁迫性损害具有一定的可逆性，即当温度恢复至合适的温度范围后，酵母还可以恢复发酵性能。

2) 含水率对甜高粱茎秆乙醇固态发酵的影响

在微生物的固态发酵过程中，水分对发酵十分必要，较高或较低的水分含量都会严重影响着其中微生物的生长和代谢，而且，含水率还会影响固态发酵基质的性质，例如基质结块、基质内气热传导以及基质的膨胀等方面，这些都会影响发酵过程。对于自然干燥储藏的甜高粱茎秆而言，在干燥过程中80%的水分已经去除，可通过复水过程根据实际需求获取适当的含水率。因此，对自然干燥的甜高粱茎秆复水发酵过程中含水率的影响研究将有利于乙醇产率和效率的提高。固态发酵过程中，不同含水率对酵母生长量的影响如图7-7所示。

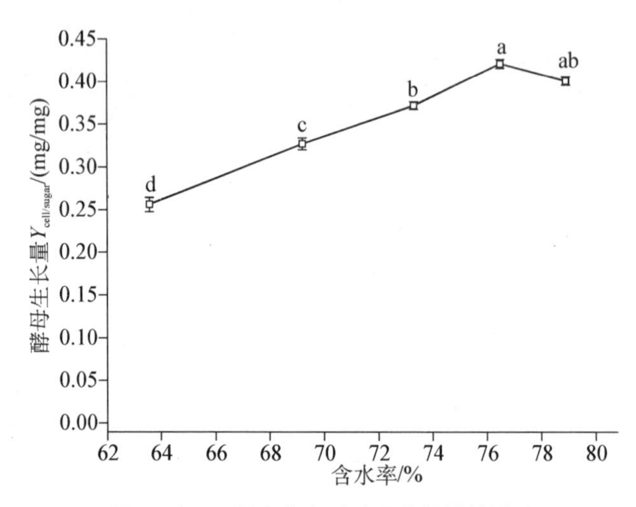

图7-7 不同含水率对酵母生长量的影响

注：在同一显著水平下，不同处理间字母相同表示无显著差异，字母不同表示有显著差异。

由图7-7可知，总体而言，随着含水率的增加，酵母的生成量出现先增加后降低的变化趋势；具体而言，当含水率由63.64%增加到76.47%时，$Y_{cell/sugar}$由0.26 mg/mg增加到0.42 mg/mg，且方差分析显示，在此过程中含水率对酵母生长量的影响显著($p < 0.05$)。而当含水率继续增加至78.95%时，$Y_{cell/sugar}$下降至0.40 mg/mg，且方差分析表明，含水率由76.47%增加至78.95%时，含水率对酵母生长影响不显著($p < 0.05$)。由此可以看出，适合酵母生长的含水率条件应该在76%左右。因为对酵母生长而言，过低的含水率会导致基质周围的自由水较少，不利于糖以及营养物质从基质细胞内向外扩散，因此会影响到酵母的生长。而过高的含水率会使基质的粘连性加大，变得不疏松，一方面不利于CO_2和热量的排出；另一方面影响基质溶氧的水平。这些都可能是酵母生长受到微弱限制的原因。

图7-8为含水率对CO_2生成量的影响，由结果(小比例图)可以看出，总体上随着含水率的增加，CO_2的生成量有微弱的增加，而随着含水率的继续增加，CO_2的生成量也出现了微弱的降低。通过方差分析的结果看，含水率对CO_2生成量的

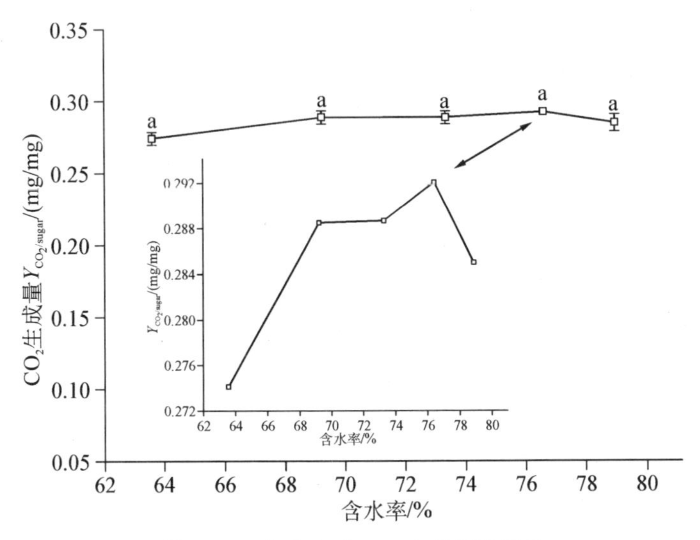

图7-8　含水率对CO_2生成量的影响

注：在同一显著水平下，不同处理间字母相同表示无显著差异，字母不同表示有显著差异。

影响不显著($p<0.05$)。导致这些微弱的变化的可能性原因在于随着含水率的变化而导致的基质发酵体系中溶氧形态和水平的微弱变化。例如，溶氧形态在低含水率的情况下，氧在基质空隙间较多，并以气态为主，在酵母对氧利用过程中需要由气态向水相溶解；而高含水率基质中的氧则多溶于水相，但含量较少。因此，这些微观溶氧形态和水平的改变有可能会对酵母生理产生微弱的影响。可见，在本试验涉及的含水率水平范围内，不会对酵母的生长和代谢生理产生太大的影响。

含水率对乙醇生成量的影响如图7-9所示。由图可以看出，总体上而言，乙醇产量随着含水率的提高而增加，但当含水率继续增加后，乙醇产量有下降的趋势。具体来说，当含水率由63.64%增加到76.47%时，乙醇产量($Y_{eth./sugar}$)由0.23 mg/mg增加至0.26 mg/mg，而当含水率继续增加至78.95%时，$Y_{eth./sugar}$下降至0.24 mg/mg。通过方差分析结果可以看出，所选择的含水率条件对最终的乙醇产量的影响不显著($p<0.05$)。由此可见，含水率为76%时比较适合发酵需求。

含水率对糖利用率的影响如图7-10所示。由图7-10的结果可以看出，总体上，随着含水率的增加总糖利用率增加，但过高的含水率会导致微弱糖利用率的下降。具体而言，当含水率由63.64%增加到76.47%时，总糖利用率由77%增加到97%，含水率继续增加至78.95%后，总糖利用率下降至93%，根据方差分析结果可以发现，差异不显著($p<0.05$)。原因可能在于低含水率对自然干燥后甜高粱茎秆总糖的浸提不利，导致总糖利用水平受到影响，而过高的含水率由于气热传导效果减弱，对酵母的生理产生了一定影响，同样会影响酵母对糖的利用率。

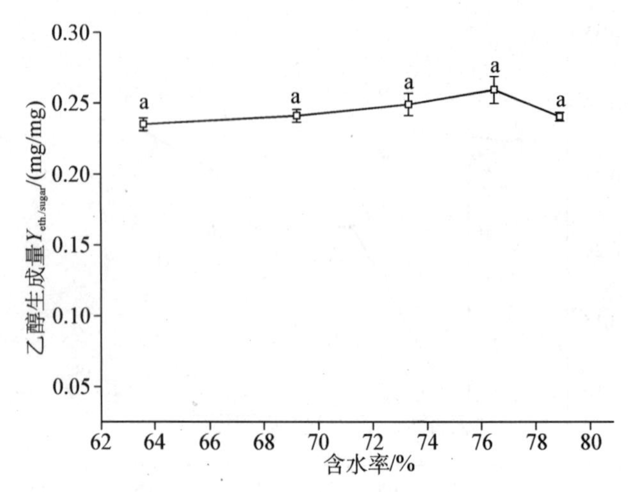

图 7－9　含水率对乙醇生成量的影响

注：在同一显著水平下，不同处理间字母相同表示无显著差异，字母不同表示有显著差异。

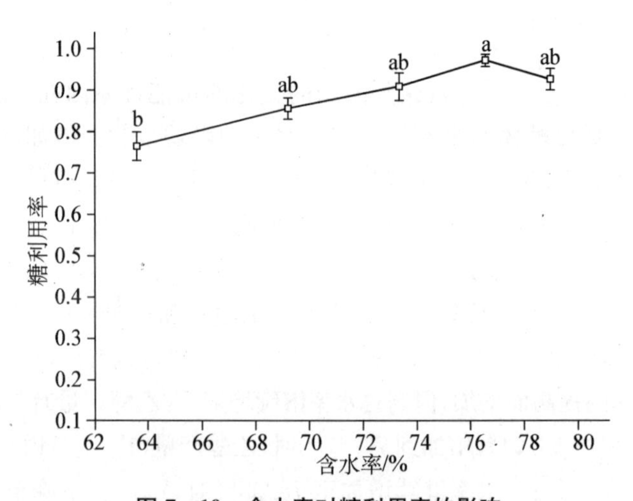

图 7－10　含水率对糖利用率的影响

注：在同一显著水平下，不同处理间字母相同表示无显著差异，字母不同表示有显著差异。

综上所述，含水率对于复水后的甜高粱茎秆发酵过程中酵母的生长影响较大，而对乙醇产量、CO_2 产出量、糖利用率的影响不显著。同时可以确定较优的发酵含水率约为 76％。

3）粒径对甜高粱茎秆乙醇固态发酵的影响

在微生物固态发酵工艺中，底物基质的粒径对发酵过程微生物的生长、传热、传质的进行具有非常重要的影响。而且粒径还影响基质与微生物接触的表面积以及发酵体系的装载量。此外，粒径对于干燥后的甜高粱茎秆复水过程中糖的浸提也有影响，若进行后续发酵，势必对发酵效果和效率也会产生一定的影响。本部分针对不同粒径的甜高粱茎秆进行乙醇发酵，不同粒径对酵母生长的影响如图 7-11 所示。由图 7-11 的结果可以看出，总体的趋势为，随着粒径的增加，酵母生长量也随之增加；具体而言，当粒径小于 0.6 mm 时，在整个发酵过程中，酵母的生长量为 0.13 mg/mg，但增加粒径大小至 2.5～2.8 mm 时，$Y_{cell/sugar}$ 增加至0.35 mg/mg。通过比较粒径在 1.6～2.8 mm 之间变化时，对酵母的生长没有显著影响（$p < 0.05$）。而当粒径在小于 1.6 mm 的范围变化时，范围内的三个组合对酵母的生长影响较为显著（$p < 0.05$）。由此可见，适合酵母生长的粒径范围在 1.6～2.8 mm 之间。

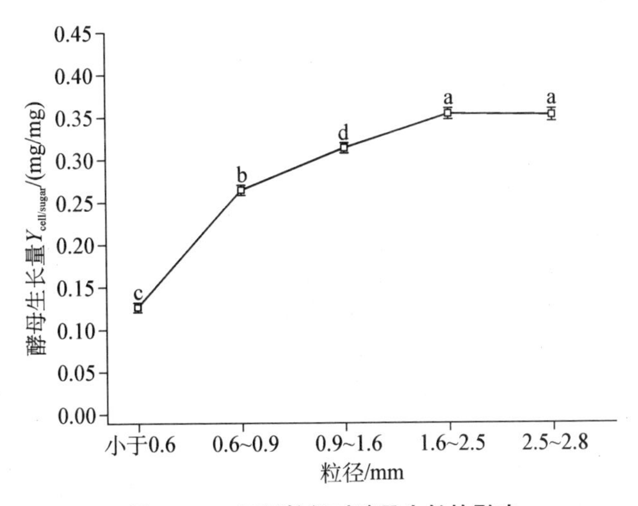

图 7-11 不同粒径对酵母生长的影响

注：在同一显著水平下，不同处理间字母相同表示无显著差异，字母不同表示有显著差异。

不同粒径对 CO_2 生成的影响如图 7-12 所示。由图整体上可以看出，随着粒径的增加，CO_2 的生成量随之增加，但当粒径增加到一定程度后，CO_2 的生成量几乎保持不变，具体来说，当粒径由小于 0.6 mm 增加到 1.6 mm 时，CO_2 的生成量相应地由 0.14 mg/mg 增加到 0.31 mg/mg，而此后随着粒径增加到 2.8 mm 时，CO_2 的生成量则在 0.31 mg/mg 上下小幅浮动。通过方差分析可以看出，粒径范围在小于 0.9 mm 的范围变化时，对 CO_2 的生成量的影响显著，而在 0.9～2.8 mm 变化时影响不显著（$p < 0.05$）。

不同粒径对乙醇产出的影响如图 7-13 所示。如图可以看出，随着粒径的增加乙醇产量随之增加，但过大的茎秆粒径会对乙醇产量产生微弱的降低。具体上说，当粒径在小于 1.6 mm 的范围内变化时，乙醇产量可以从小于 0.6 mm 级的

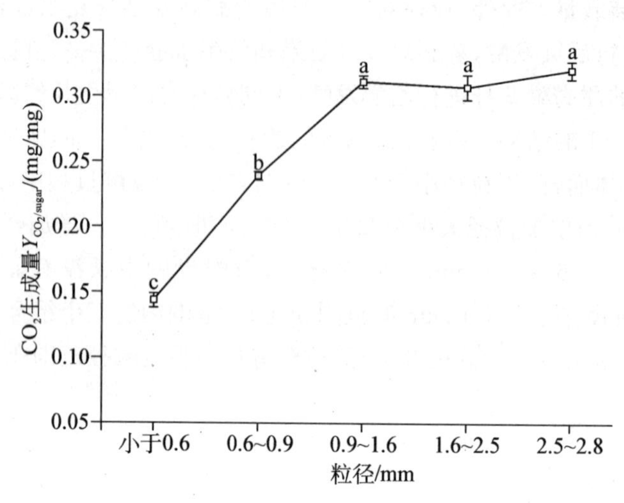

图 7－12　不同粒径对 CO_2 生成的影响

注：在同一显著水平下，不同处理间字母相同表示无显著差异，字母不同表示有显著差异。

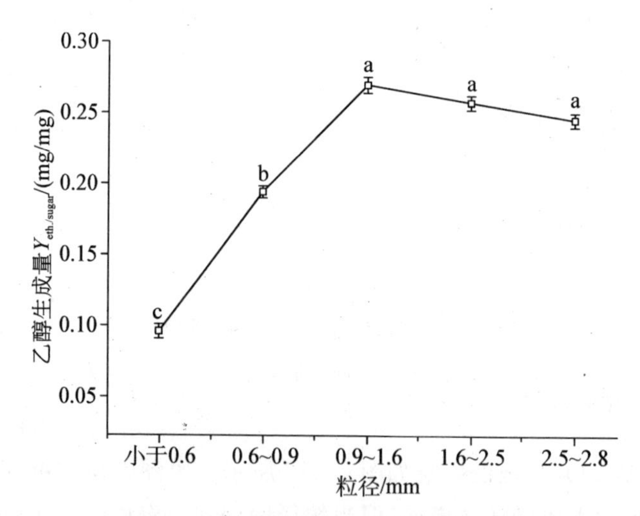

图 7－13　不同粒径对乙醇产出的影响

注：在同一显著水平下，不同处理间字母相同表示无显著差异，字母不同表示有显著差异。

0.10 mg/mg增加至 0.9～1.6 mm 级的 0.27 mg/mg。方差分析结果显示，此段的粒径变化对乙醇产量影响显著（$p < 0.05$）。而当粒径由 0.9～1.6 mm 级继续增加至 2.5～2.8 mm 级，$Y_{eth./sugar}$则由 0.27 mg/mg 降低至 0.25 mg/mg，方差分析显示，此段的粒径变化对乙醇产量的影响不显著（$p < 0.05$）。由此可以看出，甜高粱茎秆固态发酵较适合的乙醇生成的粒径范围为 0.6～1.9 mm。

不同粒径对总糖利用率的影响如图 7－14 所示。由图可以看出，在本研究选定的粒径范围内，较粗的粒径有利于酵母对总糖的利用，而过细的基质粒径则不利于固态发酵中对总糖的利用。具体来说，当粒径由小于 0.6 mm 级增加到 0.9～1.6 mm时，总糖利用率随之由 0.37 增加至 0.90，通过方差分析可得，在此粒径段，粒径的变化对总糖利用率影响显著（$p < 0.05$），而继续增加粒径至 2.5～2.8 mm 时，总糖利用率几乎保持不变。

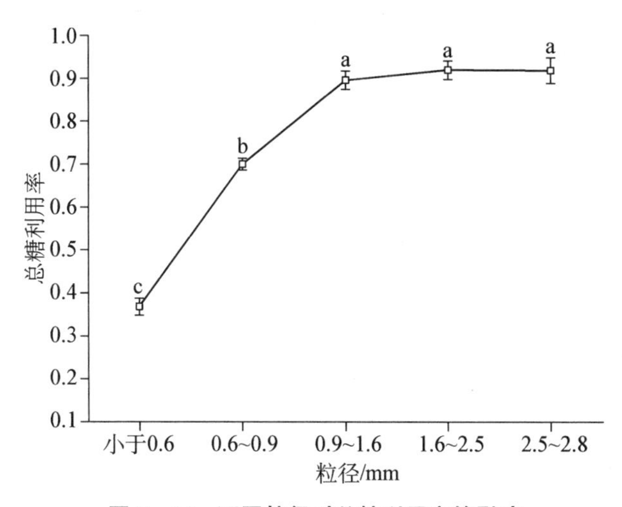

图 7－14　不同粒径对总糖利用率的影响

注：在同一显著水平下，不同处理间字母相同表示无显著差异，字母不同表示有显著差异。

综合以上分析，可以看出粒径对自然干燥后的甜高粱茎秆乙醇固态发酵的影响较大，粒径范围为 1.6～2.8 mm 时有利于酵母的生长，而粒径范围在 0.9～1.6 mm 时有利于乙醇生成，更小的粒径会对酵母发酵和生长产生严重的抑制。这主要的原因在于基质粒径大小决定了基质内部的空气占有的有效空间，较粗的粒径基质空气占有的空间比较细的基质大很多。根据“巴斯德效应”，在酵母发酵过程中，较高的溶氧量有利于酵母的生长，而相反，较低的溶氧量则有利于乙醇的生成[16, 17]。因此，在本研究中当粒径较大时，适合酵母生长，使酵母生长量较大，而当粒径变小时，适合乙醇发酵，使乙醇生成量增大；然而当粒径继续减小时，由于纤维之间的交联作用，使得发酵基质非常容易产生结块现象，这有可能对酵母的呼吸和代谢产生干扰，在一定程度上对酵母的生理产生不利影响。同时较小的基质粒径同样还会造成基质内传热和传质效率的减弱，这些都会对酵母的生长、乙醇代谢以及对糖的利用产生不利的影响。

4）酵母接种量对甜高粱茎秆乙醇固态发酵的影响

在固态发酵过程中，菌种的接种量是影响发酵效果的另外一个重要的参数。

对乙醇生产而言，酵母的接种量对整个发酵成本的控制具有十分重要的作用。不同接种量对酵母生长量的影响如图 7－15 所示。由图可以看出，随着接种量的增加酵母的生长量也随之增加，而继续增加酵母的接种量，酵母的生长量却随之减少。具体而言，当酵母接种量由 0.25‰增加到 1.0‰时，酵母的生长量也相应地由 0.27 mg/mg 增加到 0.30 mg/mg，通过方差分析可以看出 0.25‰和 1.0‰的接种量对酵母生长量的影响较为显著（$p<0.05$）；而继续增加酵母接种量至 4.0‰时，$Y_{cell/sugar}$则下降到 0.23 mg/mg，且方差分析结果显示，在接种量为 1.0‰～4.0‰的变化范围内，对酵母生长量的抑制影响显著（$p<0.05$）。

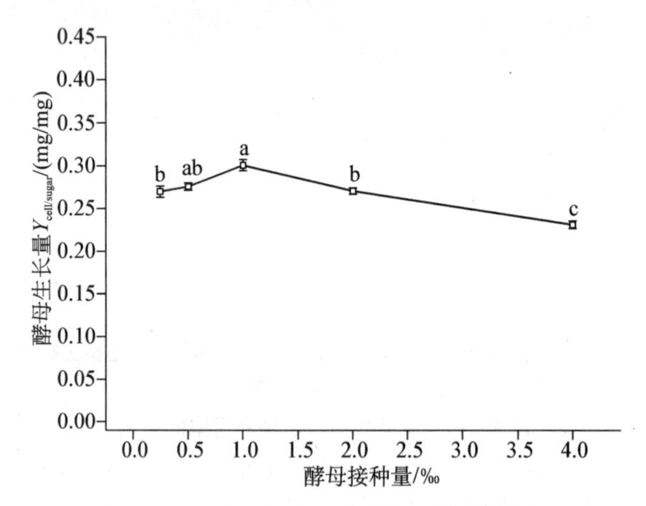

图 7－15　不同接种量对酵母生长量的影响

注：在同一显著水平下，不同处理间字母相同表示无显著差异，字母不同表示有显著差异。

不同接种量对 CO_2 生成量的影响如图 7－16 所示。由图可以看出，增加酵母接种量对 CO_2 的生成量产生细微的影响，由图 7－16 中的小比例图可以看出，酵母添加量由 0.25‰增加至 2.0‰时，CO_2 的生成量几乎保持不变，而继续增加至 4.0‰时，CO_2 的生成量则由 0.28 mg/mg 降低至 0.27 mg/mg，通过方差分析的结果显示，接种量对 CO_2 的生成量没有显著影响，这也说明此时用于发酵的基质环境对酵母的生理没有产生影响。

不同接种量对乙醇生成量的影响如图 7－17 所示。由图可以看出，在本试验设定的范围内，随着接种量的增大，乙醇的产出量降低。具体上说，当接种量为 0.25‰时，乙醇产出量为 0.25 mg/mg，而随着接种量增加到 4‰后，乙醇产出量降低到 0.23 mg/mg，但通过方差分析结果看，增加酵母接种量 0.25‰～4‰对乙醇产出量的影响不显著（$p<0.05$）。这也说明 0.25‰的接种量即可满足乙醇发酵的需求，过多的接种量会由于酵母的生长而消耗过多的糖分。

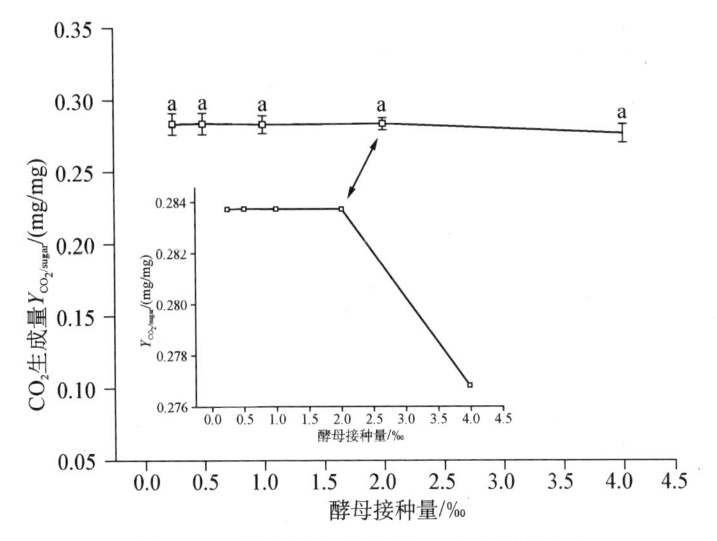

图 7-16 不同接种量对 CO_2 生成量的影响

注:在同一显著水平下,不同处理间字母相同表示无显著差异,字母不同表示有显著差异。

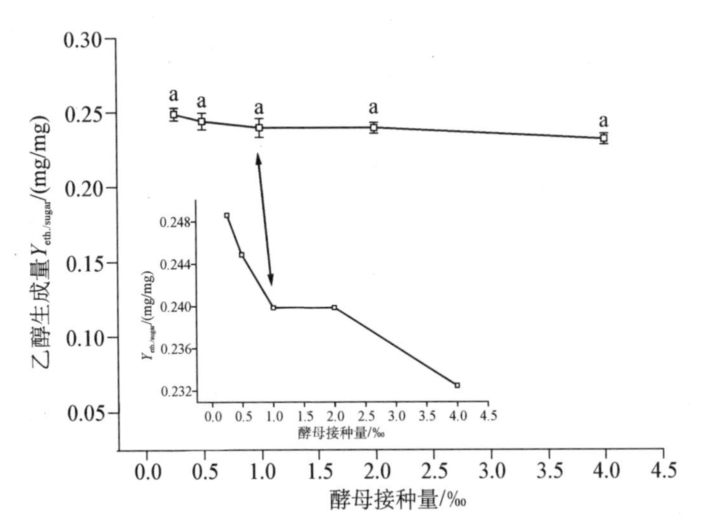

图 7-17 不同接种量对乙醇生成量的影响

注:在同一显著水平下,不同处理间字母相同表示无显著差异,字母不同表示有显著差异。

不同接种量对总糖利用率的影响如图 7-18 所示。由图的结果可以看出,随着酵母接种量增加则糖利用率增加,继续增加酵母接种量,总糖利用率有微弱的降低。具体而言,当接种量由 0.25‰增加到 1.0‰时,总糖利用率由 0.80 增加到 0.83,而随着接种量增加到 4‰后,乙醇产出量降低到 0.74。从方差分析的结果显示,在所选取的酵母接种量的范围内,接种量对糖利用的影响不显著($p<0.05$)。

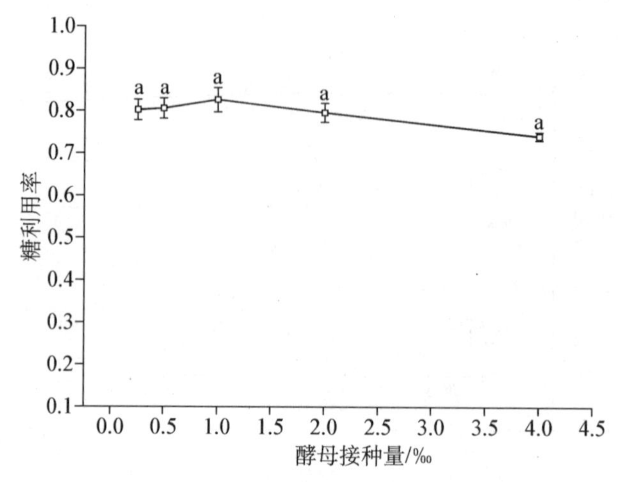

图 7－18　不同接种量对总糖利用率的影响

注：在同一显著水平下，不同处理间字母相同表示无显著差异，字母不同表示有显著差异。

由以上的结果可知，当酵母接种量由 0.25‰增加到 1.0‰时，$Y_{eth./sugar}$随之降低，而$Y_{cell/sugar}$则随之增加，由此可以推断在较低的酵母接种量的范围内，增加接种量会增加糖的消耗，这主要是由于酵母生长增殖导致消耗的糖量增加[12]。在此同时也说明 0.25‰的接种量可以满足发酵的要求，且干酵母接入后都存在着一个菌体生长的过程，如果过多的酵母接入后就会消耗更多的糖分，也就会导致乙醇产出量随之减少，而酵母生长量随之增高。当酵母的接种量增加到 4.0‰后，CO_2产出量、乙醇产出量以及酵母生成量和糖利用率都处于最小点，由此可以看出太高的酵母接种量不利于乙醇固态发酵。其主要的原因在于，过大地增加酵母接种量，就会导致基质中糖量的相对降低，由于碳源营养以及其他营养源的相对缺乏，必然会导致酵母整体性因营养不足而产生的活性降低。此外，过高的酵母接种量也会造成酵母因快速生长和发酵而导致局部热量积累，也会导致酵母活性的降低[18, 19]，这些均会导致在过高酵母接入后，酵母生理受到干扰，而出现相应降低的现象。

7.2.3　自然干燥甜高粱茎秆乙醇固态发酵工艺优化

7.2.3.1　试验设计与结果

乙醇产率较低，而且发酵时间较长，是影响固态发酵制取乙醇最主要的制约因素[20]。分别以发酵时间和乙醇得率为优化目标，采用正交设计法分别进行工艺条件优化，并根据各自优化的结果作综合评判，以选出具有较短发酵时间和较高乙醇得率的条件。根据单因素实验结果所初步确定的条件梯度，采用 $L_{16}(4^5)$正交设计方案，在本实验中暂未考虑交互作用的影响。故优化过程中实验设计如表 7－2 所示。

表 7－2　$L_{16}(4^5)$正交试验设计表

试验序号	温度/℃	粒径/mm	空白列	接种量/‰	含水率/%
	A	B		C	D
1	25	0.6～0.9	1	0.25	69.23
2	25	0.9～1.6	2	0.5	73.33
3	25	1.6～2.5	3	0.75	76.47
4	25	2.5～2.8	4	1	78.95
5	30	0.6～0.9	2	0.75	78.95
6	30	0.9～1.6	1	1	76.47
7	30	1.6～2.5	4	0.25	73.33
8	30	2.5～2.8	3	0.5	69.23
9	35	0.6～0.9	3	1	73.33
10	35	0.9～1.6	4	0.75	69.23
11	35	1.6～2.5	1	0.5	78.95
12	35	2.5～2.8	2	0.25	76.47
13	40	0.6～0.9	4	0.5	76.47
14	40	0.9～1.6	3	0.25	78.95
15	40	1.6～2.5	2	1	69.23
16	40	2.5～2.8	1	0.75	73.33

按照实验设计，在固体发酵瓶中进行乙醇发酵，每组试验重复两次，所有试验结果为两次试验值的平均值。在所得的实验结果基础上对结果进行差异显著性分析，具体实验结果如表 7－3 所示。

表 7－3　正交试验乙醇产率和发酵时间结果

试验序号	乙醇得率/%	发酵时间/h
1	35.72±0.32 h	42±0.00 b
2	50.18±1.64 f	35±1.41 cde
3	64.34±0.87 d	32±0.00 f

（续表）

试验序号	乙醇得率/%	发酵时间/h
4	63.37±3.36 d	35±1.41 cde
5	62.90±0.00 de	24±0.00 g
6	70.67±2.88 c	25±1.41 g
7	61.13±0.82 de	34±0.00 def
8	41.05±2.04 g	49±1.41 a
9	63.22±3.02 de	25±1.41 g
10	48.17±2.07 f	33±1.41 ef
11	86.35±2.66 a	25±1.41 g
12	59.91±3.09 e	36±0.00 cd
13	62.59±0.00 de	26±0.00 g
14	76.38±1.73 b	24±0.00 g
15	35.27±1.72 h	37±1.41 c
16	49.83±1.15 f	36±0.00 cd

注：a～f 表示差异显著性 $p<0.05$。

7.2.3.2　多因素对乙醇得率的影响

采用极差分析的方法，对温度、粒径、酵母接种量以及含水率的重要性进行分析，表 7-4 为多因素对自然干燥后甜高粱茎秆固态发酵乙醇得率的极差分析结果。结果显示，因素 D(含水率)的极差(R)是 32.20，为 4 个因素中最大；因素 A(发酵温度)的极差为 11.01，为 4 个因素中第二位；因素 B(粒径)的极差为 8.23，排名为 4 个因素中的第三位；因素 C(酵母接种量)的极差为 3.73，是 4 个因素中最小的。根据极差分析原则，R 值越大说明这个因素越重要。根据本实验的极差分析结果，影响乙醇得率的顺序为：含水率>发酵温度>粒径>酵母接种量。同样依据正交试验优水平确定原则，通过比较各水平试验结果的总和或平均值大小(即表 7-4中 K 和 k 值)来确定优水平，可以发现，提高乙醇得率最佳的条件为 $A_3B_3C_2D_4$。也就是说发酵过程可获得最佳乙醇得率的发酵条件可以初步确定如下：温度为 35℃，粒径为 1.6～2.5 mm，酵母接种量为 0.50‰，含水率约为 79%。为了进一步比较这四个因素对提高乙醇得率的影响程度的显著性，采用了方差分析的方法(ANOVA)对正交试验结果进行了分析，乙醇得率方差分析表如表 7-5 所示。经计算可得，4 个因素的 F 检验值分别如下：$F_{温度}=43.73$，$F_{粒径}=31.88$，$F_{酵母接种量}=4.56$，$F_{含水率}=372.24$，均大于相应自由度下的临界值 $F_{0.01}=4.40$。这说明涉及的 4 个因素对乙醇产率的影响均极显著($p<0.01$)。

表7-4　不同因素对乙醇得率影响的极差分析结果

	温度	粒径	空白列	酵母接种量	含水率
	A	B		C	D
K_1	427.22	448.84	448.84	466.27	320.41
K_2	471.49	490.78	490.78	480.33	448.71
K_3	515.29	494.20	494.20	450.49	515.02
K_4	448.16	428.33	428.33	465.06	578.02
k_1	53.40	56.11	60.64	58.28	40.05
k_2	58.94	61.35	52.07	60.04	56.09
k_3	64.41	61.77	61.25	56.31	64.38
k_4	56.02	53.54	58.81	58.13	72.25
R	11.01	8.23	9.18	3.73	32.20
Q	A_3	B_3		C_2	D_4

表7-5　乙醇得率方差分析表

变异来源	平方和	自由度	均方	F值	显著水平
温度	535.22	3	178.41	43.73	**
粒径	390.19	3	130.07	31.88	**
空白	426.01	3	142.01		
酵母接种量	55.76	3	18.59	4.36	*
含水率	4 555.68	3	1 518.56	372.24	**
模型误差	426.01	3	142.01	34.81	
重复误差	65.27	16	4.08		

*代表显著，**代表极显著。

7.2.3.3　多因素对发酵时间的影响

在获得高的乙醇得率的同时还需获得较高发酵速率，因此，通过正交分析试验，以发酵时间为优化目标，对正交试验结果进行分析，以期明确影响发酵速率的主要因素，以及获得较快发酵速率的优化条件。表7-6为不同因素对发酵时间影响的极差分析结果。

表 7-6 不同因素对发酵时间影响的极差分析结果

	温度	粒径	空白列	酵母接种量	含水率
	A	B		C	D
K_1	288	234	256	272	322
K_2	264	234	264	270	260
K_3	238	256	260	250	238
K_4	246	312	256	244	216
k_1	36	29.25	32	34	40.25
k_2	33	29.25	33	33.75	32.5
k_3	29.75	32	32.5	31.25	29.75
k_4	30.75	39	32	30.5	27
R	6.25	9.75	1	3.5	13.25
Q	A_3	B_2		C_4	D_4

通过极差分析可以直观地看出，因素 A(发酵温度)的极差为 0.353，在相关的 4 个因素中排名第三；因素 B(粒径)的极差为 9.75，在 4 个影响因素中排名第二；因素 C(酵母接种量)的极差为 3.5，在 4 个因素中排名最后；因素 D(含水率)，极差为 13.25，在 4 个因素影响中排名第一。同样，根据极差分析原则和本试验的结果分析可得这 4 个因素对发酵速率影响的重要性顺序为：含水率>粒径>温度>酵母接种量。通过比较各水平试验结果的总和或平均值大小可得，提高发酵速率的优化实验组合条件为 $A_3B_2C_4D_4$，即，温度为 35℃，粒径为 0.9～1.6 mm，酵母接种量为 1‰，含水率约为 79%。通过方差分析的结果显示(见表 7-7)，4 个参数的 F 值分别为：$F_{温度}=54.35$，$F_{粒径}=149.79$，$F_{酵母接种量}=21.95$，$F_{含水率}=230.50$。四者都比相应自由度下的 $F_{0.01}$ 的临界值大。因此 4 个因素对于发酵速率都有极显著 ($p<0.01$)的影响。

表 7-7 发酵时间方差分析表

变异来源	平方和	自由度	均方	F 值	显著水平
温度	184.5	3	61.5	54.35	**
粒径	508.5	3	169.5	149.79	**
空白	5.5	3	1.8		

（续表）

变异来源	平方和	自由度	均方	F值	显著水平
酵母接种量	74.5	3	24.8	21.95	**
含水率	782.5	3	260.8	230.50	**
模型误差	5.5	3	1.8	1.83	
重复误差	16	16	1		

*代表显著，**代表极显著。

7.2.3.4　最优条件的确定

由以上对甜高粱茎秆固态发酵乙醇得率及时间的优化分析可以看出，对于乙醇得率的最优工艺组合为 $A_3B_3C_2D_4$，而对于发酵时间的最优工艺组合为 $A_3B_2C_4D_4$。因此，在选择既满足较高乙醇得率又满足较快发酵速率的工艺组合，则必须对此两个组合进行统一权衡。

在工艺条件的权衡过程中，温度和含水率对于乙醇得率和发酵时间的优化条件相同，因此，它们的工艺条件选择为 A_3 和 D_4；粒径优水平的选择是根据粒径对乙醇得率和发酵时间影响的顺序来看，对乙醇得率处于第三位，而对于发酵时间处于第二位，因此，在综合评判中，发酵时间的权重大于乙醇得率，因此，可以依据发酵时间中粒径的优水平作为优先选择水平。此外，通过比较 B_2 和 B_3 水平下的平均乙醇得率为61.35%和61.77%，两者相差非常小，因此，可以选择 B_2 为粒径的优水平。而对于酵母接种率的优水平选择，通过比较其在乙醇得率和发酵时间影响的顺序，它们都是处于末位，权重相同，说明酵母接种量对乙醇得率的影响不是太大，这一点在单因素的实验中也得到了验证。在这种情况，判断优水平依据，则因地制宜根据该因素在实际应用的经济性、应用方便性等实际性原则进行判断。酵母接种量是乙醇生产成本的一个重要部分，且乙醇生产最终的产率高低也是乙醇生产成本高低的决定性因素，因此结合用量少，高乙醇产率的原则，选择 C_2 为酵母接种量的优水平。

因此，通过上述的综合评判，可以选取 $A_3B_2C_2D_4$ 为自然干燥的甜高粱茎秆固态发酵乙醇生产的较优组合。该组合没有出现在正交设计表中，但和正交设计表中组合11（$A_3B_3C_2D_4$）具有最大的相似性，组合11的乙醇得率和发酵时间分别为86.35%和25 h，是所有的实验组合中发酵得率最高的，且发酵时间排在第二位，因此，可以初步认定通过综合评判获得的较优组合具有一定的可靠性，但还需进一步验证。

7.2.3.5　最优条件的验证

按照组合 $A_3B_2C_2D_4$ 所确定的各因素的工艺条件，在固态发酵瓶中进行验证实验,实验过程中测定 CO_2 失重来确定发酵时间,并在实验结束后测定乙醇浓度和糖浓度计算乙醇得率。实验重复三次,所有实验结果为三次结果的平均值。其中 CO_2 失重曲线如图 7-19 所示。

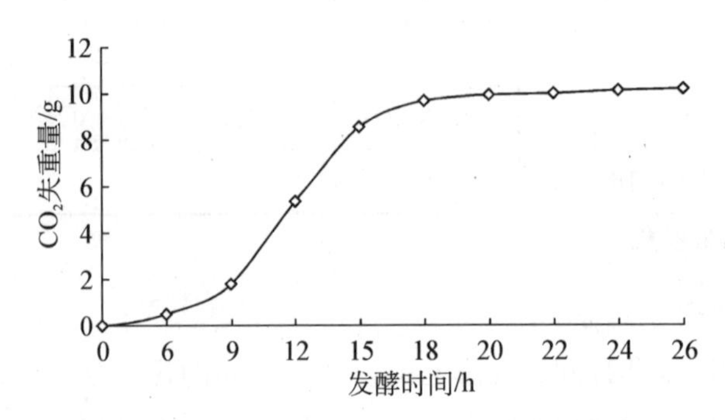

图 7-19 较优组合发酵过程 CO_2 失重曲线

由图 7-19 曲线可以看出,较优组合在固态发酵过程中总的发酵时间可以确定为 22 h,比正交设计的实验各个实验组合的发酵时间均短,而最终的乙醇浓度可以达到 23.95 g/100 g 甜高粱茎秆(干基),相应的乙醇得率为 86.33%,其和组合 11($A_3B_3C_2D_4$)的乙醇得率几乎相同,也是所用实验组合中乙醇得率最高的,因此,可以看出通过正交实验和综合评判获得的较优的实验组合具有可靠性,对于以长期储藏为目的的自然干燥的甜高粱茎秆,采用固态发酵生产乙醇可以考虑采用的工艺条件为:温度为 35℃,粒径为 1.6~2.5 mm,酵母接种量为 0.5‰,含水率约为 79%。这与单因素研究的结果具有一定的一致性。

7.2.4 小结

不同工艺条件对自然干燥甜高粱茎秆乙醇固态发酵影响的研究可以发现,储藏后的茎秆具有很好的可发酵性能;适合酵母生长和乙醇代谢的温度不一致。具体而言,适合生长的温度范围在 25~30℃之间,而适合乙醇代谢的温度范围为 35~40℃之间。同时发现温度对酵母会产生胁迫性损害,但在一定的温度范围内,这种胁迫性损害具有一定的可逆性;含水率对于复水后的甜高粱茎秆发酵过程中酵母生长的影响较大;有利于酵母的生长粒径范围为 1.6~2.8 mm,有利于乙醇生成的粒径范围在 0.9~1.6 mm,更小的粒径会对酵母发酵和生长产生严重的抑制。酵母接种量对自然干燥后的甜高粱茎秆乙醇固态发酵的影响较小。

通过正交实验设计,以甜高粱茎秆固态发酵乙醇得率和发酵时间为优化指标进行因素分析和优化实验,结果显示,涉及的 4 个因素对发酵速率影响的重要性顺序为:含水率>发酵温度>粒径>酵母接种量。对发酵速度的影响重要性顺序为:含水率>粒径>温度>酵母接种量。较优的工艺参数组合是:温度为 35℃,粒径为1.6～2.5 mm，酵母接种量为0.5‰，含水率约为79%。在此工艺条件下，自然干燥的甜高粱茎秆乙醇固态发酵时间可以缩短到22h，发酵结束后基质中乙醇浓度为23.95 g/100 g甜高粱茎秆(干基)，相应的乙醇得率为86.33%。

7.3　甜高粱茎秆乙醇固态发酵多联产工程实例与分析

对国内外淀粉质、糖质和纤维素类燃料乙醇的应用和发展的比较发现，以甜高粱和木薯为原料生产燃料乙醇最有经济优势，甜高粱的单位土地能源净产出最高，其次是甘蔗和木薯。一个10万吨燃料乙醇工厂会给农民带来2亿～4亿元的年收益，提供约1 000个就业岗位；且10万吨燃料乙醇的应用，CO_2年减排量可达30万吨以上，减排CO、CH等汽车有害污染物近1 700吨。但其生产工艺的能耗约占总能耗的80%。因此，工艺改进非常重要。

在甜高粱育种及栽培、茎秆储藏、乙醇发酵和发酵副产物综合利用等方面研究的基础上，国内外对甜高粱茎秆燃料乙醇规模化生产进行了有益的探索。刘春朝等研究认为，以甜高粱茎秆汁液为原料进行燃料乙醇发酵在经济上可行[21]，但在该工艺下，其乙醇产率还未达到最优。近年来，在中国政府科技计划(863计划等)的资助下，分别在不同地区建立了若干个甜高粱茎秆制取燃料乙醇中试基地。肖明松等结合国家863计划项目，对建立在黑龙江省的年产5 000 t乙醇甜高粱茎秆固态发酵产业化示范工程进行了经济性分析，结果表明，采用固态发酵甜高粱茎秆生产燃料乙醇比玉米原料生产燃料乙醇的成本稍低[2, 22]。但该项目生产自动化水平较低，劳动强度较大，需要较多劳动力资源。

为了系统掌握利用甜高粱茎秆大规模制取燃料乙醇的能耗状况和技术经济可行性，本节以建立在中国山东省威海市的年产1 000 t无水乙醇中试项目为研究对象，对其工艺过程、关键性技术、工程投资及运行进行系统描述，并进行能耗分析和动态技术经济评价，以期对甜高粱茎秆制取燃料乙醇的产业化提供参考。

7.3.1　工程及工艺概况

7.3.1.1　工程概况

该工程是以甜高粱茎秆为原料，采用固态发酵工艺制取乙醇，并利用发酵剩余残渣生产发酵蛋白饲料及茎秆纤维纸浆的中试项目。工程所在地是山东省威海市文登市(县级)小观镇南七口村，位于胶东半岛东部，文登市西南边界，北依爬山，南临黄海，东西各临母猪河、黄垒河，水源、电力及劳动力资源丰富。该地点行政区划属于文登南海管委会小观镇管辖。小观镇辖47个行政村，1.4万户，人口3.77万人，面积126 km^2，耕地3 901 hm^2，海岸线长25.58 km。文登市地处北半球中纬度季风区内，属暖温带东亚季风区域大陆性气候，四季分明，春季风大雨少，夏季温热多雨，秋季属于夏冬季风转换期，时有连绵小雨，湿润凉爽，冬季漫长，雪大干冷。文登地区主要气象要素（文登市气象台近三年平均值），年平均气温：11.1℃；气压：101 020 Pa；相对湿度：71.5%；降水量：824.2 mm；日照：2 469.7 h；无霜期 191 d；主导风向为西北风，冬季以北—西北风为主；夏季以南—西南风为主，平均风速为 3.4 m/s，属于甜高粱的优势种植区域[23]。

7.3.1.2 工艺路线及流程

该项目是以甜高粱茎秆为原料，其中甜高粱品种为国家高技术研究发展计划（863 计划）成果“醇甜系列”杂交甜高粱。种植于项目所在地。种植面积为 266.7 hm^2，每 667 m^2 年产甜高粱籽粒 0.29～0.4 t/a，甜高粱茎秆 4～5.5 t/a，茎秆汁液锤度为 18～20 Brix。采用固态发酵工艺制取乙醇，并利用发酵剩余残渣生产发酵蛋白饲料及茎秆纤维纸浆的中试项目。项目设计年消耗鲜甜高粱茎秆 16 000 t/a，生产 1 000 t/a 无水乙醇、1 500 t/a 发酵蛋白饲料和 5 000 t/a 茎秆纤维纸浆。其主要技术经济指标如表 7－8 所示。

表 7－8　甜高粱茎秆乙醇固态发酵项目主要技术经济指标

项　目	技术指标	项　目	技术指标
甜高粱种植面积/hm^2	266.7	乙醇发酵池容积/m^3	900
每 667 m^2 年产甜高粱鲜茎秆量/t	4～5	蛋白饲料发酵池容积/m^3	900
甜高粱品种、茎秆含糖量/Brix	18～20	每批次饲料发酵时间/h	72～96
年加工甜高粱茎秆量/(t/a)	16 000	无水乙醇产量/(t/a)	1 000
乙醇转化率/%	95.8	蛋白饲料产量/(t/a)	1 500
年生产时间/(d/a)	160	纤维纸浆产量/(t/a)(第 4 年起)	5 000
每批次乙醇发酵时间/h	72		

项目原料种植采用半机械化种植与收获技术，每年收获以后，合作农户按照合同将鲜茎秆运送到厂内暂储。工厂根据生产进度安排使用专用机械去除叶片和粉碎等预处理操作。预处理后，经灭菌、添加辅料、接种等工序，入池进行密闭固态发酵，发酵成熟后，经初馏、精馏脱水得到无水乙醇，剩余糟渣经发酵或化学处理分别得到发酵蛋白饲料和茎秆纤维纸浆。甜高粱茎秆固态发酵工艺流程如图 7－20 所示。整个流程包括原料预处理、菌种保藏与扩增、发酵、蒸馏脱水和副产物生产等 5 个生产单元。

该工艺主要包括三个主要工艺环节：①无水乙醇生产环节；②蛋白饲料生产环节；③纸浆生产环节。

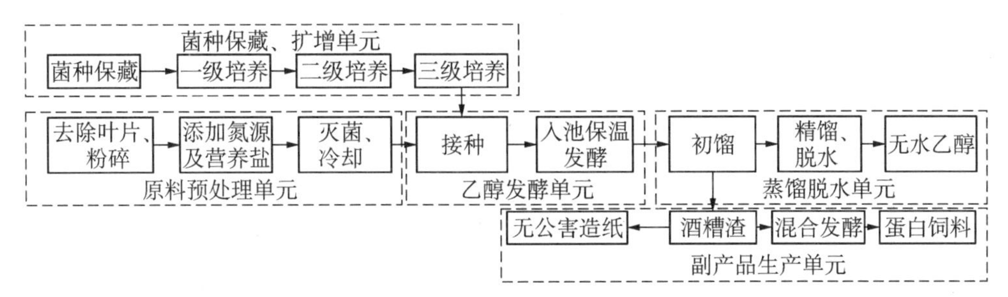

图 7 - 20　甜高粱茎秆固态发酵工艺流程

1）无水乙醇生产工艺

无水乙醇的生产工艺过程如图 7 - 21 所示，主要包括原料预处理、菌种的扩增、乙醇发酵和脱水蒸馏几个环节。

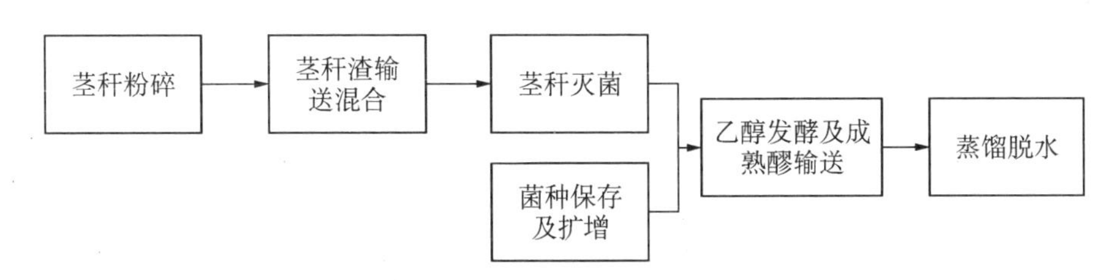

图 7 - 21　甜高粱茎秆生产无水乙醇生产工艺过程

(1) 原料预处理。

原料预处理是将采收后的甜高粱茎秆加工成适合发酵的原料的过程。包括去叶片粉碎、添加辅料、灭菌等生产环节。去除叶片和粉碎是采用专用机械去除叶片及叶鞘，并粉碎成 0.2～0.8 cm 粒度的碎渣，粉碎的粒度宜大小适中，过大影响原料与酵母细胞充分接触，过小容易阻塞发酵产生的 CO_2 逸散通道。发酵辅料主要是氮源和必需营养盐，添加时要混合搅拌均匀，再用自动进料机输入到蒸煮釜内通入蒸汽进行灭菌。在气温较高时，对于污染程度较低的原料也可省去灭菌操作，以减少能耗。在气温较低的冬季进行蒸汽灭菌还有提高发酵原料温度，快速启动发酵的作用。

(2) 菌种保藏与扩增。

项目使用的菌种为自行选育的高效乙醇酵母(*Saccharomyces cerevisiae*)，采用常规方法保藏及扩大培养[18]。经生产验证，使用该酵母进行固态发酵的乙醇转化率达 95.8%，发酵时间可以缩短到 60～72 h。与使用商品活性干酵母比较可降低成本。

(3) 乙醇发酵。

原料灭菌后，冷却到 40℃左右时，即可边入池边接入乙醇发酵菌种，接种量为原料质量的7%～10%，并确保菌种与发酵原料混合均匀，乙醇发酵池上覆盖塑料薄膜，密闭保温(36～38℃)发酵72 h即可成熟。发酵结束后，发酵糟渣中残糖质量分数降到0.5%左右，乙醇体积分数可达8%左右。乙醇发酵是本工艺的关键技术，是发酵微生物将甜高粱茎秆中的糖分经一系列生化反应最终转化成乙醇的过程。理论上每1 g葡萄糖可以转化为0.511 g乙醇，实际发酵生产中，由于酵母菌体生长和反应中产生少量醛、酸、酯等副产物都要消耗碳源，同时，成熟发酵糟渣中还会残存少量残糖，所以乙醇发酵的实际转化率要比理论值低。发酵原料、发酵条件、发酵菌种特性等都会影响乙醇转化率，其中最主要的因素是菌种特性，本工艺采用的是甜高粱茎秆乙醇发酵专用酵母(*saccharomyces cerevisiae*)，经生产实际验证，其乙醇转化率可以达到理论值的95.8%以上。

(4) 蒸馏脱水。

蒸馏脱水包括初馏、精馏和脱水三步操作。初馏是将发酵成熟的糟渣移至蒸馏釜进行蒸馏，得到体积分数为50%～60%的粗乙醇，再经精馏、分子筛脱水得到成品无水乙醇。

由图7-21可知，甜高粱茎秆经粉碎、揉搓，输送到灭菌釜进行蒸汽灭菌，冷却后加入营养盐、接入菌种经绞龙混合机进入发酵箱进行乙醇发酵。发酵箱在固定的轨道上移动，经72 h发酵，发酵结束时恰好移至蒸馏釜进料池进行卸料，成熟糟渣经绞龙输送机进入蒸馏釜，进行差压蒸馏，再经精馏、分子筛脱水得到成品无水乙醇。其中，物料灭菌后的冷却过程、蒸馏过程和冷却水中的部分热量可回收利用，蒸馏冷却水实现循环利用。蒸馏后的糟渣主要成分是纤维素、半纤维素及酵母菌菌体、酚类色素和少量糖类物质，可以进行综合利用。所以，此生产工艺无废水、废渣排放。

2) 秸秆蛋白饲料生产工艺

图7-22是甜高粱茎秆糟渣生产秸秆蛋白饲料的工艺过程及能耗。由图7-22可知，工艺过程如下：将经过蒸馏的糟渣冷却到40℃左右，补充少量氮源、营养盐后，接入以利用纤维素为主的混合菌种，入发酵池进行通风发酵，发酵结束后，经干燥可得到粗蛋白质量分数在8%左右的蛋白饲料。糟渣冷却过程可回收部分热量，且此过程无废水、废渣排放。

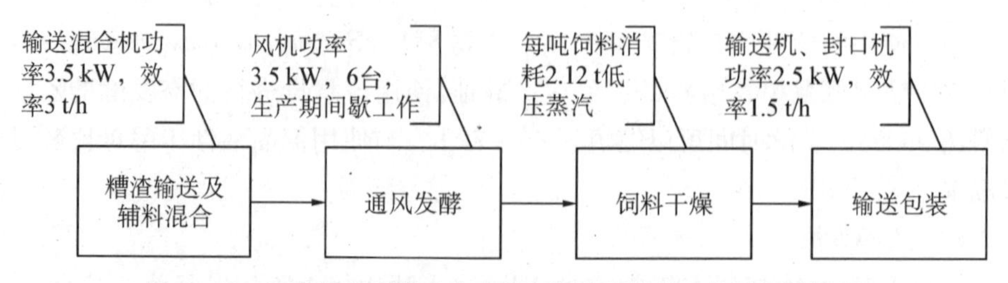

图7-22 甜高粱茎秆糟渣生产秸秆蛋白饲料的工艺过程及能耗

3) 秸秆纤维纸浆生产工艺

项目的技术经济分析结果表明[24]，本项目经济性优劣的关键在于副产物的综合利用水平。为了提高项目经济效益和抗风险能力，除了将蒸馏剩余的糟渣用于加工秸秆蛋白饲料外，本项目还建造了秸秆纤维纸浆生产线，以期增加综合利用路径，提高产品附加值。甜高粱茎秆糟渣生产秸秆纤维纸浆的工艺流程及能耗如图 7－23 所示。由图可知，蒸馏剩余糟渣经磨浆、淋洗、筛滤、脱水等工序获得秸秆纤维纸浆。淋洗水中的酵母菌泥、半纤维素、木糖等经沉淀回收，80％以上的淋洗水可循环利用。因此，此过程亦无废水、废渣排放。

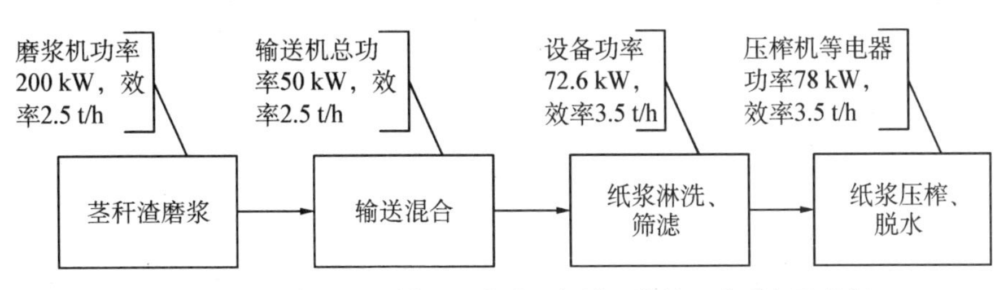

图 7－23　甜高粱茎秆糟渣生产秸秆纤维纸浆的工艺流程及能耗

7.3.2　工程生产能耗分析

7.3.2.1　无水乙醇生产能耗

各项产品的生产能耗根据 GB/T2589—2008《综合能耗计算通则》(附录 B)的方法进行计算。表 7－9 是甜高粱茎秆生产无水乙醇能耗分析表。由表 7－9 可知，在不考虑能量回收利用的情况下，甜高粱茎秆原料无水乙醇的生产能耗为 3 649.67 kW・h/t。吉林燃料乙醇公司以玉米为原料生产 1 t 乙醇的能耗为 0.824 t 标准煤[25, 26]，折合 6 707.20 kW・h/t；安徽燃料乙醇公司以玉米为原料生产乙醇的单位能耗为 414.334 kW・h/t，蒸汽 4.543 t/t[27, 28]，折合7 255.48 kW・h/t。甜高粱茎秆生产无水乙醇能耗低于玉米原料[29]和木薯原料[30]燃料乙醇的生产能耗。本项目乙醇生产工段中，蒸馏脱水工序使用的真空泵等设备功率为 190 kW，正常工况功耗为额定功率的 81％，消耗低压蒸汽 9 t/d，消耗冷却水 21.6 t/d。低压蒸汽的综合能耗为 3 736 kJ/t，新水的综合能耗为 2.52 MJ/t，蒸馏脱水工序的能耗折合 2 098.55 kW・h/t，占乙醇生产能耗的比例最高[31]，为57.5％。其次是物料灭菌工序，由于生产初期项目所在地的气温较高，有 30％以上的物料可不经灭菌工序即可启动发酵，入冬后，物料必须经加热灭菌，一方面防止杂菌生长影响发酵，同时可以保证发酵初始的温度，使发酵正常启动。经实际测算，生产期内用于灭菌的低压蒸汽量约为 8.2 t/d，该工序单位生产能耗为1 395.69 kW・h/t，占乙醇生产能耗的 38.24％。

表 7-9　甜高粱茎秆生产无水乙醇能耗分析表

序号	工序名称	设备功率及效率	能耗/[(kW·h/t乙醇)]	所占比例/%	备注
1	原料粉碎	秸秆粉碎机 22 kW/台，5 t/h。正常工况功耗为满负荷功耗的 70%	98.56	2.70	
2	粉碎物料输送、混合	①皮带输送机 1.5 kW/台，3 t/h；②双绞龙混合机 3.5 kW/台，3 t/h。正常工况功耗为满负荷功耗的 70%	18.67	0.51	
3	物料灭菌	低压蒸汽消耗：8.2t/d	1 395.69	38.24	
4	菌种保藏及扩增	①生产期内能耗 127.13 kW·h/d；②非生产期能耗 12kW·h/d	22.80	0.62	
5	发酵成熟糟渣输送	5.5 kW，4 t/h，正常工况功耗为满负荷功耗的 70%	15.40	0.42	
6	蒸馏脱水	①设备电器功率 190 kW，正常工况功耗为满负荷功耗的 81%；②消耗低压蒸汽 9 t/d；③消耗冷却水 3 456 t	2 098.55	57.50	
	合计		3 649.67	100.00	

原料粉碎工序配备两台功率 22 kW 的秸秆粉碎机，每台生产效率为 2.5 t/h，正常工况平均功耗为额定功率的 70%，此工序能耗为 98.56 kW·h/t，占总能耗的 2.7%；粉碎物料输送、混合采用皮带式输送机和双绞龙混合输送机，功率分别为 1.5 kW、3.5 kW，正常工况功耗为额定功率的 70%，此工序能耗为 18.67 kW·h/t；用于菌种保藏及扩增的能耗为 22.80 kW·h/t，其中，生产期内为127.13 kW·h/d，非生产期为 12 kW·h/d。将发酵成熟醪输送到蒸馏釜内由两台功率为5.5 kW的绞龙输送机完成，正常工况功耗为额定功率的 70%，此工序能耗为 15.40 kW·h/t。

7.3.2.2　秸秆蛋白饲料生产能耗

由图 7-26 可知，用于蒸馏后糟渣输送、混合的设备功率为 3.5 kW，效率为 3 t/h，正常工况下功耗为额定功率的 75%；通风发酵用风机 6 台，每台功率 3.5 kW，正常工况下功耗为额定功率的 60%；饲料消耗 2.12 t/t 低压蒸汽用于干燥；干燥后饲料输送、包装封口机功率为 2.5 kW，效率为 1.5 t/h。秸秆蛋白饲料的综合生产能耗为 36.86 kW·h/t。

7.3.2.3　秸秆纤维纸浆生产能耗

由图 7-27 可知，秸秆纤维纸浆生产包括糟渣经磨浆、淋洗、筛滤、脱水等工序。纸浆设备总功率为 420.6 kW，其中，磨浆机 220 kW，效率 2.5 t/h；输送系统

50 kW,效率2.5 t/h;淋洗筛滤系统72.6 kW,效率3.5 t/h;压滤脱水系统78 kW,效率3.5 t/h。经实际测算,全套设备运行时,总功耗为388 kW。淋洗水中含有的酵母菌泥、半纤维素、木糖等杂质,经沉淀可以回收利用,沉淀池上层80%以上的淋洗水再进入淋洗工序,循环利用。经实际测算,纸浆生产工段水的净消耗量为19.2 t/d。单位秸秆纤维纸浆(绝干)的综合生产能耗为298.41 kW·h/t,远低于目前执行的国家和地方标准规定的纸浆产品综合生产能耗。该系统对纸浆生产中产生的酵母菌泥、半纤维素、木糖等副产物尚没有实现回收利用。建议采用超滤等分离、脱水技术进行处理,目前可引入木糖等五碳糖乙醇发酵技术,提高系统乙醇产量,降低系统综合生产能耗,提高项目的经济性。

7.3.2.4　废热回收利用

由前面分析可知,无水乙醇生产主要能耗工序为物料灭菌和蒸馏脱水,两者占乙醇生产工段耗能的95%以上。其中,用于物料加热的能耗为2 900.9 kW·h/t,占乙醇生产工段耗能的80%左右。物料经灭菌,温度达到100℃,工艺要求其温度降到40℃左右才能进行接种发酵,降温过程的部分热量可以回收利用。蒸馏过程也需要将发酵成熟糟渣加热到80℃左右,蒸馏后物料中的热量和冷凝水中的热量均可以回收利用。为此,本项目设计了这几部分热量回收工艺,回收的热量用于待灭菌物料预热和锅炉水预热等。经实际验证,本工艺可以回收的热量为8.9×105 kW·h/a,约合110 t标准煤。平均生产单位无水乙醇可降低890 kW·h/t的能耗。应进一步对能耗量较大的蒸馏脱水和物料灭菌工序进行系统研究、设计,提高余热回收率,降低系统能耗。此外,系统采用了秸秆气化炉作为蒸汽锅炉的热源,燃用当地来源丰富的花生壳、玉米芯等生物质燃料,减少了一次能源的使用量。在考虑能量回收利用的情况下,甜高粱茎秆原料无水乙醇的生产能耗为2 759.67 kW·h/t。如果不计甜高粱种植、运输、副产品加工的能耗及副产品的内能,生产单位乙醇的能量净回收量为4 679.26 kW·h/t,无水乙醇的内能为7 438.93 kW·h/t[27],能量回收率为62.9%。

7.3.3　工程经济性分析

7.3.3.1　生产设施及初始投资

表7-10是按中国2009年价格核算的甜高粱茎秆乙醇固态发酵项目初始投资。主要生产设施是地下式水泥砖混结构发酵池,配置连续进出料装置,造价较人工进出料稍高,但可节省较多劳力,提高发酵池利用率。项目所在地养殖业较发达,饲料需求量大,因此设置了蛋白饲料发酵池、通风装置、干燥包装等设施,用于将糟渣加工成蛋白饲料。此外,项目依托单位原有一套纤维纸浆生产设备,现值为380万元,在原料供应充足时,可年产10 000 t甜高粱茎秆纤维纸浆。

表 7－10 甜高粱茎秆乙醇固态发酵项目初始投资

项　目	规格	单位	数量	初始投资/万元
主要设施、设备投资：				
茎秆除叶片、粉碎设备	5 t/h	台	4	5
发酵池及连续供料装置	5～10 m^3	套	120	50
蛋白饲料发酵池及通风装置	10 m^3	个	90	45
物料输送系统菌种罐	8 m^3/h	套	6	23
	0.5 t	个	5	2.5
灭菌、初馏设备精馏设备	4 m^3	套	2	20
	10 t/h	套	1	24
乙醇脱水设备	5 t/h	套	1	14
饲料干燥、包装设备蒸汽锅炉	3 t/h	套	2	21
	5 t/h	台	2	50
纤维纸浆生产设备	10 000 t/a	套	1	380
土地使用及建设费：				
土地使用费	500 元/667 m^2	666.7 m^2	40	30
土建费	590 元/m^2	m^2	3 080	182
厂区道路及绿化	100 元/m^2	m^2	2 000	20
其他费				50
合计				916.5

7.3.3.2　运行成本及收入

1）运行成本

甜高粱茎秆原料按 200 元/t 从合作农户收购，发酵辅料主要是酵母发酵的氮源、矿物质盐类等乙醇发酵辅料，按工艺要求使用，平均每吨乙醇使用量的费用为 270 元。生产用水、燃料动力费为每吨乙醇 350 元；蛋白饲料加工用水、燃料动力费为每吨饲料 180 元；饲料发酵辅料及包装费为每吨饲料 167 元，生产期内每天 3 班，每班 8 名操作工人，工人工资福利费标准为 1.9 万元/(年・人)；税费支出为销售收入的 8%，一般管理费为年运行成本的 2%。

表 7－11 是按 2009 年价格核算的甜高粱茎秆乙醇固态发酵系统运行成本。由表 7－11 可知，本项目生产的无水乙醇单位成本 5 033.8 元/t，其中直接原料费占 65%，水及燃料动力费和工资福利费分别占 7%、6%，按照一般工业企业的税费

负担率(年销售额的 8%)计算,税费占乙醇单位成本的 9%左右。在不计算发酵蛋白饲料的直接原料(糟渣)成本的情况下,干饲料的单位生产成本为 673 元/吨,水、燃料动力费和发酵辅料及包装费分别占饲料成本的 27%和 25%。可见,直接原料费、水、燃料动力费和工资福利费占运行成本的比例较高。

表 7-11　甜高粱茎秆乙醇固态发酵系统运行成本

项目	数量	标准	金额/万元	
			乙醇	饲料
1. 直接原料费	16 000 t	200 元/吨	320.00	
2. 乙醇发酵菌种及辅料费	1 000 t	270 元/吨	27.00	
3. 饲料发酵辅料及包装费	1 500 t	167 元/吨		25.00
4. 设备维护费		主要设施、设备建设投资的 2%	6.98	2.40
5. 设备折旧费		主要设备按 15 年折旧	23.00	10.00
6. 水、燃料动力费		350 元/吨乙醇;180 元/吨饲料	35.00	27.00
7. 工资福利费	8 人/班	3 班/d,1.9 万元/(年・人)	28.50	17.10
8. 一般管理费			10.00	6.00
9. 税费支出		年销售额的 8%	52.90	13.50
合计			503.38	101.00

由于项目依托单位具有全套纤维纸浆生产设备,经改装、调试既可利用秸秆、木质纤维等农业废弃物为原料,采用生物法生产纸浆,只计算设备维护费、折旧费、水、燃料动力费、工资福利费、一般管理费和税费的纤维纸浆的生产成本为 89.73 元/t。因此,项目第 1～3 年的年运行成本为 593.98 万元,第 4 年之后,每年的年运行成本为 683.71 万元。

2) 项目收入

本项目建成后的初期收入来自于无水乙醇和发酵蛋白饲料,在当前石油价格下,用于添加到汽油中的无水乙醇出厂价格在 5 500 元/吨左右[32],项目年产无水乙醇 1 000 t,收入为 550 万元/年;发酵蛋白饲料的出厂价格为 1 000 元/吨,收入为 150 万元/年。预计在 3 年后,纤维纸浆设备投产,可用当地高粱、玉米秸秆等农作物废弃物为原料生产纸浆,每年将新增 5 000～10 000 t 纤维纸浆产量,其出厂价在 300 元/吨左右。即项目运行第 1～3 年仅有无水乙醇、蛋白饲料两种产品,年收入为 700 万元,从第 4 年起,将新增纤维纸浆产品,年产量按 5 000 t 计算,则项目从第4年起的年收入为850万元。表7-12所列是项目的年销售收入情况。

表7-12 项目的年销售收入

	年销售量/t	价格/(元/吨)	收入/万元	备 注
无水乙醇	1 000	5 500	550	项目建设当年
蛋白饲料	1 500	1 000	150	项目建设当年
纤维纸浆	5 000	300	150	项目运行第4年起
合计			850	第1～3年年收入700万元,第4年以后为850万元

7.3.3.3 技术经济评价

1) 评价方法

采用对项目寿命期内成本和效益的分析比较即成本效益分析法来判断该项目的优劣。用净现值(NPV);益本比(B/C)和内部收益率(IRR)三个准则进行项目评价。三种决策准则之间具有一定的关系,本研究采用这三种准则综合运用的方法,其计算采用计算机编程运算。

2) 现金流分析

项目服役期为15年,建设期为0.5年,建设当年即可生产;运行期间设备不需要大修,期末不计设备残值;产品无库存。表7-13是甜高粱茎秆乙醇固态发酵系统的财务现金流分析。现金流分析结果表明,当社会折现率取10%时,项目的净现值 $NPV = 281.75$ 万元,内部收益率 $IRR = 16.05\%$;益本比 $B/C = 0.953$;累计现值在9～10年之间由负值变为正值,即项目的动态投资回收期为9～10年。可见,该项目在经济上虽然可行,但投资回收期较长,有一定风险。

表7-13 甜高粱茎秆乙醇固态发酵系统的财务现金流分析

单位:万元

年度	初始投资	运行费用	总成本	总效益	净效益	净效益现值 *NPV*
1	916.5	593.98	1 510.48	700	−810.48	−736.80
2		593.98	593.98	700	106.02	−649.18
3		593.98	593.98	700	106.02	−569.53
4		683.71	683.71	850	166.29	−455.95
5		683.71	683.71	850	166.29	−352.69
6		683.71	683.71	850	166.29	−258.83

（续表）

年度	初始投资	运行费用	总成本	总效益	净效益	净效益现值 *NPV*
7		683.71	683.71	850	166.29	−173.50
8		683.71	683.71	850	166.29	−95.92
9		683.71	683.71	850	166.29	−25.40
10		683.71	683.71	850	166.29	38.72
11		683.71	683.71	850	166.29	97.00
12		683.71	683.71	850	166.29	149.98
13		683.71	683.71	850	166.29	198.15
14		683.71	683.71	850	166.29	241.94
15		683.71	683.71	850	166.29	281.75
内部收益率 *IRR*		16.05%				

3）敏感性分析

图 7－24 是项目的敏感性分析。由图 7－24 可见，对内部收益率(IRR)影响最大的因素是产品价格，其次是运行成本，再次是初始投资。如果无水乙醇的出厂价格降低 5%，*IRR* 下降 40.87%，无水乙醇的出厂价格降低 10%，*IRR* 会下降 86.11%。当运行成本升高 5%，*IRR* 降低 33.21%，运行成本升高 10%，*IRR* 下降 68.41%；初始投资提高 5%，*IRR* 仅下降 6.85%，初始投资提高 10%，*IRR* 相应下降 13.21%。中国燃料乙醇定价方法与汽油价格直接挂钩，汽油价格受石油价格左右。因此，项目的内部收益率(IRR)高低主要取决于国际市场的石油价格。当国际油价出现较大波动时，本项目要承受较大风险。如前所述，运行成本由直接材料费、设备维持费、水电等生产性消耗和各种税费等组成。目前，本工艺乙醇转化

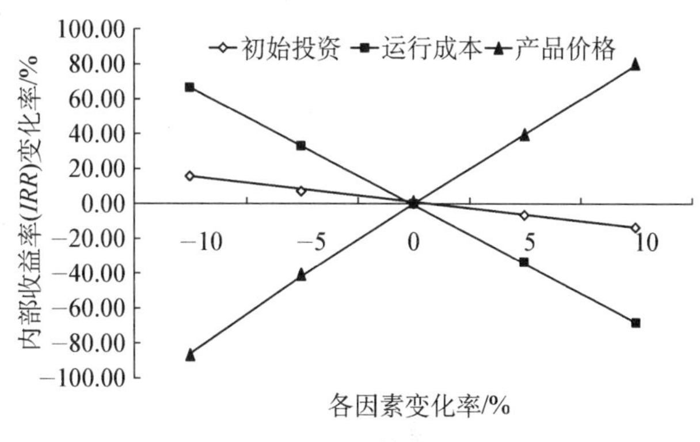

图 7－24　项目敏感性分析

率已达95%以上，再提高的空间有限，即降低单位产品的直接材料消耗量的可能性较小；同时为确保合作农户的利益，不可能用降低甜高粱茎秆收购价的方法来降低直接材料费用。唯有改进技术，降低水、燃料和设备维护等方面的消耗，才有可能控制运行成本。此外，由于甜高粱茎秆制乙醇属于国家支持的可再生能源项目，应在财税政策上予以优惠，亦可使运行成本得到一定幅度的降低。

7.3.4 小结

本项目采用固态发酵法利用甜高粱茎秆生产乙醇的工艺过程安排科学合理，在考虑余热回收情况下，系统全年生产总能耗为4.31×106 kW·h/a。其中，无水乙醇的单位生产能耗为2 759.67 kW·h/t，生产单位乙醇的能量净回收量为4 679.26 kW·h/t，能量回收率为62.9%，高于以玉米等粮食原料生产乙醇的能量回收率。用甜高粱茎秆原料生产无水乙醇能耗较大的工序是蒸馏脱水和物料灭菌，生产单位乙醇能耗分别为2 098.55 kW·h/t和1 395.69 kW·h/t，分别占单位乙醇生产能耗的57.5%和38.24%。对蒸馏后剩余糟渣进行综合利用，得到秸秆发酵蛋白饲料和秸秆纤维纸浆等副产品，其单位生产能耗分别是36.86 kW·h/t和298.41 kW·h/t。全部生产过程无废水、废渣排放，具有环保特性，不但减少了环境负担，还可使周边居民及养殖户受益。项目使用秸秆气化炉作为蒸汽锅炉的供热源，减少了一次能源的使用量；采用余热回收技术，对工艺中产生的废热进行回收，回收量为8.9×105 kW·h/a，降低了系统总能耗，在蒸馏脱水和物料灭菌等工序中仍需研究更加有效的降低能耗工艺。

项目可获得无水乙醇、发酵蛋白饲料和纤维纸浆等三种产品。成本效益分析表明，无水乙醇的生产成本为5 033.8元/t；在不计算饲料生产直接材料和纤维纸浆直接材料费的情况下，蛋白饲料的生产成本为101元/t，纤维纸浆的生产成本为89.73元/t。现金流分析表明，当社会折现率取10%时，项目的净现值(NPV)为281.75万元，内部收益率(IRR)为16.05%；益本比(B/C)为0.953，动态投资回收期为9～10年，项目具有一定的获利能力。敏感性分析表明，IRR对产品价格和运行成本变化的敏感性最高，对初始投资的敏感性较低，在现有规模和工艺条件下，该项目的市场风险主要来自产品价格。应通过不断提高工艺水平降低生产性消耗，研究出台相应的财税帮扶政策，较大幅度降低运行成本，提高项目抗风险能力。

参考文献

[1] Sree N K, Sridhar M, Rao L V, et al. Ethanol production in solid substrate fermentation using thermotolerant yeast [J]. Process Biochemistry, 1999,34(2):115-119.

[2] 肖明松,杨家象.甜高粱茎秆固体发酵制取乙醇产业化示范工程[J].农业工程学报,2008,22(S1):207-210.

[3] 卢庆善.甜高粱[M].北京:中国农业科学技术出版社,2008.

[4] 沈飞.甜高粱茎秆/汁液储藏及残渣酶水解制取生物乙醇的研究[D].上海:上海交通大学,2010.

[5] 刘荣厚,梅晓岩,颜涌捷.燃料乙醇的制取工艺与实例[M].北京:化学工业出版社,2007.

[6] Bryan W L. Solid-state fermentation of sugars in sweet sorghum [J]. Enzyme and Microbial Technology, 1990,12(6):437-442.

[7] Cochet N, Nonus M, Lebealt J. Solid-state fermentation of sugar-beet [J]. Biotechnology Letters, 1988,10(7):491-496.

[8] Hang Y, Lee C, Woodams E. Solid-state fermentation of grape pomace for ethanol production [J]. Biotechnology Letters, 1986,8(1):53-56.

[9] Ngadi M, Correia L. Solid state ethanol fermentation of apple pomace as affected by moisture and bioreactor mixing speed [J]. Journal of Food Science, 1992,57(3):667-670.

[10] Roukas T. Solid-state fermentation of carob pods for ethanol production [J]. Applied Microbiology and Biotechnology, 1994,41(3):296-301.

[11] Yu J, Tan T. Ethanol production by solid state fermentation of sweet sorghum using thermotolerant yeast strain [J]. Fuel Processing Technology, 2008,89(11):1056-1059.

[12] 宋俊萍,陈洪章,马润宇.甜高粱固态发酵渣综合利用的研究[J].酿酒,2007,34(4):52-53.

[13] 苏东海,孙君社,张东,等.生物反应器操作参数对秸秆固态发酵酒精的影响[J].中国酿造,2005,24(5):18-20.

[14] 章克昌.酒精与蒸馏酒工艺学[M].北京:中国轻工业出版社,2005.

[15] Shen F, Liu R, Wang T. Effects of temperature, pH, agitation and particles stuffing rate on fermentation of sorghum stalk juice to ethanol [J]. Energy Sources, Part A, 2009,31(8):646-656.

[16] Pandey A. Effect of particle size of substrate of enzyme production in solid-state fermentation [J]. Bioresource Technology, 1991,37(2):169-172.

[17] 陈洪章.现代固态发酵原理及应用[M].北京:化学工业出版社,2004.

[18] Liu R, Shen F. Impacts of main factors on bioethanol fermentation from stalk juice of sweet sorghum by immobilized Saccharomyces cerevisiae (CICC1308) [J]. Bioresource Technology, 2008,99(4):847-854.

[19] Tauskela J S, Hewitt K, Kang L P, et al. Evaluation of glutathione-sensitive fluorescent dyes in cortical culture [J]. Glia, 2000,30(4):329-341.

[20] 薛洁,王异静,贾士儒. 甜高粱茎秆固态发酵生产燃料乙醇的工艺优化研究[J]. 农业工程学报,2008,23(11):224-228.
[21] 王锋,成喜雨,吴天祥,等. 甜高粱茎秆汁液酒精发酵及其经济可行性研究[J]. 酿酒科技,2006,(8):41-44.
[22] 肖明松,封俊. 甜高粱茎秆液态发酵制取乙醇工艺技术[J]. 农业工程学报,2008,22(S1):217-220.
[23] 卢庆善,邹剑秋,朱凯,等. 试论我国高粱产业发展—论全国高粱生产优势区[J]. 杂粮作物,2009,29(2):78-80.
[24] 梅晓岩,刘荣厚,曹卫星. 甜高粱茎秆固态发酵制取燃料乙醇中试项目经济评价[J]. 农业工程学报,2011,27(10):243-248.
[25] 柴智勇. 基于 GREET 模型的车用生物质燃料能耗及排放研究[D]. 长春:吉林大学,2007.
[26] 梁靓. 生物质能源的成本分析[D]. 南京:南京林业大学,2008.
[27] 丁文武,原林,汤晓玉,等. 玉米燃料乙醇生命周期能耗分析[J]. 哈尔滨工程大学学报,2010,31(6):773-779.
[28] 周岳. 生物质生产的生命周期模拟和优化[D]. 大连:大连理工大学,2007.
[29] 李江昕,胡山鹰,杜风光,等. 燃料乙醇企业能流分析[J]. 计算机与应用化学,2009,(7):849-856.
[30] 张军,夏训峰,席北斗,等. 基于全生命周期评价的燃料乙醇能值分析—以木薯为例[J]. 国土与自然资源研究,2010,(1):55-57.
[31] 全国能源基础与管理标准化技术委员会. GB/T2589—2008 综合能耗计算通则[S]. 北京:中国标准出版社,2008.
[32] 国家质量技术监督局. GB 18350—2001 变性燃料乙醇[S]. 北京:中国标准出版社,2001.

第 8 章　甜高粱茎秆木质纤维素残渣预处理及乙醇发酵技术

8.1　木质纤维素乙醇生产基本原理与工艺

8.1.1　木质纤维素原料生产乙醇基本原理

甜高粱秆残渣的主要有机成分包括纤维素、半纤维素和木质素三部分。

纤维素是由葡萄糖脱水生成的糖苷，通过 β-1，4 葡萄糖苷键连接而成的直链聚合体，其分子式可简单表示为$(C_6H_{10}O_5)_n$，这里的 n 为聚合度，表示纤维素中葡萄糖单元的数目，其值一般在 3 500～10 000 范围内。纤维素经水解可生成葡萄糖，该反应可表示为

$$(C_6H_{10}O_5)_n + nH_2O \longrightarrow nC_6H_{12}O_6$$

理论上每 162 kg 纤维素水解可得 180 kg 葡萄糖。

纤维素大分子间通过大量的氢键连接在一起形成晶体结构的纤维素。这种结构使得纤维素的性质很稳定，它在常温下不发生水解，在高温下水解也很慢。只有在催化剂存在下，纤维素的水解反应才能显著地进行。常用的催化剂是无机酸和纤维素酶，由此分别形成了酸水解和酶水解工艺，其中的酸水解又可分为浓酸水解工艺和稀酸水解工艺[1]。

半纤维素是由不同多聚糖构成的混合物。这些多聚糖由不同的单糖聚合而成，有直链也有支链，上面连接有不同数量的乙酰基和甲基。半纤维素的水解产物包括两种五碳糖（木糖和阿拉伯糖）和三种六碳糖（葡萄糖、半乳糖和甘露糖）。各种糖所占比例随原料而变化，一般木糖占一半以上，以农作物秸秆和草为水解原料时还有相当量的阿拉伯糖生成（可占五碳糖的 10%～20%）。半纤维素中木聚糖的水解过程可用下式表示：

$$(C_5H_8O_4)_m + mH_2O \longrightarrow mC_5H_{10}O_5$$

故每 132 kg 木聚糖水解可得 150 kg 木糖，这里的 m 也为聚合度。

半纤维素的聚合度较低，所含糖元数在 60～200，也无晶体结构，故它较易水解，在 100℃左右就能在稀酸里水解，也可在酶催化下完成水解。但因生物质里的半纤维素和纤维素互相交织在一起，故只有当纤维素被水解时，半纤维素才能水解完全。

木质素不能被水解为单糖，且在纤维素周围形成保护层，影响纤维素水解。

一般的酒精酵母除可发酵葡萄糖外，也可发酵半乳糖和甘露糖，这三种六碳糖的发酵过程可用下式表示：

$$C_6H_{12}O_6 \longrightarrow 2CH_3CH_2OH + 2CO_2$$

故 1 mol 六碳糖可生成 2 mol 酒精，或 100 g 六碳糖发酵得 51.1 g 酒精和 48.9 gCO_2。

一般的酒精酵母不能发酵木糖和阿拉伯糖，以前曾把这两种五碳糖称为非发酵性糖。但目前已经开发出了能发酵木糖和阿拉伯糖的微生物，对这两种五碳糖的发酵过程可用下式表示：

$$3C_5H_{10}O_5 \longrightarrow 5CH_3CH_2OH + 5CO_2$$

理论上 100 g 五碳糖发酵同样可得 51.1 g 酒精。但微生物发酵五碳糖的途径比发酵葡萄糖复杂，发酵过程中所需消耗能量也较多，故五碳糖发酵中的实际酒精得率常低于葡萄糖发酵。

8.1.2 纤维素类生物质乙醇转化的一般流程

图 8-1 给出了生物质水解发酵工艺的一种简化的配置，其中的每一步中都可能有不同的选择。下面对此作一些简单的介绍，更详细的说明见本章后面各节。

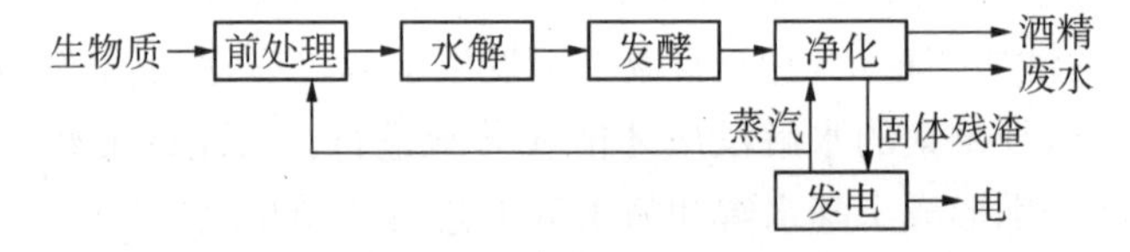

图 8-1 木质纤维素生物质乙醇转化的一般工艺

1) 生物质原料的前处理

不管采用何种生物质制取酒精的工艺，前处理总是需要的。它主要包括原料的清洗和机械粉碎。原料的粒度越小，它的比表面积就越大，也越有利于催化剂和蒸汽的传递。不同的水解工艺对原料粉碎的要求不同，但一般建议的粒度大小从 1～3 mm 直至 1～3 cm。总体上，粉碎生物质原料所需能耗较大。据报道，在高的粒度要求下，用于原料粉碎的能耗可占到过程总能耗的三分之一。

2）水解工艺

生物质的水解工艺主要有浓酸水解、稀酸水解和酶水解，它们有不同的机理。

浓酸水解的原理是结晶纤维素在较低温度下可完全溶解在硫酸中，转化成含几个葡萄糖单元的低聚糖。把此溶液加水稀释并加热，经一定时间后就可把低聚糖水解为葡萄糖。浓酸水解的优点是糖的回收率高（可达 90%以上），可以处理不同的原料，相对迅速（总共 10～12 h），水解后的糖降解较少。但对设备要求高，且酸必须回收。

稀酸水解的机理是溶液中的氢离子可和纤维素上的氧原子相结合，使其变得不稳定，容易和水反应，纤维素长链即在该处断裂，同时又放出氢离子，从而实现纤维素长链的连续解聚，直到分解成为最小的单元葡萄糖。稀酸水解工艺较简单，原料处理时间短。但糖的产率较低，且会生成对发酵有害的副产品。

酶水解是生化反应，加入水解器的是微生物产生的纤维素酶。酶水解有不少优点。它在常温下进行，微生物的培养与维持仅需较少的原料，过程能耗低；酶有很高的选择性，可生成单一产物，故糖产率很高（大于 95%）；由于酶水解中基本上不加化学药品，且仅生成很少的副产物，所以提纯过程相对简单，也避免了污染。酶水解的缺点是所需时间长（一般要几天），相应反应器的体积就很大。同时酶的生产成本较高，且水解原料需经预处理。酶水解工艺主要包括原料预处理、酶生产和纤维素水解等部分。

2005 年，Hamelinck 等比较了上面三种水解工艺的特点，所得结果如表 8－1 所示。从环境保护和能耗的角度，目前，酶水解工艺已成为非常有发展前景的技术方式[2]。

表 8－1　三种纤维素水解工艺的比较

水解工艺	药剂	温度/℃	时间	葡萄糖产率
稀酸水解	1%硫酸	215	3 min	50%～70%
浓酸水解	30%～70%硫酸	40	2～6 h	90%
酶水解	纤维素酶	40～60	1.5～3.0 d	75%～95%

3）发酵工艺

葡萄糖的发酵已经是非常成熟的工艺，但木质纤维素类原料制酒精工艺中的发酵和以淀粉或糖为原料的发酵有很大不同，这主要表现在以下两点：①生物质水解糖液中常含有对发酵微生物有害的组分：包括低相对分子量的有机酸、呋喃衍生物、酚类化合物和无机物。大部分有害组分来自纤维素和半纤维素预处理和水解中产生的副产品；②水解糖液中含有较多的木糖。

为此，出现了一系列的水解液净化工艺，并开发出了能发酵五碳糖的微生物。

近年来通过基因设计的酵母或细菌已经能利用水解液中的全部五种糖，并出现了把酶水解和发酵结合在一起的工艺。

4）产品回收

糖液发酵而得的产品被称为“醪液”，它是酒精、微生物细胞和水的混合物。以生物质为原料制得的醪液中酒精浓度较低，一般不超过5%。

醪液中的酒精可通过精馏的方法回收，用普通精馏只能得到酒精和水的恒沸物（酒精浓度在95%），而能作燃料用的是无水酒精。一般先用传统的双塔精馏得到共沸酒精，再进一步脱水制得无水酒精。双塔精馏中的第一个塔称为醪塔，在该塔内可脱除溶解在醪液中的全部CO_2和大部分的水；第二个塔称为精馏塔，在该塔内可得到接近恒沸组成的酒精。从95%酒精生产无水酒精的工艺很多，从节能考虑，常用分子筛吸附法脱水。

5）废水和残渣处理

精馏塔底残液中含有大量有机物，可把这些残液和其他过程废水一起收集后，在厌氧条件下发酵，并可产生出甲烷。此甲烷可用于生产蒸汽，供系统内部使用。

以木质素为主的固体残渣一般用作燃料，用于产生系统内部所用的蒸汽和电。但从提高经济效益的角度考虑，还可以进行木质素残渣的综合利用。目前已经有大量的新工艺在开发，以把这些固体残渣转化为价值更高的产品，目前已经形成一个新的工业化学分支。

8.2 SO_2-蒸汽预处理甜高粱茎秆残渣高浓度基质酶水解发酵制取乙醇研究

甜高粱茎秆主要包括非结构性糖和结构性糖两类，其中非结构性糖（蔗糖、果糖、葡萄糖）约占茎秆组分的9.5%（湿基），而结构性糖（木质纤维素）约占茎秆组分的10.0%（湿基）。因此，甜高粱茎秆的木质纤维素也是乙醇生成的另外重要的一部分资源。在甜高粱生物乙醇的生产工艺中，降低乙醇成本的主要方式在于，一是提高非结构性糖的发酵效率；二是充分利用残余的结构性糖。同时，原材料的采收、收集、预加工、运输等物流成本在乙醇生产中占有很高的比例。因此，若榨汁后的或者固态发酵后的甜高粱茎秆残渣能够被充分有效地利用生产乙醇，可共担物流成本，提高单位茎秆的乙醇产量，降低甜高粱乙醇的总体成本。此外，甜高粱生物乙醇的发展的另一个制约因素是原料不能满足周年生产需求。因此，利用甜高粱茎秆残渣进行生物乙醇生产，有利于增加单位甜高粱茎秆的乙醇产量，降低乙醇生产成本，还有利于补充甜高粱乙醇周年生产的原料。

目前，对于甜高粱生物乙醇的研究多集中在转化茎秆中的非结构性糖部分，例如，不同菌种的选择、不同的发酵工艺和方法等多方面。而利用茎秆中的木质纤维素制取乙醇的研究较少。Yu[3]等采用 H_2SO_3 汽爆预处理新鲜甜高粱茎秆，对非结构性糖和结构性糖进行同时发酵，但此研究中较高的初糖浓度和乙醇浓度会对酶水解产生抑制。Sipos[4]等以不同时间收获的甜高粱茎秆残渣为原料，研究了不同的汽爆预处理条件对酶水解的影响，但他们对后续的发酵未见在文中报道。

在木质纤维素原料制取乙醇的过程中，酶水解是关键的一步。纤维素水解的目的是为了将纤维素、半纤维素等多糖转化为双糖、单糖等简单的、能被发酵菌种直接利用的糖类。酶水解方法具有反应条件温和，对设备基本没有腐蚀、环境友好，且水解产物对发酵生产乙醇抑制作用较弱，因此，酶水解工艺发展迅速。

纤维素微小构成单位周围被半纤维素所包围，其次是木质素层的鞘。依据波尔屯克模型，木质素虽对可分解纤维素的物质(如酶等)反应没有阻碍抑制作用，但它阻止这些物质对纤维素的攻击。因此，借助化学的、物理的方法进行预处理，使纤维素与木质素、半纤维素等分离开；使纤维素内部氢键打开，使结晶纤维素成为无定型纤维素，以及进一步打断部分 β - 1,4 糖苷键，降低聚合度。

常用的木质纤维素原料预处理的方法主要包括机械粉碎法、高温分解法、爆破法、化学法、生物法以及高能物理法。这些方法都能有效地改变天然木质纤维素的结构，降低纤维素的结晶度和聚合度，使纤维素酶等催化剂能够更加充分与纤维素链条接触，增加反应接触表面积，加快酶促反应。在这些预处理的方法中，蒸汽汽爆预处理是一种研究最为全面的方法。所有的这些研究显示蒸汽汽爆预处理法对农作物残余物和硬木是一种低成本高效率的处理方式[5]。其主要的原理是，木质纤维素原料通过高压饱和蒸汽处理，然后压力骤减，使原料经受爆破性减压而碎裂。蒸汽爆破法的典型反应条件为：温度 160～260℃(压力为 0.69～4.83 MPa)，作用时间为几秒或者几分钟。该方法由于中高温可使半纤维素降解，木质素转化，使纤维素的溶解性增加。用该法处理的杨木木片，酶水解的效率可以达到 90%，而未经预处理的木片酶效率仅为 15%。影响蒸汽汽爆预处理的因素有停留时间、温度、原料大小以及水分含量。在高温条件下较短的时间(270℃，1 min)或者低温条件下较长的处理时间(190℃，10 min)，可以得到优化的半纤维溶解和纤维素的水解效果[6]。且最近的研究表明低温和较长的停留时间更加有利于水解[7]。在蒸汽爆破的过程中添加 H_2SO_4(或者 SO_2)或者 CO_2 可以有效地提高酶水解的效率，降低阻碍水解的化合物生成，使半纤维素脱除更加完全。蒸汽汽爆预处理比机械磨碎法能耗低，无环保或者回收费用，在相同物料粉碎程度的条件下，机械法比蒸汽汽爆发消耗的能量约高 70%[8]。

对酶水解而言，纤维素酶属于高度专一的纤维素水解生物催化剂，水解的终极产物是葡萄糖。纤维素酶不是一种纯的酶，而是多种酶系复合酶制剂，因此水解产物不仅仅包括来源于纤维素的葡萄糖，而且还包括来自半纤维素的木糖和甘露糖等还原糖。纤维素酶体系在水解过程中至少需要三种酶的协同作用：①内切葡聚糖酶(EG，endo-1,4-葡聚糖水解酶或 EC3.2.1.4)，用于攻击纤维素纤维的低结晶区，产生游离的链末端基；②外切葡聚糖酶，常称为纤维二糖水解酶(CBH，1,4-C-D-葡聚糖纤维二糖水解酶，或者 EC3.2.1.91)，它主要的功能是从游离的链末端基脱除纤维素二糖单元进一步降解纤维素分子；③β-葡萄糖苷酶(EC 3.2.1.21)，水解纤维二糖产生葡萄糖的功能。除了这三种主要纤维素酶之外，还有一些攻击半纤维素的辅助酶，例如葡萄糖糖苷酸酶、乙酰酯酶、木聚糖酶、β-木糖苷酶、半乳糖甘露糖酶和葡萄糖甘露糖酶。

对于发酵而言，与非结构性糖发酵类似，在一定的条件下，通过微生物的复合酶系，将水解生成的单糖用于代谢途径，生成乙醇。只不过纤维水解液里的糖主要包括五碳糖和六碳糖两大类。不同糖在代谢途径方面有本质的区别。目前而言，六碳糖发酵的研究较为深入和成熟，对五碳糖发酵的研究也很多，但实际应用较少。就发酵工艺目前研究较多的主要有分步水解糖化发酵工艺[9]和同步糖化发酵[10]两种。

分步水解发酵(SHF)分两步进行，首先将纤维素降解成葡萄糖，再发酵生产乙醇。其优点是纤维素酶解和乙醇发酵都可以在各自最适合的条件下进行，一般情况下 45～50℃水解，30℃进行发酵。缺点是水解时产生的葡萄糖将抑制纤维酶和β-葡萄糖苷酶的酶活。这就需要水解时基质的浓度比较低，纤维素酶的用量会相对增加，大大降低了酶解效率，而较低的基质浓度必然导致较低的乙醇浓度，发酵成本和乙醇回收的成本将相应增加。

同步糖化发酵(SSF)是利用纤维素酶对纤维素的酶解和发酵过程在同一装置中进行，水解产物葡萄糖不断地利用发酵生成乙醇，所以纤维二糖和葡萄糖的浓度很低，这样消除了纤维二糖和葡萄糖对纤维素酶的反馈抑制作用，提高了酶的效率，减少了纤维素酶的用量，简化了装备，节约了生产时间。但也存在一些抑制因素，如木糖的抑制作用，糖化温度和发酵温度不协调，导致酶水解效率低下。

目前，国际上在纤维素酶水解发酵制取乙醇的领域的研究非常活跃，并且在降低纤维素酶的成本、戊糖发酵菌株的构建等方面取得了许多新的进展，但依然存在纤维素酶成本过高、缺少经济有效的预处理方法、纤维原料酶解效率低、戊糖缺乏有效利用及乙醇浓度较低等主要问题，导致该工艺缺乏经济竞争力，因而迟迟不能进入工业化大规模阶段。

通过现有的经济技术评价的结果来看，高浓度基质酶水解过程中低纤维素酶使用量对于提高纤维素乙醇生产的经济性具有至关重要的作用。研究表明当基质浓度在 5%～8%进行水解发酵时，可以降低总生产成本将近 20%。因此，针对纤维素乙醇实际应用过程中酶成本高和乙醇发酵浓度低的问题，并结合甜高粱乙醇产业化实际发展需要，本研究采用 SO_2-蒸汽预处理方式处理甜高粱茎秆残渣，以提高最终乙醇浓度为目的，以提高基质的浓度酶水解为切入点，降低纤维素酶投入量和提高发酵产率为目标，对甜高粱茎秆残渣进行预处理、水解和发酵等方面的研究，以寻求酶水解和发酵过程较低的外源物(酶、酵母、营养物质等)的投入量，降低生产成本。

8.2.1　研究过程与主要方法

8.2.1.1　原料

甜高粱品种辽甜2号，甜高粱种子由辽宁省农业科学院提供，种植在上海交通大学农场。甜高粱茎秆经三辊甘蔗压榨机压榨后，并用秸秆揉搓粉碎机将残渣粉碎至4目左右后，将甜高粱茎秆残渣自然干燥，使水分降低至22%以下后，储藏备用。

8.2.1.2　预处理

采用蒸汽汽爆处理方式对甜高粱茎秆残渣进行预处理，预处理在加拿大英属哥伦比亚大学木材科学系进行。预处理前，将干燥的甜高粱茎秆残渣混合均匀后，分装300 g(干基)于密封袋中。向袋中充入纯SO_2(5.0%，*W*/*W*)。将密封袋双层密封后，连同未充SO_2的组原料，置于通风橱。隔夜后，打开有SO_2袋0.5 h后，将两个组合中的甜高粱茎秆残渣分装成6袋(约50克/袋)，用于预处理。根据参考文献中对玉米秸秆预处理的优化处理条件[11]，选取相同的裂度条件对甜高粱茎秆残渣在190℃条件下处理5 min。每次将约50 g甜高粱茎秆残渣加入2 L汽爆装置(Stake Tech Ⅱ)。当达到设定处理时间时，瞬间排放汽爆腔体内压力，处理后的浆体收集到旋转分离器中，转移后的浆体储藏在4℃冷库中备用。将处理好的浆体，通过真空抽滤的方式，将其分离出可溶性组分(WSF)和不溶性组分(WIF)两部分后，并用洗腔水和自来水冲洗不溶性组分3～5次，真空抽滤后，将两种组分储藏在4℃冷库中备用。其中对WIF测定其主要的组分，对WSF和冲洗液需测定其中多聚糖和单糖含量，用于计算糖回收率和物质平衡。

8.2.1.3　酶水解

两种商品纤维素酶用于本研究，分别为Spezyme-CP(Genencor-Danisco, Palo Alto, CA)和Celluclast 1.5 L (Genencor, Palo Alto, CA)。同时在酶水解前根据试验方案补充添加β-葡萄糖苷酶(Novzymes 188, Bagsværd, Denmark，简称β-G)。通过预处理获得WIF用于酶水解。整个水解过程使用0.05 mol/L醋酸钠缓冲溶液(pH值为4.8)。水解在150 mL的螺口三角瓶中进行，将水解瓶置于转速为150 r/min、温度为50℃的旋转恒温培养箱水解72 h。在水解过程定时取样，每次取250 μl水解液后灭活10 min。采用1.3×10^5 r/min、4℃冷冻离心10 min，取上清液置于−20℃储存待测。

8.2.1.4　发酵

1) 酵母菌种及培养

本研究中所使用的酵母菌菌种包括$Tembec_1$(T_1)、$Tembec_2$(T_2)(由Tembec

Limited. Temiscaming Quebec, Cananda 提供）以及 Y1528（Y）和 Baker Yeast4742(B)。4 种酵母菌均使用 YPG(Yeast Extract, Peptone, Glucose)，固体培养基(酵母膏：10 g/L，蛋白胨：20 g/L，葡萄糖：20 g/L，琼脂：18 g/L)保存在 4℃。其中 T_1 和 T_2 对亚硫酸盐具有适应性，用于发酵造纸工业纸浆废水，可以高效地发酵其中六碳糖(葡萄糖、半乳糖以及甘露糖)。而酵母 Y 和 B 为实验室常规菌种。这 4 支菌种目前均保藏在加拿大英属哥伦比亚大学木材科学系。

酵母菌在使用前均需要活化和扩大培养，其基本步骤为：菌种→活化→斜面试管接种培养→液体斜面接种振荡培养→三角瓶培养。经扩大培养后的酵母在 4℃、5 000 r/min 离心 5 min，弃上清液，菌泥用无菌蒸馏水清洗离心 3～4 次，直到上清液无培养基颜色为止。菌泥保存在一定体积的无菌水中并保持 4℃备用。在酵母使用前，采用紫外分光光度计检测菌液在 600 nm 的吸光度，并根据相应的菌种冻干酵母配制的 10 mg/mL 菌液为标准溶液，测定标准曲线，根据标准曲线计算酵母菌体浓度。

2) 分步水解发酵(SHF)

根据试验设计的基质浓度对 WIF 进行酶水解，酶水解的过程同 8.2.1.3 节。水解结束后，将水解液煮沸灭活 10 min。按试验设计将水解液分成两个部分，一部分在 5 000 r/min、4℃离心 10 min，得到去除木质素水解液备用。另外一部分直接置于 4℃冷库储存备用。在获得水解液后，用 50%的 NaOH 将水解液的 pH 值调节至 6.0 后，接入适量酵母，在 150 mL 螺口发酵瓶中发酵 48 h。发酵条件为温度 30℃、转速 150 r/min。发酵过程定时取样，每次取 300 μl 发酵样，在 13 000 r/min、4℃离心 10 min，上清液储存于−20℃冷库用于乙醇和糖浓度的测定。

3) 同步糖化发酵(SSF)

根据实验设计的基质浓度配比，加入适量的 0.05 mol/L 醋酸钠缓冲溶液（pH = 4.8）。同时添加适当营养物质($(NH_4)_2HPO_4$、$MgSO_4$)，加入适量剂量的纤维素酶和β-葡萄糖苷酶后，在温度为 50℃、转速为 150 r/min 条件下预水解 12 h，冷却后，调节 pH 至 6.0，根据实验设计接入适量酵母，并在温度为 37℃、转速为 150 r/min 条件下进行同步糖化发酵。发酵过程中定时取 300 μl 发酵样，在 13 000 r/min、4℃离心 10 min，上清液储存于−20℃冷库用于乙醇和糖浓度的测定。

8.2.1.5 分析测试

1) 单糖的测定

在木质纤维素原料糖的测定中，单糖主要包括阿拉伯糖、半乳糖、葡萄糖、木糖和甘露糖 5 种。原料组分分析、WIF 和 WSF 组分分析以及发酵液糖浓度分析都需要测定单糖的含量。单糖测定采用高效液相色谱法。本试验使用的高效液相色谱(Dionex, ICS-3 000, Sunyvale, CA)配有自动进样器(Dionex, AS-50)，组分泵(Dionex, GP50)，阴离子交换柱(Dionex, CarboPac PA1)以及金属化学检测器

(Dionex, ED50)。流动相为去离子水且流速为 1.0 mL/min,后柱用流速为 1.0 mL/min、2 mol/L 的 NaOH 用于维持基线稳定和检测性灵敏度。在每个样品测试后,需要用 2 mol/L 的 NaOH 对阴离子交换柱进行修复,2 mol/L 的 NaOH 的流速为 0.05 mL/min。测试过程中色谱柱温度维持在 35℃,而进样器温度维持在 15℃。在进样前每个样品必须通过 0.45 μm 的微孔滤膜过滤。且每次进样量为 25 μl。配制不同浓度的上述 5 种单糖标准曲线母液用于绘制标准曲线,样品测试过程以海藻糖为内标。通过标准曲线计算出相应糖浓度。

2) 多聚糖的测定

在木质纤维素多聚糖的测定中,多聚糖为本部分单糖的测定中所提到的 5 种单糖的上级聚合糖。在汽爆后 WSF 溶液组分分析需要对其进行分析,分析方法同本部分单糖的测定。仅需在制备样品前对样品进行酸水解预处理,目的是将多聚糖降解成单糖,然后通过 HPLC 检测。依据样品浓度和种类的差别,取 5～15 mL 的 WSF,加入 0.679 mL、72%的 H_2SO_4 后,体积定容至 20 mL,置于 121℃水解 1 h。水解液经稀释处理后用于高效液相色谱检测。

3) 乙醇浓度的测定

乙醇浓度的测定采用气相色谱法。本试验气相色谱仪(Hewlett Packard, 5 800)配有 FID 检测器和自动进样器。色谱柱为 30 m(stabilwax-DA, 0.35 mm ID, 0.25μl film thickness)。炉温维持 45℃水平 10 min 后,以 200℃/min 的升温速率升高至 230℃。进样器和 FID 检测器的温度分别控制在 90℃和 250℃。氦气用作载气,流速为 20 mL/min。氢气和氧气的流速分别为 40 mL/min 和 400 mL/min。采用内标法对乙醇进行检测,色谱纯乙醇和丁醇分别用于标准曲线和内标。检测时,每次 0.1 μl 的样品由自动进样器直接注入色谱柱。测试重复两次,所有结果为两次重复的平均值。

4) 统计分析

采用 DPS(Data Processing System, Version 3.01)对实验数据进行统计分析。采用单因素方差分析法对结果的差异显著性进行分析,且通过 Duncan 多变量检验决定不同因素对结果的影响差异性。

8.2.2　原料组分分析及预处理条件评价

8.2.2.1　甜高粱茎秆残渣组分与典型木质纤维素原料比较

目前对各种木质纤维素材料的蒸汽汽爆预处理的研究很多,这些研究表明,对于纤维素酶水解工艺中,底物的主要组分和结构直接影响着纤维素酶的水解率,例如底物对纤维素酶的可及性、纤维素的结晶度、木质素的分布等,都会对水解产生影响。而对于甜高粱茎秆残渣汽爆处理的研究较少,因此,通过其茎秆组分的分析,对比典型的木质纤维素原料,在此基础上,根据类似原料的优化汽爆预处理工艺条件,应用于甜高粱茎秆的预处理。表 8-2 所示为典型木质纤维原料与甜高粱茎秆残渣组分的对比结果。

通过表 8-2 中的数据对比可以看出,甜高粱茎秆残渣纤维素含量为 35.1%(为表 8-2 中葡聚糖含量),其值低于软木和硬木,但介于农作物秸秆之间。另外,从木质素的含量方面来说,甜高粱茎秆略高于表 8-2 中的三种典型的农作物秸秆,但明显低于软木(云杉、美国黑松)和硬木(杨树)。而从半纤维素的组成成分的分析看,木聚糖含量(~90%)在所有半纤维糖组分中含量最高,这是典型的禾本科作物和硬木的特点[12]。这些综合说明甜高粱为典型的农作物秸秆,且有较高的木质素含量,这是因为甜高粱生长过程中具有很高的茎秆长度和较大的生物量,这就需要植物自身增加木质素含量才能满足甜高粱生长要求。此外,甜高粱茎秆残渣的灰分很小,根据以前的研究,较小的灰分有利于后续的酶水解[13]。甜高粱中的纤维素和半纤维素的含量约占 58%,因此,若能充分利用它们,将使甜高粱乙醇的发展更具有资源潜力。通过比较甜高粱茎秆残渣和玉米秸秆的主要成分,它们具有一定的相似性,因此,对有甜高粱茎秆残渣的蒸汽汽爆预处理可以采用玉米秸秆的优化条件。

表 8-2 典型木质纤维原料与甜高粱茎秆残渣组分

原料	葡聚糖 glucan	木聚糖 xylan	阿拉伯聚糖 Arabinan	半乳聚糖 galactan	甘露聚糖 mannan	木质素 lignin	灰分 ash	提取物 extractives
云杉[14]	43	5.4	—	2.3	12	27		
LPP*[15]	45.4	6.34	1.25	2.00	11.78	25.1		
杨树[16]	48.9	17.9	0.26	0.38	3.88	23.3		
玉米秸秆[17]	36.1	21.4	3.5	2.5	1.8	17.2		
大麦秸秆[18]	36.8	17.2	5.3	2.2	—	14.3		
水稻秸秆[19]	33.9	20.5	3.6	2.08	0.00	11.6		
甜高粱茎秆残渣	35.1±1.0	19.4±0.9	1.4±0.0	1.5±0.1	0.9±0.0	18.4±2.8[a] 0.2±0.1[b]	1.9±0.1	21.2±2.0

注:上表中各物质的含量单位为%(W/W);LPP 指 Lodgepole Pine(美国黑松);a 指酸不溶性木质素;b 指酸溶性木质素。

8.2.2.2 两种预处理条件的评价与比较

Renta[13]对玉米秸秆蒸汽汽爆预处理进行了研究,得到较适合玉米秸秆预处理的工艺条件为:温度 190℃,处理时间 5 min,3%的 SO_2。因此,在此基础上选择甜高粱茎秆预处理条件具有相同的预处理裂度，并将添加 SO_2 催化和不添加 SO_2 进行对比。表 8-3 为同裂度下蒸汽汽爆处理后的甜高粱茎秆残渣与其他典型原料组分比较结果。

表 8-3　同裂度下蒸汽汽爆处理后的甜高粱茎秆残渣与其他典型原料组分比较

	甜高粱茎秆残渣		玉米秸秆[13]	硬木(杨树)[13]	软木(花旗杉)[20]
	0%SO_2	5% SO_2			
糖/%					
葡聚糖	55.7±0.7	54.3±1.2	56.0	54.6	59.4
木聚糖	12.9±0.3	9.8±0.2	9.5	3.4	0.9
半乳聚糖	0.2±0.0	0.8±0.0			0.1
阿拉伯聚糖	0.7±0.0	0.6±0.0			—
甘露聚糖	1.0±0.0	1.2±0.1			1.2
木质素	24.7±0.9	25.8±0.9	28.6	29.9	38.4

由表 8-3 可以看出，0% SO_2 和 5% SO_2 蒸汽处理后，葡聚糖的含量没有明显的差异，同时，添加 5% SO_2 组的木聚糖的含量低于 0%组。由此可见，SO_2 的添加有利于半纤维素的溶出，但差异不大。其主要原因在于农作物秸秆和硬木的半纤维素的构成中，木糖是通过乙酰基结合的。而在蒸汽汽爆预处理时，在高温度作用下，乙酰基游离出形成乙酸，而乙酸可以作为蒸汽处理的催化剂。因此，添加一定量 SO_2 对半纤维素的溶出作用不明显。相比之下，软木的半纤维素连接中，乙酰化连接较少，因此添加一定的 SO_2 催化蒸汽预处理将会明显地降低半纤维素溶出。对比同条件下预处理对半纤维素处理效果看，甜高粱茎秆和玉米秸秆在预处理后木聚糖的残留量仍较高，高于硬木的木聚糖含量，也高于软木的甘露聚糖含量。这表明类似于玉米秸秆的农作物残余物，在蒸汽预处理过程，乙酰基连接的木聚糖链相对比较难被溶出，这可能与此类秸秆的结构有关系，具体原因有待于进一步研究。通过对有无 SO_2 催化处理后的甜高粱茎秆残渣中木质素的含量比较看，相差不大。说明对于在蒸汽预处理过程中，添加酸性催化剂对木质素降解影响不大。

为了评价预处理效果的好坏，对经不同蒸汽爆破预处理条件下的甜高粱茎秆残渣进行物质平衡计算，图 8-2 为 0%和 5% SO_2 组甜高粱茎秆残渣不同条件下预处理后主要糖回收率。

从图 8-2 中可以看出在蒸汽预处理过程中使用酸催化，可以在一定程度上增加糖的回收率，这显示在预处理过程中有酸参与时，水解反应相对于糖热裂解以及脱水等的降解过程而言，水解反应占优势。此外，在 5% SO_2 组，单糖(葡萄糖和木

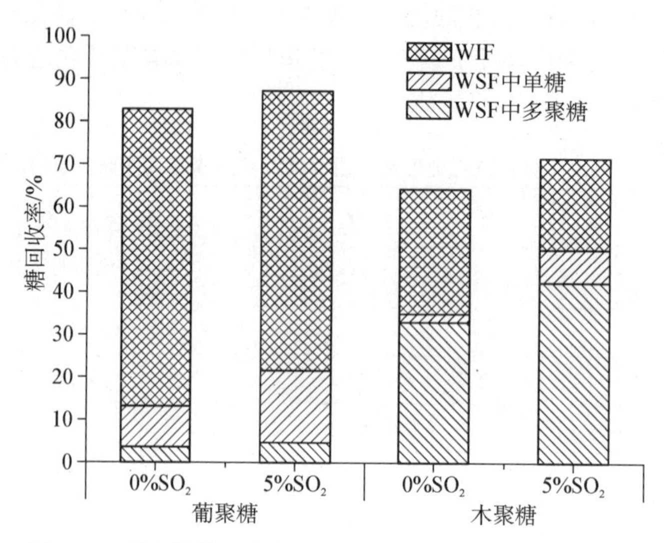

图 8－2　甜高粱茎秆残渣不同条件下预处理后主要糖回收率

糖)在 WSF 的含量要高于不添加 SO_2 处理,这说明在酸催化下的蒸汽预处理,水解会加剧。此外,木聚糖在 WSF 与 WIF 的比例,要高于葡聚糖在 WSF 与 WIF 的比例,这可以证明蒸汽预处理可以相对容易将半纤维降解成相应的多聚糖和单糖,把更多的纤维素裸露出来以便后续酶水解过程酶的攻击降解。就葡聚糖的回收率看,添加 SO_2 的预处理结果要高于没有添加的,且在 SO_2 的催化下,可以获得 90% 的葡聚糖回收率,蒸汽汽爆预处理的效果,SO_2 的催化效果要略好于无 SO_2 催化的。

预处理的目的是让更多的纤维素从木质纤维素的空间结构中暴露出来,供纤维素酶攻击,因此评价预处理工艺的优劣,需要根据酶水解的效果好坏。图 8－3 表示不同预处理条件对酶水解效果的影响。

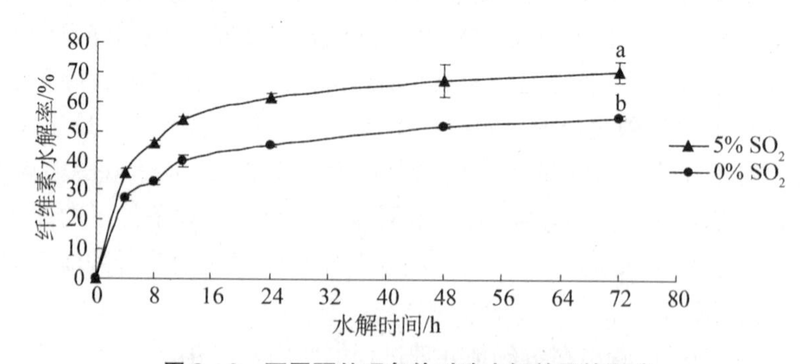

图 8－3　不同预处理条件对酶水解效果的影响

注:在同一显著水平下,不同处理间字母相同表示无显著差异,字母不同表示有显著差异。

在较低的基质浓度时，添加过量的酶进行水解，用以检测和评判预处理的优劣。本研究使用 2%的基质浓度，纤维素酶和 β－G 的添加量分别为 20 FPU/g(相对于纤维素含量，下同)和 40 IU/g(相对于纤维素含量，下同)，经 72 h 水解，结果表明，在有 SO_2 催化的预处理后的基质葡聚糖-葡萄糖的转化率为 70%，而对于无 SO_2 催化的基质，其葡聚糖-葡萄糖转化率为 51%。可见添加 SO_2 后，水解率提高率约 37%。同时通过方差分析可以看出，差异显著($p < 0.05$)，可见在 SO_2 催化下，蒸汽预处理会将半纤维素链较好地打断并去除，有利于纤维素暴露给酶攻击。这个结果相对于 Renta[11] 对玉米秸秆在相同预处理条件下，其水解率为 81%，略低于玉米秸秆的水解率，这主要由于在玉米秸秆的研究中，使用的基质浓度为 1%，而纤维素酶的剂量为 40 FPU/g，这会在一定程度上提高酶水解率。

综上可以看出，通过添加 SO_2 对甜高粱茎秆残渣进行蒸汽汽爆处理后，纤维素酶对其水解效果优于 SO_2 催化的预处理，并可以获得较合理的水解率。说明应用玉米秸秆优化的蒸汽预处理条件来处理甜高粱茎秆具有一定的可行性。

8.2.3　不同水解条件下对高基质浓度纤维素酶水解的影响

通过低的基质浓度进行水解，获得的糖浓度较低，对于后续的发酵和蒸馏，都会增加成本，不适合实际应用。而甜高粱茎秆残渣作为生物乙醇的生产原料，必须寻找到合适的基质浓度和相应的工艺才具有可行性，以寻求适合的基质浓度为着手点，对不同的纤维素酶品种、相应的高浓度水解纤维素酶的剂量、β－G 的添加量，以及水解方式等方面进行研究，以期获得较高的水解效率和可发酵糖浓度。

8.2.3.1　不同纤维素酶对高基质浓度纤维素酶水解影响

纤维素酶是一种复合酶，是酶水解的关键，但由于不同的纤维素酶的生产菌种不同，导致不同的纤维酶复合体系中各种酶的比例和浓度有所差异。因此，不同的纤维素酶，即使在相同的酶活条件下，其水解效率也不同。针对加拿大 University of British Columbia, Department of Wood Science 实验室现有的纤维素酶进行对比，以 SO_2 催化预水解的甜高粱茎秆为基质，选取 Spezyme-CP (Genencor-Danisco, Palo Alto, CA)和 Celluclast 1.5 L(Genencor, Palo Alto, CA)进行酶水解。图 8－4 所示为不同纤维素酶对甜高粱茎秆残渣酶水解的影响。

本研究使用 2%的基质浓度，两种纤维素酶和 β－G 的添加量分别为 20 FPU/g 和 40 IU/g，通过 72h 水解，结果显示，Spezyme 的水解率为 70%，而 Celluclast 的水解率为 64%。这两种纤维素酶的生产菌种均为木聚酶(*Trichoderma sp.*)，通过比较它们酶系中主要的酶成分，两种纤维素酶的多聚糖酶活性及蛋白浓度结果如表8－4所示，对两种纤维素酶的多聚糖酶活性及蛋白浓度而言，Spezyme CP 的 β－G 酶活和木聚酶酶活均高于 Celluclast 1.5 L，首先在相同纤维素酶活的前提下，β-G 酶活性高有利于酶水解过程中纤维二糖快速降解，而纤维二糖对纤维素酶有

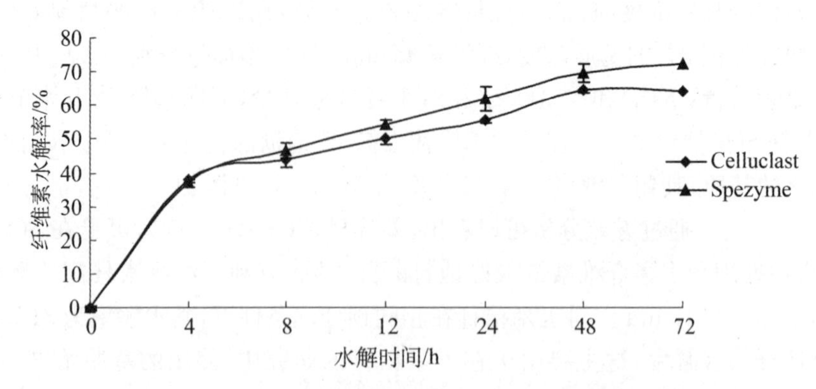

图 8-4　不同纤维素酶对甜高粱茎秆残渣酶水解的影响

反馈抑制，因此，β-G 酶活性高，有利水解率的提高。但 Celluclast 1.5 L 的蛋白浓度高于 Spezyme CP 的蛋白浓度。此外，Spezyme CP 的木聚酶酶活也高于 Celluclast 1.5 L，较高的木聚酶酶活可以有利于降解基质中半纤维素，而半纤维素的降解有利于纤维素暴露，有利于纤维素酶的攻击，因此高的木聚酶酶活也有利于酶水解。因此本研究将采用 Spezyme CP 纤维素酶。

表 8-4　两种纤维素酶的多聚糖酶活性及蛋白浓度

纤维素酶名称	生产菌	蛋白浓度/(mg/mL)	纤维素酶活/(FPU/mg 蛋白)	β-G 酶活/(IU/mg 蛋白)	木聚酶酶活/(U/mg 蛋白)
Spezyme CP	Trichoderma sp.	100.0	1.3	0.7	8.1
Celluclast 1.5 L	Trichoderma sp.	129.0	0.9	0.2	3.5

8.2.3.2　不同基质浓度对纤维素酶水解的影响

为了寻找到合适的基质浓度用于高浓度水解，并评价预处理的甜高粱茎秆的水解能力，采用不同的基质浓度(2%、4%、8%、12%和 16%)进行水解，酶水解中，纤维素酶选用 Spezyme CP，其添加量为 10 FPU/g，而 β-G 的添加剂量为 40 IU/g，水解 72 h。不同基质浓度对纤维素酶水解的影响如图 8-5 所示。

由图 8-5 可以看出，5% SO_2 催化和无 SO_2 催化的预处理的甜高粱茎秆残渣水解，随着集中浓度的增加，酶水解率均有下降的趋势。具体而言，当基质浓度由 2%增加到 16%时，5% SO_2 组酶水解率由 70%降低到 58%，而不添加 SO_2 组的水解率则由 57%降低至 53%。通过方差分析可以看出，对于 5%SO_2 组基质浓度由 4%增加到 12%过程中与 2%的基质浓度相比水解率下降差异不显著($p < 0.05$)，当基质浓度继续增加到 16%，水解率下降显著($p < 0.05$)。而对于无 SO_2 催化预处理组，随着基质浓度由 2%增加到 16%，水解率下降不显著($p <$

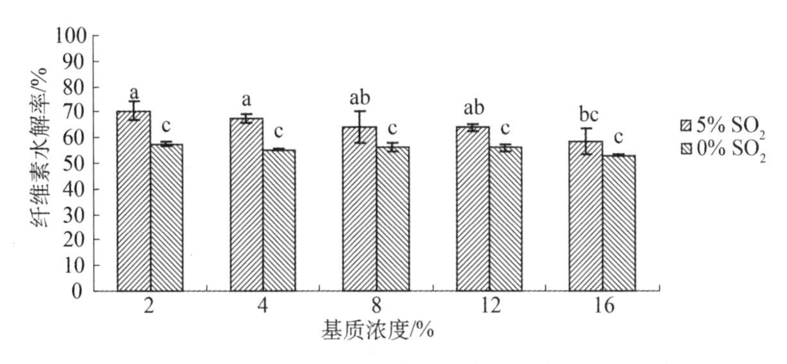

图 8-5 不同基质浓度对酶水解的影响

注:在同一显著水平下,不同处理间字母相同表示无显著差异,字母不同表示有显著差异。

0.05)。这主要的原因在于,在一定的纤维素酶的添加量的前提下,随着基质浓度的增加,在水解体系中木质素的含量就会相对提高。由于木质素对纤维素酶有吸附作用,导致酶功效降低,从而使水解率下降,而且这种下降随着基质浓度的增大而明显。此外,基质浓度增大还会导致水解体系中游离水量降低,不利于纤维素酶与基质的吸附,也同样会导致水解率的下降。通过上面的结果可见选择 12%作为高的基质浓度水解的最低研究浓度较为合适。

8.2.3.3 不同的纤维素酶量对高基质浓度纤维素酶水解的影响

纤维素酶的用量是酶水解成本中最重要的一部分,因此,在水解过程中应选择合适的纤维素酶用量,保证较高的水解效率,且不致使成本太高。在前面部分研究的基础上,选取 12%的作为高浓度基质水解,同时选用 SO_2 催化预处理的甜高粱茎秆残渣为水解对象,以 Spezyme CP 作为水解用酶,设定 β-G 的添加剂量为 40 IU/g,研究不同的纤维素酶的添加量(2.5 FPU/g、5 FPU/g、7.5FPU/g、10 FPU/g、15 FPU/g 和 20 FPU/g)对高基质浓度水解的影响。不同纤维素酶添加量对水解的影响如图 8-6 所示。由图可以看出,总体上随着纤维素酶添加量的增加,基质的纤维素水解率随之增加。具体地说,当纤维素酶添加量由 2.5 FPU/g 增加到 7.5 FPU/g 时,纤维素水解率增加较快,由 29%增加到 51%。通过方差分析的结果可以看出,在此范围内,提高纤维素酶添加量对改善酶纤维素水解率的作用显著($p<0.05$)。当继续增加酶添加量至 20 FPU/g 时,纤维素水解率增加到 64%,增加速度有所减缓,通过方差分析结果可以看出,随着纤维素酶添加量的增加,它们之间的水解率差异表现为连续不显著($p<0.05$)。就目前本节的研究而言,其结果与文献[21]中酸催化蒸汽预处理酶水解结果相似。从机理上说,纤维素酶攻击纤维素链降解纤维素为纤维二糖和葡萄糖,而这两种产物都会对纤维素酶产生反馈抑制,因此,增加纤维素酶的添加量,可以抵消部分反馈抑制,增加纤维素

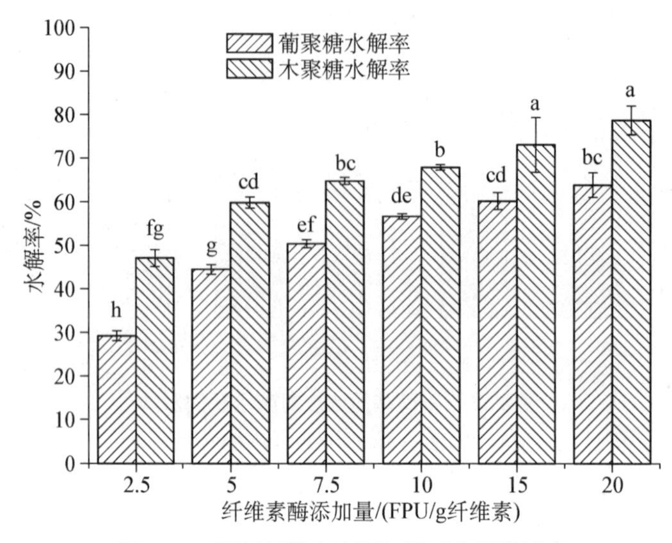

图 8-6 不同纤维素酶添加量对水解的影响

注:在同一显著水平下,不同处理间字母相同表示无显著差异,字母不同表示有显著差异。

水解率。此外,水解过程中,较高的基质浓度会导致较高的木质素浓度,而由于木质素对纤维素酶的非竞争性的吸附同样会降低酶的有效活性,从而降低水解率,而适当提高纤维素酶的添加量,可以提高水解率。此外,如果仅由于木质素的吸附而导致水解率下降,随着酶添加量的提高,水解率应该保持线性增加,而本研究中在7.5 FPU/g 的添加量点出现水解率减缓拐点,这说明并不是单纯的木质素吸附纤维素酶在影响着水解率的提高,可能由于没有被完全去除的半纤维素对水解也有一定的限制作用。

而对于半纤维素的水解率而言,随着纤维素酶添加量的增加,半纤维素的水解率增加速度呈减缓趋势。由于纤维素酶系的复合体系中含有木聚酶,因而随着纤维素酶量的增加,木聚酶的量也相应增加,从而也使半纤维素的水解率随之增加,半纤维水解越多,暴露给纤维素酶的纤维素位点就越多,纤维素的水解率也就会随之增加。此外,从纤维素和半纤维素水解率大小关系看,半纤维素的水解率高于纤维素,这从另外一个方面也说明了,在蒸汽预处理过程中,半纤维素不仅可以被降解成小分子糖,同时也会降低其聚合度,这对木聚酶的水解有利。

就纤维素酶添加量选择而言,根据上面的结果可以看出,酶添加量为7.5 FPU/g是纤维素酶水解率减缓的拐点,也就是说超过此拐点后,酶水解的效率将下降。基于纤维素酶的成本考虑,可以选择 7.5 FPU/g 的添加量用于 12%的基质浓度的甜高粱茎秆残渣水解。

8.2.3.4 不同 β-葡萄糖苷酶量对高基质浓度纤维素酶水解的影响

同样,β-葡萄糖苷酶的主要功能是降解纤维二糖,在高基质浓度的酶水解中,纤维二糖的积累比低浓度更加严重，因此，确定合适的 β-葡萄糖苷酶量，有利于减少纤维二糖对纤维素酶的抑制，同时也有利于酶水解整体水解率的提高。根据前面的研究结果，选取 12%的作为高浓度基质水解，同时选用 SO_2 催化预处理的甜高粱茎秆残渣为水解对象，以 Spezyme CP 作为水解用酶，设定纤维素酶的添加剂量为 7.5 FPU/g，研究不同的 β-葡萄糖苷酶的添加量(空白、5 IU/g、10 IU/g、20 IU/g、40 IU/g 和 80 IU/g)对高基质浓度水解的影响。不同 β-葡萄糖苷酶添加量对酶水解的影响如图 8-7 所示。

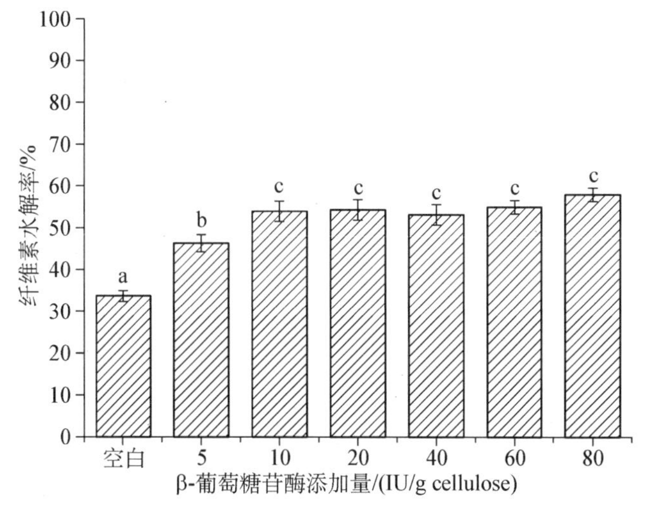

图 8-7 不同 β-葡萄糖苷酶添加量对酶水解的影响

注：在同一显著水平下，不同处理间字母相同表示无显著差异，字母不同表示有显著差异。

由图 8-7 结果中可以看出，随着 β-葡萄糖苷酶添加量的增加，纤维素的水解率快速增加，而当继续增加后，对水解率的提高较慢，具体而言，当 β-葡萄糖苷酶添加量由空白增加到 10 IU/g 时，纤维素的水解率由 34%增加到 54%，且根据方差分析结果可以看出，此时 β-葡萄糖苷酶添加量对纤维素水解率的影响显著($p < 0.05$)，而继续增加 β-葡萄糖苷酶添加量到 80 IU/g 时可以增加水解率至 58%，但通过方差分析，可以看出 β-葡萄糖苷酶添加量从 10 IU/g 增加到 80 IU/g 的过程中对水解率影响不显著($p < 0.05$)。由此可以看出，在一定的纤维素酶添加量，且不添加 β-葡萄糖苷酶的情况下，由于反馈抑制的存在，纤维素-纤维二糖的转化会被限制在一定范围内而达到平衡。而增加 β-葡萄糖苷酶的量，可以在一定程度上提高纤维二糖降解成葡萄糖，提高转化率。但过多的 β-葡萄糖苷酶接入后，它的效率又会受到纤维素酶量的限制，因无法提供足够的纤维二糖，导致葡萄糖转化率提高速率减慢。因此，在 7.5 FPU/g 纤维素酶添加量的前提下，选择

10 IU/g的 β-葡萄糖苷酶添加量比较节约成本。

8.2.3.5　木聚糖酶添加对水解的影响

由上面的分析结果可以看出,即使增加纤维素酶的添加量至 20 FPU/g,也不能获得较为理想的纤维素水解率,这说明不是单纯的木质素吸附纤维素酶在影响着水解率的提高。可能由于没有被完全去除的半纤维素对水解也有一定的限制作用。为了在较低的纤维酶和 β-葡萄糖苷酶添加量的前提下,提高纤维素水解率,同时弄清半纤维素对水解影响的程度,选取 12%的作为高浓度基质水解,同时选用 SO_2 催化预处理和无 SO_2 预处理的甜高粱茎秆残渣为水解对象,以 Spezyme CP 作为水解用酶,设定纤维素酶的添加剂量为 7.5 FPU/g,固定 β-葡萄糖苷酶的添加量为 10 IU/g。通过添加不同木聚酶量(0.06 g/g 纤维素、0.12 g/g 纤维素)研究半纤维素对水解的影响。不同木聚酶添加量对水解的影响如图 8-8 所示。

由图 8-8 可以看出,与空白组相比,当添加 0.06 g/g 木聚酶时,无 SO_2 催化预处理组的最后水解率由 53%增加到 60%[见图 8-8(a)],增加率为 14.6%,而此时,相应的半纤维素的水解率由 48%增加到 59%[见图 8-8(b)],增加率为 22.9%。而对于 5% SO_2 催化预处理组,相对于空白组,当添加 0.06 g/g 木聚酶时,纤维素的水解率由 58%增加到 68%,增加率为 17.2%,相应的半纤维素则由 68%增加到 90%,增加率为 32.4%。继续增加木聚酶的添加量至 0.12 g/g 纤维素时,半纤维素的水解率则可以增加到 100%,而此时纤维素的水解率为 80%,纤维素水解增加率为 37.9%。由此可以证明,在高基质浓度纤维素酶水解的过程中,半纤

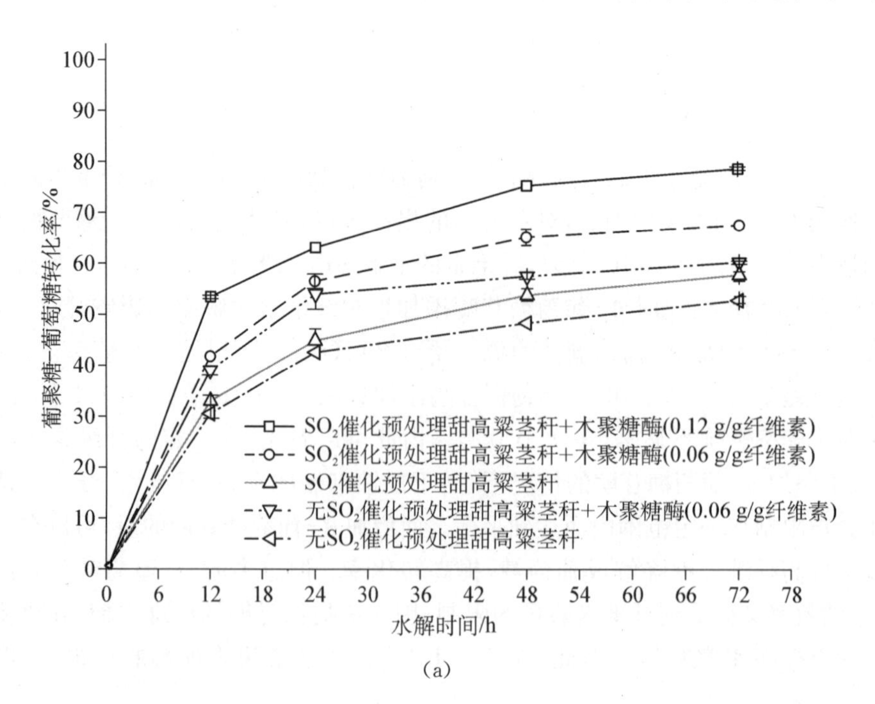

(a)

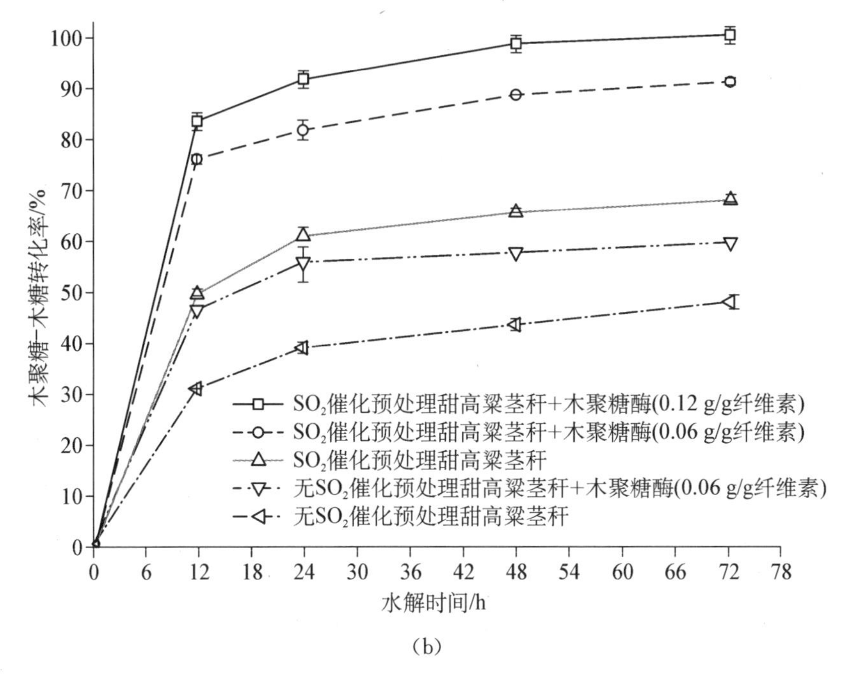

(b)

图8-8　不同木聚酶添加量对水解的影响

维素的存在对纤维素的水解产生"阻隔效应"。目前也有研究表明,较高半纤维素的含量对蒸汽预处理木质纤维素原料的酶水解会降低其水解效果,相同条件的蒸汽预处理杨树和玉米秸秆,处理后杨树和玉米秸秆的残余半纤维素的含量分别为4%和10%,而在相同的酶水解条件下,前者可以达到100%的水解率,而后者只能达到约70%的水解率。

因而,在高基质浓度的酶水解过程中添加适量的降解半纤维的酶,增大半纤维素的去除,对获得较高的纤维素水解率具有很大促进作用。具体而言,在12%的基质浓度条件下,较低的纤维素酶(7.5 FPU/g)和β-葡萄糖苷酶(10 IU/g),添加0.12 g/g木聚酶可以有效地提高纤维素的水解率(至80%)。此外,从对纤维素酶水解阻碍的机理而言,当半纤维素水解率达100%时,也无法使纤维素的水解率达到100%,可能原因是木质素对纤维素的酶水解不仅仅存在着吸附抑制,同时还有可能存在着"在位阻隔"效应。

8.2.3.6　间歇水解与批次水解对高基质浓度纤维素酶水解的影响

在纤维素乙醇的生产过程中,必须有足够高的乙醇浓度(至少3%),才能满足蒸馏技术需求和降低蒸馏成本。因此,提高水解基质浓度是增加纤维素水解发酵最终乙醇浓度一条重要的路线。但是在高基质浓度酶水解中,由于木质纤维素原料纤维悬浮液的流变特性,会导致很多问题,例如,搅拌困难、较低的传热和传质效率等。为了解决这些问题,结合前面的研究,采用批次水解的方式对高基质浓度甜高粱茎秆残渣进行水解研究。研究中提高基质浓度到20%作为高浓度水解，同时选用 SO_2 催化预处理的甜高粱茎秆残渣为水解对象，以 Spezyme CP 作为水解用酶，以前面的研究为依据适当提高纤维素酶的添加量至 10 FPU/g，提高 β-G 的添加剂量为 40 IU/g。同时选取补料酶水解的补料次数为三次，补料的时间点为 24 h、48 h 和 72 h，总水解时间为 120 h，并且做相同基质浓度的间歇酶水解作为对照。不同水解方式对酶水解的影响如图 8-9 所示。

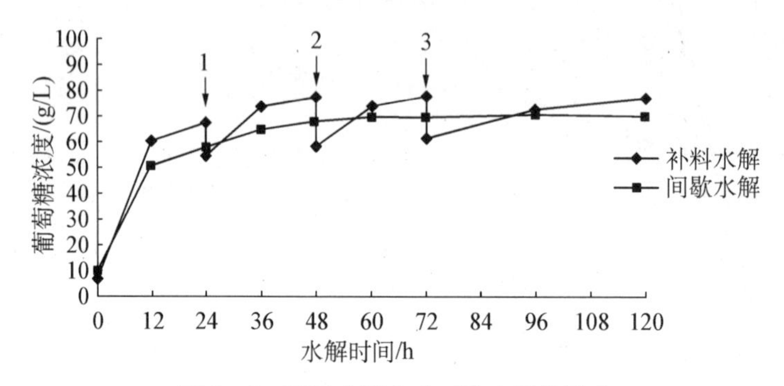

图 8-9　不同水解方式对酶水解的影响

由图 8-9 可以看出，酶水解 120 h 后，补料水解可以获得 77.1 mg/mL 的葡萄糖浓度，而间歇水解后葡萄糖浓度可达 68.9 mg/mL。对于补料水解和间歇水解最终的水解率分别为 53%和 57%。此外，由图 8-9 还可以看出，相对于间歇水解，通过糖生成浓度的斜率可以判断，补料水解的前 24 h 水解速率较大，且水解速率在第一个和第二个补料点补料后可以保持不变，在第三个补料点补料后，水解速率有所下降。这可以看出，在较高的葡萄糖浓度的抑制作用下，纤维素酶和 β-葡萄糖苷酶在水解 72 h 内可以保持较高的催化活性，而随着水解时间的延长，它们的催化活性会有所降低，从而导致后续的水解效率不高。另外，根据对水解过程的监测，补料水解过程，12 h 后可以有固相液化成液相，而间歇水解完全液化的时间发生在 60 h 左右。正是由于补料水解过程具有较好的液化性能的特点，这将有利于纤维素酶的吸附和解析，同时也有利于维持纤维素酶活。此外，通过补料水解的方式可以解决水解过程搅拌困难和传热以及传质率较低的问题，但对于水解率的提高影响不显著。

8.2.4　不同的发酵条件对高基质浓度水解液发酵的影响

为了高效地利用高基质浓度酶水解获得的葡萄糖，同时由于纤维素在水解过程中同样会产生一些来源于半纤维素降解的抑制物，因此纤维素水解液的发酵条件与常规的糖液有一定的差异。为此，选用 SO_2 催化预处理甜高粱茎秆残渣为基质，且选择 12%的作为高浓度基质水解，Spezyme CP 纤维素酶的添加剂量为

7.5 FPU/g,β-葡萄糖苷酶的添加量为 10 IU/g,水解 72h 后获得水解液(葡萄糖浓度为 51.5 mg/mL)用于乙醇发酵的研究。从酵母菌种类、残余木质素对发酵影响、酵母的接种量以及不同无机盐的添加量对发酵的影响等方面对分步水解的发酵部分进行了研究。同时在此基础上还对同步糖化水解过程酵母的接种量对发酵的影响进行了研究,并对这两种发酵方式进行了比较。

8.2.4.1 木质素对高基质浓度水解液发酵的影响

由于在木质纤维素酶水解后,大量的木质素会残留在水解液中,传统的方法是将木质素通过过滤、离心等处理方式进行去除后发酵,这将会消耗较多的能源,因而从纤维素乙醇生产工艺简化的角度,探讨残余木质素对发酵的影响具有必要性。残余木质素对发酵的影响如图 8-10 所示。

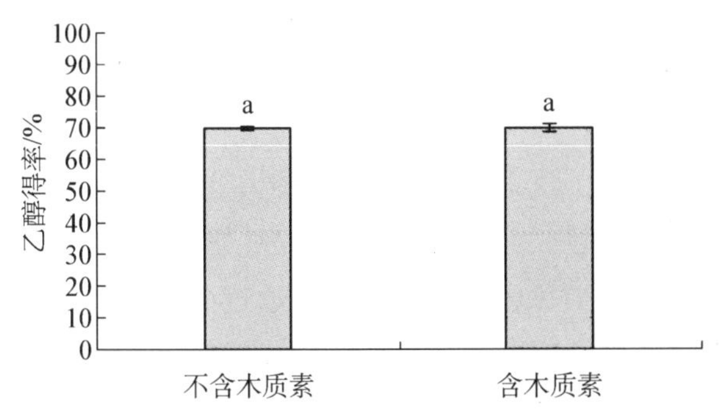

图 8-10 残余木质素对发酵的影响

注:在同一显著水平下,不同处理间字母相同表示无显著差异,字母不同表示有显著差异。

由图 8-10 可知,通过水解获得水解液后,经过高速离心去除了水解液中的残余木质素。添加 T_1 酵母菌,接种浓度为 5 g/L,30℃发酵 48 h 后,方差分析比较可以发现,木质纤维素的去除对最终的乙醇得率的影响较小。另外,在酶水解后,由于纤维素被降解,基质的尺寸很小,水解液流体特征明显,对发酵管路的堵塞影响不大,因此,在木质纤维素水解的后续乙醇发酵,没有必要去除残余木质素。

8.2.4.2 不同酵母对高基质浓度水解液发酵的影响

对于发酵而言,酵母的菌种至关重要,且在纤维素水解液中存在着一定浓度的抑制物,因此,需对适应性的酵母进行选择。根据现有的四株酵母菌种,对其发酵性能进行比较,用于确定合适的发酵菌种。发酵使用的水解液中的水解条件同上,木质素没有去除,同时菌体接种浓度均为 5 g/L,同时以 YPG 纯培养基作为空白对照,发酵结果如图 8-11 所示。

由图 8-11 可以看出,对水解液的发酵,四株酵母菌种中,T_1 的乙醇产率最

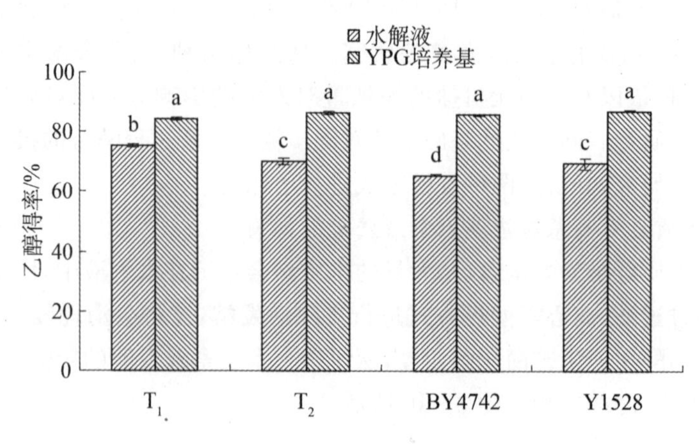

图 8-11　不同酵母对水解液发酵的影响

注:在同一显著水平下,不同处理间字母相同表示无显著差异,字母不同表示有显著差异。

大,T_2 次之,常规酵母 Y1528 和 BY4742 发酵效果略弱。而相对于纯培养基发酵而言,这 4 株酵母菌获得较好的乙醇得率,且方差分析结果表明,乙醇得率差异不显著($p < 0.05$)。这主要原因是 T_1 和 T_2 是通过诱导获得的适应造纸工业废水发酵的菌种,其对水解抑制物有一定的抗性,因此相对于常规乙醇生产酵母,在水解液中发酵,具有一定的优势。而在没有抑制物的培养基的条件下,这种优势不显著。因此,可以选定酵母菌 T_1 作为蒸汽预处理后甜高粱茎秆水解乙醇发酵的菌种。

8.2.4.3　不同浓度氮源对高基质浓度水解液发酵的影响

通过上一部分的研究可以看出,在四株酵母菌种中,T_1 虽然可以获得较高的乙醇得率,乙醇得率为 75%,相对于纯培养基的发酵,在水解液中的发酵效率较低。除了可能存在的发酵抑制物的原因之外,甜高粱茎秆残渣在预处理的过程,由于高压水蒸气的作用,茎秆的提取物很大一部分溶出转移到 WSF 组分中,这样在很大程度上导致在茎秆水解后水解液中营养物质的缺乏,使乙醇得率降低。此外,有研究表明在常规的糖液发酵中适当地添加无机盐有利于发酵乙醇得率的提高[22],因此,本部分通过添加不同浓度的氮源,研究其对发酵的影响并确定合适的氮源添加量。试验中获得水解液中的酶水解条件同上,木质素不去除,同时 T_1 菌体接种浓度 5 g/L,发酵 24 h,发酵结果如图 8-12 所示。

由图 8-12 可知,在一定程度上,增加$(NH_4)_2HPO_4$ 的添加量可以提高发酵的乙醇浓度,但继续增加,则对乙醇发酵不利。具体地说,当$(NH_4)_2HPO_4$ 添加量由 0 g/L 增加到 0.5 g/L 时,相应的发酵后的乙醇浓度可以由 19.3 g/L 增加到 20.3 g/L。而继续增加$(NH_4)_2HPO_4$ 添加量到 10 g/L,水解液发酵后的乙醇浓度则降低到

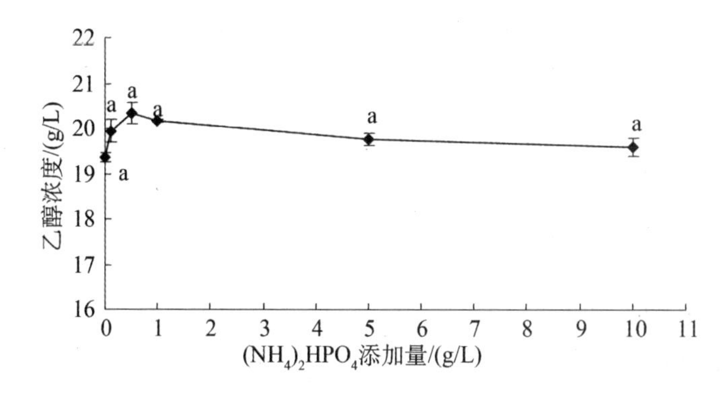

图 8-12 不同浓度氮源对水解液发酵的影响

注：在同一显著水平下，不同处理间字母相同表示无显著差异，字母不同表示有显著差异。

19.6 g/L。而在 0.5 g/L 添加量时的乙醇得率为 77.3%，而空白组则为 73.5%。说明添加 0.5 g/L 的$(NH_4)_2HPO_4$有助于乙醇得率的提高，但方差分析结果显示，影响不显著（$p<0.05$），该结果与常规糖原料乙醇发酵的结果相似。主要的原因在于NH_4^+可用作酵母生长的优质氮源，NH_4^+可以调节和稳定发酵液中的 pH 值，同时，无机磷则是核酸、蛋白质和辅酶的必需物质，也能在能量的转变中起重要的作用。因此，0.5 g/L 的$(NH_4)_2HPO_4$可以选作用于甜高粱茎秆残渣水解液发酵较适合的剂量。

8.2.4.4 不同浓度镁源对高基质浓度水解液发酵的影响

除了氮源对发酵影响的研究之外，本部分还对镁源的添加量对水解液发酵的影响进行了研究。通过添加不同浓度的镁源，研究其对发酵的影响并确定合适的镁源添加量。获得本部分试验水解液中的水解条件同上，木质素不去除，不添加$(NH_4)_2HPO_4$，同时 T_1 菌体接种浓度 5 g/L，发酵 24 h，发酵结果如图 8-13 所示。

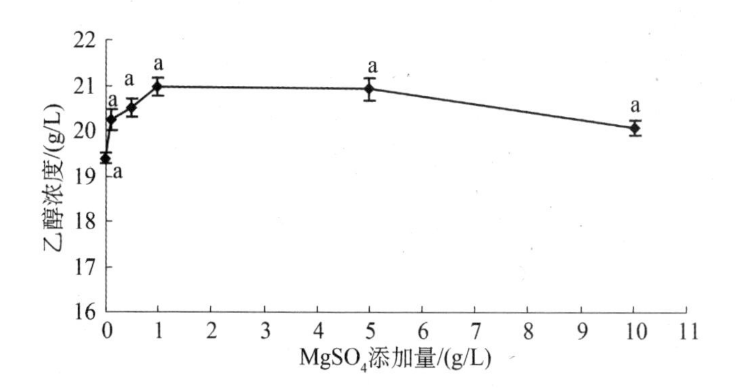

图 8-13 不同镁源对水解液发酵的影响

注：在同一显著水平下，不同处理间字母相同表示无显著差异，字母不同表示有显著差异。

由图 8－13 可见，在一定程度上增加 $MgSO_4$ 的添加量可以提高发酵的乙醇浓度，但继续增加，则对乙醇发酵不利。具体地说，当 $MgSO_4$ 添加量由 0 g/L 增加到 1.0 g/L 时，相应的发酵后的乙醇浓度可以由 19.3 g/L 增加到 21.0 g/L。而继续增加 $MgSO_4$ 添加量到 10 g/L，水解液发酵后的乙醇浓度则降低到 20.1 g/L。在 $MgSO_4$ 添加量为 1.0 g/L 时，乙醇得率为 80%，而空白组为 73.5%，这可以说明添加 1.0 g/L 的 $MgSO_4$ 有助于乙醇得率的提高，但方差分析结果显示，$MgSO_4$ 的添加对乙醇得率影响不显著（$p < 0.05$）。在酵母利用葡萄糖生成乙醇的代谢途径中，6－磷酸葡萄糖的生成、6－磷酸果糖的生成、3－磷酸甘油的生成、2－磷酸烯醇式丙酮酸的生成、丙酮酸的生成以及丙酮酸脱羧生成乙醛的过程，都需要 Mg^{2+} 激活相应的酶，因而在一定程度上提高 $MgSO_4$ 的添加量有助于乙醇的生成。但过多 Mg^{2+} 的添加会导致溶液盐浓度高，对酵母产生一定的毒害。

8.2.4.5 不同酵母接种量对高基质浓度水解液发酵的影响

酵母接种量在乙醇发酵工业中，对乙醇成本的影响较大，在目前的木质纤维素原料水解发酵过程中，多数的研究通过较高的酵母浓度来降低水解液中抑制物带来的影响，由此，通过不同酵母浓度对水解液发酵的影响的研究，有利于确定高基质浓度水解发酵合适的酵母接种率。在本部分发酵使用的水解液中的酶水解条件同上。根据上面的研究，选择酵母菌 T_1 作为发酵菌株，不去除木质素的水解液为发酵基质，菌种接种量为(1～5)g/L，$(NH_4)_2HPO_4$ 添加量 0.5 g/L，$MgSO_4$ 添加量 1 g/L，发酵 24 h 后。结果如图 8－14 所示。

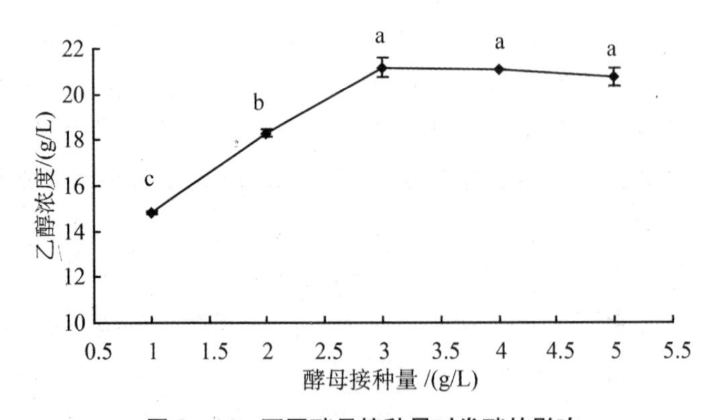

图 8－14 不同酵母接种量对发酵的影响

注：在同一显著水平下，不同处理间字母相同表示无显著差异，字母不同表示有显著差异。

由图 8－14 可知，当酵母接种量从 1 g/L 增加到 3 g/L 时，乙醇浓度由 14.8 g/L 增加到 21.2 g/L，此时的乙醇得率为 81%，相对于空白组(酵母接种量 5 g/L，无 $(NH_4)_2HPO_4$、无 $MgSO_4$ 添加)的乙醇得率，增加了约 9%。此后继续增加酵母接种量，乙醇浓度几乎保持不变，对发酵结果影响较小。方差分析结果显示，在(1～3)g/L 的接种量变化范围内，酵母接种量对乙醇发酵影响显著($p<0.05$)。而继续增加酵母接种量，对发酵影响不显著($p<0.05$)。这样的结果，与甜高粱茎秆中非结构性糖的发酵变化规律一致。因此，从降低酵母投入量的角度而言，选择3 g/L的酵母接种量可以满足水解液发酵的要求。

8.2.4.6 不同酵母接种量对同步糖化发酵(SSF)的影响

采用同步糖化发酵(SSF)法，水解产物葡萄糖不断地利用发酵生成乙醇，所以纤维二糖和葡萄糖的浓度很低，消除了纤维二糖和葡萄糖对纤维素酶的反馈抑制作用，提高了酶的效率。从用 SO_2 催化预处理甜高粱茎秆残渣分步水解发酵(SHF)结果来看，就木质素去除必要性确定、酵母菌种选择、氮源和镁源量的选择，对于同基质和基质浓度的同步糖化发酵，可以使用分步水解发酵的条件；而在酵母添加量的选择，由于同步糖化发酵是一个生物复合体系，酵母的接种量对分步水解发酵和同步糖化发酵可能存在着差异，较适合的酵母接种量也可能存在差异。因此，选取由分步水解发酵获得较适合的条件，进行同步糖化发酵，研究不同接种量对其的影响，并确定较优的接种量。以 SO_2 催化预处理的甜高粱茎秆残渣为原料，以12%为同步糖化发酵基质浓度，Spezyme CP 纤维素酶添加量为 7.5 FPU/g，β-葡萄糖苷酶的添加量为 10 IU/g。以酵母菌种 T_1 为发酵菌种，添加 0.5 g/L 的 $(NH_4)_2HPO_4$，1.0 g/L 的 $MgSO_4$，酵母接种量选取为 1 g/L、2 g/L、3 g/L、5 g/L，预水解 12 h 后，接入相应含量的酵母发酵 72 h，结果如图 8-15 所示。

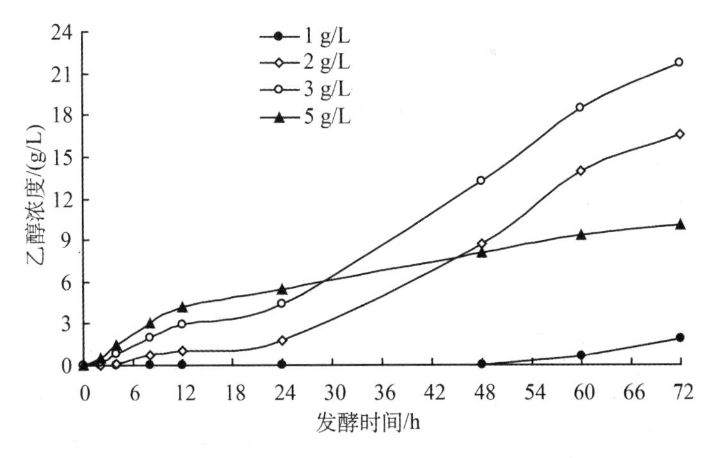

图 8-15 不同酵母接种量对同步糖化水解发酵的影响

由图 8-15 可见，在发酵的前 24 h，随着酵母添加量的增加，乙醇的生成速率增加，而当发酵继续进行时，酵母添加量为 1 g/L 发酵组，仍处于发酵酵母生长期，乙醇产出较少，2 g/L、3 g/L 组乙醇保持继续生成，而 5 g/L 组出现了乙醇生成减缓的现象。到72 h发酵结束时，在1 g/L、2 g/L、3 g/L、5 g/L，各组的乙醇浓度分别为1.9 g/L、16.5 g/L、21.7 g/L、10.1 g/L，此时纤维素到乙醇的转化率分别为5.3%、45.2%、60.0%和27%，由此可见较为合适的酵母接种量可以选择3 g/L，这与SHF的酵母添加量相同。但与SHF中的发酵过程不同的是，继续增加酵母添加量，乙醇产率没有保持不变，而是显著下降。

其原因有可能为在低的纤维素酶和β-葡萄糖苷酶情况下，酵母对β-葡萄糖苷酶和纤维二糖的结合产生了竞争。当较高浓度的酵母接入水解发酵体系后，酵母快速利用葡萄糖，导致在发酵初期发酵速率随着酵母添加量的增加而加快。这也就是在前24 h发酵曲线显现的随酵母接种量增加，乙醇生成速率加快。此后在高接种量的发酵组中葡萄糖的浓度处于4组中最低水平，而酵母在葡萄糖浓度较低的情况下，会激发酵母的转运蛋白转运二糖进行代谢，在SSF中，酵母就会转运纤维二糖至细胞内，但由于酵母细胞内没有降解纤维二糖相应的酶，因此，纤维二糖只被转运未被代谢而积存于酵母细胞内，从而导致酵母细胞乙醇代谢功能丧失。而此时在水解发酵体系中，由于纤维二糖浓度的降低，纤维素酶继续切断纤维素，生成纤维二糖和葡萄糖，纤维二糖的生成速率要快于这个过程葡萄糖的生成速率，所以导致葡萄糖浓度仍处于较低水平，而纤维二糖处于较高的浓度水平，导致更多的酵母参与纤维二糖转运而不代谢的途径。从而使β-葡萄糖苷酶的效能因酵母的竞争而减弱，从而导致酵母乙醇代谢减慢。而对于2 g/L或3 g/L的酵母接种量，预水解产生的葡萄糖可以满足代谢需求，而无过多的酵母参与纤维二糖转运而不代谢的途径，β-葡萄糖苷酶保持正常效能，保持体系中一个足够酵母代谢的葡萄糖环境。这样使SSF过程正常进行。

但这样的解释基于如下三个假设，即酵母对β-葡萄糖苷酶和纤维二糖的结合产生竞争；在葡萄糖浓度较低的情况下，会激发酵母的转运蛋白转运纤维二糖；蔗糖酶可识别纤维二糖结合位点但不能进行降解。但这些假设有待于进一步证明。

8.2.4.7 同步糖化发酵与分步水解发酵工艺比较

结合上面对纤维素分步水解发酵和同步糖化发酵的研究，选取相同的工艺条件，对同步糖化发酵和分步水解发酵进行对比。发酵条件：以SO_2催化预处理的甜高粱茎秆残渣为原料，以12%为同步糖化发酵基质浓度，Spezyme CP纤维素酶添加量为7.5 FPU/g，β-葡萄糖苷酶的添加量为10 IU/g。以酵母菌种T_1为发酵菌种，添加0.5 g/L的$(NH_4)_2HPO_4$，1.0 g/L的$MgSO_4$，酵母接种量3 g/L，水解发酵时间为108 h。过程中六碳糖与乙醇浓度的变化如图8-16所示。

通过比较可以发现，在相同时间段内，SSF的乙醇浓度略高于SHF。通过计算，经108 h同步糖化发酵(SSF)和分步水解发酵(SHF)后，纤维素-乙醇得率分别为35.7%和30.8%，其相对于理论的纤维素乙醇得率分别可达63.8%和58.0%，

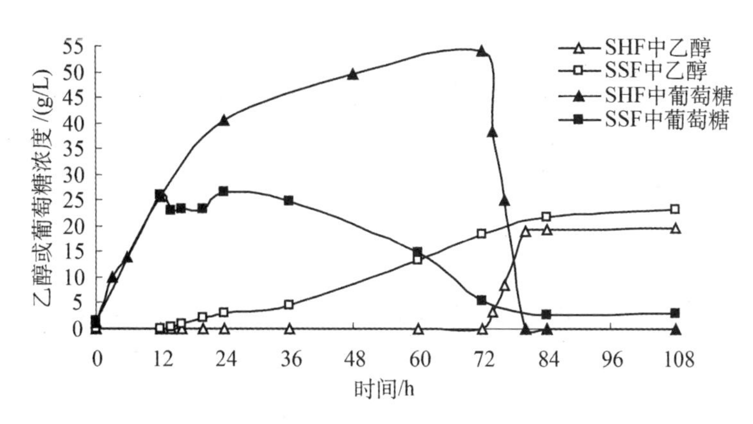

图 8-16　同步糖化发酵与分步水解比较

对于 SSF 在 72 h 时就可以达到 SHF 在 108 h 的乙醇转化率。

8.2.5　小结

对甜高粱茎秆残渣茎秆组分的分析，并与典型的木质纤维素原料对比发现，甜高粱茎秆残渣具有典型的农作物秸秆组分特征，与玉米秸秆相似，且具有较高的高纤维素和半纤维素的含量(约 58%)，使得甜高粱乙醇发展更具有资源潜力。

根据组分的相似性，利用优化的玉米秸秆蒸汽汽爆预处理条件(190℃，5 min)，对甜高粱茎秆进行预处理，结果发现，在相同的裂度下，采用 5%SO_2 催化蒸汽预处理后的甜高粱茎秆残渣比无 SO_2 催化处理的具有较高的葡萄糖回收率(90%)和水解效率(70%)。

对 5%SO_2 催化蒸汽预处理后的甜高粱茎秆残渣进行高基质浓度分步水解发酵中酶水解部分的研究发现，纤维素酶 Spezyme CP 较 Celluclast 1.5 L 具有更好的水解性能；12%的基质浓度是进行高浓水解的下限，在此浓度基础上，水解采用 7.5 FPU/g 纤维素酶和 10 IU/g 的 β-葡萄糖苷酶是比较经济的，并能获得合理的水解率；在低的酶添加量的高基质浓度水解过程，半纤维素是影响纤维素水解率提高的重要影响因素，通过添加 0.12 g/g 纤维素的木聚酶，可以完全去除半纤维素，同时明显地将纤维素的水解率由 58%提高至 80%。此外通过对比不同的水解方式可以发现，补料式高基质浓度酶水解的水解率略高于间歇式，且对基质混合效果明显优于间歇式。

对甜高粱茎秆残渣进行高基质浓度分步水解发酵中发酵部分的研究发现，水解后残余的木质素对发酵影响较小，在水解液发酵时无须去除，可以节约部分能耗；菌株 $Tembec_1$(T_1)相对于 $Tembec_2$(T_2)Y1528(Y)和 Baker Yeast4742(BY)具有较好的发酵性能；有利于高基质浓度酶水解的水解液发酵的氮源

($(NH_4)_2HPO_4$)添加量为 0.5 g/L，镁源($MgSO_4$)添加量为 1.0 g/L；较适合的酵母接种量为 3 g/L。

对高基质浓度同步糖化发酵过程中不同酵母接种量对水解发酵影响的研究发现，较适合的酵母接种量为 3 g/L，增加酵母接种量不利于同步糖化发酵的进行。且在相同的酶水解和发酵条件下，相同的反应时间内，SSF 的纤维素-乙醇转化率高于 SHF 约 10%。

8.3 不同方法预处理甜高粱茎秆残渣酶水解及乙醇发酵的研究

本节的主要研究内容是比较 5 种不同预处理方法对预处理甜高粱茎秆残渣的成分及提高残渣酶水解为可发酵糖的影响，通过方差分析比较预处理后酶水解能力以及将水解产物发酵为乙醇的能力，从而得到较合适的预处理方法。此外，还研究了甜高粱茎秆残渣预处理前后的组分及化学结构的特征变化，为甜高粱茎秆残渣的利用提供参考。

8.3.1 主要研究过程与方法

8.3.1.1 原材料

崇明 1 号甜高粱种植于上海交通大学七宝校区教学实验场，4 月种植，同年 9 月收获。茎秆经过三辊榨汁机压榨得到汁液和残渣，榨汁后的茎秆残渣晒干后塑料袋常温保存，预处理前使用植物粉碎机将保存的甜高粱茎秆残渣粉碎至 40 目左右备用。由于榨汁后的甜高粱茎秆含有部分可溶性糖如蔗糖、果糖和葡萄糖，为了消除这部分可溶性糖对预处理与对照的纤维素酶水解的干扰，粉碎后的茎秆残渣采用同质量的沸水洗涤 3 次，除去残渣表面可溶性糖，并于 60℃烘干至恒重，备用。

8.3.1.2 预处理过程

5 种预处理方法分别编号为方法 A、B、C、D、E，对照组为不经过任何其他处理的甜高粱茎秆残渣，编号为 control(对照组)。每个处理方法重复两次，结果取平均值。

1) *方法 A：稀碱高温高压处理*

10 g 干甜高粱茎秆残渣与 100 mL 质量分数为 2%的 NaOH 溶液在 500 mL 带硅胶塞的锥形瓶中混合均匀，浸泡 5 min 搅拌均匀后放入高压灭菌锅于 121℃加热 60 min，自然降温打开灭菌锅取出冷却到室温，前后共耗时约 2 h，用蒸馏水将灭菌后的茎秆残渣洗涤至洗涤液呈中性，60℃干燥至恒重。

2) *方法 B：高浓度氢氧化钠溶液浸泡处理*

10 g 干甜高粱茎秆残渣与 100 mL 质量分数为 20%的 NaOH 溶液在 500 mL 带硅胶塞的锥形瓶中混合均匀，室温下(20℃)浸泡 2 h 后用蒸馏水洗涤至中性，

60℃干燥至恒重。

3）方法C:稀氢氧化钠溶液高温高压并双氧水浸泡处理

10 g干甜高粱茎秆残渣与100 mL质量分数为2%的NaOH溶液在500 mL带硅胶塞的锥形瓶中混合均匀，浸泡5 min搅拌均匀后放入高压灭菌锅于121℃加热60 min，自然降温取出迅速冷却到室温，加入质量分数为5%的 H_2O_2，避光密闭放置24 h后用蒸馏水洗涤至中性，60℃干燥至恒重。

4）方法D:碱性双氧水浸泡处理

10 g干甜高粱茎秆残渣与100 mL质量分数为2%的NaOH溶液在500 mL带硅胶塞的锥形瓶中混合均匀，浸泡5 min后加入5% H_2O_2 避光密闭放置24 h，用蒸馏水洗涤至中性，60℃干燥至恒重。

5）方法E:高温高压处理

10 g干甜高粱茎秆残渣与100 mL蒸馏水在500 mL带硅胶塞的锥形瓶中混合均匀，浸泡5 min后放入高压灭菌锅于121℃加热60 min，自然降温取出冷却到室温，用蒸馏水洗涤至中性，60℃干燥至恒重。

8.3.1.3　酶试验及水解过程

商业纤维素酶(Celluclast 1.5 L, Sigma Aldrich)和β-葡萄糖苷酶(Novzymes 188,丹麦)用于甜高粱茎秆残渣的酶水解。Celluclast 1.5 L和β-葡萄糖苷酶的酶活分别为45.8 FPU/mL和302.1 IU/mL。纤维素酶活性定义为在温度为50℃以及pH值为4.8条件下每分钟水解产生1 mg葡萄糖为一个酶活单位。β-葡萄糖苷酶定义为在温度为50℃和pH值为4.8条件下每分钟水解产生1 μmol p-硝基酚为一个酶活单位。甜高粱茎秆残渣的水解使用2%的底物浓度，即1 g残渣加入到50 mL、50 mmol/L、pH值为4.8的柠檬酸钠缓冲溶液中，加入的酶活分别为纤维素酶20 FPU/g干物质和β-葡萄糖苷酶40 IU/g干物质。水解过程在100 mL三角瓶中进行，摇床温度为50℃。分别在12 h、24 h、48 h、72 h和96 h定时取出1 mL水解液样品，水解液样品保存在−20℃冰箱待用。分析前室温溶解并以10 000 r/min转速离心10 min，上清液使用岛津高效液相色谱仪进行糖的分析。

8.3.1.4　酵母的培养及水解液的批次发酵

活性干酵母用于水解液的发酵，购自湖北宜昌安琪酵母有限公司。培养基成分为:葡萄糖50 g/L、酵母粉5 g/L、蛋白胨5 g/L、七水合硫酸镁1 g/L、磷酸氢二钾1 g/L。使用6 mol/L HCl或者NaOH溶液调节pH值到5.0左右。培养基经过121℃灭菌20 min备用。水解液用同样方法灭菌并冷却至室温，按照体积比1∶10的比例无菌接入培养好的酵母种子液。发酵过程在摇床中进行，控制温度(30±0.5)℃，摇床转速140 r/min。

8.3.1.5　分析方法

甜高粱茎秆残渣的纤维素、半纤维素和木质素含量的测定参考范氏洗涤法。

水解液中的葡萄糖、木糖、阿拉伯糖、甘露糖和半乳糖由高效液相色谱测定(岛津LC-10A,日本),色谱柱为Aminex HPX-87P测糖专用的铅柱(7.8 mm I.D. 30 cm,美国伯乐)。流动相为去离子水,流速1 mL/min,柱温80℃。

纤维素酶和β-葡萄糖苷酶的活性测定参考相关文献[23]。

发酵液中乙醇浓度采用安捷伦气相色谱测定(Agilent 7890A GC system, USA),氢离子火焰检测器,正丙醇做内标。

扫描电子显微镜(简称扫描电镜,型号Siron 200,美国FEI公司)用于扫描残渣的微观结构。傅里叶红外光谱仪(简称红外光谱,型号EQUINOX 55,德国BRUKER公司)用来记录残渣400~4 000 cm^{-1}范围内的红外光谱图,使用2 mg干样和200 mg溴化钾压片。

纤维素水解率(R_1)、总糖得率(R_2)和干物质损失(R_3)由下式计算:

$$R_1 = C_1/(m \times W \times 1.11) \times 100\% \tag{8-1}$$

$$R_2 = C_2/(m \times 100) \tag{8-2}$$

$$R_3 = (m_0 - m_t)/m_0 \times 100\% \tag{8-3}$$

式中:R_1为纤维素水解得率,%;C_1为水解液中葡萄糖质量,g;m为用于酶水解的干甜高粱茎秆残渣的质量,g;W为甜高粱茎秆残渣中纤维素含量,%;1.11为纤维素转化为葡萄糖的理论值;R_2为总糖得率,g糖/100干物质;C_2为水解液中还原糖质量,mg;R_3为干物质损失,%;m_0:预处理前甜高粱茎秆残渣的干重,g;m_t:预处理后甜高粱茎秆残渣的干重,g。

8.3.1.6 统计分析

数据分析采用单因素方差分析。5%的水平下($p = 0.05$)用于接受或者拒绝零假设。不同处理间的参数方差分析使用5%水平下邓肯多重比较,结果表示为平均值±标准差的形式,同一列标准差后面的字母相同表示该列因素间无显著差异,反之有显著差异。

8.3.2 甜高粱茎秆原料主要成分及表观变化分析

表8-5表示收获晒干后的甜高粱茎秆残渣的成分,图8-17表示预处理前后甜高粱茎秆残渣的外观。由表8-5可知,晒干后的甜高粱茎秆残渣纤维素质量分数达到42.61%,如果能够将其转化为可被酵母直接利用的葡萄糖,这将具有很大的利用价值,然而由于生物质中纤维素、半纤维素和木质素彼此缠绕的复杂结构,阻碍了纤维素的水解。为了使酶能够很好地水解纤维素,需要对其进行预处理,使生物质的这种结构遭到破坏,从而提高纤维素的水解率。由于自然晒干的甜高粱茎秆残渣其中可溶性糖含量较大,达到了12.66%,在本部分研究中主要研究甜高

梁茎秆残渣酶水解的研究，因此有必要将其通过水洗的方法除去，以免干扰预处理的结果，至于这部分糖分的利用可以使用糖分萃取或者固体发酵技术先行利用，以后可以做进一步的相关研究，本部分不涉及这部分糖的利用。

表8-5　收获晒干后甜高粱茎秆主要成分

指标	含量	指标	含量
水分(%,质量分数)	1.94±0.16	半纤维素(%,质量分数)	17.66±0.12
粗脂肪(%,质量分数)	0.76±0.15	可溶性糖(%,质量分数)	12.66±0.39
灰分(%,质量分数)	2.97±0.04	酸洗木质素(%,质量分数)	9.54±0.14
纤维素(%,质量分数)	42.61±0.10		

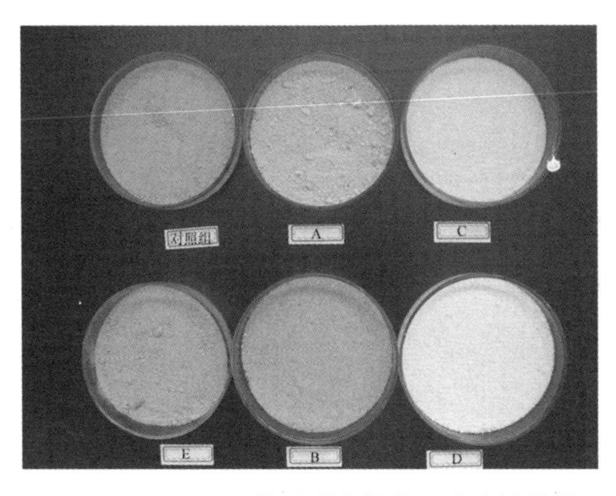

图8-17　预处理前后甜高粱茎秆残渣的外观

由图8-17可以观察到，不同预处理后的残渣颜色差异较大。其中E和对照组的外观相似，由于E经过了高温高压处理，颜色相比对照组较浅，而A、B经过氢氧化钠浸泡处理后，同样具有脱色的效果，颜色比对照组浅，而B表现出黄色的颗粒，与原先的颜色差异较大，这可能由于方法B使用的氢氧化钠浓度较高(质量分数20%)，颜色改变更加明显。C和D经过碱性双氧水处理后，颜色呈现乳白色，这是由于双氧水的氧化性而表现的漂白作用，相比较而言，D的颜色比C浅，这可能由于C经过了高温高压预处理，双氧水在氢氧化钠的作用下具有较强的氧化性，而D的漂白作用更明显。

8.3.3　预处理前后甜高粱茎秆残渣主要成分变化

对甜高粱茎秆残渣进行预处理的目的是为了改变原料的特性，溶解或去除其中的木质素和半纤维素，减少纤维素的结晶度，使得后续的酶水解更加顺利。一般而言,较理想的预处理效果是去除大部分木质素保留纤维素和半纤维素,而较为理想的预处理方法通常取决于木质纤维素的类型。首先,微生物主要可以利用纤维素和半纤维素的水解产物葡萄糖和木糖来产乙醇,但是纤维素和半纤维素被具有立体化学结构的木质素包裹着,阻碍了后续的混合酶对纤维素和半纤维素的水解。另外,木质素水解的产物不仅不能被微生物发酵,而且对微生物有害。同时,干物质损失这个指标也被用来评价预处理的效果,干物质损失越少,保留的发酵的底物越多。

表 8-6 表示不同预处理方法对甜高粱茎秆残渣的主要成分、ADL(酸洗木质素)去除率以及干物质损失的影响。各种预处理后的结果和多重比较表明,采用这 5 种预处理方法处理后的茎秆残渣的纤维素含量、半纤维素含量、酸洗木质素含量、酸洗木质素去除率和干物质损失率分别为 C＞A＞D＞B＞E＞对照组,对照组＞E＞D＞A＞B＞C,对照组＞E＞B＞D＞A＞C, C＞A＞D＞B＞E 和 B＞C＞A＞D＞E。从表 8-6 中可以看出,在所有预处理后的甜高粱茎秆残渣中,方法 C 处理后的残渣中纤维素含量最高,而半纤维素和酸洗木质素含量最少。稀氢氧化钠预处理对木质纤维素具有膨胀作用,从而导致增加了甜高粱茎秆残渣的内部表面积,破坏了木质素的结构。Millet[24]报道氢氧化钠预处理可以把木质素含量减少 24%～55%。但是对软木类的生物质来说,在正常的环境条件下木质素的减少不超过 25%,而提高温度可以提高木质素的去除率[25]。Silverstein 等[26]研究得到一种最好的预处理方法,即使用 2%的氢氧化钠在 121℃下处理 90 min,在此条件下可以去除 65%的木质素。本研究中方法 A 和方法 C 的温度均为 121℃,时间为 60 min,去除了其中超过 80%的酸洗木质素。因此,木质素的去除减少了非生产性的吸附作用,增加了纤维素酶接近纤维素和半纤维素的机会,从而增加了酶水解效果。

表 8-6 不同预处理方法对甜高粱茎秆残渣的主要成分、ADL 去除率以及干物质损失的影响

编号	纤维素/%	半纤维素/%	ADL* /%	ADL 去除率/%	干物质损失/%
对照组	49.78±0.86 f※	27.72±0.08 a	10.83±0.18 a	—	—
A	78.44±0.35 b	15.09±0.91 d	1.68±0.16 d	84.52±1.24 b	40.75±2.19 c
B	69.90±0.09 d	13.94±0.35 d	7.50±0.29 b	30.82±1.48 d	83.70±1.56 a
C	82.08±0.48 a	9.45±0.57 e	0.97±0.12 e	91.02±0.98 a	46.10±0.57 b
D	72.45±0.15 c	17.52±0.91 c	2.29±0.01 c	78.84±0.23 c	32.25±0.21 d
E	54.40±0.27 e	22.44±0.77 b	10.71±0.06 a	1.16±1.11 e	13.00±1.70 e

* ADL 表示酸洗木质素;
※表中的平均值±标准差后面的字母如果相同表示邓肯 5%多重检验同一列没有显著差异,反之,有显著差异。

预处理后的纤维素含量比对照组提高了 64.89%,半纤维素和木质素含量最少，分别降低到10%和1%以下。而方法A处理后，对纤维素的保留量和对木质素的去除量仅次于方法C，但是其保留的半纤维素含量要显著高于方法C（$p < 0.05$）。同时，方法A与C的干物质损失为40.75%和46.10%，它们在所有方法中属于中等水平。预处理方法A和C造成了相对少的干物质损失，但是显著地减少了木质素含量以及提高了纤维素含量，这意味着高温高压条件下2%氢氧化钠预处理具有显著的预处理效果，这对于后续的酶水解是有利的，这与文献报道的结果相符[27, 28]。通过比较预处理方法A和C可以得出，在使用碱处理的条件下使用双氧水可以提高半纤维素和木质素的去除和纤维素的保留效果，但是使用双氧水也增加了干物质损失。方差分析表明，方法B处理后的甜高粱茎秆残渣中半纤维素的含量与方法C相比没有显著差别（$p > 0.05$），因此，使用相当大浓度的氢氧化钠预处理和使用相对低浓度的氢氧化钠加上高温高压条件在半纤维素的去除量上具有相似的效果。但是使用预处理方法B处理后的甜高粱茎秆残渣中木质素含量仅仅次于方法E以及对照组，这势必影响酶的水解过程，并且其干物质损失最大，达到83.7%，这意味着大部分的生物质被溶解掉，这对原料是一种较大的浪费，同时对后续的发酵产能潜力不利。对于较高的干物质损失而言，浓度为20%的氢氧化钠对甜高粱茎秆残渣预处理来说浓度太高，不是一种理想的预处理方法。方法D较为温和，经过方法D预处理后的甜高粱茎秆残渣的纤维素、半纤维素、木质素和干物质损失率都处于中间水平。相比较方法C，方法D具有更低的预处理温度和压力，但是具有较少的干物质损失。这可以得出带有高温高压的碱性预处理有利于纤维素的保留以及半纤维素和木质素的去除，但是对于干物质的保留却不利。另外，通过比较方法A和D，方法A在保留纤维素和去除半纤维和木质素方面比方法D更加有效。

方法E的干物质损失更小，但是方差分析表明，其酸洗木质素含量与对照并没有显著差异（$p > 0.05$）。液态热水处理是一种环境友好的预处理方法，因为其没有化学试剂的添加。Dien[29]等报道了在160℃、20 min热水处理可以溶解原料中75%的木聚糖，在更高的温度，如220℃条件下半纤维素可以被完全去除，在2 min的预处理时间内，部分木质素也被去除[30]。Laser等[31]报道在170～230℃、热水处理1～46 min条件下，大多数的半纤维素被去除。方法E所用的条件和传统的热水处理并不一样，温度仅121℃，不足以溶解半纤维素和去除木质素，因此纤维素和半纤维素可能仍然被大量的木质素所包裹，将影响到后续的酶水解和乙醇发酵[32]。由此可见，通过比较方法E和对照，显然仅使用高温高压条件而不含有碱性条件对于甜高粱茎秆残渣的预处理具有很大的局限性。

简言之，从纤维素、半纤维素、木质素以及干物质损失来说，方法A和C将是酶水解和乙醇发酵前较为理想的预处理方法。另一方面，综合考虑到并不是所有的酵母都可以直接利用木糖这样的五碳糖，这样没有降解的半纤维素就会像木质素一样，缠绕包裹着纤维素，阻碍纤维素酶对纤维素的进攻，变成了对纤维素利用的另一个障碍[27,28]。因此,方法 C 是本试验中对后续的酶水解和乙醇发酵最有效的预处理方法。

8.3.4 酶水解过程中糖分含量的变化

8.3.4.1 不同预处理方法对酶水解过程中葡萄糖含量的变化

图 8-18 表示不同方法预处理甜高粱茎秆残渣后水解过程中葡萄糖含量的变化。由图可知,随着水解时间的延长,水解液中葡萄糖含量增加,但是方差分析表明在水解 24 h 后,所有处理后的残渣水解液中葡萄糖含量变化不显著($p>0.05$),葡萄糖浓度 24 h 内达到了稳定水平,即 24 h 内达到了葡萄糖的最大潜力。在酶水解 96 h 后水解液中葡萄糖浓度高低顺序为 C>B>A>D>E>对照组。特别地,经过方法 E 处理后的残渣水解 12 h 后葡萄糖浓度高于对照组,12 h 后水解液葡萄糖浓度变化较小,而对照组需要 24 h 才能达到这种平衡,这说明方法 E 处理过甜高粱茎秆残渣可以提高酶水解的速度,但是 24 h 后无论对照组还是方法 E 处理过的残渣水解液中葡萄糖浓度均不再显著变化。

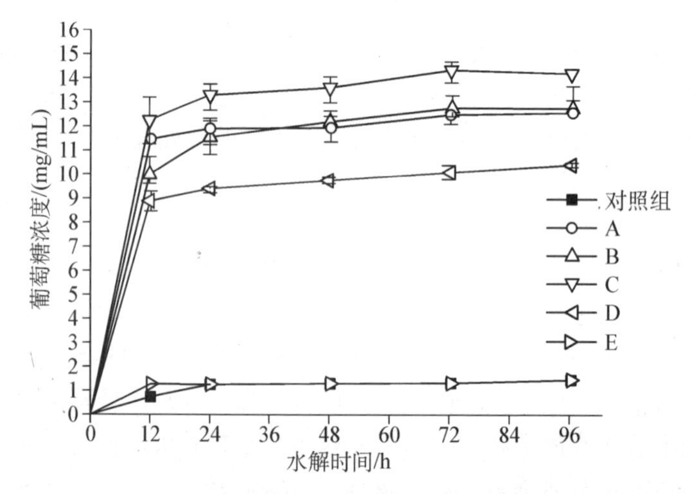

图 8-18 不同方法预处理甜高粱茎秆残渣后水解过程中葡萄糖含量的变化

对于方法 C 处理过的残渣水解液中葡萄糖浓度从 12 h 后在所有的水解液中均处于最高水平,这表明方法 C 在之前提到的这 5 种预处理方法中对于水解纤维素转化为葡萄糖最有效。经过方法 C 预处理后的残渣水解液中最终的葡萄糖浓度达到了 14.16 mg/mL,其浓度为对照的 9.8 倍,显示了其较佳的预处理效果。方法 A 处理过的残渣水解液葡萄糖浓度在 24 h 内大于方法 B,但是 24 h 至 48 h 内这种变化截然相反。这说明方法 A 可以增加预处理过的残渣水解液中葡萄糖浓度,48 h内达到浓度平衡的速度要快于方法 B,而且对于提高 48 h 内水解液的葡萄糖浓度上，低浓度氢氧化钠加上高温高压处理要比高浓度碱液处理效果更好。尽管方法 D 处理过的残渣酶水解液中葡萄糖浓度 12 h 后基本达到稳定，但是最终葡萄糖浓度比方法 C 的低 26.5%。方法 C 和 D 都使用了氢氧化钠和双氧水，这有利于通过去除半纤维素和木质素来提高纤维素的转化，其不同之处在于方法 C 经过了高温高压处理，而 D 是常温浸泡，这说明高温高压的碱预处理要比常温常压的碱预处理效果更好。简言之，方法 C 处理过的残渣酶水解后具有最高的葡萄糖浓度，这为后续的乙醇发酵提供了更多的可发酵底物。

8.3.4.2　不同预处理方法对酶水解过程中木糖含量的变化

图 8－19 表示的是不同预处理方法对水解过程中水解液中木糖含量的变化影响。由图可知，所有水解液样品中木糖含量的变化趋势与葡萄糖浓度的变化类似，但是整体木糖浓度远小于葡萄糖浓度，这与经过预处理和未处理的甜高粱茎秆残渣中半纤维素含量均小于纤维素含量以及预处理效果有关。一般来说，木质纤维素废弃物中半纤维素水解液中的主要成分是木糖，以及很少量的阿拉伯糖。从这个意义上说，水解液中木糖浓度可以代表半纤维的酶水解程度。

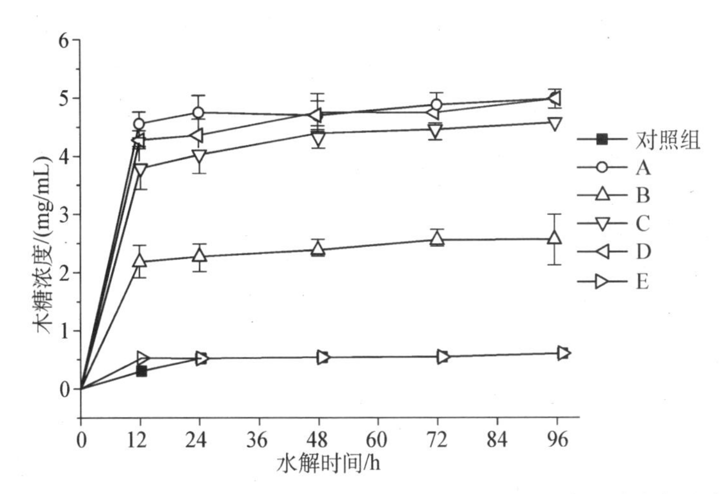

图 8－19　不同预处理方法对水解过程中水解液中木糖含量的变化影响

水解 96 h 后最终水解液中木糖的浓度顺序为 A＞D＞C＞B＞E＞对照组。根据表 8－6 的结果，经过方法 A 和方法 D 处理过的残渣中半纤维含量除了使用方法 C 处理过的残渣外比其他的高，而木质素含量却更少，因此它们具有较高的木糖浓度。此外，经过方法 A 预处理后的残渣比方法 D 预处理后的残渣的半纤维素和木质素含量更少。但是由图 8－19 可知，首先，方法 A 预处理后的残渣水解过程中释放木糖的速度比 D 更快，其次，A 具有最高的木糖浓度。因此，在早期半纤维素的降解和整个酶水解过程中，预处理后的木质素含量是一个关键的因素。方法 A 处理过的残渣酶水解液中木糖的浓度最高，这可能由于其木质素被去除较多，纤维素和半纤维素被充分暴露，这样更多的半纤维素被酶水解成木糖，尽管方法C处理过的残渣木质素更少，但是其半纤维素含量也较少，这样最终的木糖浓度也小于A。另外，尽管方法C处理的半纤维素含量比B更少，但是最终的木糖浓度C仍然大于B，这体现了对提高半纤维素的水解能力从而提高水解液中木糖浓度而言，方法C优于方法B。此外，经过方法E处理过的残渣中半纤维素含量接近于对照组的半纤维素含量，都比其他预处理后残渣的半纤维素含量高，但是其水解液中木糖浓度与其他相比均较小，这表明方法E处理过的残渣和对照的半纤维素被水解的程度较小。由于木质素的缠绕，纤维素酶很难直接水解甜高粱茎秆残渣中的纤维素和半纤维素。

综上所述，预处理方法A处理过的甜高粱茎秆残渣酶水解后水解液具有最高的木糖浓度，体现了较好的预处理效果。

8.3.5 不同预处理方法对甜高粱茎秆残渣水解及后续发酵的影响

纤维素水解为葡萄糖过程中首先水解成中间产物纤维二糖，然后纤维二糖再水解成葡萄糖，但是在对水解液的糖分析过程中没有检测到纤维二糖，这表示2%底物水解过程中无纤维二糖的抑制。纤维素水解率反映了纤维素酶将纤维素水解为葡萄糖的效率，是评价预处理效果的重要指标。表8-7表示不同预处理方法对甜高粱茎秆残渣纤维素水解率、总糖得率以及乙醇浓度的影响。

表8-7　不同预处理方法对甜高粱茎秆残渣纤维素水解率、总糖得率以及乙醇浓度的影响

编号	纤维素水解率/%	总糖得率/(g糖/100 g干物质)	乙醇浓度/(g/L)
Control	12.64±0.19 e※	9.53±0.02 e	0.32±0.01 e
A	69.94±0.93 c	86.83±0.68 b	5.55±0.23 b
B	72.89±0.12 b	69.61±0.90 d	5.73±0.06 b
C	74.29±0.81 a	90.94±0.39 a	6.12±0.06 a
D	62.46±0.56 d	76.06±0.17 c	4.93±0.16 c
E	11.78±0.19 e	10.12±0.03 e	0.89±0.04 d

※表中的平均值±标准差后面的字母如果相同表示邓肯5%多重检验同一列没有显著差异，反之，有显著差异。

由表8-7可知，不同预处理方法处理过的甜高粱茎秆残渣96 h内的纤维素水解率顺序为C>B>A>D>对照组>E，这和96 h内葡萄糖浓度的顺序几乎一样，表明碱处理有利于提高纤维素的转化率。不同的是对照的葡萄糖浓度小于E，纤维素水解率却大于E，这是因为尽管葡萄糖浓度大于对照组，但是纤维素含量也大于对照组。

方法C处理过的甜高粱残渣水解率为74.29%，是对照组的5.88倍，体现了较好的预处理效果。这个结果高于Zhang[33]等的蒸汽处理甜高粱残渣的酶水解结果(70%)，这可能是由于方法C预处理后的甜高粱茎秆残渣的半纤维素和木质素含量小于对照组，而纤维素含量大于对照组，更多的纤维素转化成了葡萄糖。不同的预处理条件可以导致不同的预处理效果。在低浓度碱预处理过程中，一般使用0.5%～4%氢氧化钠辅以高温高压条件，木质纤维素的结果将会被破坏，大部分的半纤维素和木质素将被去除。另一方面，高浓度氢氧化钠(6%～20%)预处理通常在环境条件下进行，但是并不能显著去除木质素。

方差分析表明，方法E处理过的残渣纤维素水解率与对照无显著差异，甚至低于对照组。这表明本试验条件下使用蒸馏水高温高压处理并不能显著提高纤维素水解率。本研究中所用的方法E的条件和液态热水处理不同，相比较液态热水处理的温度(一般160～260℃)较低，因此方法E不足以通过溶解半纤维素和去除木质素来增加纤维素水解率。

此外，经过方法A、B和D处理过的甜高粱残渣的纤维素水解率比方法E和对照组都要高，但是要低于方法C处理的结果。这说明碱处理可以提高纤维素转化率。有研究表明，半纤维素和木质素的去除程度与纤维素转化率有关[34]，因为其可以增加底物的孔隙从而增加纤维素的水解程度和转化率。总的来说，方法C是这5种预处理方法中对于提高纤维素水解率来说最有效的一种方法。

在酶水解过程中，纤维素被转化为葡萄糖，而半纤维素被转化为木糖、阿拉伯糖、半乳糖、甘露糖以及其他的单糖。表8-8表示酶水解96 h后水解液中糖的浓度。由表8-8可知，经过方法A、B、C、D处理后残渣的酶水解液中除了葡萄糖和木糖外还含有少量的阿拉伯糖，而E和对照的水解液中则没有检测到。此外，水解液中总糖浓度顺序为C＞A＞D＞B＞E＞对照组。由表8-7可知，总糖得率的顺序为C＞A＞D＞B＞E＞对照组，与总糖浓度和预处理后纤维素含量的大小顺序相同。方法C处理后的残渣的总糖得率最高，是对照组的9.54倍，这表明总糖得率与纤维素含量相关。

表8-8 酶水解96 h后水解液中糖的浓度

编号	糖浓度/(mg/mL)					
	葡萄糖	木糖	阿拉伯糖	甘露糖	半乳糖	总糖
对照组	1.45±0.00	0.53±0.00	ND※	ND	ND	1.97±0.00
A	12.55±0.41	4.98±0.15	0.35±0.00	ND	ND	17.88±0.56
B	12.45±0.20	2.56±0.11	0.30±0.00	ND	ND	15.30±0.09

(续表)

编号	糖浓度/(mg/mL)					
	葡萄糖	木糖	阿拉伯糖	甘露糖	半乳糖	总糖
C	14.16±0.00	4.57±0.00	0.28±0.01	ND	ND	19.01±0.01
D	10.41±0.03	4.98±0.06	0.36±0.00	ND	ND	15.75±0.10
E	1.46±0.03	0.62±0.03	ND	ND	ND	2.08±0.00

※ND表示未检出。

预处理方法A、B、D处理过的甜高粱茎秆残渣的总糖得率均高于69.61 g糖/100 g干物质，而对照仅有9.53 g糖/100 g干物质，这说明方法A、B和D可以显著地提高甜高粱茎秆残渣的总糖得率。方法E处理过的残渣酶糖化率仅有10.12 g糖/100 g干物质，与对照组无显著差异。由于方法C、A、D均加入了2%的氢氧化钠，大多数的半纤维素和木质素被去除，这样就使得纤维素的水解更加容易，因此其总糖得率得到提高。方法B处理过的甜高粱茎秆残渣的酶糖化率也具有较高的酶糖化率，达到69.61 g糖/100 g干物质，这表明高浓度的氢氧化钠对于提高甜高粱茎秆残渣的总糖得率具有较好的效果，但是从表8-6可知其具有较高的干物质损失，达到了83.70%，约是其他处理的近2倍，相比较其他方法，这并不是一种理想的预处理方法。

对甜高粱茎秆残渣进行预处理的主要目的是提高纤维素的水解率和总糖得率，从而为后续的乙醇发酵提供更多的底物。从表8-7可知，发酵液中的乙醇浓度顺序为C>B>A>D>E>对照组，这和水解液中的葡萄糖浓度以及纤维素水解率相同。显然，方法C处理过的甜高粱茎秆残渣水解液发酵产生的乙醇浓度最高(6.12 g/L)，是对照组的19.13倍，这与其较高的纤维素水解率和酶糖化率有关，可以推断预处理后保留在残渣中的纤维素含量可以作为判断纤维素水解率以及发酵液中乙醇浓度大小的一个指标。由于方法C处理过的残渣水解液具有最高的总糖得率以及发酵后具有最高的乙醇浓度，因此方法C是这5种预处理方法中最好的预处理方法。

8.3.6 预处理前后结构分析

8.3.6.1 SEM分析

图8-20是处理的与未处理的甜高粱茎秆残渣的扫描电镜照片，很清楚地表现了甜高粱茎秆残渣的微观结构。由图8-20可以看出，对于方法E处理过的残渣和对照组来说，它们具有明显的网状结构，这说明其中纤维素、半纤维素、木质素彼此紧密排列，相互交错，给酶水解纤维素造成了阻碍。

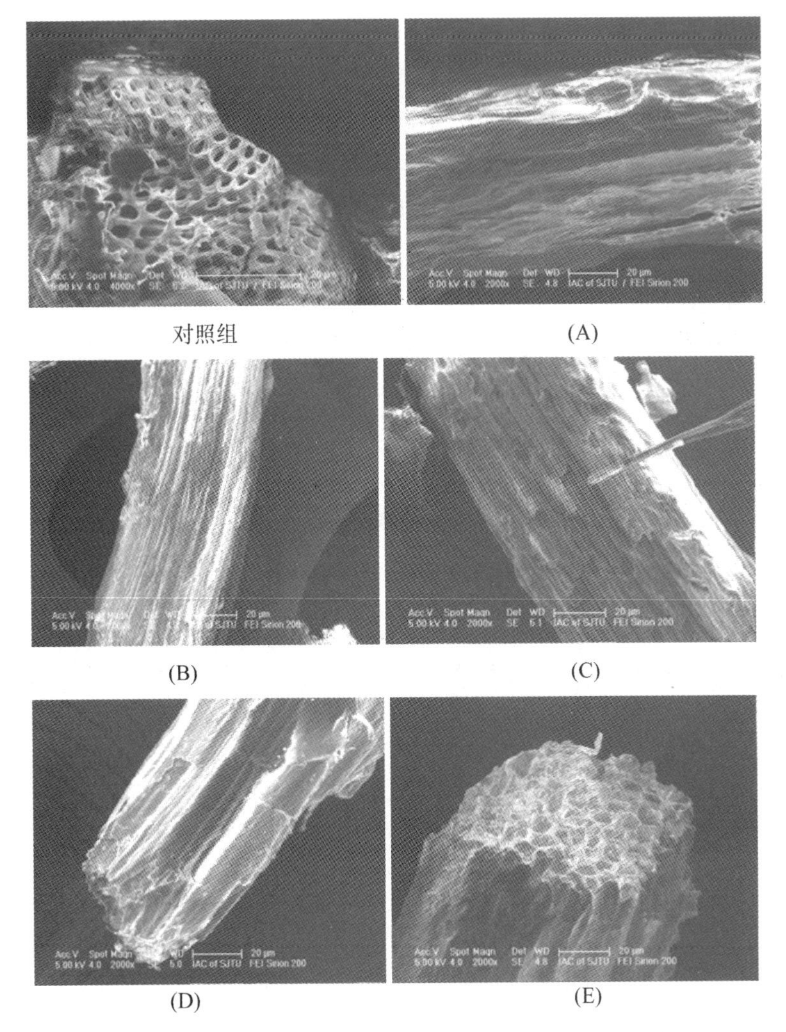

图 8-20　预处理及未处理的甜高粱茎秆残渣扫描电镜照片

除了 E 和对照组之外，其他的方法处理过的甜高粱茎秆残渣并没有观测到这样的网状结构，说明其他的方法对甜高粱茎秆残渣的结构破坏比较明显。虽然方法 E 的网状结构变得小一些，但是这种网状结构并没有发生本质的变化。方法 A 和 C 都经过 2%氢氧化钠浸泡，并且高温高压处理，由于氢氧化钠可以降解甜高粱茎秆残渣中的木质素和半纤维素，甜高粱茎秆残渣的表面结构变得疏松，增加了纤维素酶对纤维素的可及性。

预处理方法 B 使用的是 20%氢氧化钠常温下浸泡甜高粱茎秆残渣，相对高浓度的氢氧化钠溶液可以较为彻底地溶解木质素，破坏茎秆残渣的结构，因此可以看到较为疏松的表面结构。方法 D 预处理后的甜高粱茎秆残渣的扫描电镜图似乎和方法 A、B、C 处理过的不一样，表现为更加光滑的表面结构，这表明预处理方法 D

的条件比较温和,其温度或者时间不足以充分破坏甜高粱茎秆残渣的结构。预处理方法C处理后的残渣空隙更大,而D更小,这说明在高温高压下,空隙由于碱的膨胀作用被放大数百倍。扫描电镜照片分析表明了方法A、B、C、D预处理的甜高粱茎秆残渣的结构发生了明显的变化,从而为纤维素酶更好地进攻纤维素提供了条件。这在纤维素水解率和总糖得率的分析部分也得到了印证。

8.3.6.2 傅里叶红外光谱分析

图8-21是处理与未处理的甜高粱茎秆残渣的红外光谱图。由图可知,与对照组相比,预处理后的甜高粱茎秆残渣并没有明显的新峰的出现,但是在部分吸收峰的吸光度存在差异。

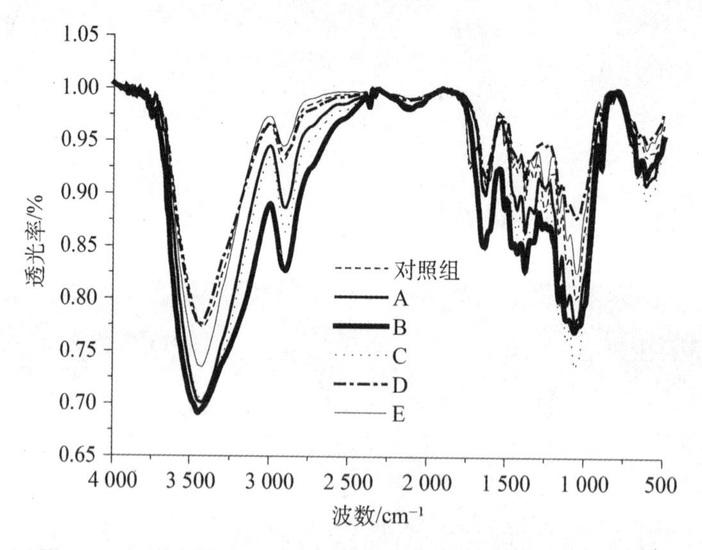

图8-21 预处理与未处理的甜高粱茎秆残渣傅里叶红外光谱

3 400 cm^{-1}附近的吸收峰代表甜高粱茎秆残渣中羟基和酚的伸缩振动。相比较对照组,经过预处理后的吸收峰均有所减少,2 910 cm^{-1}附近的吸收峰代表甲基—CH_3和次甲基—CH_2的伸缩振动。方法A、B和C处理过的甜高粱茎秆残渣此处的吸收峰比其他更少,这说明这些处理后造成更多的碳链断裂。1 630 cm^{-1}附近的吸收峰代表水分子形成氢的伸缩振动和木质素中的C═O的振动,方法B处理过的甜高粱茎秆残渣具有最小的吸收,说明其具有较少的木质素。1 057 cm^{-1}附近的强吸收代表纤维素和半纤维素的C—O键的振动。方法A、B、C处理过的甜高粱茎秆残渣的吸收值比其他的小,这说明甜高粱茎秆残渣纤维素、半纤维素结构遭到严重的破坏,这对酶水解是有利的。

8.3.7 小结

本节研究中,所用的五种方法均采用有利于提高甜高粱茎秆残渣的纤维素水解，研究表明，先使用 2%氢氧化钠溶液浸泡并高温高压处理再使用 5%双氧水处理甜高粱茎秆残渣是这五种方法中最为合适的预处理方法。预处理后甜高粱茎秆残渣酶水解液中具有最高的葡萄糖和木糖浓度，此外方法 C 处理过的甜高粱茎秆残渣具有最高的纤维素水解率、总糖得率和乙醇浓度，分别达到了 74.29%、90.94 g 糖/100 g 干物质和 6.12 g/L，这分别是对照组的 5.88 倍、9.54 倍和 19.13 倍。在扫描电镜分析中可以看出预处理后的甜高粱茎秆残渣的显著结构变化，傅里叶红外光谱分析可以推断预处理造成了一些化学键的断裂和变化。甜高粱茎秆残渣的纤维素含量和总糖得率有关。该预处理方法将为提高甜高粱茎秆残渣制取乙醇提供参考。

参考文献

[1] 刘荣厚，梅晓岩，颜涌捷. 燃料乙醇的制取工艺与实例[M]. 北京：化学工业出版社，2007.

[2] Hamelinck C N, Van Hooijdonk G, Faaij A P. Ethanol from lignocellulosic biomass: techno-economic performance in short-, middle-and long-term [J]. Biomass and Bioenergy, 2005,28(4):384 - 410.

[3] Yu J, Zhong J, Zhang X, et al. Ethanol production from H_2SO_3-steam-pretreated fresh sweet sorghum stem by simultaneous saccharification and fermentation [J]. Applied Biochemistry and Biotechnology, 2010,160(2):401 - 409.

[4] Sipos B, Réczey J, Somorai Z, et al. Sweet sorghum as feedstock for ethanol production: enzymatic hydrolysis of steam-pretreated bagasse [J]. Applied Biochemistry and Biotechnology, 2009,153(1 - 3):151 - 162.

[5] Grous WR, Converse AO, Grethlein HE. Effect of steam explosion pretreatment on pore size and enzymatic hydrolysis of poplar [J]. Enzyme and Microbial Technology, 1986,8(5):274 - 280.

[6] Shafizadeh F, Bradbury A. Thermal degradation of cellulose in air and nitrogen at low temperatures [J]. Journal of Applied Polymer Science, 1979,23(5):1431 - 1442.

[7] Wright J D. Ethanol from biomass by enzymatic hydrolysis [J]. Chemical Engineering Progress 1988, 84(8):62 - 74.

[8] Holtzapple M, Humphrey A, Taylor J. Energy requirements for the size reduction of poplar and aspen wood [J]. Biotechnology and Bioengineering, 1989,33(2):207 - 210.

[9] Chum H, Johnson D, Black S, et al. Organosolv pretreatment for enzymatic hydrolysis of poplars: I. Enzyme hydrolysis of cellulosic residues [J]. Biotechnology and Bioengineering, 1988,31(7):643 - 649.

[10] Azzam A. Pretreatment of cane bagasse with alkaline hydrogen peroxide for enzymatic

hydrolysis of cellulose and ethanol fermentation [J]. Journal of Environmental Science & Health Part B, 1989,24(4):421 - 433.

[11] Bura R, Saddler J. Process modifications of SO_2-catalysed steam explosion of corn fibre for ethanol production [J]. Applied Biochemistry and Biotechnology, 2004,98 - 100(1 - 9):59 - 72.

[12] Pu Y, Zhang D, Singh P M, et al. The new forestry biofuels sector [J]. Biofuels, Bioproducts and Biorefining, 2008,2(1):58 - 73.

[13] Hörmeyer H, Schwald W, Bonn G, et al. Hydrothermolysis of birch wood as pretreatment for enzymatic saccharification [J]. Holzforschung-International Journal of the Biology, Chemistry, Physics and Technology of Wood, 1988,42(2):95 - 98.

[14] Rudolf A, Alkasrawi M, Zacchi G, et al. A comparison between batch and fed-batch simultaneous saccharification and fermentation of steam pretreated spruce [J]. Enzyme and Microbial Technology, 2005,37(2):195 - 204.

[15] Pan X, Xie D, Kang K - Y, et al. Effect of organosolv ethanol pretreatment variables on physical characteristics of hybrid poplar substrates [J]. Applied Biochemistry and Biotecnology, 2007,137(1):367 - 377.

[16] Pan X, Gilkes N, Kadla J, et al. Bioconversion of hybrid poplar to ethanol and co-products using an organosolv fractionation process: optimization of process yields [J]. Biotechnology and Bioengineering, 2006,94(5):851 - 861.

[17] Öhgren K, Bura R, Lesnicki G, et al. A comparison between simultaneous saccharification and fermentation and separate hydrolysis and fermentation using steam-pretreated corn stover [J]. Process Biochemistry, 2007,42(5):834 - 839.

[18] Linde M, Galbe M, Zacchi G. Simultaneous saccharification and fermentation of steam-pretreated barley straw at low enzyme loadings and low yeast concentration [J]. Enzyme and Microbial Technology, 2007,40(5):1100 - 1107.

[19] Balan V, da Costa Sousa L, Chundawat SP, et al. Mushroom spent straw: a potential substrate for an ethanol-based biorefinery [J]. Journal of Industrial Microbiology & Biotechnology, 2008,35(5):293 - 301.

[20] Kumar L, Chandra R, Saddler J. Influence of steam pretreatment severity on post - treatments used to enhance the enzymatic hydrolysis of pretreated softwoods at low enzyme loadings [J]. Biotechnology and Bioengineering, 2011,108(10):2300 - 2311.

[21] Spindler DD, Wyman CE, Grohmann K, et al. Simultaneous saccharification and fermentation of pretreated wheat straw to ethanol with selected yeast strains and β-glucosidase supplementation [J]. Applied Biochemistry and Biotechnology, 1989,20 (1):529 - 540.

[22] Liu R, Li J, Shen F. Refining bioethanol from stalk juice of sweet sorghum by immobilized yeast fermentation [J]. Renewable Energy, 2008,33(5):1130 - 1135.

[23] Xu J, Cheng J J, Sharma-Shivappa R R, et al. Sodium hydroxide pretreatment of switchgrass for ethanol production [J]. Energy & Fuels, 2010,24(3):2113 - 2119.

[24] Millett M A, Baker A J, Satter LD. Physical and chemical pretreatments for enhancing cellulose saccharification [J]. Biotechnology and Bioengineering Symposium, 1976,6:125 - 153.

[25] Taherzadeh MJ, Karimi K. Pretreatment of lignocellulosic wastes to improve ethanol and biogas production: a review [J]. International Journal of Molecular Sciences, 2008,9(9):1621 - 1651.

[26] Silverstein R A, Chen Y, Sharma-Shivappa R R, et al. A comparison of chemical pretreatment methods for improving saccharification of cotton stalks [J]. Bioresource Technology, 2007,98(16):3000 - 3011.

[27] Curreli N, Fadda M B, Rescigno A, et al. Mild alkaline/oxidative pretreatment of wheat straw [J]. Process Biochemistry, 1997,32(8):665 - 670.

[28] Wu L, Arakane M, Ike M, et al. Low temperature alkali pretreatment for improving enzymatic digestibility of sweet sorghum bagasse for ethanol production [J]. Bioresource Technology, 2011,102(7):4793 - 4799.

[29] Dien B, Li X - L, Iten L, et al. Enzymatic saccharification of hot-water pretreated corn fiber for production of monosaccharides [J]. Enzyme and Microbial Technology, 2006,39(5):1137 - 1144.

[30] Sreenath H K, Koegel R G, Moldes A B, et al. Enzymic saccharification of alfalfa fibre after liquid hot water pretreatment [J]. Process Biochemistry, 1999,35(1):33 - 41.

[31] Laser M, Schulman D, Allen S G, et al. A comparison of liquid hot water and steam pretreatments of sugar cane bagasse for bioconversion to ethanol [J]. Bioresource Technology, 2002,81(1):33 - 44.

[32] Hendriks A, Zeeman G. Pretreatments to enhance the digestibility of lignocellulosic biomass [J]. Bioresource Technology, 2009,100(1):10 - 18.

[33] Zhang J, Ma X, Yu J, et al. The effects of four different pretreatments on enzymatic hydrolysis of sweet sorghum bagasse [J]. Bioresource Technology, 2011,102(6): 4585 - 4589.

[34] Yu Q, Zhuang X, Yuan Z, et al. Two-step liquid hot water pretreatment of Eucalyptus grandis to enhance sugar recovery and enzymatic digestibility of cellulose [J]. Bioresource Technology, 2010,101(13):4895 - 4899.

索　引